Datenstrukturmodell für den digitalen Schatten der Auftragsabwicklung von Werkzeugbaubetrieben

Data Structure Model for the Digital Shadow of the Order Fulfillment Process of Tool Shops

Von der Fakultät für Maschinenwesen
der Rheinisch-Westfälischen Technischen Hochschule Aachen
zur Erlangung des akademischen Grades eines
Doktors der Ingenieurwissenschaften
genehmigte Dissertation

vorgelegt von

Christoph Maximilian Bernd Kelzenberg

Berichter:

Univ. Prof. Dr.-Ing. Dipl.-Wirt. Ing. Günther Schuh
Univ. Prof. Dr.-Ing. Thomas Bergs

Tag der mündlichen Prüfung: 15. November 2019

ERGEBNISSE AUS DER PRODUKTIONSTECHNIK

Christoph Kelzenberg

Datenstrukturmodell für den digitalen Schatten der Auftragsabwicklung von Werkzeugbaubetrieben

Herausgeber:
Prof. Dr.-Ing. T. Bergs
Prof. Dr.-Ing. Dipl.-Wirt. Ing. G. Schuh
Prof. Dr.-Ing. C. Brecher
Prof. Dr.-Ing. R. H. Schmitt

Band 11/2020

WZL | RWTH AACHEN UNIVERSITY

Fraunhofer IPT

Bibliografische Information der Deutschen Nationalbibliothek
Die Deutsche Nationalbibliothek verzeichnet diese Publikation in der Deutschen Nationalbibliografie; detaillierte bibliografische Daten sind im Internet über https://portal.dnb.de abrufbar.

Christoph Kelzenberg:

Datenstrukturmodell für den digitalen Schatten der Auftragsabwicklung von Werkzeugbaubetrieben

1. Auflage, 2020

Gedruckt auf holz- und säurefreiem Papier, 100% chlorfrei gebleicht.

Apprimus Verlag, Aachen, 2020
Wissenschaftsverlag des Instituts für Industriekommunikation und Fachmedien an der RWTH Aachen
Steinbachstr. 25, 52074 Aachen
Internet: www.apprimus-verlag.de, E-Mail: info@apprimus-verlag.de

Druck: KN Digital Printforce GmbH, Stuttgart

ISBN 978-3-86359-861-7

D 82 (Diss. RWTH Aachen University, 2020)

Vorwort

Die vorliegende Dissertation ist zentrales Ergebnis meiner Arbeit als wissenschaftlicher Mitarbeiter am Lehrstuhl für Produktionssystematik des Werkzeugmaschinenlabors WZL der Rheinisch-Westfälischen Technischen Hochschule (RWTH) Aachen.

Mein besonderer Dank gilt dem Inhaber des Lehrstuhls für Produktionssystematik, Herrn Professor Günther Schuh, für das in mich und meine Arbeit gesetzte Vertrauen. Das herausfordernde und gleichzeitig inspirierende und kreative Arbeitsumfeld war maßgebend für meine fachliche und persönliche Weiterentwicklung sowie für die erfolgreiche Verfassung dieser Arbeit. Mein weiterer Dank gilt Herrn Professor Thomas Bergs für die Übernahme des Korreferats. Weiterhin bedanke ich mich bei Herrn Professor Olivier als Vorsitzenden der Prüfungskommission und Herrn Professor Jacobs für die Übernahme des Beisitzes.

Die Adressierung praktischer, unternehmerischer Fragestellungen in der Branche Werkzeugbau im Rahmen von zahlreichen Industrieprojekten war ein zentraler Erfolgsfaktor für den erfolgreichen Abschluss der Arbeit. Für die Leitung des Geschäftsbereichs Industrieberatung, die damit verbundene Verantwortung und Entscheidungsfreiheit sowie die übergeordnete strategische und operative Gestaltung der WBA Aachener Werkzeugbau Akademie GmbH möchte ich mich bei Herrn Professor Wolfgang Boos bedanken.

Der kontinuierliche Kontakt zu Industriepartnern der Branche Werkzeugbau ermöglichte mir darüber hinaus die Validierung meiner Dissertation. Dafür bedanke ich mich bei Herrn Dr. Sven Holsten von der Phoenix Contact GmbH & Co. KG sowie bei Frau Verena Bohnhorst und Herrn Thomas Adler von der Braunform GmbH.

Ein ganz besonderer Dank gilt meinen aktuellen und ehemaligen Kolleginnen und Kollegen am WZL, insbesondere der Abteilung Unternehmensentwicklung. Zunächst möchte ich ganz besonders Dr. Michael Salmen für die stetige Forderung und Förderung, zahlreiche Anregungen und Ratschläge sowie die herausragende Führung der Abteilung danken. Johan de Lange, Jan Wiese, David Goertz und Maximilian Stark danke ich für die intensive Zusammenarbeit, den wertvollen inhaltlichen Austausch sowie den Tatendrang zur Gestaltung der Abteilung. Bei Jens Helbig, Thilo Schultes und Felix Stracke möchte ich mich für intensive Industrieprojekte und spannende Diskussionen bedanken. Dr. Tobias Hensen danke ich insbesondere für die zielorientierte, konstruktive und offene Zusammenarbeit in der WBA. Weiterhin möchte ich mich bei Dr. Martin Pitsch für die inspirierende Art und die bis heute andauernde Freundschaft bedanken. Weiterhin danke ich Bernd Haase, Jan Mersmann und Julian Schweins für ihr einmaliges Engagement und die besondere Unterstützung während der Erstellung der Arbeit.

Mein letzter und wichtigster Dank gilt meiner Familie, insbesondere meiner Mutter, meiner Schwester und meiner Freundin Coralie. Ihre Liebe, ihre vorbehaltlose Unterstützung, ihre stetige Rücksichtnahme und der Verzicht auf sehr viel gemeinsame Zeit haben mir die Erstellung dieser Arbeit ermöglicht.

Aachen, im März 2020 — Christoph Kelzenberg

Kurzzusammenfassung

Die Branche Werkzeugbau ist eine der leistungsfähigsten Branchen in Deutschland. Sie genießt aufgrund ihrer hochwertigen Werkzeuge und Dienstleistungen weltweit einen exzellenten Ruf. Eine Vielzahl von großen Herausforderungen, resultierend aus steigenden Kundenanforderungen und wachsendem internationalen Wettbewerb, zwingt deutsche Werkzeugbaubetriebe jedoch zu einer höheren Exzellenz in Leistungsangebot (Marktsicht) und Auftragsabwicklung (Wertschöpfungssicht). Die notwendige Steigerung der Wettbewerbsfähigkeit durch Industrialisierung ist indes nicht mehr ausreichend.

Zentrale Aufgabe deutscher Werkzeugbaubetriebe ist es zukünftig, an der vierten industriellen Revolution, auch als „Industrie 4.0“ bezeichnet, zu partizipieren. Sie beschreibt die ganzheitliche digitale Vernetzung von Maschinen, Ressourcen, Mitarbeitern und Prozessen mithilfe moderner Informations- und Kommunikationstechnologien. Grundvoraussetzung zur Implementierung und Nutzung von Industrie 4.0 in Werkzeugbaubetrieben ist die Entwicklung eines digitalen Schattens der Auftragsabwicklung, das heißt eines hinreichend genauen Abbilds aller Unternehmensprozesse. Trotz Klarheit über das Vorgehen zur Entwicklung eines digitalen Schattens ist dieser in einer Vielzahl von Werkzeugbaubetrieben momentan nicht implementiert.

Eine Unterstützung zur Entwicklung des digitalen Schattens der Auftragsabwicklung von Werkzeugbaubetrieben stellt das im Rahmen dieser Dissertation entwickelte Datenstrukturmodell dar. Das Datenstrukturmodell ist ein modelliertes Abbild systematisch geordneter und strukturierter Daten der Auftragsabwicklung von Werkzeugbaubetrieben. Es besteht aus einer Vielzahl von Sub-Datenstrukturen, die zu einem ganzheitlichen Modell aggregiert werden. Anhand der Prozesselemente Vertrieb, Engineering, Konstruktion, Arbeitsvorbereitung, Fertigung, Montage, Qualifizierung sowie Projektmanagement, Einkauf und Logistik erfolgt eine Orientierung an der Auftragsabwicklung. Interne und externe Stammdaten sowie Auftrags- und Betriebsdaten stellen die übergeordneten Datenelemente dar, die eine Klassifizierung aller relevanten Daten ermöglichen. Integrationselemente stellen die Verbindung zwischen Datenstrukturen her. Mithilfe von Darstellungselementen der Modellierungssprache Entity-Relationship-Modell wird das Datenstrukturmodell nutzergerecht dargestellt. Das entwickelte Datenstrukturmodell wird anhand von zwei Fallbeispielen validiert. Der interne Werkzeugbaubetrieb der Phoenix Contact GmbH & Co. KG sowie der externe Werkzeugbaubetrieb der Braunform GmbH sind zwei repräsentative Unternehmen der Branche Werkzeugbau.

Der wissenschaftliche Beitrag dieser Arbeit besteht in einer inhaltlichen und grafischen Beschreibung von Datenstrukturen. Sie befähigen zur Entwicklung und Implementierung eines digitalen Schattens der Auftragsabwicklung in Werkzeugbaubetrieben. Somit stellt das Ergebnis einen ersten wesentlichen Schritt dar, um die bestehenden Potenziale von Industrie 4.0 in der Branche Werkzeugbau ganzheitlich zu nutzen und deren operative Exzellenz zu steigern. Aufgabe von Werkzeugbaubetrieben ist nun die Adaption und Implementierung des entwickelten Datenstrukturmodells, um den digitalen Schatten mithilfe von Datenaufnahme, Datenfusion sowie Konsistenz- und Plausibilitätsprüfung erzeugen zu können.

Abstract

The tooling industry is one of the most efficient sectors in Germany. It has an excellent reputation worldwide for its high-quality tools and services. A multitude of immense challenges, which result from increasing customer requirements as well as growing international competition, are forcing German tool shops to achieve greater excellence in product and service offering (market view) as well as order fulfillment (process view). The required increase in competitiveness through industrialization is, however, no longer sufficient.

The main duty of German tool shops in the future is to participate in the fourth industrial revolution, also known as Industry 4.0. It describes the holistic digital networking of machines, resources, employees and processes using modern information and communication technologies. The basic requirement for the implementation and use of Industry 4.0 in tool shops is the development of a digital shadow of the order fulfillment process, which represents a sufficiently accurate reflection of all company processes. Despite the clarity of the procedure for development, a large number of tool shops is not able to implement a digital shadow at the moment.

Support for the development of the digital shadow of the order fulfillment process within tool shops is the data structure model developed in the context of this dissertation. The data structure model is a modeled reflection of systematically ordered and structured data of the order fulfillment process of tool shops. It consists of a large number of sub-data structures that are aggregated into a holistic model. Based on the process elements sales, engineering, design, work preparation, manufacturing, assembly, qualification as well as project management, purchasing and logistics an orientation to the order fulfillment process is carried out. Internal and external master data as well as order data and operating data provide the superordinate data elements that allow a classification of all relevant data. Integration elements realize the connection between data structures. Description elements of the modeling language entity-relationship model illustrate the data structure model user-friendly. The developed data structure model is validated using two practical examples. The internal tool shop of Phoenix Contact GmbH & Co. KG and the external tool shop of Braunform GmbH are two representative companies of the tooling industry.

The scientific contribution of this work is the content-related and graphic-related description of data structures. They enable the development and implementation of a digital shadow of the order fulfillment process in tool shops. Thus, the result represents a first important step towards the holistic use of the existing potential of Industry 4.0 in the tooling industry for increasing its operational excellence. The task of tool shops is now to adapt and implement the developed data structure model in order to create the digital shadow with the help of data acquisition, data fusion as well as consistency and plausibility testing.

I Inhaltsübersicht

II Inhaltsverzeichnis

III Abbildungsverzeichnis

IV Abkürzungsverzeichnis

AG	Aktiengesellschaft
APLNR	Arbeitsplatznummer
Arbeitsvorber.	Arbeitsvorbereitung
Aufl.	Auflage
BDE	Betriebsdatenerfassung
Bez.	Bezeichnung
BG	Baugruppe
BM	Betriebsmittel
BMBF	Bundesministerium für Bildung und Forschung
BMGNR	Betriebsmittelgruppennummer
BMNR	Betriebsmittelnummer
BPMN	Business Process Modeling Notation
bspw.	beispielsweise
bzgl.	bezüglich
bzw.	beziehungsweise
ca.	circa
CAD	Computer-aided Design
CAM	Computer-aided Manufacturing
CAP	Computer-aided Planning
CAQ	Computer-aided Quality
CAx	Computer-aided x
CIM	Computer-integrated Manufacturing
CPPS	Cyber-physisches Produktionssystem
CPS	Cyber-physisches System
CRM	Customer Relationship Management
Co.	Compagnie
d. h.	das heißt
dt.	deutsch
DB	Datenbank
DBMS	Datenbankmanagementsystem

DBS	Datenbanksystem
DBVS	Datenbankverwaltungssystem
DIN	Deutsches Institut für Normung
eERM	erweitertes Entity-Relationship-Modell
engl.	englisch
EPK	Ereignisgesteuerte Prozesskette
ERM	Entity-Relationship-Modell
ERP	Enterprise Resource Planning
et al.	et alii (lateinisch: und weitere)
etc.	et cetera (lateinisch: und die übrigen Dinge)
f.	folgende Seite
ff.	folgende Seiten
FEM	Finite-Elemente-Methode
FTL	Fahrerloses Transportsystem
ggf.	gegebenenfalls
GmbH	Gesellschaft mit beschränkter Haftung
griech.	griechisch
GTIS	Global Toolshop Information System
Hrsg.	Herausgeber
i. A. a.	in Anlehnung an
IaaS	Infrastructure as a Service
IBM	International Business Machines Corporation
ID	Identifikator
IEC	International Electrotechnical Commission
IKT	Informations- und Kommunikationstechnologie
Inc.	Incorporated
inkl.	inklusive
IPA	Fraunhofer-Institut für Produktionstechnik und Automatisierung IPA
IPT	Fraunhofer-Institut für Produktionstechnologie IPT
ISO	International Organization for Standardization
IT	Informationstechnik

ital.	italienisch
IWU	Fraunhofer-Institut für Werkzeugmaschinen und Umformtechnik IWU
Jg.	Jahrgang
Jh.	Jahrhundert
KDD	Knowledge Discovery in Databases
KG	Kommanditgesellschaft
KMU	Kleine und mittlere Unternehmen
MA	Mitarbeiter
max	Maximalanzahl
MES	Manufacturing-Execution-System
min	Mindestanzahl
Mio.	Millionen
Mrd.	Milliarden
NC	Numeric Control
NC-Program.	NC-Programmierung
NIST	National Institute of Standards and Technology
Nr.	Nummer
PaaS	Platform as a Service
PERM	Expanded Entity-Relationship-Modell
PLM	Product Lifecycle Management
PM	Produktionsmaschine
PMI	Product and Manufacturing Information
PPS	Produktionsplanung und -steuerung
RFID	Radio-Frequency Identification
RWTH	Rheinisch-Westfälische Technische Hochschule
s.	siehe
S.	Seite
SaaS	Software as a Service
SCM	Supply Chain Management
SNR	Sequenznummer
STÖRNR	Störnummer

St.	Sankt
TNR	Teilenummer
u. a.	unter anderem
UML	Unified Modeling Language
USA	United States of America
VDI	Verein Deutscher Ingenieure
VDMA	Verband Deutscher Maschinen- und Anlagenbauer
vgl.	vergleiche
VNR	Verfahrensnummer
VR	Volksrepublik China
WBA	WBA Aachener Werkzeugbau Akademie GmbH
WfMS	Workflowmanagementsystem
WWU	Westfälische Wilhelms-Universität
WZ	Werkzeug
WZL	Werkzeugmaschinenlabor WZL der RWTH Aachen

1 Einleitung

Im ersten Kapitel erfolgt eine Einleitung in die Thematik. Zunächst wird die Ausgangssituation der produzierenden Industrie in Deutschland beschrieben, bevor die Problemstellung konkretisiert sind. Anschließend wird die Zielsetzung der vorliegenden Arbeit definiert und die zentrale Forschungsfrage abgeleitet, bevor der Forschungsansatz beschrieben wird. Das Kapitel endet mit einer Vorstellung des Aufbaus der Arbeit.

1.1 Ausgangssituation

Deutschland weist im internationalen Vergleich eine der leistungsstärksten Industrien auf und ist seit Jahrzehnten für die Hochwertigkeit seiner Produkte und Dienstleistungen bekannt.[1] Diese betrifft unter anderem Leistungen und Schlüsseltechnologien aus den Bereichen Maschinen- und Anlagenbau, Fahrzeugbau und Medizintechnik.[2] Das produzierende Gewerbe ist, mit Ausnahme der Wirtschaftskrise 2009, dabei durchgängig für mehr als 25% der Bruttowertschöpfung der deutschen Wirtschaft verantwortlich.[3] Es stellt somit das Rückgrat der Bundesrepublik Deutschland dar. Ausländische Regierungen und Unternehmen haben der Führerschaft der deutschen Industrie dabei längst den Kampf angesagt: Produzierende Unternehmen in asiatischen und osteuropäischen Niedriglohnländern wie China oder Tschechien investieren – stellenweise mithilfe großer staatlicher Subventionen – in die organisatorische und technologische Weiterentwicklung von Prozessen und Leistungen lokaler Unternehmen.[4] Andererseits werden gezielt deutsche mittelständische Unternehmen, bspw. Kion, KraussMaffei oder Kuka, mit speziellem Know-how in Schlüsseltechnologien durch ausländische Unternehmenskonglomerate oder Regierungen gekauft bzw. signifikante Unternehmensanteile erworben.[5] Zur Bewahrung der internationalen Führungsposition ist die deutsche Industrie gefordert, weiterhin innovative Produkte und Dienstleistungen (Marktsicht) zu entwickeln und gleichzeitig ihre Wertschöpfungsstrukturen (Prozesssicht) aktiv zu verbessern und zu gestalten.

Grundlegende Veränderungen in den Arbeitstätigkeiten der produzierenden Industrie, die einen signifikanten Produktivitätsanstieg zur Folge haben, werden allgemein als industrielle Revolution bezeichnet. In der ersten industriellen Revolution (18./19. Jahrhundert) wurden mechanische Arbeits- und Kraftmaschinen eingesetzt. Die zweite industrielle Revolution (Ende des 19. Jahrhunderts) war durch arbeitsteilige Massenproduktion auf Basis standardisierter Arbeitstätigkeiten charakterisiert. Der Einsatz von Elektronik sowie Informations- und Kommu-

---

[1] Vgl. Bundesministerium für Wirtschaft und Energie (Moderne Industriepolitik), 2018

[2] Vgl. Bundesministerium für Wirtschaft und Energie (Wirtschaftsbranchen), 2018

[3] Vgl. Statistisches Bundesamt (Industriesektor in Deutschland), 2018

[4] Vgl. Deutsche Wirtschaftsnachrichten (Investition in Forschung und Entwicklung), 2018; Europäische Investitionsbank (Positiver Investitionsausblick), 2017

[5] Vgl. Handelsblatt (Arbeitsplätze sichern), 2013; Jungbluth (Chinesische Firmenbeteiligungen), 2018; Kion Group AG (Partnerschaft Weichai Power), 2012; KraussMaffei Group (Übernahme ChemChina), 2016; Kuka AG (Übernahme Midea), 2016

nikationstechnologie (IKT) während der dritten industriellen Revolution (Mitte des 20. Jahrhunderts) führte zur Automatisierung von Produktionsprozessen.[6] Mittlerweile befindet sich die produzierende Industrie inmitten der vierten industriellen Revolution, die als Industrie 4.0 bezeichnet wird. Sie wurde im Rahmen der Hannover-Messe 2011 vom deutschen Bundesministerium für Bildung und Forschung (BMBF) als Teil der Hightech-Strategie der Bundesregierung bekanntgegeben.[7] Ziel von Industrie 4.0 ist die Optimierung von Produktionsprozessen sowie Produkten und Dienstleistungen mithilfe einer ganzheitlichen digitalen Vernetzung von Maschinen, Ressourcen, Mitarbeitern und Prozessen. Grundlage dafür ist die durchgängige Digitalisierung.[8]

Seit der Bekanntmachung im Jahr 2011 versuchen produzierende Unternehmen, Industrie 4.0 in ihre Geschäftstätigkeiten zu integrieren, um die proklamierten Potenziale für sich zu nutzen. Die Tätigkeiten beziehen sich einerseits auf die Schaffung der grundlegenden Voraussetzungen wie bspw. die Aufnahme und Speicherung von Daten oder die Realisierung der Systemdurchgängigkeit. Andererseits haben sich produzierende Unternehmen das Ziel gesetzt, konkrete Industrie 4.0-Anwendungen zu entwickeln und zu operationalisieren. Beispiele sind Tablet-Applikationen zur digitalen Aufnahme und Speicherung von Produkt- und Prozessfehlern oder die Nutzung von RFID-Technologie zur echtzeitnahen Lokalisierung von Produkten, Komponenten oder Betriebsmitteln. Aufgrund der Nutzung von Einzellösungen und keiner durchgängigen Implementierung können Produktivitätssteigerungen durch Industrie 4.0 entlang der Auftragsabwicklung bisher nicht realisiert werden.[9] Angestrebt werden allerdings Produktivitätssteigerungen in der produzierenden Industrie von bis zu 33%.[10]

Der Hauptgrund, welcher die Nutzung der bestehenden Potenziale verhindert, ist das fehlende Verständnis für und die fehlende Visualisierung von daten- und informationstechnischen Zusammenhängen zwischen den Arbeitsbereichen und Prozessabläufen entlang der gesamten Auftragsabwicklung. Im Kontext der vierten industriellen Revolution spricht man von einem sogenannten digitalen Schatten der Auftragsabwicklung, der produzierenden Unternehmen aktuell fehlt. Der digitale Schatten ist das hinreichend genaue Abbild aller Prozesse eines Unternehmens in Entwicklung, Produktion und angrenzenden Bereichen mit dem Ziel, eine Übersicht sowie eine Auswertungsbasis aller produktionsrelevanten Daten im Unternehmen zu erstellen.[11] Während Logistikunternehmen ihre Warenbestände heutzutage bereits digital abbilden können, weisen Unternehmen der produzierenden Industrie bis auf wenige Ausnahmen keinen digitalen Schatten der Auftragsabwicklung auf. Der digitale Schatten der Auftragsab-

[6] Vgl. Bauernhansl (Vierte Industrielle Revolution), 2017, S. 3

[7] Vgl. Kagermann et al. (Internet der Dinge), 2011, S. 2

[8] I. A. a. acatech Deutsche Akademie der Technikwissenschaften (Industrie 4.0), 2013, S. 5ff.

[9] I. A. a. Schuh et al. (Industrie 4.0), 2018, S. 6f.

[10] Vgl. Lerch et al. (Modernisierung der Produktion), 2017, S. 10

[11] Vgl. Bauernhansl et al. (Standpunkt Industrie 4.0), 2016, S. 23

wicklung stellt für die produzierende Industrie eine elementare Voraussetzung zur ganzheitlichen Implementierung von Industrie 4.0 und damit zur Nutzung der sich ergebenden Produktivitätspotenziale dar.

An der Schnittstelle zwischen Produktentwicklung und Serienproduktion nimmt die Branche Werkzeugbau eine Schlüsselstellung in der produzierenden Industrie ein[12] und ist gleichermaßen von den industriellen Revolutionen betroffen. Aufgrund der Kunde-Lieferant-Beziehung haben Produktivitätssteigerungen in der Auftragsabwicklung von Werkzeugbaubetrieben unmittelbaren Einfluss auf die Serienproduktion, da sie sich positiv auf Lieferzeit, Herstellungskosten und Qualität der Werkzeuge auswirken. Die Entwicklung und Nutzung eines digitalen Schattens der Auftragsabwicklung bietet Werkzeugbaubetrieben die Chance, zusätzliche Potenziale in den eigenen Arbeitsbereichen und Prozessabläufen zu erschließen.

1.2 Problemstellung

Die produzierende Industrie ist weltweit im Wandel. Bedingt durch die Globalisierung haben produzierende Unternehmen internationale Standorte aufgebaut, um Kostenvorteile nutzen zu können und/oder für den lokalen Markt zu produzieren. Insbesondere in Osteuropa (bspw. Tschechien und Slowenien) und Asien (bspw. Indonesien und Vietnam) hat die wachsende produzierende Industrie dazu geführt, dass sich leistungsfähige Werkzeugbaubetriebe und -märkte entwickeln bzw. weiterentwickeln.[13] Gleichzeitig verbessern Werkzeugbaubetriebe in etablierten Werkzeugbaumärkten wie China, Japan oder Südkorea sukzessive ihre organisatorische und technologische Leistungsfähigkeit.[14] In der Folge stehen Werkzeugbaubetriebe aus Hochlohnländern wie Deutschland in einem zunehmend internationalen Wettbewerb. Die Höherwertigkeit der Werkzeuge stellt dabei kein Alleinstellungsmerkmal mehr dar.[15] Eine Differenzierung deutscher Werkzeugbaubetriebe gegenüber dem internationalen Wettbewerb kann zukünftig nur über höhere Prozessleistungsfähigkeiten und Kompetenzen geschehen.[16] Gefordert ist somit Exzellenz entlang der gesamten Auftragsabwicklung.

Deutsche Werkzeugbaubetriebe wiesen lange Zeit handwerkliche Strukturen auf. Durch eine Industrialisierung in den unterschiedlichen Bereichen der Auftragsabwicklung hat eine Vielzahl von Werkzeugbaubetrieben ihre Leistungsfähigkeit in den vergangenen Jahren maßgeblich verbessern können.[17] Die Gestaltung des industriellen Werkzeugbaus erfolgt durch die Adres-

---

[12] Vgl. Eversheim & Klocke (Werkzeugbau mit Zukunft), 1998, S. 1

[13] Vgl. Boos et al. (World of Tooling), 2018, S. 96ff.

[14] Vgl. Boos et al. (Key role China), 2016, S. 18; Boos et al. (Japan & South Korea), 2016, S. 15f.

[15] Vgl. Schuh et al. (Der ideale Werkzeugbau), 2013, S. 14; Boos et al. (Tooling in Germany), 2018, S. 22

[16] Vgl. Boos et al. (Tooling in Germany), 2018, S. 9

[17] Vgl. Schuh et al. (Operative Exzellenz), 2010, S. 7ff.; gemeinsame Datenbank des Werkzeugmaschinenlabors WZL der RWTH Aachen und des Fraunhofer-Instituts für Produktionstechnologie IPT, ausgewertete Datensätze der Jahre 2013-2017, Stand Oktober 2018

sierung der Handlungsfelder Produktstandardisierung, Prozessstandardisierung, Fließfertigung, Taktung, Fokussierung, Kooperation, Mitarbeiter und Administration.[18] Industrie 4.0 bietet Werkzeugbaubetrieben Möglichkeiten zur weiteren Steigerung der Leistungsfähigkeit entlang der Auftragsabwicklung. In der jüngeren Vergangenheit wurden bereits Ideen, Konzepte und Lösungen für die erfolgreiche Anwendung von Industrie 4.0 in der Auftragsabwicklung von Werkzeugbaubetrieben entwickelt.[19] Insbesondere Werkzeugbaubetriebe, die den Wandel von der handwerklichen zur industrialisierten Werkzeugherstellung erfolgreich vollzogen haben, können die Potenziale von Industrie 4.0 zur Sicherung der Zukunftsfähigkeit nutzen. Die gesamte Branche betrachtend, fehlt es aktuell jedoch an der operativen Umsetzung.

Zentrale Voraussetzung für die Implementierung und Nutzung von Industrie 4.0 in Werkzeugbaubetrieben ist der digitale Schatten der Auftragsabwicklung. Obwohl die Vorgehensweise zur Entwicklung eines digitalen Schattens für produzierende Unternehmen bereits publiziert wurde[20], scheitern nahezu alle Werkzeugbaubetriebe an der operativen Umsetzung. Grund ist, dass der erste Schritt, die Entwicklung eines Datenstrukturmodells, nicht erfolgreich absolviert wird. Ein Datenstrukturmodell ist ein modelliertes Abbild systematisch geordneter und strukturierter Daten der Auftragsabwicklung. Die fehlende Strukturierung und Modellierung von Daten der Auftragsabwicklung ist in der gesamten Branche Werkzeugbau festzustellen. Dies ist daran erkennbar, dass bspw. redundant aufgenommene Daten fehlerhaft sind, eine Verknüpfung über die gesamte Auftragsabwicklung nicht implementiert ist und Daten von Lieferanten nicht zur Steigerung der Leistungsfähigkeit genutzt werden.[21] Die Basis für valide Datenaufnahme und -fusion sowie Konsistenz- und Plausibilitätsprüfung als nachfolgende Schritte zur Entwicklung des digitalen Schattens ist nicht gegeben. Werkzeugbaubetriebe müssen daher zunächst die Datenstrukturen der Auftragsabwicklung beschreiben und modellieren, um den digitalen Schatten der Auftragsabwicklung entwickeln und darauf aufbauend die Potenziale von Industrie 4.0 zur Steigerung der Wettbewerbsfähigkeit nutzen zu können.

1.3 Zielsetzung der Arbeit

Die **übergeordnete Zielsetzung** der vorliegenden Dissertation ist die Entwicklung eines Lösungsansatzes zur Erzeugung und Integration eines digitalen Schattens in die Geschäftstätig-

[18] Vgl. Klotzbach (Industrieller Werkzeugbau), 2007, S. 180f.

[19] Vgl. u. a. Boos et al. (Smart Tooling), 2016; Boos et al. (Digital Vernetzen im Werkzeugbau), 2016; Boos et al. (Intelligent Tool Manufacturing), 2017; Schuh et al. (Industrie 4.0), 2018

[20] Die Vorgehensweise zur Entwicklung eines digitalen Schattens besteht aus der Entwicklung des Datenstrukturmodells, der multimodalen Datenaufnahme, der multimodalen Datenfusion und der Konsistenz- bzw. Plausibilitätsprüfung. Die Schritte werden in Kapitel 2.1.4.2 ausgeführt. Siehe dazu auch Bauernhansl et al. (Standpunkt Industrie 4.0), 2016, S. 30

[21] Vgl. Gemeinsame Datenbank des Werkzeugmaschinenlabors WZL der RWTH Aachen und des Fraunhofer-Instituts für Produktionstechnologie IPT, ausgewertete Datensätze der Jahre 2013-2017, Stand Oktober 2018

keiten von Werkzeugbaubetrieben. Die Anwendung dieses Lösungsansatzes soll Werkzeugbaubetriebe an Hochlohnstandorten wie Deutschland befähigen, ihre Wettbewerbsfähigkeit durch einen effizienteren Auftragsabwicklungsprozess nachhaltig zu steigern.

Ein Datenstrukturmodell ist Grundvoraussetzung zur Entwicklung eines digitalen Schattens. Aktuell existieren keine Lösungsansätze, welche die Datenstrukturen der Auftragsabwicklung von Werkzeugbaubetrieben ausreichend beschreiben und modellieren oder die besonderen Gegebenheiten dieser berücksichtigen. Bestehende Lösungsansätze weisen Defizite auf hinsichtlich beschriebener Datengranularität, verständlicher und logischer Klassifizierung sowie Abhängigkeiten und Beziehungen zwischen Daten entlang der Auftragsabwicklung. Zentrale modellierungsspezifische Fragestellungen in Bezug auf anwendergerechte Darstellung, Orientierung am Auftragsabwicklungsprozess und Modifizierbarkeit bleiben zudem häufig unbeantwortet. Weiterhin werden werkzeugbauspezifische Kriterien wie die Berücksichtigung der Einzel- und Kleinseriencharakteristika von Erzeugnissen und Herstellungsprozessen sowie betriebsspezifischen Rahmenbedingungen wie unterschiedliche Fertigungsverfahren und Betriebsgrößen nicht hinreichend adressiert (vgl. Kapitel 3.4).

Die **konkrete Zielsetzung** dieser Dissertation ist die Entwicklung eines Datenstrukturmodells für den digitalen Schatten der Auftragsabwicklung von Werkzeugbaubetrieben. Dieses soll die bestehenden Anforderungen von Werkzeugbaubetrieben hinreichend adressieren, um eine operative Anwendung in der betrieblichen Praxis zu gewährleisten. Nach KUBICEK sind grundlegende Forschungsfragen zu formulieren, um den Betrachtungsbereich einer Dissertation einzugrenzen und damit den Forschungsprozess zielgerichtet durchführen zu können.[22] Die handlungsleitende Forschungsfrage der vorliegenden Dissertation lautet:

Wie müssen Datenstrukturen für den digitalen Schatten der Auftragsabwicklung von Werkzeugbaubetrieben beschrieben und modelliert werden?

Die Konkretisierung der handlungsleitenden Forschungsfrage durch weitere grundlegende Forschungsfragen wird in Kapitel 3.5 vorgenommen.

1.4 Forschungsansatz

Die Entwicklung und Darstellung des Forschungsansatzes dieser Dissertation orientiert sich an der am Lehrstuhl für Produktionssystematik des Werkzeugmaschinenlabors WZL der RWTH Aachen etablierten Vorgehensweise, die auf erfolgreich angewandten wissenschaftlichen Paradigmen und Methoden beruht. Sie basiert auf unterschiedlichen, bereits abgeschlossenen Arbeiten, darunter die Arbeiten von PITSCH[23], KOMOREK[24], SALMEN[25] und KUHLMANN[26].

---

[22] Vgl. Kubicek (Heuristische Bezugsrahmen), 1977, S. 24ff.

[23] Vgl. Pitsch (Vernetzung von Werkzeugbaustandorten), 2014

[24] Vgl. Komorek (Kollaborative Wertschöpfung), 2014

[25] Vgl. Salmen (Digital vernetzter Shopfloor), 2016

[26] Vgl. Kuhlmann (Corporate Tooling), 2017

Die wissenschaftliche Forschung stellt einen Prozess des Erkenntnisgewinns und der Lösungsentwicklung dar, dessen Ergebnisse nicht nur dem Forschenden, sondern der gesamten Forschungsgemeinschaft („Science community“) eine neue Wirklichkeit erschließt.[27] Basis des Forschungsprozesses ist die grundlegende Erkenntnisperspektive. Sie wird auch „basic belief system“ genannt und ist damit als ein nicht weiter begründbares Vorverständnis der vorliegenden Arbeit anzusehen.[28] Weiterhin wird der Forschungsprozess durch die Forschungsmethodologie definiert, d. h. durch den Methodeneinsatz im Prozess von Erkenntnisgewinn und Lösungsentwicklung. Grundlegende Erkenntnisperspektive und Forschungsmethodologie werden im Folgenden erläutert.

Die Erläuterung der **grundlegenden Ergebnisperspektive** bedingt eine Einordnung der vorliegenden wissenschaftlichen Arbeit in das Spektrum der Wissenschaften. Dies erfolgt nach dem Ansatz von Ulrich & Hill, die eine Einteilung der Wissenschaften in Formal- und Realwissenschaften vornehmen (vgl. Abbildung 1).

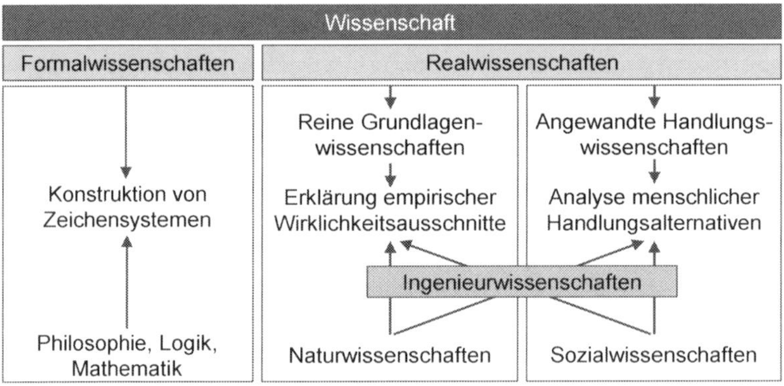

Abbildung 1: Wissenschaftssystematik[29]

Zielsetzung der *Formalwissenschaften* ist es, Zeichensysteme zu konstruieren und Regeln zur Nutzung dieser zu definieren. Klassische Disziplinen der Formalwissenschaften sind u. a. Philosophie, Logik und Mathematik.[30] Die konstruierten Zeichensysteme und definierten Regeln sind Ergebnisse der Analytik und weisen keinerlei Beziehung zu realen Objekten auf. Vielmehr nehmen sie Bezug auf abstrakte, nicht reale Objekte wie Zahlen und Zeichen, sodass die Richtigkeit der Ergebnisse ausschließlich durch Prüfungen der Logik ermittelt werden kann.[31]

[27] Vgl. Binder & Kantowsky (Technologiepotentiale), 1996, S. 3f.

[28] Vgl. Guba & Lincoln (Qualitative Research), 1994, S. 107

[29] I. A. a. Ulrich & Hill (Wissenschaftstheoretische Grundlagen), 1976, S. 305

[30] Vgl. Ulrich & Hill (Wissenschaftstheoretische Grundlagen), 1976, S. 305

[31] Vgl. Schanz (Führungsforschung), 1987, S. 2039

Ziel der *Realwissenschaften* ist hingegen die empirische Beschreibung, Erklärung und Gestaltung wahrnehmbarer Wirklichkeitsausschnitte.[32] Die Forschungsergebnisse der Realwissenschaften sind synthetisch und damit aus mehreren Einheiten zusammengesetzt. Zusätzlich zur Identifizierung sachlogischer Widersprüche können die Aussagen mithilfe von Faktenanalysen überprüft werden.[33] Innerhalb der Realwissenschaften differenzieren ULRICH & HILL zusätzlich zwischen Grundlagenwissenschaften und Handlungswissenschaften. Kern der Grundlagenwissenschaften, die auch als „reine Wissenschaften" bezeichnet werden, ist die Erklärung empirischer Wirklichkeitsausschnitte durch die Unterscheidung von Theorie und Beobachtung. Typische Vertreter sind die Naturwissenschaften wie Physik, Biologie und Chemie. Handlungswissenschaften werden häufig „angewandte Wissenschaften" genannt und analysieren menschliches Handeln mit dem Ziel, soziale und technische Systeme zu gestalten. Typische Vertreter sind die Sozialwissenschaften wie Soziologie und Ökonomie sowie die Betriebswirtschaftslehre.[34] Die Ingenieurwissenschaften zählen zu den Realwissenschaften, wobei keine eindeutige Zuordnung zu den Grundlagenwissenschaften oder den Handlungswissenschaften vorgenommen werden kann. Aufgrund des hohen Praxisbezugs und der konkreten Unterstützung menschlichen Handelns kann die vorliegende Arbeit jedoch eindeutig den Handlungswissenschaften zugeordnet werden. Sie besitzt zudem Schnittmengen zur Betriebswirtschaftslehre.

Nach der Zuordnung zu den Handlungswissenschaften ist die grundlegende Erkenntnisperspektive der vorliegenden Arbeit abschließend zu definieren. Dafür sind die Überzeugungen des Forschers als Teil des Vorverständnisses der Arbeit offenzulegen. Diese bestehen aus vorwissenschaftlichen und wertgebundenen Annahmen, die nicht zu beweisen sind und empirisch nicht untersucht werden können. Die Darstellung der Überzeugungen des Forschers unterstützt dabei, das sogenannte Subjektivitätskriterium wissenschaftlicher Arbeiten zu überwinden.[35] In der Wissenschaftstheorie werden die Überzeugungen sowie das zugrunde liegende Grundverständnis als Paradigma[36], Forschungs-[37] oder Erkenntnisprogramm[38] bezeichnet. Die drei zentralen Ansätze in der Betriebswirtschaftslehre sind der faktortheoretische Ansatz nach GUTENBERG, der Systemansatz nach ULRICH und der entscheidungstheoretische Ansatz nach HEINEN.[39] Für die vorliegende Arbeit wird der Systemansatz nach ULRICH als grundlegende Wissenschaftstheorie gewählt. Gründe sind hoher Praxisbezug, Offenheit, Integrativität und damit ein hoher Bezug zu Ingenieurwissenschaften.[40]

---

[32] Vgl. Ulrich & Hill (Wissenschaftstheoretische Grundlagen), 1976, S. 305

[33] Vgl. Schanz (Führungsforschung), 1987, S. 2039

[34] Vgl. Ulrich & Hill (Wissenschaftstheoretische Grundlagen), 1976, S. 305

[35] Vgl. Ulrich & Hill (Wissenschaftstheoretische Grundlagen), 1976, S. 306

[36] Vgl. Kuhn (Wissenschaftliche Revolutionen), 1988, S. 25

[37] Vgl. Lakatos (Wissenschaftliche Forschungsprogramme), 1974, S. 89ff.

[38] Vgl. Albert (Marktsoziologie und Entscheidungslogik), 1998, S. 8ff.

[39] Vgl. Ulrich & Hill (Wissenschaftstheoretische Grundlagen), 1976, S. 307ff.

[40] Vgl. Ulrich & Hill (Wissenschaftstheoretische Grundlagen), 1976, S. 308f.; Pitsch (Vernetzung von Werkzeugbaustandorten), 2014, S. 6

Die **Forschungsmethodologie** ist nach der grundlegenden Erkenntnisperspektive ein weiterer zentraler Bestandteil des Forschungsprozesses. Sie legt die Art und Weise fest, in der der Erkenntnisprozess zur Entwicklung neuer Lösungen und zur Entdeckung neuen Wissens gestaltet ist. Nach POPPER beginnt der Erkenntnisprozess nicht mit Wahrnehmungen, Beobachtungen, gesammelten Daten oder Tatsachen. Vielmehr ist ein Problem bzw. sind mehrere Probleme Ausgangspunkt des Erkenntnisgewinns.[41] Gemäß dem dargelegten Unterschied zwischen Grundlagenwissenschaften und Handlungswissenschaften werden diese Probleme durch die anwendungsorientierten Handlungswissenschaften gelöst.

Für Handlungswissenschaften kann die explorative Forschung als Forschungsmethodologie eingesetzt werden.[42] Zielsetzung der explorativen Forschung ist die (Weiter-)Entwicklung von analytischen Lösungen und theoretischen Aussagen auf Basis von Erfahrungswissen des Forschers.[43] Aufgrund der Zuordnung zu den Handlungswissenschaften und der Wahl des Systemansatzes nach ULRICH wird für die vorliegende Arbeit die Forschungsmethodologie der explorativen Forschung angewandt (vgl. Abbildung 2).

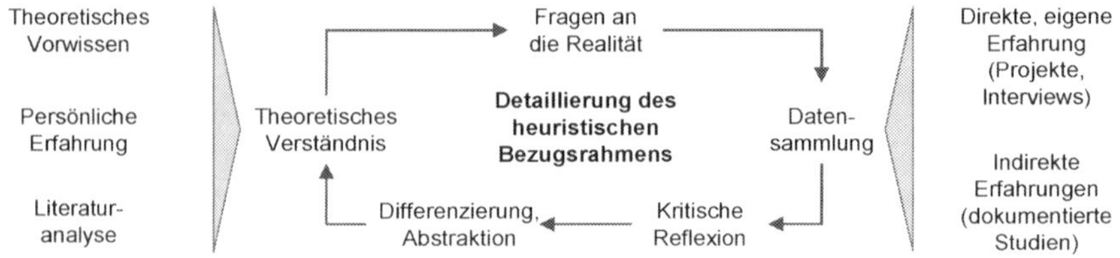

Abbildung 2: Forschungsmethodisches Vorgehen[44]

Nach KUBICEK erfolgt die Entwicklung wissenschaftlicher Aussagen im Kontext der explorativen Forschung durch einen geleiteten Lernprozess, der auf systematischem Erfahrungswissen des Forschers basiert. Neben der Gewinnung von Erfahrungswissen problematisiert der Lernprozess ebenso die kreative Umsetzung in theoretische Aussagen.[45] Durch Fragestellungen an die Realität und die theoretische Verarbeitung der gewonnenen Erkenntnisse werden neue, erweiternde Fragestellungen entwickelt. Daraus resultiert ein erneuter Erkenntnisgewinn. Im Rahmen der explorativen Forschung erfolgt somit keine reine Untersuchung und Überprüfung aufgestellter Hypothesen, sondern ebenfalls die Entwicklung theoretischer Aussagen.[46]

[41] Vgl. Popper (Logik der Sozialwissenschaften), 1975, S. 104

[42] Vgl. Komorek (Kollaborative Wertschöpfung), 2014, S. 6; Pitsch (Vernetzung von Werkzeugbaustandorten), 2014, S. 6f.; Salmen (Digital vernetzter Shopfloor), 2016, S. 7

[43] Vgl. Kubicek (Heuristische Bezugsrahmen), 1977, S. 13

[44] Vgl. Kubicek (Heuristische Bezugsrahmen), 1977, S. 14; Tomczak (Forschungsmethoden), 1992, S. 84; i. A. a. Komorek (Kollaborative Wertschöpfung), 2014, S. 6

[45] Vgl. Kubicek (Heuristische Bezugsrahmen), 1977, S. 13

[46] Vgl. Kubicek (Heuristische Bezugsrahmen), 1977, S. 14; Salmen (Digital vernetzter Shopfloor), 2016, S. 8

Der *heuristische Bezugsrahmen* ist der Mittelpunkt des Forschungsprozesses in der explorativen Forschung. Nach TOMCZAK zeigt dieser das Vorverständnis des Autors und ist handlungsleitend für die Lösung praxisrelevanter Probleme innerhalb des Forschungsprozesses. Ein nicht ausreichendes Verständnis bzw. eine unzureichende Beherrschung eines theoretischen Problems oder Phänomens ist der Ausgangspunkt für die Entwicklung eines heuristischen Bezugsrahmens.[47] Die Problemstellung der vorliegenden Arbeit wurde bereits in Kapitel 1.2 erläutert, sodass der heuristische Bezugsrahmen nachfolgend erläutert wird.

Das zentrale Element ist die Auftragsabwicklung von Werkzeugbaubetrieben, die aufgrund der zunehmenden Leistungsfähigkeit ausländischer Werkzeugbaubetriebe (vgl. Kapitel 1.2) und der Trends der produzierenden Industrie (vgl. Kapitel 2.3.6.1) Industrie 4.0 und das datenbasierte Lernen adressieren muss. Voraussetzung zur Nutzung der Potenziale von Industrie 4.0 entlang der Auftragsabwicklung von Werkzeugbaubetrieben ist ein digitaler Schatten, d. h. ein hinreichend genaues Abbild der Unternehmensprozesse (vgl. Kapitel 2.1.4). Weiterhin sind beschriebene Datenbeziehungen Ausgangspunkt für ein datenbasiertes Lernen entlang der Auftragsabwicklung von Werkzeugbaubetrieben. Die Kombination von digitalem Schatten und Datenbeziehungen führt zu einem Datenstrukturmodell für den digitalen Schatten der Auftragsabwicklung von Werkzeugbaubetrieben. Abbildung 3 zeigt den heuristischen Bezugsrahmen der vorliegenden Arbeit.

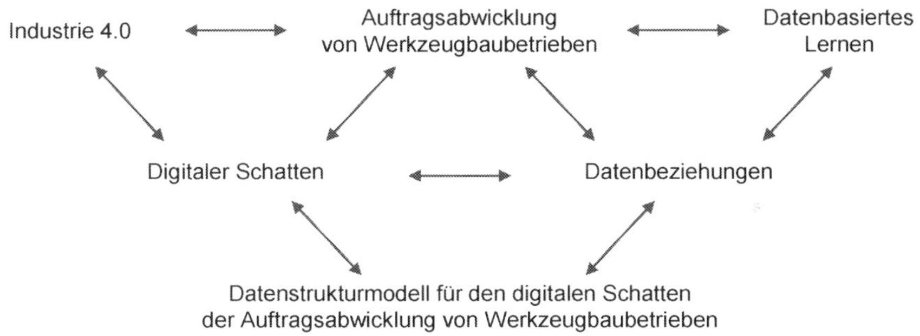

Abbildung 3: Heuristischer Bezugsrahmen

Grundlage dieser Arbeit ist das *Erfahrungswissen* des Autors. Dieses wurde im Rahmen der Tätigkeit als wissenschaftlicher Mitarbeiter in der Abteilung Unternehmensentwicklung am Lehrstuhl für Produktionssystematik des Werkzeugmaschinenlabors WZL der RWTH Aachen seit 2014 kontinuierlich aufgebaut und weiterentwickelt. Im Rahmen von zahlreichen Industrieberatungs- und Forschungsprojekten sowie in Lehr- und Weiterbildungsveranstaltungen war der Werkzeugbau als Betrachtungsbereich dieser Arbeit Gegenstand der Aufgaben.

Als Projektleiter des Wettbewerbs „Excellence in Production" zum „Werkzeugbau des Jahres" in den Jahren 2016 und 2017 mit jeweils mehr als 300 teilnehmenden Unternehmen wurden

[47] Vgl. Tomczak (Forschungsmethoden), 1992, S. 84

jährlich datenbasierte Analysen entlang der Auftragsabwicklung von Werkzeugbaubetrieben durchgeführt. Im Rahmen des jährlich stattfindenden Wettbewerbs wurden zusätzlich die jeweils 16 besten Werkzeugbaubetriebe im deutschsprachigen Raum vor Ort besucht und auditiert. Durch die intern durchgeführten Analysen der Unternehmensdaten[48] konnte ein umfangreiches Verständnis für Daten entlang der Auftragsabwicklung von Werkzeugbaubetrieben entwickelt werden. Dieses wurde zudem in zahlreichen Diskussionen vertieft. Die Durchführung und Leitung nationaler und internationaler Industrieberatungsprojekte mit den Themen Benchmarking, Auftragsabwicklungsanalyse, datengestützte Produkt- und Prozesskostenanalyse und Industrie 4.0 führte zusätzlich zu weitreichenden Kenntnissen über Chancen und Herausforderungen, die mit der Entwicklung eines digitalen Schattens der Auftragsabwicklung sowie der zugrunde liegenden Datenstrukturierung für Werkzeugbaubetriebe einhergehen. Durch die Leitung der Konsortialprojekte „Smart Manufacturing – Fokus Auftragsdatenanalyse" und „Künstliche Intelligenz im Werkzeugbau", durchgeführt mit der WBA Aachener Werkzeugbau Akademie GmbH und jeweils zehn Unternehmen der Branche Werkzeugbau, konnte das Wissen über Industrie 4.0 und Datenstrukturen weiter vertieft werden.

Durch zahlreiche Vorträge auf Kolloquien, Seminaren und Arbeitskreisen sowie im Rahmen der Teilnahme an Workshops konnten Fragestellungen zur Datenstrukturierung und -modellierung für die Auftragsabwicklung von Werkzeugbaubetrieben vorgestellt und diskutiert werden. Zusätzlich wurde die forschungsrelevante Literatur in den Themen Werkzeugbau, Industrie 4.0 sowie Datenstrukturierung und -modellierung studiert. Insbesondere die Ansätze an der Schnittstelle zwischen Produktionstechnik und Informatik wurden kritisch reflektiert und weiterentwickelt. Gleichzeitig ermöglichte der Austausch mit Experten aus Theorie und Praxis die Verifizierung des im Rahmen dieser Arbeit entwickelten Datenstrukturmodells für den digitalen Schatten der Auftragsabwicklung von Werkzeugbaubetrieben.

1.5 Aufbau der Arbeit

Die vorliegende Arbeit ist das Ergebnis explorativer Forschung, weshalb der Aufbau der Arbeit am Forschungsprozess für angewandte Forschung nach ULRICH ausgerichtet ist.[49] Auf Basis in der Praxis identifizierter Probleme werden entsprechende Modelle und Regeln analytisch abgeleitet, die einen allgemeingültigen Lösungsansatz darstellen. Dieser muss anschließend wiederum in der Anwendung validiert werden.[50]

Die Arbeit ist in sieben Hauptkapitel gegliedert, die jeweils mehrere Unterkapitel beinhalten. Im **ersten Kapitel** werden Ausgangssituation und Problemstellung beschrieben, auf deren Basis die Zielsetzung der Arbeit erläutert und die handlungsleitende Forschungsfrage definiert

---

[48] Die Teilnahme am Wettbewerb „Excellence in Production" zum „Werkzeugbau des Jahres" bedingt die Bearbeitung eines Fragebogens mit ca. 120 Fragen, die organisatorische und technologische Themenbereiche von Werkzeugbaubetrieben adressieren. Zur Konsistenz- und Plausibilitätsprüfung erhält das Projektteam Einsicht in die ausgefüllten Fragebögen und hält Rücksprache mit den Teilnehmern, um die Daten zu validieren.

[49] Vgl. Ulrich & Hill (Wissenschaftstheoretische Grundlagen), 1976, S. 305ff.

[50] Vgl. Ulrich (Management), 1984, S. 193

wird. Es erfolgt die Vorstellung des Forschungsansatzes, bevor der Aufbau der Arbeit abschließend dargestellt wird.

Das **zweite Kapitel** beinhaltet die Vorstellung und Erklärung der Grundlagen. Dazu werden zunächst die relevanten Begrifflichkeiten in Bezug auf Industrie 4.0 erläutert, bevor die industriellen Revolutionen beschrieben werden. Zudem werden die Handlungsfelder von Industrie 4.0 vorgestellt, bevor der Themenbereich „Digitaler Schatten" sowie die Internet of Production-Infrastruktur geschildert werden. Der zweite Teil des Kapitels thematisiert Datenstrukturierung und -modellierung. Dieser umfasst die Erläuterung der relevanten Begrifflichkeiten, bevor auf Modelltheorie, Datenmodellierung und Modellierungssprachen eingegangen wird. Im dritten Teil des Kapitels wird der Werkzeugbau als Betrachtungs- und Gestaltungsbereich vorgestellt. Inhalt sind die Erläuterung von relevanten Begrifflichkeiten, Branchenstruktur, Leistungsspektrum, Auftragsabwicklung, kollaborative Wertschöpfung sowie Trends und Herausforderungen. Das Kapitel endet mit der Ableitung des Handlungsbedarfs aus der Praxis.

Im **dritten Kapitel** erfolgen Analyse und Bewertung bestehender Ansätze zur Datenstrukturierung und -modellierung. Zunächst werden Bewertungs- und Anforderungssystem als Grundlagen der Bewertung entwickelt. Im Anschluss werden die für den Kontext der Arbeit relevanten Ansätze als potenzielle Lösungen vorgestellt, analysiert und bewertet. Nach der Aggregation der Bewertungen wird der Handlungsbedarf aus der Theorie abgeleitet. Das Kapitel schließt mit der Konkretisierung der in Kapitel 1.3 definierten handlungsleitenden Forschungsfrage.

Das **vierte Kapitel** beinhaltet die Konzeption des Datenstrukturmodells für den digitalen Schatten der Auftragsabwicklung von Werkzeugbaubetrieben. Zu Beginn werden, ergänzend zu den Ausführungen aus Kapitel 2.2, die Grundlagen der Systemtechnik und Modellierung erläutert. Anschließend werden die grundlegenden Merkmale des Datenstrukturmodells definiert. Es folgen die Herleitung der einzelnen Elemente des Datenstrukturmodells und eine anschließende Synthese dieser. Das Kapitel endet mit einer kritischen Reflexion.

Im **fünften Kapitel** werden die Inhalte des Datenstrukturmodells detailliert. Zunächst werden die Sub-Datenstrukturen innerhalb eines Betrachtungsbereichs der Auftragsabwicklung beschrieben und modelliert, bevor diese zu einem Datenstrukturmodell verknüpft werden. Dieser Prozess wird für alle Betrachtungsbereiche der Auftragsabwicklung durchgeführt. Anschließend erfolgt die Synthese zu einem ganzheitlichen Datenstrukturmodell für den digitalen Schatten der Auftragsabwicklung von Werkzeugbaubetrieben.

Das **sechste Kapitel** dient der Validierung des Datenstrukturmodells anhand von zwei Fallbeispielen. Zuerst wird die jeweilige Ausgangssituation des Unternehmens vorgestellt, bevor die einzelnen Elemente des Datenstrukturmodells jeweils validiert werden. Das Kapitel endet mit einer kritischen Reflexion, bei der die Ergebnisse der Validierung mit den definierten Anforderungen an ein Datenstrukturmodell für den digitalen Schatten der Auftragsabwicklung von Werkzeugbaubetrieben verglichen und abschließend bewertet werden.

Im **siebten Kapitel** erfolgt die Zusammenfassung der Ergebnisse und Erkenntnisse der Arbeit. Die Arbeit schließt mit einem Ausblick auf den weiteren Forschungsbedarf im Kontext des digitalen Schattens der Auftragsabwicklung von Werkzeugbaubetrieben.

In Abbildung 4 werden die Phasen angewandter Forschung nach ULRICH den einzelnen Kapiteln der Arbeit zusammenfassend gegenübergestellt.

Abbildung 4: Aufbau der Arbeit anhand der Phasen angewandter Forschung nach ULRICH[51]

[51] I. A. a. Ulrich (Management), 1984, S. 193

2 Grundlagen des Betrachtungs- und Gestaltungsbereichs

Im zweiten Kapitel erfolgt die Erläuterung der Grundlagen des Betrachtungs- und Gestaltungsbereichs. Dies stimmt mit den ersten beiden Phasen der angewandten Forschung nach ULRICH überein (vgl. Kapitel 1.4 und 1.5). Als übergeordneter Kontext, in welchen sich die vorliegende Arbeit einordnen lässt, wird im ersten Teil des Kapitels das Thema Industrie 4.0 eingeführt. Der digitale Schatten als ein zentrales Handlungsfeld von Industrie 4.0 liegt dabei im besonderen Fokus. Im zweiten Teil des Kapitels werden Datenstrukturierung und -modellierung inkl. Modelltheorie und Modellierungssprachen beschrieben. Der dritte Teil des Kapitels thematisiert den Werkzeugbau mit Fokus auf Branchenstruktur, Leistungsspektrum, Auftragsabwicklung, Kollaboration und aktuellen Trends. Abschließend wird der Handlungsbedarf aus der Praxis abgeleitet.

2.1 Industrie 4.0

Die Grundlagen von Industrie 4.0 werden in fünf Unterkapiteln beschrieben. Zunächst erfolgt das Schaffen eines einheitlichen Begriffsverständnisses und die Abgrenzung zu relevanten Begrifflichkeiten. Anschließend wird die historische Entwicklung industrieller Revolutionen erläutert. Es folgt eine Vorstellung der zentralen Handlungsfelder von Industrie 4.0 mit einer detaillierten Beschreibung des digitalen Schattens, für dessen Erzeugung das Datenstrukturmodell im Rahmen dieser Arbeit entwickelt wird. Das Kapitel schließt mit der Erklärung der Internet of Production-Infrastruktur.

2.1.1 Begriffsverständnis und Abgrenzung

Der Begriff **Industrie 4.0** wurde im Jahr 2011 auf der Hannover-Messe erstmalig genannt und vom Bundesministerium für Bildung und Forschung (BMBF) als Wegweiser der nächsten industriellen Entwicklungen proklamiert.[52] Industrie 4.0 stellt ein zentrales Element der Hightech-Strategie der deutschen Bundesregierung dar und dient der nachhaltigen Sicherung der Wettbewerbsfähigkeit des Produktionsstandorts Deutschland.[53] Im Kern ist Industrie 4.0 die vierte industrielle Revolution und steht für die ganzheitliche digitale Vernetzung von Maschinen, Ressourcen, Mitarbeitern und Prozessen mithilfe von Informations- und Kommunikationstechnologien (IKT). Durch Aufnahme, Analyse und Auswertung von Daten und Informationen sollen Produktionsprozesse intelligenter und vorhersehbarer durchgeführt werden, Wertschöpfungsnetzwerke effizienter zusammenarbeiten und bestehende Produkte und Dienstleistungen digital veredelt oder gar neu entwickelt werden.[54]

[52] Vgl. Paul (Industrie 4.0), 2012

[53] Vgl. Salmen (Digital vernetzter Shopfloor), 2016, S. 23

[54] I. A. a. acatech Deutsche Akademie der Technikwissenschaften (Industrie 4.0), 2013, S. 5ff.

Industrie 4.0 bezeichnet gleichzeitig ein Förderprogramm des BMBF für die produzierende Industrie in Deutschland. In diesem werden folgende fünf Forschungsfelder adressiert:[55]

- Vertikale Vernetzung in Wertschöpfungsnetzwerken
- Horizontale Vernetzung in Wertschöpfungsnetzwerken
- Durchgängiges Engineering über die gesamte Wertschöpfung
- Soziale Infrastruktur
- Cyber-physische Systeme

Die zentralen Inhalte der Forschungsfelder sind somit die ganzheitliche, unternehmensübergreifende Vernetzung der Leistungserstellung und die Erweiterung der Tätigkeiten im Engineering auf die gesamte Auftragsabwicklung. Gleichzeitig wird eine Weiterentwicklung der sozialen Infrastruktur, bspw. durch die Interaktion von Mitarbeitern mit Technik und Umgebung im Sinne der kollaborativen Wertschöpfung, adressiert. Cyber-physische Systeme als Verknüpfung von IKT mit physischen Objekten, bspw. Maschinen und Betriebsmitteln, werden ebenfalls thematisiert.[56]

In Theorie und Praxis wird der Begriff **Digitalisierung** häufig fälschlicherweise synonym zu Industrie 4.0 verstanden und benutzt. Im Allgemeinen stellt Digitalisierung die Umwandlung und Darstellung von Informationen zur Speicherung und/oder Aufbereitung in digitaltechnischen Systemen dar.[57] Digitalisierung beschreibt somit den Prozess zur Transformation analoger Daten und Informationen in digitale, d. h. diskret dargestellte Daten, die mithilfe von Computern oder anderen Geräten gelesen und maschinell verarbeitet werden können. Digitalisierung ist folglich eine Grundvoraussetzung zur Implementierung von Industrie 4.0 in Unternehmen.

2.1.2 Historische Beschreibung vergangener industrieller Revolutionen

Auftragsabwicklungs- und Produktionsprozesse haben sich im Laufe der letzten Jahrhunderte radikal verändert. Der Wandel von Produktionstechniken, ausgelöst durch wissenschaftlichen Fortschritt und technische Entwicklungen, hat einen signifikanten Beitrag zur aktuellen Leistungsfähigkeit produzierender Unternehmen in Deutschland geleistet. Diese Veränderungen lassen sich den allgemein anerkannten und chronologisch aufeinander aufbauenden industriellen Revolutionen[58] zuordnen. Zur Erlangung eines besseren Verständnisses, auch für Industrie 4.0, werden diese nachfolgend beschrieben. Während die ersten drei industriellen Revolutionen seit dem 18. Jahrhundert bereits stattgefunden haben und abgeschlossen sind, findet die vierte industrielle Revolution aktuell statt (vgl. Abbildung 5).[59] Letztere wurde bereits in

[55] Vgl. acatech Deutsche Akademie der Technikwissenschaften (Industrie 4.0), 2013, S. 39ff.

[56] Vgl. Broy (Cyber-Physical Systems), 2010, S. 21f.

[57] Vgl. Gabler Wirtschaftslexikon (Digitalisierung), 2018

[58] Der Begriff „Industrielle Revolution" wurde im 19. Jahrhundert analog zum Begriff der politischen Revolution in Frankreich eingeführt und beschreibt bedeutsame wirtschaftliche und gesellschaftliche Veränderungen. Vgl. dazu Hahn (Industrielle Revolution), 2011, S. 51f.

[59] Vgl. acatech Deutsche Akademie der Technikwissenschaften (Industrie 4.0), 2013, S. 17

Kapitel 2.1.1 beschrieben, sodass auf eine erneute Erläuterung an dieser Stelle verzichtet wird.

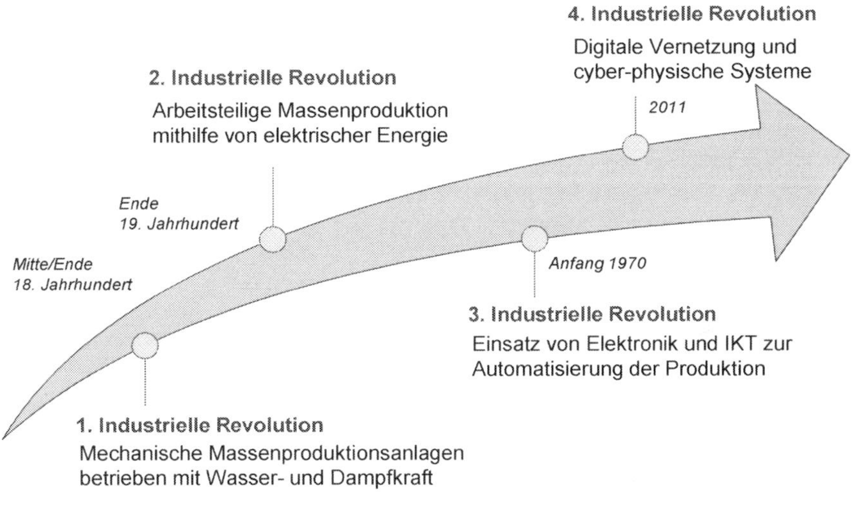

Abbildung 5: Übersicht der vier industriellen Revolutionen[60]

2.1.2.1 Erste industrielle Revolution – Mechanisierung

Die erste industrielle Revolution erstreckte sich von Mitte bzw. Ende des 18. Jahrhunderts bis Mitte des 19. Jahrhunderts und ist charakterisiert durch den Übergang von reiner Handarbeit zur Nutzung mechanischer Produktionsanlagen. Maßgeblichen Anteil am technischen Fortschritt hatte die Erfindung der Dampfmaschine durch James Watt im Jahr 1769, welche den manuellen Arbeitsaufwand reduzierte und durch die Nutzung von Dampf- anstelle von Wasserkraft eine ortsunabhängige Produktion ermöglichte.[61] Der technologische Durchbruch erfolgte schließlich im Textilgewerbe in Großbritannien, da aufkommende Engpässe in der Rohstoffverarbeitung mit bestehenden Arbeitsformen und -techniken nicht bewältigt werden konnten. Folglich wurden mechanisch angetriebene Spinnmaschinen und Webstühle produziert, deren Anwendung zu einer signifikanten Steigerung der Arbeitsproduktivität geführt hat.[62]

Der Übergang von handwerklicher Fertigung zur maschinellen Produktion veränderte neben der Arbeitsproduktivität auch die Arbeitsorganisation. Aufgrund des gewerblichen Charakters, geprägt durch größere Produktionsmengen und geringere Kosten im Vergleich zum Handwerk, entstanden industrielle Fabriken, die durch Produktionsmaschinen und fabriktypische

[60] Vgl. Kagermann et al. (Industrie 4.0), 2012, S. 13; i. A. a. acatech Deutsche Akademie der Technikwissenschaften (Industrie 4.0), 2013, S. 17

[61] Vgl. Sittauer (James Watt), 1989, S. 106; Allen (Industrial Revolution), 2009, S. 135ff.

[62] Vgl. Warnecke (Fraktale Fabrik), 1996, S. 28ff.

Arbeitsteilung charakterisiert waren.[63] In industriellen Fabriken wurden Produktionsprozesse zentralisiert, sodass erstmalig Leistungen außerhalb des eigenen Wohnorts erbracht wurden.[64]

Die zunehmende maschinelle Produktion hatte sowohl positiven als auch negativen Einfluss auf die damaligen gesellschaftlichen Rahmenbedingungen. Die Verfügbarkeit von Produkten allgemein stieg und die Preise sanken aufgrund der verbesserten Produktionseffizienz. Die Bevölkerung konnte nicht zuletzt auch wegen des neuen Transportsystems aus Dampfschifffahrt und Eisenbahn mit Grundversorgungsgütern wie Nahrung und Kleidung besser unterhalten werden. Als Resultat stieg die Bevölkerungszahl an.[65] Der gesteigerten Arbeitsproduktivität stand eine erhöhte Arbeitsintensität gegenüber, die in überlangen Arbeitszeiten, schlechten Arbeitsbedingungen und einer erhöhten Sterberate resultierte. In der Folge formierten sich noch rechtlose Arbeiter zusammen und trugen Arbeitskämpfe aus, was den Anfang von Gewerkschaften und Sozialgesetzgebung markierte.[66]

2.1.2.2 Zweite industrielle Revolution – Standardisierung

Die zweite industrielle Revolution begann Ende des 19. Jahrhunderts und war geprägt durch die Einführung arbeitsteiliger Massenproduktion mithilfe von elektrischer Energie.[67] Neben technologischen Neuerungen wie Verbrennungskraftmaschinen und Elektromotoren waren es insbesondere organisatorische Innovationen, die eine stärkere Arbeitsteilung in den industriellen Fabriken zur Folge hatten. Einen maßgeblichen Anteil daran hatte TAYLOR, der umfangreiche Arbeitsstudien durchführte, auf deren Basis er die Prinzipien der wissenschaftlichen Betriebsführung („The Principles of Scientific Management")[68] begründete. Ziel war es, Effizienzsteigerungen durch Standardisierung in den Arbeitsaufgaben zu realisieren. Im Gegensatz zur vollständigen Bearbeitung von Aufträgen an einem Arbeitsplatz sollten die Aufgaben in möglichst kleine Arbeitsinhalte aufgeteilt werden, die schnell und repetitiv von verschiedenen Mitarbeitern ausgeführt werden, um Lerneffekte zu erzielen.[69]

Die von Taylor geforderte Standardisierung der Arbeitsaufgaben setzte Henry Ford im Jahr 1913 in der Automobilproduktion in den USA um. Durch die Einführung eines Fließbands und einer getakteten Fertigung, bei gleichzeitiger Fokussierung auf ein einziges Fahrzeugmodell, konnten Mitarbeiter dedizierte Arbeitsinhalte standardisiert und repetitiv durchführen.[70] Resultat der Effizienzsteigerung waren höhere produzierte Stückzahlen und geringere Produktionskosten pro Fahrzeug.[71] Die Preissenkungen wurden an die Kunden weitergegeben, sodass

[63] Vgl. Spur (Industrielle Produktion), 1997, S. 17f.

[64] Vgl. Redlich & Wulfsberg (Wertschöpfung), 2011, S. 26

[65] Vgl. Bauernhansl (Vierte Industrielle Revolution), 2017, S. 1ff.

[66] Vgl. Warnecke (Fraktale Fabrik), 1996, S. 30; Salmen (Digital vernetzter Shopfloor), 2016, S. 21

[67] Vgl. acatech Deutsche Akademie der Technikwissenschaften (Industrie 4.0), 2013, S. 17f.

[68] Vgl. Taylor (Scientific Management), 1911

[69] Vgl. Luczak (Arbeitswissenschaft), 1998, S. 510; Holtbrügge (Personalmanagement), 2007, S. 9ff.

[70] Vgl. Redlich & Wulfsberg (Wertschöpfung), 2011, S. 28f.

[71] Vgl. Warnecke (Fraktale Fabrik), 1996, S. 31

eine große Nachfragesteigerung verzeichnet werden konnte. Daraus entstand die großindustrielle Massenproduktion, die neben der Automobilproduktion vor allem im Maschinenbau sowie in der Chemie- und Elektroindustrie voranschritt.[72]

Der Einfluss der großindustriellen Massenproduktion hatte mehrere Effekte auf die Gesellschaft. Parallel zur steigenden Bevölkerungszahl stiegen auch die Wohlstandsbedürfnisse der Mitarbeiter in den Fabriken. Die Mitarbeiter schlossen sich u. a. politisch motiviert zusammen; Gewerkschaften wurden immer bedeutsamer. Durch die günstigen Produkte und bessere Arbeitsbedingungen stieg das allgemeine Wohlstandsniveau, sodass sich soziale Spannungen verringerten. Die Basis für die heutige Konsumgesellschaft wurde gelegt.[73]

2.1.2.3 Dritte industrielle Revolution – Digitalisierung und Automatisierung

Die dritte industrielle Revolution begann Anfang der 1970er Jahre und war charakterisiert durch den Einsatz von Elektronik und IKT in der Produktion. Ziel war die Automatisierung von Produktionsprozessen durch die zunehmende Übernahme von auszuführenden Arbeitstätigkeiten durch Maschinen und Computer.[74] Die Produktion wurde durch datenverarbeitende Systeme unterstützt, welche die Verarbeitung und den Austausch von Daten und Informationen ohne das Erfordernis räumlicher Nähe ermöglichten.[75] Als Handlungsleitfaden zur Implementierung von IKT in die Auftragsabwicklung produzierender Unternehmen wurde das Konzept Computer-integrated Manufacturing (CIM) entwickelt. Unterschiedliche Bestandteile sollten die Auftragsabwicklung, bspw. in Konstruktion, Planung, Fertigung und Qualitätsmanagement, durch elektronische Unterstützung vereinfachen und effizienter gestalten. In der Praxis ist der Begriff „CAx-Prozesskette" ebenfalls geläufig.[76]

Durch die Integration von IKT in die Auftragsabwicklung wurde Wissen ortsunabhängig verfügbar. Fabriken bzw. Produktionsstätten konnten räumlich voneinander getrennt und geografisch bedingte Kostenpotenziale genutzt werden. Diese global verteilte Produktion, auch als Globalisierung bekannt, in immer größer werdenden Unternehmen bei geringerer Wertschöpfungstiefe[77] charakterisiert bis heute die Geschäftstätigkeiten in der Produktionstechnik.[78]

Die dritte industrielle Revolution hatte gleichermaßen Einfluss auf Unternehmen und Gesellschaft. Die Befriedigung der Grundbedürfnisse der Wohlstandsgesellschaft führte zu einer Marktsättigung, sodass sich Verkäufermärkte in Käufermärkte mit einem Überangebot an Pro-

---

[72] Vgl. Bauernhansl (Vierte Industrielle Revolution), 2017, S. 2

[73] Vgl. Bauernhansl (Vierte Industrielle Revolution), 2017, S. 2f.

[74] Vgl. acatech Deutsche Akademie der Technikwissenschaften (Industrie 4.0), 2013, S. 18

[75] Vgl. Komorek (Kollaborative Wertschöpfung), 2014, S. 34

[76] Vgl. Rohweder (Informationstechnologie und Auftragsabwicklung), 1996, S. 133

[77] Wertschöpfungstiefe bezeichnet das Verhältnis aus Eigen- und Fremdleistung.

[78] Vgl. Bauernhansl (Vierte Industrielle Revolution), 2017, S. 3

dukten wandelten. Darüber hinaus ergab sich ein Trend zur Differenzierung und Individualisierung mit gleichbleibend hohen Qualitätsansprüchen seitens der Käufer, der durch eine variantenreiche Serienproduktion ermöglicht wurde.[79]

2.1.3 Handlungsfelder von Industrie 4.0

Die vierte industrielle Revolution fokussiert die ganzheitliche digitale Vernetzung von Maschinen, Ressourcen, Mitarbeitern und Prozessen mithilfe von IKT.[80] Grundlage stellt die dritte industrielle Revolution dar, in der mithilfe zunehmender Computerisierung und Konnektivität die Digitalisierung und die Automatisierung von Produktionsprozessen eingeführt und umgesetzt wurden. Nach SCHUH ET AL. durchlaufen produzierende Unternehmen vier Reifegradstufen auf dem Weg zur ganzheitlichen Implementierung von Industrie 4.0 in der Auftragsabwicklung. Diese sind jeweils durch einen Zielzustand charakterisiert (vgl. Abbildung 6).[81]

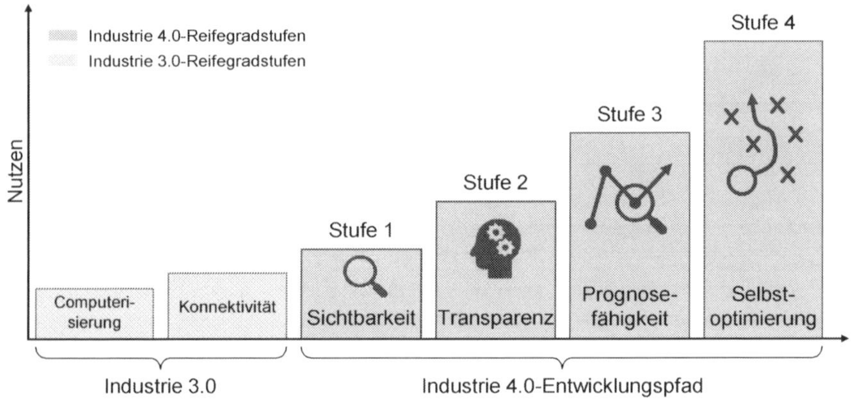

Abbildung 6: Reifegradstufen von Industrie 4.0[82]

Ziel der ersten Stufe ist es, **Sichtbarkeit** aller im Produktionsumfeld relevanten Daten zu schaffen. Dazu wird eine digitale Identität eines jeden Objekts oder Prozesses im Produktionsumfeld geschaffen, der als digitaler Schatten (vgl. Kapitel 2.1.4) bezeichnet wird. Als Datensammlung enthält dieser alle relevanten Informationen entlang aller wertschöpfenden Prozesse sowie Produktinformationen entlang des gesamten Produktlebenszyklus in digitaler Form und erforderlicher Granularität. Die Verknüpfung aller einzelnen digitalen Schatten von Produkten, Prozessen und Ressourcen ergibt den digitalen Schatten des Gesamtsystems, welcher digitale Sichtbarkeit aller Zustände und Abläufe im Produktionsumfeld erzeugt.[83] Dies

[79] Vgl. Bauernhansl (Vierte Industrielle Revolution), 2017, S. 3

[80] Vgl. Boos et al. (Smart Tooling), 2016, S. 9; acatech Deutsche Akademie der Technikwissenschaften (Industrie 4.0), 2013, S. 5

[81] Vgl. Schuh et al. (Maturity Index), 2017, S. 15

[82] Vgl. Schuh et al. (Maturity Index), 2017, S. 16

[83] Vgl. Schuh et al. (Maturity Index), 2017, S. 16f.; Boos et al. (Smart Tooling), 2016, S. 9f.

bedingt die vollständige Erfassung und Abrufbarkeit aller relevanten Daten sowie die Verknüpfung bestehender betrieblicher Systeme wie Enterprise Resource Planning (ERP) oder Manufacturing-Execution-Systeme (MES) mit IKT.

In der zweiten Stufe wird **Transparenz** geschaffen und Verständnis erzeugt. Dies erfolgt durch detaillierte Analysen der aufgenommenen Daten und der anschließenden Identifizierung von Korrelationen und Wechselbeziehungen. Befähigende Elemente sind unterschiedliche Analyseverfahren, mit deren Hilfe die aufgenommenen Daten verknüpft, aggregiert und in einen kontextbezogenen Zusammenhang überführt werden können.[84] Unternehmen der produzierenden Industrie müssen einerseits betriebsseitig sicherstellen, dass Zugriff auf alle aufgenommenen Daten gewährleistet ist, um diese verknüpfen und analysieren zu können. Andererseits bedarf es spezifischer Kompetenzen zur Anwendung unterschiedlicher Analyseverfahren.

Die Erreichung von **Prognosefähigkeit** ist Ziel der dritten Stufe. Ausgehend von einem umfassenden Verständnis für Korrelationen und Wechselbeziehungen sowie einer kontinuierlichen Datenanalyse und -auswertung können produzierende Unternehmen zukünftige Zustände von Produkten, Prozessen, Ressourcen und Systemen vorhersagen. Durch die Projektion unterschiedlicher Zukunftsszenarien und deren Auftretenswahrscheinlichkeit sind produzierende Unternehmen in der Lage, Ereignisse zu antizipieren und Maßnahmen proaktiv einzuleiten.[85] Analog zu Stufe zwei finden unterschiedliche Analyseverfahren Anwendung, die informationstechnische Kompetenzen und gleichzeitig Produktionsverständnis erfordern.

Im Rahmen der vierten Stufe wird **Selbstoptimierung** angestrebt. Das tiefgehende und datenbasierte Verständnis für Produktionsprozesse sowie die Möglichkeit, Vorhersagen über zukünftige Ereignisse zu treffen, befähigen zur Implementierung von selbstoptimierenden Produkten, Prozessen, Ressourcen und Systemen. Mit diesem Zustand ist die höchste Entwicklungsstufe von Industrie 4.0 in produzierenden Unternehmen erreicht. Das Aufgabenspektrum des Mitarbeiters, welches sich während der ersten drei Stufen bereits sukzessive verändert hat, verlagert sich nahezu vollständig zur Prozessüberwachung. Anstatt einer Rolle als aktiver Prozessteilnehmer greift der Mitarbeiter lediglich bedarfsgerecht in die automatisch geregelten und gesteuerten Prozesse ein.[86]

Auf dem Weg zur Erreichung der höchsten Entwicklungsstufe von Industrie 4.0 in produzierenden Unternehmen wurden vier zentrale Handlungsfelder definiert (vgl. Abbildung 7).[87] Nachfolgend werden die Handlungsfelder Cyber-physische Systeme, Cloud- und dienstebasierte Plattformen sowie Data Analytics vorgestellt. Aufgrund der Tatsache, dass das zu entwickelnde Datenstrukturmodell zur Erzeugung des digitalen Schattens der Auftragsabwicklung

[84] Vgl. Schuh et al. (Maturity Index), 2017, S. 17f.; Boos et al. (Smart Tooling), 2016, S. 10

[85] Vgl. Schuh et al. (Maturity Index), 2017, S. 18; Boos et al. (Smart Tooling), 2016, S. 10

[86] Vgl. Schuh et al. (Maturity Index), 2017, S. 18; Boos et al. (Smart Tooling), 2016, S. 10

[87] Vgl. Bauernhansl et al. (Standpunkt Industrie 4.0), 2016, S. 10ff.

von Werkzeugbaubetrieben genutzt werden soll, wird das Handlungsfeld Digitaler Schatten gesondert in Kapitel 2.1.4 erläutert.

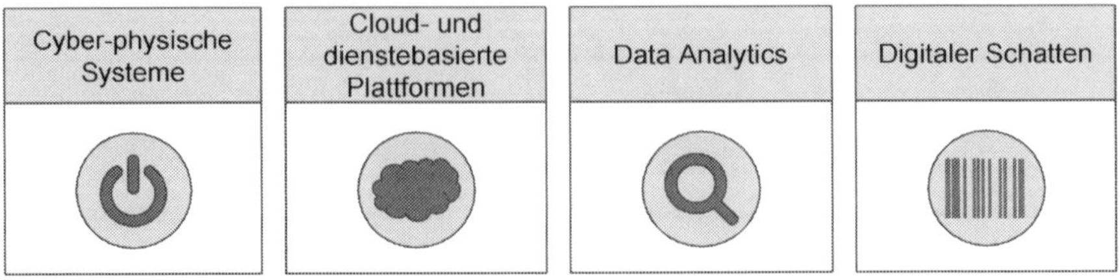

Abbildung 7: Handlungsfelder von Industrie 4.0[88]

Cyber-physische Systeme (CPS) basieren auf mechatronischen Systemen, die wiederum eine Kombination aus mechanischen, elektronischen und informationstechnischen Komponenten darstellen. Durch technologische Weiterentwicklungen verfügen CPS über zusätzlich eingebettete Systeme, bspw. Sensoren oder Aktoren, sowie über IKT, sodass Daten verarbeitet und anderen CPS, Computern oder Menschen zur Verfügung gestellt werden können. Die Einbettung von Vernetzungs- und Kommunikationssystemen ermöglicht eine Interaktion zwischen physischer und digitaler Welt. Durch die Übertragung von CPS in produzierende Unternehmen entstehen cyber-physische Produktionssysteme (CPPS), die aus flexiblen und sich selbst konfigurierenden Betriebsmitteln bestehen, welche wiederum mit Produkten, Maschinen, Mitarbeitern und anderen Betriebsmitteln selbstständig kommunizieren. Beispielhafte Anwendungsfälle für CPPS sind fahrerlose Transportsysteme (FTL) oder selbstregelnde Bearbeitungswerkzeuge.[89] Abschließend ist hervorzuheben, dass CPPS Mitarbeiter nicht ersetzen, sondern vielmehr in Entscheidungssituationen unterstützen. Dies geschieht bspw. durch Visualisierungen mithilfe mobiler Endgeräte und entsprechender Software.

Unter **cloud- und dienstebasierten Plattformen** werden allgemein Lösungen verstanden, um Rechenleistung und Datenspeicherung in Computernetzwerken bereitzustellen, zu verteilen und flexibel zu gestalten.[90] Cloud- und dienstebasierte Plattformen stellen ein zentrales und gleichzeitig befähigendes Element von CPPS dar.[91] Die Nutzung entsprechender Plattformen wird als Cloud Computing bezeichnet. Für die unterschiedlichen Ausprägungen des Cloud Computing hat das National Institute of Standards and Technology (NIST) in Gaithersburg (USA) sogenannte Servicemodelle definiert:[92]

- Das Servicemodell *Infrastructure as a Service (IaaS)* erlaubt dem Anwender Datenverarbeitung und -speicherung sowie die Nutzung von Netzwerken und anderen grundle-

[88] Vgl. Bauernhansl et al. (Standpunkt Industrie 4.0), 2016, S. 10ff.; eigene Darstellung
[89] Vgl. Bauernhansl et al. (Standpunkt Industrie 4.0), 2016, S. 10ff.
[90] Vgl. Bauernhansl et al. (Standpunkt Industrie 4.0), 2016, S. 16
[91] Vgl. Bauernhansl et al. (Standpunkt Industrie 4.0), 2016, S. 16
[92] Vgl. Mell & Grance (Definition of Cloud Computing), 2011, S. 2f.

genden Computerressourcen. Software in Form von Betriebssystemen und Applikationen kann ausgeführt und kontrolliert werden, während die Kontrolle der grundlegenden Cloud-Infrastruktur[93] dem Anbieter obliegt.

- Das Servicemodell *Platform as a Service (PaaS)* bietet die Möglichkeit der Nutzung von vorinstallierten Betriebssystemen, Programmiersprachen, Anwendungen und Webservern. Der Anbieter verwaltet Cloud-Infrastrukturen sowie Betriebssysteme und Webserver, wobei der Anwender sowohl Anwendungen als auch ggf. durchgeführte Konfigurationseinstellungen verwalten kann.
- Das Servicemodell *Software as a Service (SaaS)* erlaubt es dem Anwender, ausschließlich vorinstallierte Anwendungen des Anbieters zu nutzen. Durch die Auswahl des Anwenders werden Infrastruktur (IaaS) und Plattform (PaaS) der Cloud automatisch skaliert und ausgewählt. Die Verwaltungsrechte des Anwenders beschränken sich höchstens auf benutzerspezifische Konfigurationseinstellungen, während der Anbieter nahezu vollständige Kontrolle hat.

Weitere zentrale Bestandteile cloud- und dienstebasierter Plattformen sind Cloud-Systeme, die sich nach Inhalt, Zugangsmöglichkeit und Zielgruppe unterscheiden[94], sowie IT-Security[95].

Der Begriff **Data Analytics** beschreibt die Gesamtheit aller Methoden und Verfahren, mit denen aufgenommene Daten aus dem Produktionsumfeld nach Korrelationen und Mustern analysiert werden. Zielsetzung ist es, Zusammenhänge und Abhängigkeiten zwischen zugrunde liegenden Prozessen zu identifizieren, um daraus Maßnahmen zur Produktionsoptimierung abzuleiten.[96] Die Notwendigkeit, die bestehende Vorgehensweise der Datenanalyse zu ersetzen, liegt einerseits in der erhöhten Komplexität im Produktionsumfeld, die mit klassischer Analytik nicht durchzuführen und zu beherrschen ist. Andererseits werden kontinuierlich große Datenmengen erzeugt, die eine höhere Auswertegeschwindigkeit erfordern und aufgrund der dezentralen Speicherung in unterschiedlichen Systemen gleichzeitig verknüpft werden müssen.[97]

Aufgrund der im Vergleich großen Datenmenge wird in diesem Zusammenhang häufig von Big Data oder Big Data Analytics gesprochen. KLEIN ET AL. definieren, auf Basis der Vorarbeiten von LANEY[98] und GARTNER INC.[99], Big Data in einem 5-V-Modell, die anhand der zentralen Ei-

---

[93] Unter Cloud-Infrastruktur wird die notwendige Hard- und Software verstanden, um die notwendigen fünf essenziellen Eigenschaften einer Cloud (Selbstbestimmbarkeit, Netzwerkzugriff, Ressourcenteilung, Skalierbarkeit, Messbarkeit) realisieren zu können. Siehe dazu auch Mell & Grance (Definition of Cloud Computing), 2011, S. 2

[94] Vgl. Mell & Grance (Definition of Cloud Computing), 2011, S. 3

[95] Weitere Ausführungen zu IT-Security finden sich bspw. in Kersten & Klett (IT-Sicherheitsmanagement, 2016).

[96] Vgl. Bauernhansl et al. (Standpunkt Industrie 4.0), 2016, S. 32

[97] Vgl. Bauernhansl et al. (Standpunkt Industrie 4.0), 2016, S. 31f.

[98] Vgl. Laney (3D Data Management), 2001

[99] Vgl. Gartner Inc. (Big Data Challenge), 2011

genschaften Datenvolumen (Volume), Geschwindigkeit (Velocity), Vielzahl (Variety), Zuverlässigkeit (Veracity) und Werthaltigkeit (Value) beschrieben werden.[100] Die nachfolgend aufgeführten Analyseverfahren, die sich den Entwicklungsstufen von Industrie 4.0 zuordnen lassen, sind insbesondere für produzierende Unternehmen relevant:[101]

- *Data Mining* ist ein automatisiertes Verfahren zur Identifizierung von Mustern und Zusammenhängen. Beispielhafte Data-Mining Methoden sind Clusterung, Klassifizierung, Regressionsanalyse oder Assoziationsanalyse.
- *Predictive Analytics* steht als Sammelbegriff für Methoden, die ähnlich dem Data Mining Muster und Zusammenhänge erkennen, auf dessen Basis aber zusätzlich Modelle für die Vorhersage von Entscheidungen abgeleitet werden.
- *Machine Learning* sind Methoden, mit denen künstliche Systeme wie bspw. Computer auf Basis von Erfahrungen und Beispielen „lernen“ und dadurch (neues) Wissen generieren. Die operative Umsetzung erfolgt mithilfe von Algorithmen.

2.1.4 Digitaler Schatten

Weder in Theorie noch Praxis existiert ein einheitliches Verständnis für den Begriff „Digitaler Schatten“, sodass dieser zunächst definiert und von anderen Begrifflichkeiten abgegrenzt wird. Im Anschluss wird der Migrationspfad zur Entwicklung des digitalen Schattens vorgestellt. Das Kapitel schließt mit der Vorstellung der Nutzenpotenziale des digitalen Schattens für produzierende Unternehmen.

2.1.4.1 Definition und Abgrenzung

Nach BAUERNHANSL ET AL. beschreibt der **digitale Schatten** die hinreichend genaue[102] Abbildung aller Unternehmensprozesse in Entwicklung, Produktion und angrenzenden Bereichen.[103] Durch den digitalen Schatten werden die relevanten Daten und Informationen aller Management-, Geschäfts- und Unterstützungsprozesse sichtbar, strukturiert dargestellt und erfasst.[104] Ziel ist die Schaffung einer echtzeitnahen Auswertungsbasis aller produktionsrelevanten Daten im Unternehmen[105], sodass eine Aussage über den Unternehmensstatus getätigt werden kann.[106] Diese ist Grundvoraussetzung, um Produktivitätssteigerungen operativ realisieren zu können. Es ist hervorzuheben, dass sich der digitale Schatten entsprechend den Geschehnissen in einem Unternehmen kontinuierlich ändert und somit durch eine hohe Dynamik charakterisiert ist.

[100] Vgl. Klein et al. (Big Data), 2013, S. 319ff.

[101] Vgl. Bauernhansl et al. (Standpunkt Industrie 4.0), 2016, S. 36

[102] Der Ausdruck „hinreichend genau“ beschreibt im Rahmen der vorliegenden Arbeit die für den Anwendungsfall notwendige Exaktheit und Granularität.

[103] Vgl. Bauernhansl et al. (Standpunkt Industrie 4.0), 2016, S. 23

[104] Vgl. Schuh et al. (Digitale Transformation), 2016, S. 43

[105] Vgl. Bauernhansl et al. (Standpunkt Industrie 4.0), 2016, S. 23

[106] Vgl. Schuh et al. (Digitale Transformation), 2016, S. 43

In der Literatur existieren zahlreiche Begriffe und Definitionen, die teilweise ähnliche Inhalte wie die zur Beschreibung des digitalen Schattens verwenden oder sogar synonym genutzt werden.[107] Der Begriff **Digitales Abbild** findet sich im Kontext unterschiedlicher Anwendungsfälle wieder, bspw. in der Fabrikauslegung[108] und der Produktionsplanung und -steuerung[109], aber auch in produktionsfernen Bereichen wie Facebook, Twitter und Google Maps[110]. In der vorliegenden Arbeit wird das digitale Abbild verstanden als vollständige Spiegelung und Digitalisierung aller Prozesse einer Unternehmung ohne Reduzierung hinsichtlich inhaltlicher Relevanz oder Fehlerhaftigkeit. Ein Beispiel für ein entsprechendes Verständnis findet sich bei der Siemens AG.[111] Der **digitale Zwilling** stellt einen weiteren relevanten und häufig verwendeten Begriff im Kontext der vorliegenden Arbeit dar. Nach BAUERNHANSL ET AL. ist der digitale Zwilling ein um Prozessmodellierung und Simulation veredelter digitaler Schatten, der eine möglichst identische Abbildung der realen Prozesse darstellt.[112] Ein ähnliches Verständnis zeigt die Gesellschaft für Informatik[113]. Abbildung 8 zeigt abschließend die Unterschiede der erläuterten Begrifflichkeiten auf. Gegenstand dieser Arbeit ist der digitale Schatten mit Fokus auf die Auftragsabwicklung von Werkzeugbaubetrieben[114].

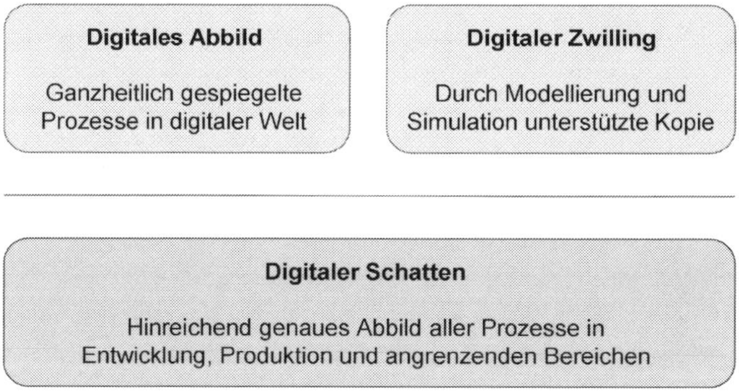

Abbildung 8: Definition und Abgrenzung des Begriffs „Digitaler Schatten"

2.1.4.2 Migrationspfad

Der digitale Schatten von Auftragsabwicklung und Erzeugnissen produzierender Unternehmen ist ein zentraler Bestandteil, um die sich ergebenden Potenziale von Industrie 4.0 vollständig

---

[107] Die Abgrenzung ist ebenso für die gängigen englischen Begriffe wie Digital Footprint, Digital Twin, Digital Shadow etc. gültig.

[108] Vgl. u. a. Westkämper (Organisation der Produktion), 2006; Bracht et al. (Digitale Fabrik), 2018

[109] Vgl. u. a. Lucke (Informationsbeschaffung in variantenreicher Serienfertigung), 2014; Kreimeier (Teilautonome Produktionsplanung), 2015; Mosler (Integrierte Unternehmensplanung), 2016

[110] Vgl. u. a. Lanier (Digitales Zeitalter), 2015; von Gehlen (Meta), 2017, S. 87f.

[111] Vgl. Siemens AG (Digitalisierung im Maschinenbau), 2015

[112] Vgl. Bauernhansl et al. (Standpunkt Industrie 4.0), 2016, S. 23

[113] Vgl. Gesellschaft für Informatik (Digitaler Zwilling), 2018

[114] Eine detaillierte Beschreibung von Werkzeugbau und Werkzeugbaubetrieben erfolgt in Kapitel 2.3.

nutzen zu können. BAUERNHANSL ET AL. zeigen die aktuellen Forschungsbedarfe auf sowie Phasen inkl. Schritte in Form eines Migrationspfads zur schrittweisen Entwicklung eines digitalen Schattens (vgl. Abbildung 9).

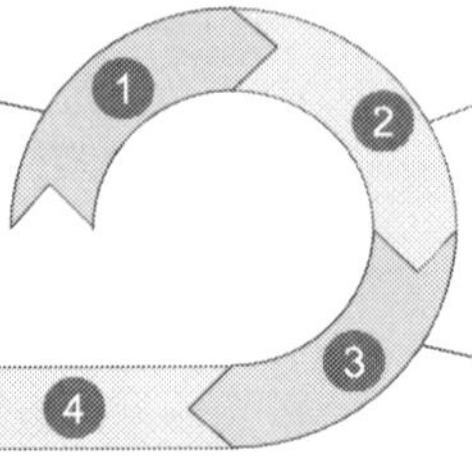

Abbildung 9: Migrationspfad zur Entwicklung des digitalen Schattens[115]

Ziel in der ersten Phase ist die **Entwicklung eines Datenstrukturmodells**, d. h. eines modellierten Abbilds systematisch geordneter und strukturierter Daten. Im ersten Schritt erfolgen zunächst *Zieldefinition und Zweckbeschreibung* des digitalen Schattens. Abhängig vom festgelegten Betrachtungsfokus, der bspw. Auftragsabwicklung, Produktionsplanung und -steuerung oder Leistungsspektrum sein kann, gestalten sich die Inhalte nachfolgenden Schritte des Migrationspfads. Im zweiten Schritt findet die *Analyse des Datenbedarfs* statt. Dazu werden, basierend auf dem Betrachtungsfokus, die zur Erreichung der Zielsetzung notwendigen Daten bzw. Datenpunkte und Informationen definiert und strukturiert. Gleichzeitig wird die erforderliche Datengranularität festgelegt. Im Rahmen der zweiten Phase **Multimodale Aufnahme von Daten** wird die Erfassung der zuvor definierten Daten durch unterschiedliche Quellen angestrebt. Durch die Nutzung sogenannter Sensornetzwerke können die Vorteile einzelner Sensortechnologien vereint und für eine realitätsgetreue Abbildung genutzt werden. In Schritt drei findet zunächst ein *Abgleich zwischen benötigten und vorhandenen Daten* statt. Dabei ist Konformität mit den definierten Zielen und Zwecken aus der ersten Phase anzustreben. Zudem sind insbesondere Granularität und Format bei bereits vorhandenen Daten zu überprüfen und mit dem jeweiligen Bedarf abzugleichen. In Schritt vier erfolgt die *Technologieauswahl zur Datenaufnahme*. Entsprechend der multimodalen Datenaufnahme ist für jeden Datenpunkt individuell zu entscheiden, welche Technologien zur Aufnahme eingesetzt werden können. Granularität, Format und Aufnahmefrequenz sind Beispiele für Auswahlkriterien im Entscheidungsprozess. Die *Validierung bereits vorhandener Technologien*, sofern zutreffend, findet in Schritt fünf statt. Insbesondere die Überprüfung zur Eignung und Eingliederung im multimodalen Gesamtkonzept wird in diesem Schritt durchgeführt. Ziel der dritten Phase ist die Erstellung eines einzigartigen Darstellungsformats im Rahmen einer **multimodalen Fusion von Daten**. Dabei findet die Zusammenführung und Kombination von Sensordaten unterschiedlicher Quellen sowie die Korrektur von Fehlern statt. In Schritt sechs erfolgt dazu die *operative Ausgestaltung der ausgewählten Technologiekonzepte*. Die Ausarbeitung der Datenzusammenhänge, Anbringungsart und -ort von Sendern und Empfängern sowie die Wiederverwertbarkeit

115 I. A. a. Bauernhansl et al. (Standpunkt Industrie 4.0), 2016, S. 30

von Sensorik sind beispielhafte Themen, die unternehmens- und anwendungsspezifisch bestimmt werden müssen. Neben dem hergestellten Produkt und dem Produktionsprozess hat die Produktionsumgebung ebenfalls einen entscheidenden Einfluss, sodass kein allgemeingültiges und vollständiges Konzept existiert. In Schritt sieben erfolgt die *Implementierung des entwickelten Gesamtkonzepts*. Um den laufenden Produktionsprozess nicht zu beeinflussen, ist die Entwicklung eines operativen Implementierungsplans erforderlich. Alternativ sind kleinere Produktionsbereiche zu definieren, in denen eine Erprobung des Konzepts vorab stattfindet. Inhalt von Phase vier ist die **Prüfung von Konsistenz und Plausibilität** der Daten. In Schritt acht erfolgt dazu eine *initiale Testphase*. Um die korrekte Aufnahme und Speicherung der definierten Daten kontrollieren zu können, können redundante Datenerhebungen über Technologien oder die manuelle Begleitung, jeweils mit anschließendem Vergleich, durchgeführt werden. Nach erfolgreicher Testphase findet in Schritt neun die *Datenerhebung und -überprüfung* statt. Gemäß den in Phase eins definierten Zielen und Zwecken werden im realen Produktionsbetrieb kontinuierlich Daten erhoben und gespeichert. Bei Änderungen im Produktionsumfeld, bspw. eine veränderte Produktionsstruktur oder eine angepasste Produktionsplanung und -steuerung, wird überprüft, ob die aufgenommenen Daten den Anforderungen entsprechen. Identifizierte Diskrepanzen zwischen Datenbedarf und erhobenen Daten erfordern ein erneutes Durchlaufen des gesamten Migrationspfads.[116] Das iterative Vorgehen zur Entwicklung des digitalen Schattens ist konform mit der entsprechenden Definition (vgl. Kapitel 2.1.4.1), nach welcher der digitale Schatten durch Dynamik charakterisiert ist und sich aufgrund neuer Erkenntnisse und veränderter Rahmenbedingungen anpassen bzw. erweitern kann.[117]

2.1.4.3 Nutzen für produzierende Unternehmen

Der digitale Schatten der Auftragsabwicklung ist für produzierende Unternehmen elementare Voraussetzung, um die bestehenden Potenziale der vierten industriellen Revolution in Form von Prozess- und Qualitätsverbesserung nutzen zu können.[118] Bereits die Weiterentwicklung vom klassischen Handwerk zum industrialisierten Unternehmen sowie die Integration digitaler Lösungen und Systeme hat gezeigt, dass produzierende Unternehmen die industrielle Weiterentwicklung beschreiten können, dabei jedoch Schwierigkeiten haben.[119] Insbesondere der Unternehmenswandel von der dritten industriellen Revolution (Digitalisierung und Automatisierung) in die vierte industrielle Revolution gestaltet sich herausfordernd, da die Beschäftigung mit modernen Informations- und Kommunikationstechnologien, deren Integration in die Auftragsabwicklung sowie die Nutzung von Daten bisher nur rudimentär erfolgt. Die Erhebung und Auswertung von Prozess-, Produkt- und Ressourcendaten kann allerdings nur mithilfe des digitalen Schattens erfolgen, da dieser die Basis für Methoden und Modelle der Datenauswertung und -analyse bildet.[120] Während des Prozesses zur Entwicklung des digitalen Schattens

---

[116] Vgl. Bauernhansl et al. (Standpunkt Industrie 4.0), 2016, S. 23ff.

[117] Vgl. Schuh et al. (Digitale Transformation), 2016, S. 47

[118] Vgl. Bauernhansl et al. (Standpunkt Industrie 4.0), 2016, S. 24f.

[119] I. A. a. Klotzbach (Industrieller Werkzeugbau), 2007, S. 36ff.

[120] Vgl. Bauernhansl et al. (Standpunkt Industrie 4.0), 2016, S. 25

(vgl. Kapitel 2.1.4.2) erlangen produzierende Unternehmen ein vollumfängliches Verständnis über Menge, Diversität, Granularität, Quellen und Zusammenhänge eigener Daten. Dadurch entsteht Sichtbarkeit, die es produzierenden Unternehmen ermöglicht, auf unerwartete Ereignisse schneller reagieren zu können. Somit verringern sich bestehende Latenzzeiten zwischen dem Auftreten von Abweichungen in Produkten und Prozessen und dem Abschluss initiierter Maßnahmen. Die unterschiedlichen Zielzustände, die produzierende Unternehmen auf Basis eines digitalen Schattens erreichen können, wurden bereits in Kapitel 2.1.3 beschrieben.

2.1.5 Internet of Production

International sind über die Jahre unterschiedliche Programme entwickelt worden, in denen Forschungsinstitutionen oder Industrieunternehmen die vierte industrielle Revolution erfolgreich adressieren möchten. Neben europäischen Programmen wie „Factories of the Future" oder „Digital Agenda" existieren die Programme „Industrial Internet" und „Smart Manufacturing" in den USA, das staatlich geförderte Programm „IT Strategy" in Japan oder die Programme „Connected Smart Factory" und „Intelligent Manufacturing" in Südkorea.[121] SCHUH ET AL. haben mit der Internet of Production-Infrastruktur ein Zielbild entwickelt, bei dem der digitale Schatten von Produkten und Prozessen zentraler Befähiger von Industrie 4.0 ist und gleichzeitig über den gesamten Lebenszyklus (vgl. Abbildung 10) Anwendung findet.[122] Nachfolgend werden die Inhalte und Funktionen der einzelnen Schichten sowie die Funktionsweise zwischen den Schichten gemäß SCHUH ET AL.[123] sowie KLOCKE ET AL.[124] erläutert.

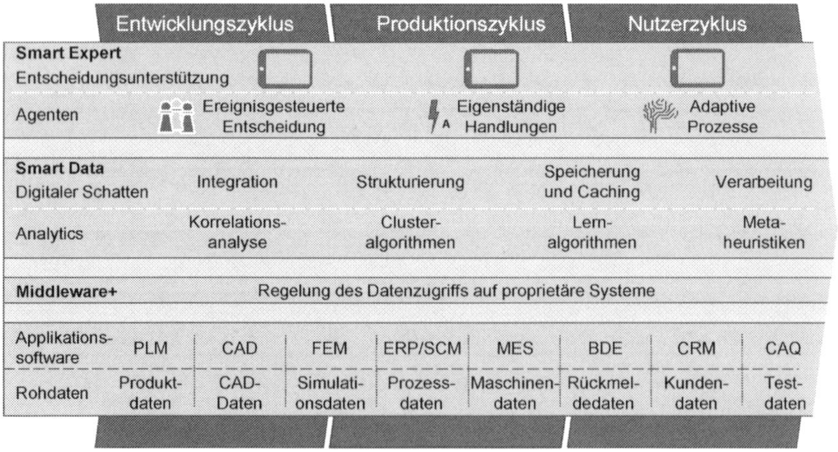

Abbildung 10: Infrastruktur des Internet of Production[125]

[121] Vgl. Gausemeier & Klocke (Internationaler Benchmark), 2016

[122] Vgl. Schuh et al. (Change Requests), 2017, S. 120ff.

[123] Vgl. Schuh et al. (Change Requests), 2017, S. 120f.

[124] Vgl. Klocke et al. (Vernetzte adaptive Produktion), 2017, S. 266ff.

[125] Vgl. Schuh et al. (Change Requests), 2017, S. 121

Die **unterste Schicht** der Infrastruktur integriert bereits bestehende *Applikationssoftware* produzierender Unternehmen wie bspw. Systeme für Product Lifecycle Management (PLM), Computer-aided Design (CAD), Finite-Elemente-Methode (FEM), Enterprise Resource Planning (ERP), Betriebsdatenerfassung (BDE), Computer-aided Quality (CAQ) oder Manufacturing-Execution-Systeme (MES). Ein weiterer wichtiger Bestandteil sind die jeweils in den Systemen existierenden, proprietären *Rohdaten*. Der Funktionsumfang der Applikationssoftware ist äquivalent zum aktuellen Stand in produzierenden Unternehmen. Ein hoher Migrationsaufwand und fehlende Möglichkeiten zur Optimierung in Form von Releases verhindern die Anpassung des Funktionsumfangs. Die zweite Schicht ist die **Middleware+**[126]. Sie greift auf die Rohdaten zu, die die verschiedenen Applikationssoftwares beinhalten. Durch das Management des Datenzugriffs auf die proprietären Systeme ermöglicht sie eine echtzeitnahe und anforderungsgerechte Bereitstellung der relevanten Rohdaten. In der dritten Schicht werden die Rohdaten zu **Smart Data** veredelt. Die bereitgestellten Rohdaten werden mithilfe bekannter *Datenanalysemethoden* wie bspw. Korrelationsanalysen, Clusteralgorithmen, Lernalgorithmen oder Metaheuristiken verarbeitet. Aus verarbeiteten Daten und nicht verarbeiteten Rohdaten entsteht anschließend der *digitale Schatten*. Analog zur Definition des digitalen Schattens (vgl. Kapitel 2.1.4.1) werden ausschließlich die für den Anwendungsfall relevanten Daten im digitalen Schatten integriert, sodass der Datenumfang geringer ist als der Umfang der Rohdaten. Der digitale Schatten wird gespeichert und kontextabhängig zur Verfügung gestellt. Nutzer des digitalen Schattens sind die **Smart Experts** in der vierten Schicht. Informationen, die der digitale Schatten integriert und die mithilfe geeigneter mobiler Applikationen („Apps") bereitgestellt werden, dienen als *Entscheidungsunterstützung*. Entscheidungen können einerseits durch Experten selbst getroffen oder andererseits durch selbstlernende, softwarebasierte *Agenten* durchgeführt werden. Insbesondere bei detektierten Mustern und wiederkehrenden Entscheidungssituationen kann auf den Eingriff des Menschen verzichtet werden. In Form von angepassten bzw. neuen Daten erfolgt eine Rückführung der getroffenen Entscheidungen in die dritte Schicht Smart Data. Durch die Synchronisation von Smart Data und Middleware+ bzw. den Rohdaten entsteht eine einheitliche und korrekte Datenbasis. Einer dezentralen Informationsverteilung wird damit vorgebeugt. Die Internet of Production-Infrastruktur ist über den gesamten Lebenszyklus von Produkten anwendbar. Sie erstreckt sich von der Produktentwicklungsphase über die Produktionsphase bis zur Nutzungsphase beim Kunden.

[126] Als Middleware werden in der Informatik anwendungsneutrale Programme bezeichnet, die zwischen unterschiedlichen, nicht kompatiblen Anwendungen vermitteln und diese verbinden. Eine Middleware kann als Softwareschicht zwischen betrieblichen Anwendungsprogrammen und der Systemsoftware verstanden werden. Mithilfe standardisierter Schnittstellen und Protokolle ermöglicht sie eine Kommunikation verteilter Anwendungen. Vgl. dazu Riehm & Vogler (Middleware), 1996, S. 27f.

2.2 Datenstrukturierung und -modellierung

Die Grundlagen der Datenstrukturierung und -modellierung werden in vier Unterkapiteln beschrieben. Zunächst werden die relevanten Begrifflichkeiten definiert und voneinander abgegrenzt. Anschließend wird die Modelltheorie eingeführt sowie die Datenmodellierung als Verknüpfung der beiden vorherigen Themen erläutert. Das Kapitel schließt mit der Vorstellung existierender Modellierungssprachen.

2.2.1 Begriffsverständnis und Abgrenzung

Im allgemeinen Sprachgebrauch wird der Begriff „Daten" häufig mit anderen Begrifflichkeiten wie Zeichen und Informationen synonym verwendet. In der Literatur sind Zusammenhänge und Unterschiede jedoch eindeutig beschrieben. Aus diesem Grund wird der Begriff „Daten" nachfolgend definiert und von anderen, im Kontext relevanten Begrifflichkeiten abgegrenzt. Der Begriff „Datenstrukturen" wird anschließend erläutert. Das Unterkapitel endet mit der Definition der Begriffe „Datenbank" und „Datenbankmanagementsystem".

2.2.1.1 Daten

In der Literatur existiert kein einheitliches Verständnis des Begriffs Daten, da dieser in unterschiedlichen Fachbereichen wie bspw. Wirtschaftstheorie, Ökonometrie, Recht oder Informatik Anwendung findet.[127] Da das zu entwickelnde Datenstrukturmodell alle relevanten Daten der Auftragsabwicklung von Werkzeugbaubetrieben strukturiert beschreiben und modellieren soll, folgt diese Dissertation dem Verständnis der Wirtschaftsinformatik, um die Interdisziplinarität zwischen Wirtschaftswissenschaften und Informatik zu berücksichtigen.

Nach ENGESSER sind **Daten** maschinell verarbeitbare Signale, die durch digitale Zeichen beschrieben werden. **Zeichen** sind Elemente aus einer endlichen Menge. Ein **Signal** bezeichnet allgemein eine elementar feststellbare Veränderung (bspw. ein Zeichen, Strich, Laut, Ton oder eine Farbveränderung), die sich physikalisch durch Messgeräte (bspw. Scanner, Kameras oder Mikrofone) erfassen lässt. Eine endliche Folge von Signalen inkl. räumlicher und zeitlicher Anordnung ist eine **Nachricht.** Daten, Zeichen und Signale werden zur Darstellung von **Informationen** verwendet.[128] Der Begriff „Informationen" leitet sich aus dem Lateinischen ab („Informare" = „Gestalt geben"). Abbildung 11 stellt den Zusammenhang der zuvor definierten Begriffe grafisch dar.

---

[127] Vgl. Gabler Wirtschaftslexikon (Daten), 2018

[128] Vgl. Engesser et al. (Duden Informatik), 1993, S. 316ff.

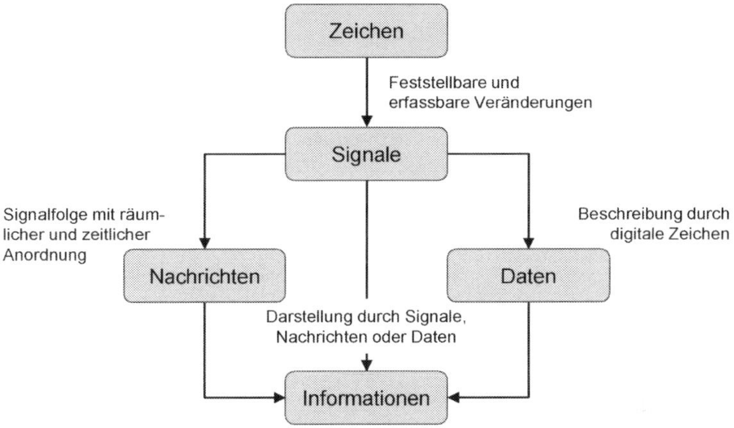

Abbildung 11: Zusammenhang von Zeichen, Signalen, Daten, Nachrichten und Informationen[129]

Zur weiteren Definition und Abgrenzung von Daten und Informationen eignen sich unterschiedliche Ansätze der Kommunikationswissenschaft. Im Hinblick auf die Visualisierung und Interpretation der Zusammenhänge der Daten in einem Datenstrukturmodell eignet sich das semiotische Modell zur Begriffsabgrenzung. Als zentraler Bestandteil der Sprachwissenschaft thematisiert die **Semiotik**[130] die Zeichentheorie (griech. „sema" = „Zeichen"). Inhalte sind die Lehre von Zeichensystemen und ihren Strukturen, Beziehungen zu dargestellten Gegenständen sowie dem Verständnis zur Verwendung von Zeichen.[131] In der Semiotik werden die Bestandteile einer Information auf die vier Dimensionen bzw. Sprachebenen Syntaktik, Sigmatik, Semantik und Pragmatik aufgeteilt.[132] In der *Syntaktik* werden Hypothesen mithilfe von Zeichen und endlichen Zeichenfolgen gebildet. Diese werden als physische Objekte von Menschen erkannt.[133] In dieser sogenannten physikalischen Ebene wird die Bedeutung jedoch

[129] I. A. a. Engesser et al. (Duden Informatik), 1993; eigene Darstellung

[130] Die Semiotik ist ein Teil der Erkenntnistheorie und wurde im 18. Jahrhundert von Ferdinand de Saussure und Charles Sanders Peirce im Sinne des heutigen umfassenden Verständnisses in Europa begründet und maßgeblich geprägt. Weitere Ausführungen zur Geschichte der Semiotik finden sich bspw. in Dutz & Schmitter (Geschichte der Semiotik), 1985.

[131] Vgl. Meier-Oeser (Spur des Zeichens), 1997, S. XIXf.

[132] In der Literatur dominiert das triadische semiotische Modell (Syntaktik, Semantik und Pragmatik). Für die Zielsetzung der vorliegenden Arbeit ist das vierdimensionale semiotische Modell relevant, da durch die Ergänzung der Dimension Sigmatik die taxonomische, d. h. klassifizierende, Erfassung des Begriffs „Daten" realisiert wird. Vgl. dazu u. a. Fayyad (Data Mining and Knowledge Discovery), 1996, S. 21ff.; Fayyad & Stolorz (Data Mining and KDD), 1997, S. 101ff.; Düsing (Knowledge Discovery), 2000, S. 8; Bensberg (Web Log Mining), 2001, S. 67

[133] Vgl. Bronstein (Review Signs, Languages and Behavior), 1947, S. 643

nicht erfasst.[134] Mittels *Sigmatik* erfolgt in der nächsthöheren Bezugsebene, der Bedeutungsebene, erstmals eine formale Zuordnung der Objekte zur Realität. Dies erlaubt die Einordnung des Begriffs Daten als objektives, zweckgebundenes Wissen.[135] Die *Semantik* befindet sich ebenfalls in der Bedeutungsebene und ordnet Zeichen eine inhaltliche Bedeutung zu. Dadurch entstehen Nachrichten, die als latentes, zweckungebundenes Wissen bezeichnet werden.[136] Durch Sigmatik und Semantik werden aus Zeichenfolgen Daten und Nachrichten. Auf Wirkungsebene wird mit *Pragmatik* die Wirkung der Zeichen fokussiert. Durch die Verarbeitung der Zeichen mithilfe kognitiver Systeme erfolgt eine Wissensveränderung, sodass Zeichen die Qualität von Informationen erhalten.[137] Abbildung 12 zeigt die Dimensionen der Semiotik sowie deren Unterschiede in Kommunikations- und Interpretationsgrad.

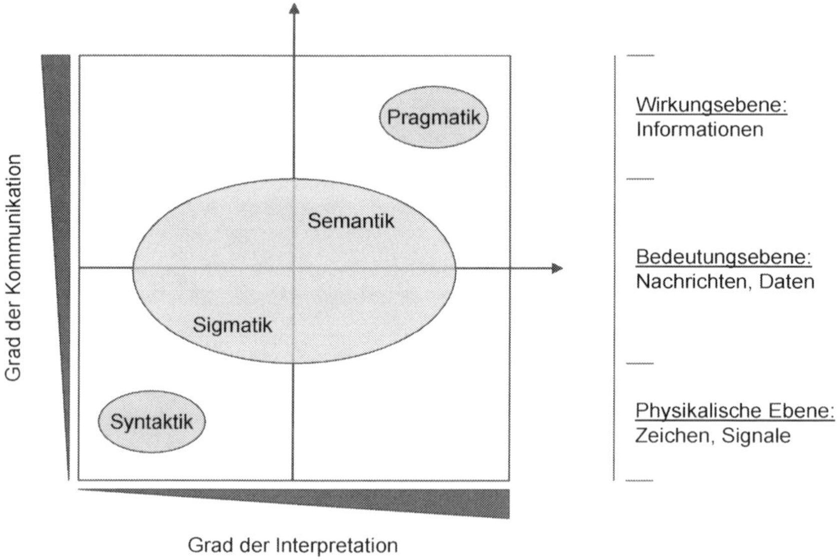

Abbildung 12: Dimensionen der Semiotik[138]

Daten können nach ENGESSER in Abhängigkeit der jeweiligen Zielsetzung drei **Datenarten** zugeordnet werden:[139]

[134] I. A. a. Bensberg (Weg Log Mining), 2001, S. 68

[135] Vgl. Wessling (Individuum und Information), 1991, S. 16f.; Bensberg (Web Log Mining), 2001, S. 68

[136] Vgl. Bensberg (Web Log Mining), 2001, S. 68

[137] Vgl. Bensberg (Web Log Mining), 2001, S. 68f.

[138] Vgl. Wessling (Individuum und Information), 1991, S. 18; i. A. a. Bensberg (Web Log Mining), 2001, S. 67ff.; eigene Darstellung

[139] Vgl. Engesser et al. (Duden Informatik), 1993, S. 188ff.

- *Ein- und Ausgabedaten*: Eingabedaten bestimmen ein konkret zu bearbeitendes Problem einer Klasse. Unter einer Klasse versteht man eine Ansammlung von Objekten mit mindestens einem gleichen Merkmal. Ausgabedaten lösen das Problem.
- *Aktive und passive Daten*: Aktive Daten (bspw. Programmbefehle) kontrollieren und steuern einen Datenverarbeitungsprozess, während passive Daten (bspw. Eingabedaten) benutzt werden und somit dem Datenverarbeitungsprozess unterliegen.
- *Numerische und alphanumerische Daten*: Numerische Daten bestehen aus Ziffern und definierten Sonderzeichen (bspw. Vorzeichen oder Dezimaltrennzeichen). Alphanumerische Daten setzen sich aus beliebigen Zeichen des Zeichenvorrats (bspw. Ziffern, Sonderzeichen oder Buchstaben) zusammen.

Am Beispiel von Eingabedaten, die gleichzeitig passive Daten sein können, ist zu erkennen, dass Daten gleichzeitig unterschiedlichen Datenarten zugehörig sein können. Der Zweck von Datenarten ist die Gruppierung von Daten, deren Inhalt einem Gliederungskriterium entspricht, sowie die Sicherstellung der Unterscheidung von anderen Gruppen. Datenarten haben somit zwangsläufig ein eindeutiges Unterscheidungskriterium.[140] In der Literatur werden, abhängig vom Betrachtungsgegenstand, weitere Möglichkeiten zur Gruppierung von Daten angeführt. Etablierte Beispiele in Bezug auf die Produktionstechnik sind die Gruppierung nach Beständigkeit (Stammdaten, Bestandsdaten etc.)[141] und nach Verwendungszweck (Ordnungsdaten, Mengendaten etc.).[142]

2.2.1.2 Datenmodelle und Datenstrukturen

Datenmodelle beschreiben formal alle Daten, die Bestandteil einer Datenbank sind, sowie deren Beziehungen untereinander. Durch die Visualisierung von Objekten, deren Eigenschaften und ihren jeweiligen Zusammenhängen erfolgt eine grafische Strukturierung der Daten.[143] Durch Datenmodelle entsteht Transparenz über die informationellen Zusammenhänge betrieblicher Prozesse. Die Abbildung der Strukturen kann zudem zur Dokumentation von Aufbau- und Ablauforganisation dienen.[144] Entstehende **Datenstrukturen** sind folglich Beschreibungsgegenstand eines Datenmodells.[145] Unter dem Begriff „Datenstruktur“, häufig gleichbedeutend mit dem Begriff „Datentyp“, werden erstellte Wertebereiche verstanden, die wiederum aus elementaren Wertebereichen bestehen. Beispiele für elementare Wertebereiche sind ganze und reelle Zahlen, Zeichenmengen, endliche Mengen und entsprechende Unterberei-

---

[140] I. A. a. Piro & Gebauer (Datenarten), 2015, S. 143ff.

[141] Vgl. u. a. Scheer (Informationssysteme im Industriebetrieb), 1988; Loos (Datenstrukturierung in der Fertigung), 1992; Mertens (Integrierte Informationsverarbeitung), 2013, S. 39ff.

[142] I. A. a. Schuh et al. (Auftragsabwicklung), 2016, S. 49

[143] Vgl. Engesser et al. (Duden Informatik), 1993, S. 163

[144] I. A. a. Loos (Datenstrukturierung in der Fertigung), 1992, S. 8f.

[145] Vgl. Scheer (Unternehmensdatenmodell), 1990, S. 92

che. Die Erstellung der Wertebereiche erfordert Konstruktoren wie bspw. Aggregation, Generalisation oder Rekursion, um die Struktur der Wertebereiche sowie deren Zusammensetzung zu bestimmen.[146]

In der einschlägigen Literatur der Informatik ist der Begriff „Datenmodell" etabliert. Der Kontext dieser Arbeit stellt allerdings eine Schnittstelle zwischen den Disziplinen Produktionstechnik und Informatik dar. Um die Zielsetzung hervorzuheben, die mit der Entwicklung eines Datenmodells verfolgt wird, wird häufiger der Begriff **Datenstrukturmodell** verwendet.[147] Die Begriffe Datenmodell und Datenstrukturmodell sind im Kontext der vorliegenden Arbeit somit synonym zu verstehen.

Datenmodelle sind zentraler Bestandteil von Informationssystemen. Informationssysteme unterstützen den Anwender in einem Unternehmen, die abgebildeten Daten und Funktionen bei Prozessen und operativen Tätigkeiten zu verwenden. Diese sind wiederum durch Ereignisse, Vorgänge und Zustände beschrieben.[148] Abbildung 13 zeigt die Bestandteile eines Informationssystems in den drei Abstraktionen Logikebene, Umsetzungsebene und Ausführungsebene.

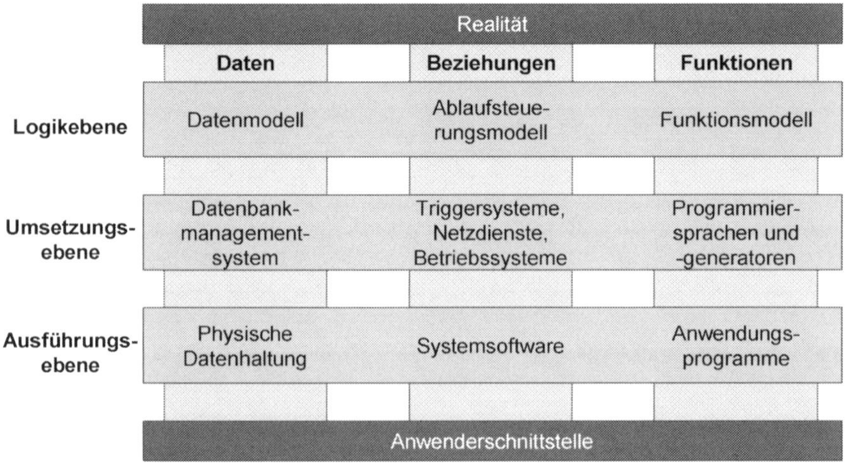

Abbildung 13: Bestandteile eines Informationssystems[149]

[146] Vgl. Engesser et al. (Duden Informatik), 1993, S. 169

[147] Vgl. u. a. Ruge (Handbuch der Schweißtechnik), 1988; Braun (Modellierung der Unternehmensarchitektur), 2007; Bauernhansl et al. (Standpunkt Industrie 4.0), 2016

[148] Vgl. Scheer (Gestaltung von Datenbanken), 1990, S. 137; Loos (Datenstrukturierung in der Fertigung), 1992, S. 4

[149] Vgl. Scheer (Gestaltung von Datenbanken), 1990, S. 144

In der Logikebene erfolgt die Darstellung des spezifischen Anwendungsfalls in einem Informationsmodell, welches in die Einzelmodelle Datenmodell, Ablaufsteuerungsmodell und Funktionsmodell eingeteilt werden kann. Innerhalb der Umsetzungsebene werden unterschiedliche Werkzeuge und Systeme eingesetzt, um die betrieblichen Anforderungen im Informationssystem realisieren zu können. In der Ausführungsebene erfolgt die Kontrolle und Steuerung des spezifischen Anwendungsfalls. Dies geschieht durch physische Datenhaltung sowie mithilfe von Systemsoftware und Anwendungsprogrammen.[150]

Nach ENGESSER kann die Vielzahl von Datenmodellen in eine von **drei spezifischen Aufbaustrukturen** eingeteilt werden:[151]

- Das *hierarchische Datenmodell* weist eine Baumstruktur auf und ist daher einfach auf physikalischen Speicherstrukturen abzubilden. Nachteil dieser Struktur ist, dass sich die Realität nicht immer als Hierarchie abbilden lässt.
- Das *Netzwerkdatenmodell* weist eine Graphenstruktur auf. Vorteil ist die bessere Darstellung des realen Anwendungsfalls. Im Gegensatz zu Bäumen ist die Abbildung von Graphen auf physikalischen Speichern schwieriger.
- Das *relationale Datenmodell* weist eine Tabellenstruktur auf. Alle Objekte und deren Beziehungen werden durch Tabellen dargestellt. Daraus resultiert eine übersichtliche Darstellung. Gleichzeitig ist die Abbildung auf physikalischen Speicherstrukturen einfach umzusetzen.

2.2.1.3 Datenbanksysteme

Als **Datenbanksystem (DBS)** wird ein System zur elektronischen Verwaltung von Daten bezeichnet. Zentrale Aufgabe eines Datenbanksystems ist die dauerhafte Beschreibung, Speicherung und Wiedergewinnung großer Datenmengen sowie die individuelle Bereit- und Darstellung für Benutzer und Anwendungsprogramme.[152] Nach SCHEER wurden Datenbanksysteme entwickelt, um die Unabhängigkeit zwischen Daten und Programmen bzw. Anwendungen herzustellen. In den früheren Jahren der elektronischen Datenverarbeitung wurde die Erstellung von Programmen fokussiert, sodass Daten anwendungsspezifisch auf Datenträgern bereitgestellt wurden. Mit der stetig anwachsenden Zahl an Anwendungen mit ähnlichem oder gleichem Datenbedarf wuchsen Datenredundanzen und Speicherkosten gleichermaßen. Währenddessen erhöhte sich der Aufwand zur Dokumentation, Aktualisierung und Sicherung von Daten bzw. Datenstrukturen.[153] Die dezentrale Speicherung und Verwaltung von Daten in Form von Datenbanksystemen ist seit mehreren Jahrzenten essenziell für die industrialisierte Arbeitswelt.

[150] Vgl. Loos (Datenstrukturierung in der Fertigung), 1992, S. 5f.; aufgrund des Themenfokus der vorliegenden Arbeit wird auf eine detaillierte Beschreibung verzichtet und auf die Literatur verwiesen.

[151] Vgl. Engesser et al. (Duden Informatik), 1993, S. 163f.

[152] Vgl. Engesser et al. (Duden Informatik), 1993, S. 157

[153] Vgl. Scheer (Informationssysteme im Industriebetrieb), 1988, S. 12f.

Ein Datenbanksystem ist ein zentraler Bestandteil von Informationssystemen (vgl. Kapitel 2.2.1.2). Es besteht aus einem **Datenbankmanagementsystem (DBMS)**, das synonym auch Datenbankverwaltungssystem (DBVS) genannt wird, und einer **Datenbank (DB)**, die synonym auch Datenbasis genannt wird.[154] Voraussetzung dafür, dass Daten in einer Datenbank gespeichert und für Benutzer bereit- und dargestellt werden können, ist die Definition ihres logischen Aufbaus, d. h. der zugrunde liegenden Datenstrukturen.[155] Abbildung 14 zeigt die Komponenten eines Datenbanksystems sowie die Interaktion mit Anwendungsprogrammen.

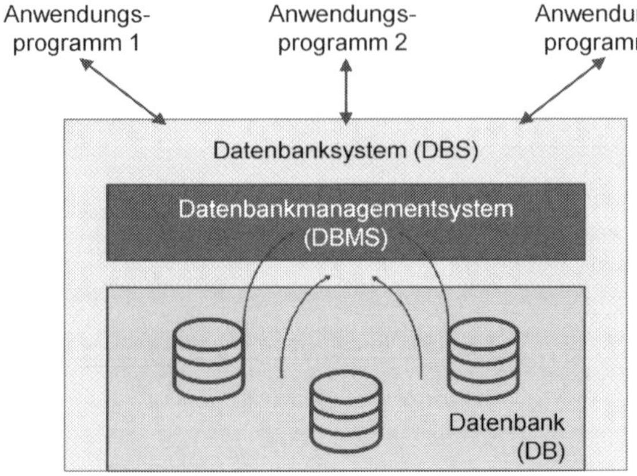

Abbildung 14: Komponenten und Interaktion eines Datenbanksystems[156]

Der Zugriff von Anwendungsprogrammen auf ein Datenbanksystem erfolgt über das Datenbankmanagementsystem, welches den Zugriff von außen regelt und somit als Kontrollinstanz fungiert.[157] Gleichzeitig verwaltet das Datenbankmanagementsystem den Inhalt der Datenbank und ermöglicht somit deren Nutzung für Anwendungsprogramme.[158] Das Datenbankmanagementsystem wirkt somit als bidirektionale Schnittstelle im Gesamtprozess. Die zentralen Funktionen eines Datenbankmanagementsystems sind Datenspeicherung, -überschreibung und -reduzierung, Verwaltung der zugrunde liegenden Metadaten sowie Durchführung vorbereitender Tätigkeiten in Bezug auf Datensicherheit und Datenschutz.[159]

[154] Vgl. Gabler Wirtschaftslexikon (Datenbank), 2018

[155] Vgl. Scheer (Informationssysteme im Industriebetrieb), 1988, S. 13

[156] I. A. a. Engesser at al. (Duden Informatik), 1993, S. 159

[157] Vgl. Engesser et al. (Duden Informatik), 1993, S. 159

[158] I. A. a. Engesser at al. (Duden Informatik), 1993, S. 159

[159] Vgl. Coronel & Morris (Database Systems), 2017, S. 6ff.

2.2.2 Modelltheorie

Ein Modell (ital. „modello" = „Form, Muster, Entwurf, Vorbild")[160] bildet die Realität abstrahiert, leicht verständlich und vereinfacht ab.[161] Ziel ist die Darstellung von komplexen Zusammenhängen in simplifizierter Form, um Erkenntnisse über Prozesse und grundlegende Beziehungen zu gewinnen.[162] Nach STACHOWIAK weisen Modelle drei **Charakteristika** auf:[163]

- *Abbildung*: Modelle stellen Abbildungen von natürlichen oder künstlichen Originalen dar, die wiederum selbst Modelle sein können.
- *Verkürzung*: Modelle erfassen nicht alle Aspekte des Originals, sondern nur diejenigen, die im jeweiligen Kontext relevant sind.
- *Pragmatik*: Modelle weisen eine problemspezifische Beschreibung oder Darstellung auf, sodass sie dem Original nicht immer eindeutig zuzuordnen sind.

Zur Verdeutlichung des Abbildungscharakteristikums von Modellen ist dieses exemplarisch in Abbildung 15 dargestellt. Sowohl Original als auch Modell sind Attributklassen. Der abzubildende Bereich des Originals heißt Abbildungsvorbereich und wird im Modellierungsprozess zum Abbildungsnachbereich. Präterierte Attribute sind Attribute des Originals, die für den Anwendungsfall irrelevant sind und daher nicht berücksichtigt werden müssen. Attribute sind abundant, sofern sie im Modell, aber nicht im Original vorhanden sind.[164]

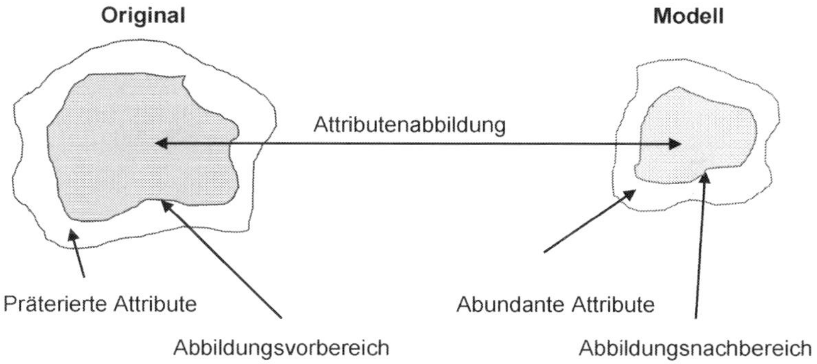

Abbildung 15: Charakteristikum „Abbildung" der Modelltheorie[165]

Die Literatur weist eine hohe Anzahl an unterschiedlichen Ansätzen zur Klassifizierung von Modellen auf.[166] Im Folgenden gilt die etablierte **Modellklassifizierung** nach PATZAK, in der

[160] Vgl. Ludewig (Modelle im Software Engineering), 2002, S. 8

[161] Vgl. Patzak (Systemtechnik), 1982, S. 306f.

[162] I. A. a. Patzak (Systemtechnik), 1982, S. 307f.

[163] Vgl. Stachowiak (Modelltheorie), 1973, S. 131ff.

[164] Vgl. Stachowiak (Modelltheorie), 1973, S. 131ff.

[165] Vgl. Stachowiak (Modelltheorie), 1973, S. 157

[166] Vgl. Stachowiak (Modelltheorie), 1973, S. 157ff.; Bandte (Komplexität in Organisationen), 2007, S. 200ff.

zwischen Beschreibungsmodellen, Erklärungsmodellen, Gestaltungsmodellen und Metamodellen unterschieden wird. Unterscheidungskriterien dieser Modellklassen sind Zielsetzung und vorgesehene Nutzung des Modells.[167] Eine eindeutige Zuweisung von Modellen zu den vier entsprechenden Modellklassen ist jedoch nicht immer möglich.[168] Abbildung 16 zeigt die unterschiedlichen Modellklassen nach PATZAK.

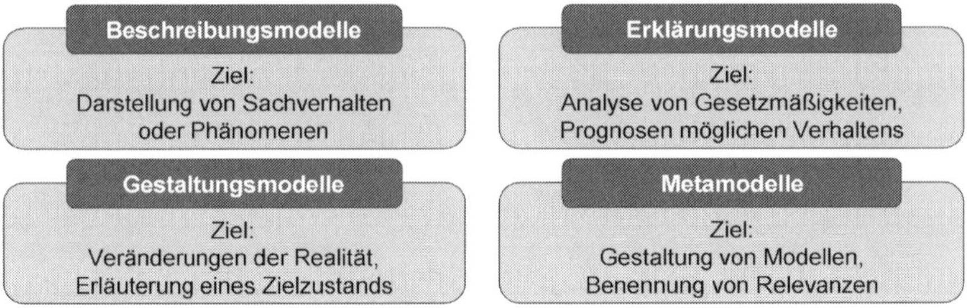

Abbildung 16: Modellklassen nach PATZAK[169]

Beschreibungsmodelle erfassen Sachverhalte oder Phänomene und bilden die entsprechenden Zustände leicht verständlich ab. Notwendige Voraussetzungen oder Umstände für die Gültigkeit dargestellter Zustände, Wirkungszusammenhänge oder Ursachen werden nicht beschrieben. Synonyme für den Begriff „Beschreibungsmodell" sind die Begriffe „deskriptives Modell", „Monitormodell" und „Darstellungsmodell".[170]

Erklärungsmodelle sind Erweiterungen von Beschreibungsmodellen und stehen synonym für explikative Modelle. Sie zeigen Zusammenhänge und Gesetzmäßigkeiten auf mit dem Ziel, beschriebene Phänomene darzustellen und deren Ursache zu untersuchen. Neben der Verbesserung zugrunde liegender Beschreibungsmodelle werden Erklärungsmodelle genutzt, um zukünftige Zustände in der Realität zu prognostizieren.[171]

Gestaltungsmodelle zeigen den angestrebten Zielzustand eines Systems und dienen dem Anwender somit als Orientierungshilfe. Folglich bilden sie eine Veränderung der Realität ab, die durch den zielgerichteten Einsatz verschiedener Einflussgrößen erreicht werden kann. Unterkategorien von Gestaltungsmodellen sind normative und präskriptive Modelle. Während normative Modelle einen normativen Handlungsrahmen und eine Leitbildfunktion implizieren, nehmen präskriptive Modelle eine Vorbild- oder Musterfunktion ein.[172]

Metamodelle verfolgen ein anderes Ziel als die zuvor beschriebenen Modellklassen. Metamodelle beschreiben anstatt der Realität übergeordnet und systematisch andere Modelle.

[167] Vgl. Patzak (Systemtechnik), 1982, S. 313ff.
[168] I. A. a. Bandte (Komplexität in Organisationen), 2007, S. 205
[169] Vgl. Patzak (Systemtechnik), 1982, S. 313ff., eigene Abbildung
[170] Vgl. Patzak (Systemtechnik), 1982, S. 313; Lehner et al. (Wirtschaftsinformatik), 2008, S. 30f.
[171] Vgl. Patzak (Systemtechnik), 1982, S. 313; Lehner et al. (Wirtschaftsinformatik), 2008, S. 31
[172] Vgl. Patzak (Systemtechnik), 1982, S. 313; Lehner et al. (Wirtschaftsinformatik), 2008, S. 31f.

Dadurch werden Modelle, ihre jeweiligen Aspekte und Komponenten sowie die Zusammenhänge zwischen verschiedenen Modellen aufgezeigt. Synonyme für Metamodell sind Referenzmodell und generisches Modell.[173]

Im Kontext der Modelltheorie bezeichnet der Begriff **Modellierung** den Prozess zur Beschreibung oder Darstellung von Modellen, d. h. von realen, abstrahierten Objekten, mit dem Ziel, wesentliche Eigenschaften hervorzuheben. Während der Modellierung wird eine Vielzahl von originären Attributen umgedeutet oder nicht abgebildet, sodass Modelle die zugrunde liegenden Originale teilweise verfremden und lediglich formale Ähnlichkeiten bestehen.[174] Nach FISCHER und TOTOK wird zwischen drei unterschiedlichen Vorgehensweisen zur Modellierung unterschieden:[175]

- *Funktionsorientierte Vorgehensweise*: Die Modellierung von Funktionen wird fokussiert und mithilfe von Funktionsbäumen oder ereignisgesteuerten Prozessketten zuerst durchgeführt. Anschließend werden die notwendigen Datenstrukturen modelliert.
- *Datenorientierte Vorgehensweise*: Die Modellierung von Daten wird fokussiert. Zunächst wird das semantische Datenmodell auf Basis von Interviews und Diskussionen mit dem Anwender entwickelt. Anschließend erfolgt die Funktionsmodellierung.
- *Integrierende Vorgehensweise*: Die Modellierung von Funktionen und Daten wird parallel und in enger Abstimmung durchgeführt. Integrierende Vorgehensweisen stellen somit eine Kombination aus funktionsorientierter und datenorientierter Vorgehensweise dar.

Ungeachtet der Modellklasse und der ausgewählten Vorgehensweise sollten verschiedene Qualitätskriterien im Modellierungsprozess eingehalten werden, um den individuellen Präferenzen der Anwender gerecht zu werden. Nach ROSEMANN ET AL. existieren **sechs Grundsätze der Modellierung**, die als Qualitätskriterien angesehen werden (vgl. Abbildung 17).

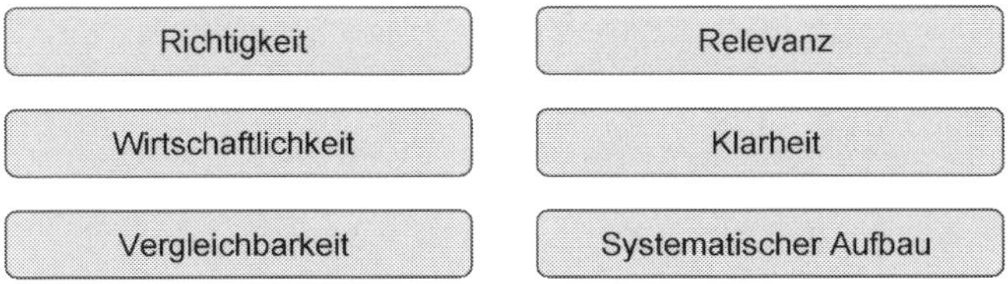

Abbildung 17: Grundsätze der Modellierung[176]

Nach dem *Grundsatz der Richtigkeit* muss ein qualitativ hochwertiges Modell den realen Sachverhalt korrekt darstellen. Die Richtigkeit bezieht sich auf die Semantik, d. h. auf die beschrie-

---

[173] Vgl. Patzak (Systemtechnik), 1982, S. 313; Lehner et al. (Wirtschaftsinformatik), 2008, S. 31f.

[174] Vgl. Stachowiak (Modelltheorie), 1973, S. 139

[175] Vgl. Fischer (Datenbanken und betriebliche Datenmodellierung), 1992, S. 1; i. A. a. Totok (Modellierung von Systemen), 2000, S. 97

[176] Vgl. Rosemann et al. (Prozessmodellierung), 2012, S. 49f.; eigene Darstellung

bene Struktur (bspw. die Aufbauorganisation) und auf die beschriebenen Prozesse (bspw. Ablauforganisation). Diese unterscheidet sich von der syntaktischen Richtigkeit, die die Einhaltung der individuellen Notationsregeln wiedergibt. Der *Grundsatz der Relevanz* besagt, dass ein Modell alle für den jeweiligen Anwendungsfall relevanten und notwendigen Sachverhalte abbildet. Gleichzeitig sollte eine Integration von irrelevanten Informationen, deren Entfernung die Aussagekraft des Modells nicht verringern, vermieden werden. Intention des *Grundsatzes der Wirtschaftlichkeit* ist die Sicherstellung eines vertretbaren Aufwand-Nutzen-Verhältnisses im Modellierungsprozess. Dazu sind die entstehenden Aufwände zur Entwicklung des Modells den erzielten Nutzeneffekten gegenüberzustellen. Der *Grundsatz der Klarheit* stellt die Verständlichkeit des Modells sicher, da diese den Nutzen für den Anwender garantiert. Folglich ist ein für den Anwender adäquater Grad an intuitiver Lesbarkeit sicherzustellen. Dafür sind die für das Modellverständnis notwendigen methodischen Kenntnisse zu reduzieren. Der *Grundsatz der Vergleichbarkeit* gewährleistet Konformität und Einheitlichkeit. Die modellübergreifende Berücksichtigung von Modellierungsempfehlungen, bspw. ein einheitlicher Abstraktionsgrad, ermöglicht die Konsolidierung unabhängiger Modelle zu einem übergeordneten Modell. Nach dem *Grundsatz des systematischen Aufbaus* müssen in einem Modell Schnittstellen definiert sein, die eine Verknüpfung zu korrespondierenden Modellen ermöglichen. Die Notwendigkeit resultiert aus der Tatsache, dass Modelle nur bestimmte Teilaspekte der Realität wiedergeben und im Sinne der Kompatibilität Referenzen geschaffen werden müssen.[177]

2.2.3 Datenmodellierung

Ziel der Datenmodellierung ist es, Unternehmensdaten in einem Datenmodell zu beschreiben.[178] Die Berücksichtigung der sechs Grundsätze der Modellierung erfordert eine strukturierte und systematische Vorgehensweise zur Entwicklung dieser. In der Literatur existiert weder ein allgemeingültiges Verständnis für den Modellierungsprozess von Daten noch für die Verwendung von Begrifflichkeiten. Die vorliegende Arbeit folgt dem Verständnis nach LOCKEMANN & RADERMACHER[179], HAHNE[180] sowie TOTOK[181], dessen Verständnis an SCHEER[182] angelehnt ist. Das **Vorgehen zur Entwicklung von Datenmodellen** zeigt Abbildung 18.

[177] Vgl. Rosemann et al. (Prozessmodellierung, 2012, S. 49f.

[178] Vgl. Krcmar (Einführung Informationsmanagement), 2014, S. 45

[179] Vgl. Lockemann & Radermacher (Datenmodellierung), 1990, S. 3ff.

[180] Vgl. Hahne (Logische Modellierung), 2002, S. 9

[181] Vgl. Totok (Modellierung von Systemen), 2000, S. 98f.

[182] Vgl. Scheer (Architektur integrierter Informationssysteme), 1995, S. 14ff.

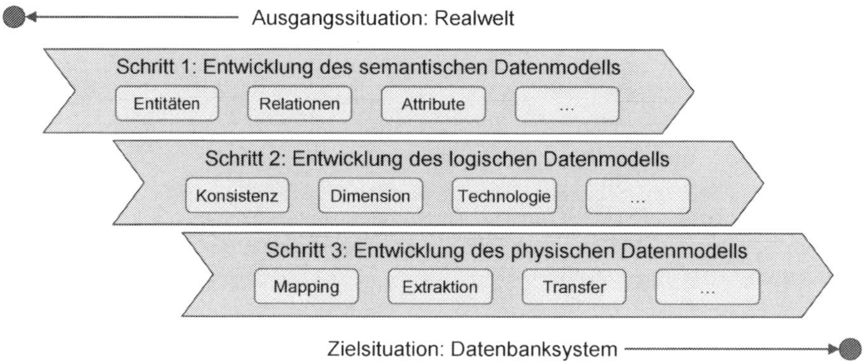

Abbildung 18: Vorgehen zur Entwicklung von Datenmodellen[183]

Die Entwicklung eines *semantischen Datenmodells* ist der erste Schritt, um reale Situationen abzubilden und unabhängig vom Datenbanksystem darzustellen. Ziel ist es, Sachverhalte der Realwelt ohne Informationsverlust abstrahiert in einem Modell abzubilden.[184] Als Schnittstelle zum Benutzer eines Systems sind die aus Anwendersicht relevanten Daten, Objekte und Relationen zu veranschaulichen.[185] Neben einem hohen Abstraktionsgrad wird für die Darstellung von Daten, Objekten und Relationen die spezifische Terminologie des Anwenders integriert, um eine möglichst hohe Anwendbarkeit zu garantieren.[186] Im zweiten Schritt erfolgt die Entwicklung des *logischen Datenmodells*. Auf Basis des semantischen Datenmodells erfolgt eine Konkretisierung der definierten Strukturen durch logische Datenmodellierung sowie eine Übertragung in die ausgewählte Modellierungssprache (vgl. Kapitel 2.2.4), die für das verwendete Datenbanksystem ausgewählt wurde.[187] Durch die Übertragung kann es zu Informationsverlusten kommen.[188] Das entstandene Datenmodell wird auch als Datenbankschema bezeichnet.[189] Das logische Datenmodell ist unabhängig von der physischen Repräsentation, wird jedoch an der eingesetzten Datenbanktechnologie ausgerichtet.[190] Im letzten Schritt wird das *physische Datenmodell* entwickelt. Konkret werden die Daten, Objekte und Relationen des logischen Datenmodells auf dem Datenbanksystem implementiert.[191] Neben der Optimierung

[183] I. A. a. Hahne (Logische Modellierung), 2002, S. 9ff.; eigene Darstellung

[184] Vgl. Behme & Ohlendorf (Datenbanksysteme, -modelle und Entwurfsmethoden), 1994, S. 119; Hahne (Logische Modellierung), 2002, S. 9

[185] Vgl. Totok (Modellierung von Systemen), 2000, S. 99

[186] I. A. a. Lehmann (Meta-Datenmanagement), 2001, S. 27

[187] Vgl. Hahne (Logische Modellierung), 2002, S. 11ff.

[188] Vgl. Totok (Modellierung von Systemen), 2000, S. 99

[189] Vgl. Hahne (Logische Modellierung), 2002, S. 9

[190] Vgl. Gabriel & Röhrs (Datenbanksysteme), 1995, S. 106

[191] Vgl. Hahne (Logische Modellierung), 2002, S. 9

des Speicherplatzes ist die Zugriffsgeschwindigkeit auf das Datenbanksystem von entscheidender Bedeutung.[192]

Als Grundvoraussetzung für den Entwurf von Datenbanksystemen kommt dem Vorgehen zur Entwicklung von Datenmodellen eine hohe Bedeutung zu.[193] Zur Einhaltung der Modellierungsgrundsätze Wirtschaftlichkeit und Richtigkeit (vgl. Kapitel 2.2.2) ist die Modellierung der Daten des abstrahierten Sachverhalts vollständig und systematisch durchzuführen.[194] Nach SCHEER existieren im Kontext der Datenmodellierung vier grundsätzliche **Abstraktionsprinzipien**[195], die auf den Arbeiten von SMITH & SMITH[196] aufbauen und von weiteren Autoren[197] ergänzt und weiterentwickelt wurden:

- *Klassifikation*: Elemente werden anhand spezifischer Merkmale auf übergeordneter Ebene zusammengefasst. Dabei erfolgt eine ausschließliche Betrachtung der Merkmale, die alle Elemente gemeinsam haben. Elemente werden in diesem Kontext als Entitäten, deren übergeordnete Ebene als Entitätstyp bezeichnet.[198]
- *Generalisierung/Spezialisierung*: Mehrere Entitätstypen werden auf einer übergeordneten Ebene, der sogenannten Entitätsoberklasse, zusammengefasst.[199] Der Generalisierung gehen somit stets mehrere Klassifikationen unterschiedlicher Entitäten voraus. Dies wird als Klasseninklusion bezeichnet, die durch ein höheres Abstraktionsniveau und eine höhere hierarchische Position charakterisiert ist.[200] Komplementär zur Generalisierung ist die Spezialisierung, bei der Entitätstypen in zwei oder mehrere untergeordnete Entitäts(sub)typen unterteilt werden.[201]
- *Aggregation*: Bestehende, unterschiedliche Entitätstypen werden zusammengefasst und kombiniert, sodass ein neuer Entitätstyp entsteht. Der neue Entitätstyp kann neue Eigenschaften aufweisen. Uminterpretation stellt eine besondere Form der Aggregation dar, bei der Beziehungstypen zu Entitätstypen neu interpretiert werden.[202]
- *Gruppierung*: Aus mehreren Entitäten eines Entitätstyps wird eine Gruppe gebildet. Die Gruppe definiert sich nicht über Eigenschaften der Entitäten oder deren Beziehungen untereinander, sondern durch die Eigenschaft der Gruppe.[203]

192 Vgl. Totok (Modellierung von Systemen), 2000, S. 99

193 I. A. a. Totok (Modellierung von Systemen), 2000, S. 101

194 Vgl. Krcmar (Einführung Informationsmanagement), 2014, S. 45

195 Vgl. Scheer (Referenzmodelle), 1997, S. 36ff.

196 Vgl. Smith & Smith (Aggregation and Generalization), 1977, 105ff.; Smith & Smith (Aggregation), 1977, 405ff.

197 Vgl. u. a. Brodie (Database Abstraction), 1981; Wedekind (Datenbanksysteme), 1981; Ortner (Semantische Modellierung), 1985

198 Vgl. Engesser et al. (Duden Informatik), 1993, S. 231f.; Scheer (Referenzmodelle), 1997, S. 36

199 Vgl. Engesser et al. (Duden Informatik), 1993, S. 170

200 Vgl. Porac & Thomas (Taxonomic Mental Models), 1989, S. 12f.

201 I. A. a. Engesser et al. (Duden Informatik), 1993, S. 170

202 Vgl. Scheer (Referenzmodelle), 1997, S. 37f.

203 Vgl. Scheer (Referenzmodelle), 1997, S. 40

2.2.4 Modellierungssprachen

Mithilfe von Modellierungssprachen werden Datenmodelle unabhängig von Funktion und Implementierung formuliert. Sie verwenden häufig Gleichungssysteme und mathematische Logik[204], wobei jede Modellierungssprache über eine individuelle Syntax verfügt.[205] Modellierungssprachen sind daher keine Methoden, sondern grafische Notationen zur anwenderspezifischen Darstellung realer Sachverhalte. Folgende **Darstellungsaspekte** sind nach HOLTHUIS zu berücksichtigen:[206]

- Einteilung von Daten bzw. Objekten
- Darstellung von Relationen
- Spezifizierung von Klassen
- Beschränkung von Ausprägungen
- Darstellung von Abhängigkeiten und Einschränkungen

In der Vergangenheit wurden viele unterschiedliche Modellierungssprachen neu entwickelt bzw. Abwandlungen bestehender Modellierungssprachen kreiert.[207] Abbildung 19 zeigt eine Übersicht der für den Kontext der Arbeit relevantesten[208] Modellierungssprachen mit ihrem jeweiligen Betrachtungsfokus und Entstehungszeitpunkt. Da im Rahmen der vorliegenden Arbeit ein Datenstrukturmodell speziell für den digitalen Schatten der Auftragsabwicklung von Werkzeugbaubetrieben entwickelt wird, sind die Fokus Daten und Prozess bei der Vorstellung gleichermaßen zu berücksichtigen. Nachfolgend werden die wichtigsten Modellierungssprachen detaillierter vorgestellt.

	Fokus	Jahr
Entity-Relationship-Modell (ERM)	Daten	1976
Unified Modeling Language (UML)	Daten	1997
Petri-Netze	Prozess	1962
Ereignisgesteuerte Prozesskette (EPK)	Prozess	1992
Business Process Model and Notation (BPMN)	Prozess	2001/2004

Abbildung 19: Übersicht der wichtigsten Modellierungssprachen[209]

[204] Vgl. Rauh & Stickel (Konzeptuelle Datenmodellierung), 1997, S. 14

[205] Vgl. Hesse & Mayr (Modellierung in der Softwaretechnik), 2008, S. 390

[206] Vgl. Holthuis (Aufbau von Data Warehouse-Systemen), 2001, S. 142ff.

[207] I. A. a. Holthuis (Aufbau von Data Warehouse-Systemen), 2001, S. 142

[208] Auf die Nennung und Vorstellung weiterer, für den Kontext der Arbeit weniger relevanten Modellierungssprachen wird verzichtet. Für eine ganzheitliche Übersicht wird auf die entsprechende Fachliteratur, bspw. Gadatsch (Geschäftsprozess-Management), 2017, S. 79ff., verwiesen.

[209] Vgl. Becker et al. (Grundsätze ordnungsgemäßer Modellierung), 2012, S. 4ff.; Scheer (Referenzmodelle), 1997, S. 14ff.; Loos (Datenstrukturierung in der Fertigung), 1992, S. 6f.; eigene Darstellung

Das **Entity-Relationship-Modell (ERM)** wurde 1976 von CHEN[210] zur Modellierung von Daten in Informationssystemen entwickelt. ERM ist sowohl in der Informatik als auch in anderen Fachdisziplinen, in denen Zusammenhänge abstrahiert werden, die am weitesten verbreitete Modellierungssprache.[211] Die wichtigsten Gründe sind die Nutzung der zwei Grundelemente Entität und Relation, die für den Anwender einfach zu verstehen sind, sowie die Darstellung komplexer Themenstellungen mithilfe intuitiver Notation.[212] Die *Entität* repräsentiert einen Gegenstand der Realität wie bspw. eine Person, ein Unternehmen oder eine Veranstaltung. Entitätstypen entstehen, wenn gleichartige Entitäten zusammengefasst werden.[213] Mithilfe von *Relationen* werden zwei oder mehrere Entitäten logisch verknüpft. Ein weiteres zentrales Element von ERM ist das *Attribut*, welches zur Beschreibung und Charakterisierung von Entitäten und Relationen genutzt wird.[214] Die minimale Menge an Attributen, die eine Entität oder eine Relation eindeutig beschreiben, wird *Schlüsselattribut* genannt.[215]

Die **Unified Modeling Language (UML)** wurde 1997 von der Object Management Group entwickelt und 2005 durch die International Organization for Standardization (ISO)[216] standardisiert. Ähnlich wie ERM ist die Modellierungssprache UML in unterschiedlichen Disziplinen vielseitig einsetzbar, da ihr modularer Aufbau eine Anpassung gemäß dem Betrachtungsgegenstand zulässt.[217] Nach ISO und BECKER ET AL. sind Klassen das Grundelement der UML, die ähnlich den Entitätstypen des ERM mehrere Typen von Objekten des Betrachtungsgegenstands beschreiben. Zentrale Bestandteile der Klassen sind *Operationen*, die deren Verhalten abbilden, sowie *Attribute*, welche die Eigenschaften der jeweiligen Klasse beschreiben. Operationen und Attribute können innerhalb einer Klasse durch Plus- und Minuszeichen näher spezifiziert werden. Mithilfe von *Assoziationen* können Verbindungen zwischen Klassen dargestellt werden.[218]

Petri-Netze wurden 1962 von Carl Adam Petri im Rahmen seiner Dissertation „Kommunikation mit Automaten“[219] erstmalig erwähnt. Aufgrund anderer Fokus in der Informatik wurden erst ab 1980 weitere Forschungsarbeiten durchgeführt sowie Erweiterungen und Konzepte auf Basis von Petri-Netzen erarbeitet. Die Einsatzgebiete von Petri-Netzen sind heutzutage vielfältig und reichen von Steuerungstechnik, Softwareentwicklung und Geschäftsprozessmodellierung bis

[210] Vgl. Chen (The Entity-relationship Model), 1976, S. 9ff.

[211] Vgl. Becker et al. (Grundsätze ordnungsgemäßer Modellierung), 2012, S. 4

[212] Vgl. Vossen (Datenmodelle), 2008, S. 61

[213] Vgl. Chen (The Entity-relationship Model), 1976, S. 10f.

[214] Vgl. Chen (The Entity-relationship Model), 1976, S. 12

[215] Vgl. Becker et al. (Grundsätze ordnungsgemäßer Modellierung), 2012, S. 5

[216] Vgl. International Organization for Standardization (ISO/IEC 19501), 2005

[217] Vgl. International Organization for Standardization (ISO/IEC 19505-2), 2012, S. 1

[218] Vgl. International Organization for Standardization (ISO/IEC 19501), 2005, S. 14ff.; Becker et al. (Grundsätze ordnungsgemäßer Modellierung), 2012, S. 9f.

[219] Vgl. Petri (Kommunikation mit Automaten), 1962

hin zu Anwendungen in Industrieunternehmen.[220] Grundelemente von Petri-Netzen sind *Stellen*, die einen Zustand im modellierten System darstellen. Dieser wird durch keine, eine oder mehrere *Marken* beschrieben. Der Übergang zwischen zwei Zuständen wird durch eine *Transition* dargestellt. Dabei werden sie über eine gerichtete und gewichtete *Kante* verbunden. Der *Kontrollfluss* verknüpft Stellen und Transitionen in sachlogischer Reihenfolge.[221]

Die **Ereignisgesteuerte Prozesskette (EPK)** wurde 1992 erstmalig von KELLER ET AL.[222] vorgestellt. Zielsetzung dieser Modellierungssprache ist die Ermittlung und Dokumentation der Zusammenhänge von Informationssystemen in betrieblichen Prozessen.[223] Nach KELLER ET AL. sowie BECKER ET AL. werden vier Grundelemente genutzt. Ein *Ereignistyp* ist eine Sammlung von Ereignissen und beschreibt Prozesszustände. *Funktionstypen* stellen Tätigkeiten bzw. Prozessaktivitäten dar. Der modellierte Betrachtungsgegenstand in einer EPK beschreibt somit, welche Ereignisse durch welche Funktionen ausgelöst werden und welche Funktionen wiederum Resultat welcher Ereignisse sind. Daraus ergibt sich eine wechselnde Reihenfolge aus Ereignistypen und Funktionstypen, deren Verbindung durch *gerichtete Kanten* hergestellt wird. Zur Darstellung nicht-linearer Prozesse werden *Konnektoren* eingesetzt, welche parallele Teilprozesse separieren und zusammenführen sowie alternative Teilprozesse abbilden können.[224]

Die Modellierungssprache **Business Process Model and Notation (BPMN)** wurde 2001 von Stephen A. White als Mitarbeiter von IBM entwickelt. Drei Jahre später wurde sie von der Business Process Management Initiative veröffentlicht.[225] Nach WHITE war die Zielsetzung, eine verständliche und leicht zu lesende Modellierungssprache für Analytiker (Erzeugung des Modells), Entwickler (Anpassung des Modells) und Mitarbeiter (Ausführung in betrieblicher Praxis) zu entwickeln. Dies geschieht mithilfe von Geschäftsprozessdiagrammen, die vier verschiedene Klassen von Darstellungselementen integrieren. *Ablaufelemente* visualisieren Aktivitäten und ihren sachlogischen Ablauf. *Verbindungselemente* verknüpfen, abhängig von den jeweiligen Eigenschaften, unterschiedliche Elemente. *Swimlanes* strukturieren den Gesamtprozess, indem sie abhängige und unabhängige Bereiche grafisch darstellen. *Artefakteelemente* beinhalten zusätzliche Elemente für Aktivitäten oder sonstige Informationen.[226]

In Theorie und Praxis existieren neben den vorgestellten Modellierungssprachen etliche Abwandlungen, Erweiterungen und Kombinationen. Eine Vorstellung im Rahmen dieser Arbeit ist nicht zielführend. Des Weiteren wurde bewusst auf die grafische Darstellung der jeweiligen

---

[220] Vgl. Becker et al. (Grundsätze ordnungsgemäßer Modellierung), 2012, S. 20

[221] Vgl. Becker et al. (Grundsätze ordnungsgemäßer Modellierung), 2012, S. 22

[222] Vgl. Keller et al. (Ereignisgesteuerte Prozesskette), 1992

[223] I. A. a. Keller et al. (Ereignisgesteuerte Prozesskette), 1992, S. 15f.

[224] Vgl. Keller et al. (Ereignisgesteuerte Prozesskette), 1992, S. 11ff.; Becker et al. (Grundsätze ordnungsgemäßer Modellierung), 2012, S. 15f.

[225] Vgl. Becker et al. (Grundsätze ordnungsgemäßer Modellierung), 2012, S. 25

[226] Vgl. White (Business Process Modeling Notation), 2004, S. 63ff.; ähnliche Ausführungen finden sich bei Becker et al. (Grundsätze ordnungsgemäßer Modellierung), 2012, S. 27ff.

Darstellungselemente verzichtet, sodass für detaillierte Informationen auf die angeführte Literatur verwiesen wird.

2.3 Werkzeugbau

In der industriellen Wertschöpfungskette nimmt der Werkzeugbau eine Schlüsselstellung als Bindeglied zwischen Produktentwicklung und Serienproduktion ein.[227] Er ist zentraler Befähiger leistungsstarker Industrien und trägt signifikant zur wirtschaftlichen Leistungsfähigkeit produzierender Unternehmen bei.[228] Insbesondere Produktivität sowie Herstellkosten und -qualität der Werkzeuge haben entscheidenden Einfluss auf die Wirtschaftlichkeit der Serienproduktion.[229]

Die Grundlagen zum Werkzeugbau als Betrachtungsgegenstand dieser Arbeit werden in sechs Unterkapiteln beschrieben. Zunächst wird ein einheitliches Begriffsverständnis geschaffen, indem die relevanten Begrifflichkeiten erläutert und voneinander abgegrenzt werden. Anschließend werden die Struktur der Branche und das Leistungsspektrum von Werkzeugbaubetrieben vorgestellt. Es folgt eine Beschreibung der Auftragsabwicklung im Werkzeugbau sowie eine Einordnung in die industrielle Wertschöpfungskette. Nach der Vorstellung der kollaborativen Wertschöpfungsgestaltung im Werkzeugbau schließt das Kapitel mit Trends der produzierenden Industrie sowie den resultierenden organisatorischen und technologischen Handlungsfeldern im Werkzeugbau. Inhaltlich und strukturell ähnliche Grundlagenkapitel finden sich in zahlreichen Dissertationen des Lehrstuhls für Produktionssystematik am Werkzeugmaschinenlabor WZL der RWTH Aachen. Die Dissertationen von KLOTZBACH[230], PITSCH[231], KOMOREK[232], KÜHN[233] und KUHLMANN[234] sind als für diese Arbeit relevante und aktuelle Arbeiten zu nennen.

2.3.1 Begriffsverständnis und Abgrenzung

Eine industrielle Herstellung von Produkten[235] in hoher Stückzahl bedarf, mit wenigen Ausnahmen, industrieller Werkzeuge. Die Automobil- und deren Zulieferindustrie, die Haushaltswaren- und -geräteindustrie sowie die unterschiedlichen Konsumgüterindustrien sind typische Beispiele, in denen eine Hochvolumenproduktion nur durch industrielle Werkzeuge wirtschaftlich gestaltet werden kann.[236] Industrielle Werkzeuge, die ausdrücklich nicht Teil des in Serie hergestellten Produkts sind, werden in der Öffentlichkeit kaum wahrgenommen. Es besteht

[227] Vgl. Eversheim & Klocke (Werkzeugbau mit Zukunft), 1998, S. 1

[228] Vgl. Holmes et al. (Innovation in Tool and Die Industry), 2005, S. 120ff.

[229] Vgl. Klotzbach (Industrieller Werkzeugbau), 2007, S. 42

[230] Vgl. Klotzbach (Industrieller Werkzeugbau), 2007, S. 42ff.

[231] Vgl. Pitsch (Vernetzung von Werkzeugbaustandorten), 2014, S. 33ff.

[232] Vgl. Komorek (Kollaborative Wertschöpfung), 2014, S. 37ff.

[233] Vgl. Kühn (Leistungssysteme im Werkzeugbau), 2016, S. 32ff.

[234] Vgl. Kuhlmann (Corporate Tooling), 2017, S. 64ff.

[235] Der Begriff „Artikel" wird im Rahmen der vorliegenden Arbeit synonym verwendet.

[236] I. A. a. Klotzbach (Industrieller Werkzeugbau), 2007, S. 42

vielmehr eine Assoziation mit herkömmlichen Handwerkzeugen (bspw. Hammer oder Schraubendreher) oder Standardwerkzeugen (bspw. Bohr- oder Fräswerkzeuge).[237]

Sowohl in Theorie und Praxis existiert kein einheitliches Verständnis für die Begriffe „Werkzeug" und „Werkzeugbau". Die Begriffe werden für die vorliegende Arbeit nachfolgend eindeutig definiert und gegen alternative Definitionen abgegrenzt.

2.3.1.1 Werkzeug

Werkzeuge sind als Fertigungsmittel zu verstehen, die auf Materialien unmittelbar einwirken mit dem Zweck, die jeweilige Form oder Substanz physikalisch, chemisch oder mechanisch zu verändern.[238] Dieser Definition lassen sich Hohlformwerkzeuge zur Produktion von Metall- und Kunststoffkomponenten, Bearbeitungswerkzeuge wie bspw. Fräsköpfe, Drehmeißel und Schneidplatten sowie Sonderwerkzeuge wie bspw. Räumnadeln zuordnen.[239] Nach EVERSHEIM & KLOCKE werden die im Werkzeugbau hergestellten Werkzeuge als Hohlformwerkzeuge bezeichnet, da sie durch eine teilweise oder vollständige Abbildung der Werkstückform auf der Werkzeuggeometrie charakterisiert sind. Ihnen können Spritz- und Druckgießwerkzeuge, Stanz-, Press- und Formwerkzeuge sowie Schmiedegesenke zugeordnet werden.[240] Der Betrachtungsbereich der vorliegenden Arbeit bezieht sich ausschließlich auf Hohlformwerkzeuge, die nachfolgend unabhängig vom Fertigungsverfahren in der Serienproduktion als Werkzeuge bezeichnet werden. Abschließend ist hervorzuheben, dass Werkzeuge eine Vielzahl individueller Funktionen und Merkmale aufweisen und höchsten Anforderungen an Präzision und Oberflächengüte gerecht werden.[241] Werkzeuge sind Mittel zur Arbeitsverrichtung, da sie stets gemeinsam mit Maschinen und Anlagen eingesetzt werden. Sie stellen folglich ein Produktionsmittel dar.

2.3.1.2 Werkzeugbau

Der Begriff **Werkzeugbau oder Werkzeugbaubetrieb** wird als Unternehmen bzw. Organisationseinheit eines Unternehmens verstanden, welche Werkzeuge herstellt. Des Weiteren bezeichnet der Begriff „Werkzeugbau" die werkzeugproduzierende Branche.[242] Neben Hohlformwerkzeugen für die Serienproduktion als zentrale Sachleistungen gehören Vorrichtungen, Prüfmittel, Modelle und Prototypen sowie werkzeug- und prozessspezifische Dienstleistungen zum Leistungsspektrum.[243] Aufgrund der Heterogenität des Leistungsspektrums werden die

---

[237] Vgl. Klotzbach (Industrieller Werkzeugbau), 2007, S. 42

[238] Vgl. VDI (VDI-Richtlinie 2815), 1978. Diese Norm wurde 2001 ausgemustert und nicht ersetzt, wird in der industriellen Praxis jedoch weiterhin genutzt und anerkannt. Siehe dazu auch Boos (Modulare Werkzeuge), 2008, S. 28 oder Kuhlmann (Geschäftsprozesse im Werkzeugbau), 2011, S. 26

[239] Vgl. Eversheim & Klocke (Werkzeugbau mit Zukunft), 1998, S. 24f.

[240] Vgl. Eversheim & Klocke (Werkzeugbau mit Zukunft), 1998, S. 24f.

[241] Vgl. Klocke & Arntz (Technologien für den Werkzeug- und Formenbau), 2004

[242] Vgl. Kühn (Leistungssysteme im Werkzeugbau), 2016, S. 33

[243] Vgl. Eversheim & Klocke (Werkzeugbau mit Zukunft), S. 25; Kozielski (Kennzahlensystem für den Werkzeugbau), 2010, S. 14f.

Begriffe „Formenbau", „Werkzeug- und Formenbau", „Werkzeug- und Anlagenbau", „Werkzeug- und Betriebsmittelbau" sowie analoge Bezeichnungen synonym für Werkzeugbaubetriebe und die gesamte Branche verwendet.[244] Dem Verständnis von FRICK[245] folgend, welches in ähnlicher Form bei PITSCH[246] und KUHLMANN[247] angewandt wird, wird der Begriff „Werkzeugbaubetrieb" für ein Unternehmen bzw. eine Organisationseinheit und der Begriff „Werkzeugbau" für die Branche in der vorliegenden Arbeit jeweils als Oberbegriff für alle oben genannten Synonyme verwendet.

Der **Marktzugang** stellt ein charakteristisches Unterscheidungsmerkmal von Werkzeugbaubetrieben dar, welcher durch die beiden Merkmalsausprägungen „interner Marktzugang" und „externer Marktzugang" vollständig beschrieben ist. Die gemeinsame Datenbank des Werkzeugmaschinenlabors WZL der RWTH Aachen und des Fraunhofer-Instituts für Produktionstechnologie IPT zeigt, dass in Deutschland ca. 51% aller Werkzeugbaubetriebe einen internen und ca. 49% aller Werkzeugbaubetriebe einen externen Marktzugang aufweisen (vgl. Abbildung 20).

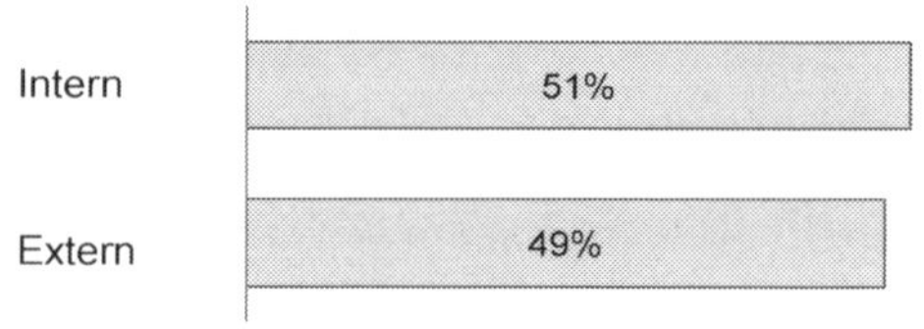

Abbildung 20: Marktzugang deutscher Werkzeugbaubetriebe[248]

Interne Werkzeugbaubetriebe sind integraler Bestandteil eines produzierenden Unternehmens und gliedern sich in dessen Aufbauorganisation ein.[249] Dabei wird die Werkzeugversorgung für die Serienproduktion des Mutterunternehmens sichergestellt. Der interne Werkzeugbaubetrieb operiert somit als Lieferant, wohingegen das Mutterunternehmen als Kunde und gleichzeitig Kapitalgeber auftritt.[250] Übergeordnete Zielsetzung interner Werkzeugbaubetriebe ist die Steigerung der Gesamtproduktivität des Mutterunternehmens durch die Integration von Effizienz, Verfügbarkeit und Zuverlässigkeit. Des Weiteren sind Know-how-Schutz hinsichtlich wettbewerbsentscheidender Kompetenzen, Unabhängigkeit von externen Anbietern sowie die Optimierung und Reduzierung interner Schnittstellen gegeben.[251] Interne Werkzeugbaubetriebe

[244] Vgl. Brankamp (Werkzeug- und Betriebsmittelbau), 1991, S. 5ff.

[245] Vgl. Frick (Geschäftsmodelle im Werkzeugbau), 2006, S. 20f.

[246] Vgl. Pitsch (Vernetzung von Werkzeugbaustandorten), 2014, S. 34

[247] Vgl. Kuhlmann (Corporate Tooling), 2017, S. 65f.

[248] Vgl. Gemeinsame Datenbank des Werkzeugmaschinenlabors WZL der RWTH Aachen und des Fraunhofer-Instituts für Produktionstechnologie IPT, ausgewertete Datensätze der Jahre 2013-2017, Stand Oktober 2018

[249] Vgl. Eversheim & Klocke (Werkzeugbau mit Zukunft), 1998, S. 74

[250] Vgl. Eversheim & Klocke (Werkzeugbau mit Zukunft), 1998, S. 3

[251] Vgl. Kuhlmann (Geschäftsprozesse im Werkzeugbau), 2011, S. 27; Zwicker (Der interne Werkzeugbau), 2009, S. 12f.

können nach EVERSHEIM & KLOCKE als Abteilung, Cost-Center oder Profit-Center in die Organisation des Mutterunternehmens integriert sein.[252] Als Abteilung werden die vom Werkzeugbaubetrieb verursachten Kosten auf verschiedene Bereiche des Unternehmens umgelegt und sind daher nahezu unbeschränkt. Es ergeben sich weder Kostentransparenz noch unmittelbare Kostenverantwortung, sodass vermeidbare Mehrkosten und weitere Ausgaben schwer zu identifizieren und zuzuordnen sind. Die reine Kostenkalkulation ohne Ergebnisziel relativiert jedoch die Aussagekraft des externen Vergleichs.[253] Eine Integration des Werkzeugbaubetriebs als Cost-Center führt unmittelbar zu eigener Kostenverantwortung. Auf Anfrage des Mutterunternehmens erfolgt eine Kostenkalkulation, die vom Mutterunternehmen mit Angeboten externer Wettbewerber bzw. Marktbegleiter verglichen wird. Mitunter hat der Werkzeugbaubetrieb die Option des „Last Call", sodass das eigene Angebot dem Marktpreis entsprechend angepasst werden kann. Die Ausrichtung des internen Werkzeugbaubetriebs als Profit-Center macht ihn zu einem eigenständigen Geschäftsbereich. Entsprechend den Vorgaben des Mutterunternehmens besteht vollständige Kosten- und Ergebnisverantwortung. Dies ermöglicht einen direkten und aussagekräftigen Vergleich mit externen Anbietern und verursacht einen hohen Kostendruck. Der administrative Aufwand ist in dieser Organisationsform am höchsten, da die interne Erfolgsrechnung ausgewiesen werden muss.[254] Die meisten internen Werkzeugbaubetriebe werden heute angesichts des steigenden Wettbewerbsdrucks als Cost-Center oder Profit-Center geführt. Aufgrund der hohen strategischen Bedeutung für das Mutterunternehmen werden vorrangig interne Aufträge abgewickelt. Abbildung 21 gibt eine zusammenfassende Übersicht der Organisationsformen interner Werkzeugbaubetriebe.

	Abteilung	Cost-Center	Profit-Center
Ausrichtung	Aufgabenorientierung	Kostenorientierung	Leistungsorientierung
Arbeitsweise	Kostenumlage auf andere Bereiche	Eigenverantwortung hinsichtlich Kosten	Eigenverantwortung hinsichtlich Ergebnis
Vorteile	„Unbeschränkte" Finanzmittel	Kostensenkung durch Kostenverantwortung	Vergleichsmöglichkeit mit externen Anbietern
Nachteile	Hohe Kosten durch fehlende Verantwortung	Bedingter Rentabilitätsvergleich	Höherer administrativer Aufwand

Abbildung 21: Organisationsformen interner Werkzeugbaubetriebe[255]

[252] Vgl. Eversheim & Klocke (Werkzeugbau mit Zukunft), 1998, S. 75
[253] Vgl. Pitsch (Vernetzung von Werkzeugbaustandorten), 2014, S. 35
[254] Vgl. Eversheim & Klocke (Werkzeugbau mit Zukunft), 1998, S. 74ff.
[255] Vgl. Kuhlmann (Geschäftsprozesse im Werkzeugbau), 2011, S. 27

Externe Werkzeugbaubetriebe sind rechtlich eigenständige Unternehmen, die im Auftrag verschiedener Kunden Werkzeuge herstellen. Primäres Ziel ist die Gewinnmaximierung.[256] Externe Werkzeugbaubetriebe bedienen dabei in der Regel ein breites Kunden- und Branchenspektrum, um das Risiko von Auslastungsschwankungen in einzelnen Kundensegmenten ausgleichen zu können.[257] Die Zusammenarbeit mit verschiedenen Kunden und die Abwicklung unterschiedlicher Projekte führt dazu, dass sich externe Werkzeugbaubetriebe umfassendes Wissen und Problemlösekompetenzen aneignen. Dies stellt ein schwer imitierbares Differenzierungskriterium gegenüber Marktbegleitern dar.[258] Es wird zwischen zwei Typen externer Werkzeugbaubetriebe unterschieden. Neben externen eigenständigen Werkzeugbaubetrieben, die wirtschaftlich unabhängig sind, existieren zudem externe, in einen Unternehmensverbund eingegliederte Werkzeugbaubetriebe.[259] Sie bieten ihre Leistungen ausschließlich am Markt und nicht unternehmensintern an, führen ihre Geschäftstätigkeiten jedoch unter dem Namen des Mutterunternehmens aus. Es erfolgt zudem eine Integration in die Gesamtbilanz des Mutterunternehmens.

2.3.2 Branchenstruktur

Die Branche Werkzeugbau ist mittelständisch geprägt und zählt innerhalb des Verbands Deutscher Maschinen- und Anlagenbau (VDMA) zum Bereich Präzisionswerkzeuge. Gegenwärtig existieren in Deutschland ca. 3.800 Werkzeugbaubetriebe mit ca. 54.000 Mitarbeitern.[260] Während mehr als 80% aller Werkzeugbaubetriebe weniger als 20 Mitarbeiter beschäftigen, weisen weniger als 1% der Betriebe eine Anzahl von mehr als 100 Mitarbeitern auf.[261] Die starke Fragmentierung zeigt, dass deutsche Werkzeugbaubetriebe zumeist kleine und mittlere Unternehmen (KMU) sind.[262]

Der Bereich Präzisionswerkzeuge unterteilt sich in die Branchen Werkzeugbau, Zerspanwerkzeuge und Spannzeuge, wobei der Werkzeugbau mit 50% des Gesamtumsatzes die umsatzstärkste Branche darstellt (vgl. Abbildung 22).

---

256 Vgl. Boos (Modulare Werkzeuge), 2008, S. 28

257 Vgl. Spennemann (Organisationsstrukturen im Werkzeugbau), 2001, S. 12

258 Vgl. Westekemper (Angebotspreisbildung im Werkzeugbau), 2002, S. 7; Schleyer (Kooperationsmanagement im Werkzeugbau), 2006, S. 22

259 Vgl. Eversheim & Klocke (Werkzeugbau mit Zukunft), 1998, S. 4

260 Vgl. Boos et al. (Tooling in Germany), 2018, S. 15. Ursprung der Mitarbeiteranzahl ist der Fachverband Präzisionswerkzeuge des Verbands Deutscher Maschinen- und Anlagenbau (VDMA). Dem Verständnis folgend umfasst der Bereich Präzisionswerkzeuge neben Hohlformwerkzeugen auch Zerspanwerkzeuge und Spannzeuge, sodass die Anzahl der beschäftigten Mitarbeiter im Werkzeugbau variieren kann. Des Weiteren haben mehr als 67% der in Deutschland ansässigen Werkzeugbaubetriebe Personal aufgebaut; vgl. VDMA (Präzisionswerkzeuge 2019), 2019. Abschließend ist zu beachten, dass Unternehmen in Deutschland mit weniger als 20 Mitarbeitern nicht verpflichtet sind, Angaben zu Produktion, Leistungen und Mitarbeiteranzahl zu tätigen.

261 Vgl. Boos et al. (World of Tooling), 2018, S. 33

262 Vgl. Europäische Kommission (KMU), 2003. Nach der europaweit anerkannten und angewandten Definition weist ein KMU weniger als 250 Mitarbeiter und einen Jahresumsatz kleiner 50 Mio. € auf.

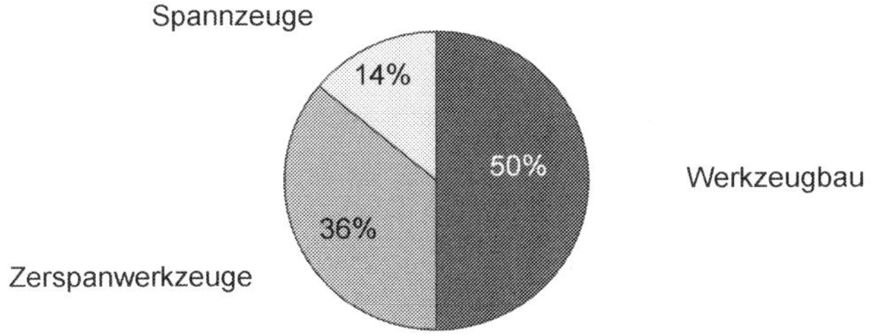

Abbildung 22: Umsatzverteilung des Bereichs Präzisionswerkzeuge 2018[263]

Der Bereich Präzisionswerkzeuge konnte eine positive Entwicklung zwischen 2005 und 2008 mit durchschnittlich 7% Umsatzsteigerung vorweisen. Mit Beginn der weltweiten Wirtschafts- und Finanzkrise 2008, die ihren Höhepunkt 2009 erreichte, folgte ein signifikanter Umsatzeinbruch um 26%. Das Umsatzniveau aus dem Rekordjahr 2008 konnte erst 2012 erreicht werden. Insbesondere der Werkzeugbau trug mit einem Umsatzplus von 14% entscheidend dazu bei.[264] Mit Ausnahme des Jahres 2013, in welchem der Umsatz aufgrund der europäischen Schuldenkrise stagnierte[265], ist der Umsatz des Bereichs Präzisionswerkzeuge bis einschließlich 2017 kontinuierlich auf 10,8 Mrd. Euro gestiegen. Für 2018 wird ein Umsatz von 11,5 Mrd. Euro geschätzt (vgl. Abbildung 23). Die wichtigsten Handelspartner deutscher Werkzeugbaubetriebe sind China, USA und Mexiko sowie in Europa Schweiz, Tschechien und Italien.[266]

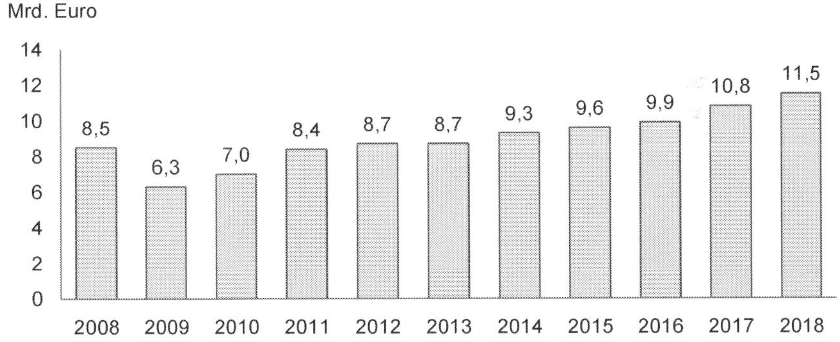

Abbildung 23: Umsatzentwicklung des Bereichs Präzisionswerkzeuge[267]

263 Vgl. VDMA (Präzisionswerkzeuge 2019), 2019; Auskunft des VDMA

264 Vgl. VDMA (Präzisionswerkzeuge 2013), 2013

265 Vgl. Pitsch (Vernetzung von Werkzeugbaustandorten), 2014, S. 37

266 Vgl. Boos et al. (Tooling in Germany), 2018, S. 16f.

267 Vgl. VDMA (Präzisionswerkzeuge 2019), 2019; neben Schätzungen des VDMA liegen der Grafik Auswertungen des Statistischen Bundesamtes zugrunde.

BOOS ET AL. zeigen, dass der deutsche Werkzeugbau einen Trend zu regionalen Ballungsgebieten aufweist und vornehmlich im Süden Deutschlands angesiedelt ist (vgl. Abbildung 24).

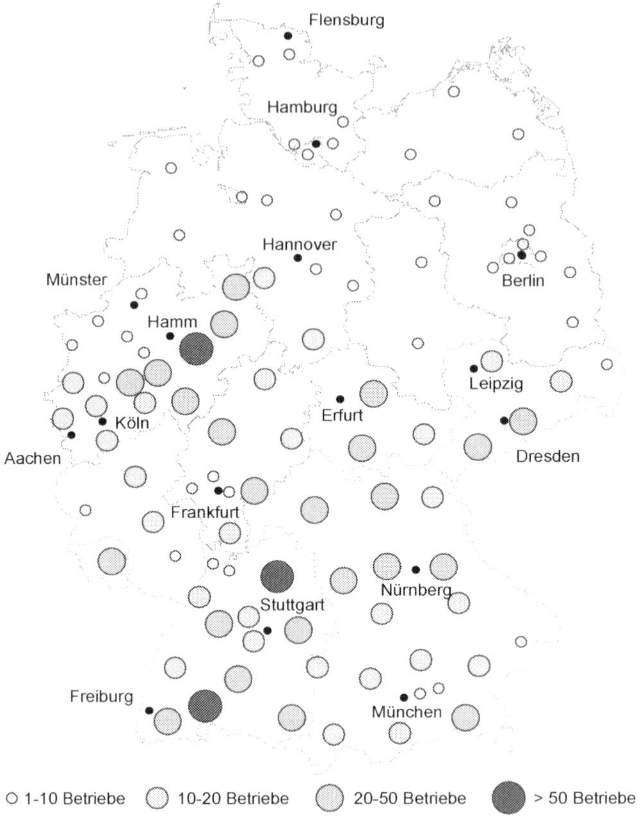

Abbildung 24: Regionale Verteilung von Werkzeugbaubetrieben in Deutschland[268]

Neben dem Großraum Stuttgart und der Schwarzwaldregion in Baden-Württemberg besteht eine hohe Dichte an internen und externen Werkzeugbaubetrieben in Ost- und Südwestfalen sowie im Hochrheingebiet. In den Regionen um Franken und der Oberpfalz sind im Verhältnis ebenfalls viele Werkzeugbaubetriebe niedergelassen. Insgesamt sind knapp 48% aller Werkzeugbaubetriebe in Baden-Württemberg oder Bayern ansässig.[269] Die Existenz dieser Ballungsgebiete ist insbesondere durch regionale Nähe zur Automobilproduktion und deren Zulieferunternehmen begründet.[270] Der Norden der Bundesrepublik Deutschland, insbesondere

[268] Vgl. Boos et al. (Tooling in Germany), 2018, S. 19

[269] Vgl. Boos et al. (Tooling in Germany), 2018, S. 18f.

[270] Vgl. Naumann (Industriestandorte in Deutschland), 2014, S. 5ff.

die Bundesländer Schleswig-Holstein, Mecklenburg-Vorpommern, Sachsen-Anhalt und Brandenburg, sind weniger stark vom Werkzeugbau geprägt.[271] Dies ist u. a. der Tatsache geschuldet, dass wenige Serienproduzenten Standorte in diesen Bundesländern betreiben.[272]

2.3.3 Leistungsspektrum

Das Leistungsspektrum im Werkzeugbau ist trotz Unikatcharakter der Erzeugnisse charakterisiert durch eine Vielzahl industrieller Sach- und Dienstleistungen. Weiterhin werden unterschiedliche Arten von Aufträgen abgewickelt.[273] Diese werden nachfolgend beschrieben.

2.3.3.1 Industrielle Sach- und Dienstleistungen

Werkzeugbaubetriebe sind Einzel- und Kleinserienhersteller, da sie produkt- und kundenspezifische Unikate herstellen.[274] Der Fokus der Leistungserstellung liegt auf Werkzeugen, die durchschnittlich 82% des Auftragsvolumens ausmachen.[275] Typische Längenmaße reichen von 250 Millimeter bis zu mehreren Metern; das Gesamtgewicht liegt zwischen weniger als 100 Kilogramm und 40 Tonnen. Zusätzlich zum Gewicht bestimmen insbesondere Oberflächengüte von Produkt und daraus abgeleitet vom Werkzeug, Toleranzen, Materialeinsatz im Werkzeug, Anzahl der Komponenten und zusätzliche Funktionen die Komplexität eines Werkzeugs.[276] Herstellung und Zusammenbau von Werkzeugen erfordert ein Höchstmaß an Präzision und Erfahrung der Mitarbeiter, da physikalische Prozesse wie bspw. Schwindung oder Rückfederung des Produktmaterials sehr komplex und daher schwer zu berechnen bzw. zu simulieren sind.[277] Abbildung 25 zeigt das Leistungsspektrum von Werkzeugbaubetrieben.

Als zentrale **Sachleistungen** werden die unterschiedlichen Typen von Werkzeugen nachfolgend vorgestellt. Die Struktur der Beschreibung ist angelehnt an PITSCH[278] und KÜHN[279]. Der Begriff *Blechverarbeitungswerkzeuge* umfasst Stanz-Biegewerkzeuge und Tiefziehwerkzeuge. Stanz-Biegewerkzeuge vereinen die Verfahren Blechfügen, -umformen und -zerteilen. Die Endgeometrie der Produkte wird dabei in der Regel in mehreren Arbeitsvorgängen erreicht. Abhängig von Umformverfahren, Produktgröße und Stückzahl der herzustellenden Produkte wird zwischen Folgeverbund- und Transferwerkzeugen sowie speziellen Sonderwerkzeugen unterschieden.[280] Tiefziehwerkzeuge werden für die Zugdruckumformung von Blech-

---

[271] Vgl. Boos et al. (Tooling in Germany), 2018, S. 18f.

[272] I. A. a. Naumann (Industriestandorte in Deutschland), 2014, S. 6f.

[273] Vgl. Klotzbach (Industrieller Werkzeugbau), 2007, S. 46

[274] Vgl. Frick (Geschäftsmodelle im Werkzeugbau), 2006, S. 21f.

[275] Vgl. Gemeinsame Datenbank des Werkzeugmaschinenlabors WZL der RWTH Aachen und des Fraunhofer-Instituts für Produktionstechnologie IPT, ausgewertete Datensätze der Jahre 2013-2017, Stand Oktober 2018

[276] Vgl. Klocke & Arntz (Technologien für den Werkzeug- und Formenbau), 2004

[277] Vgl. Haasler (Facharbeit im Werkzeugbau), 2004, S. 220ff.; Menges et al. (Spritzgießwerkzeuge), 2007, S. 325ff.

[278] Vgl. Pitsch (Vernetzung von Werkzeugbaustandorten), 2014, S. 40ff.

[279] Vgl. Kühn (Leistungssysteme im Werkzeugbau), 2016, S. 38ff.

[280] Vgl. Schuler GmbH (Handbuch der Umformtechnik), 1996, S. 124ff.

artikeln zu einem Hohlkörper eingesetzt.[281] Der Umformprozess ist durch mehrdimensionale Spannungszustände im Material und auftretende Rückfederungen charakterisiert und erfordert daher spezifisches Know-how und Erfahrungswissen.[282]

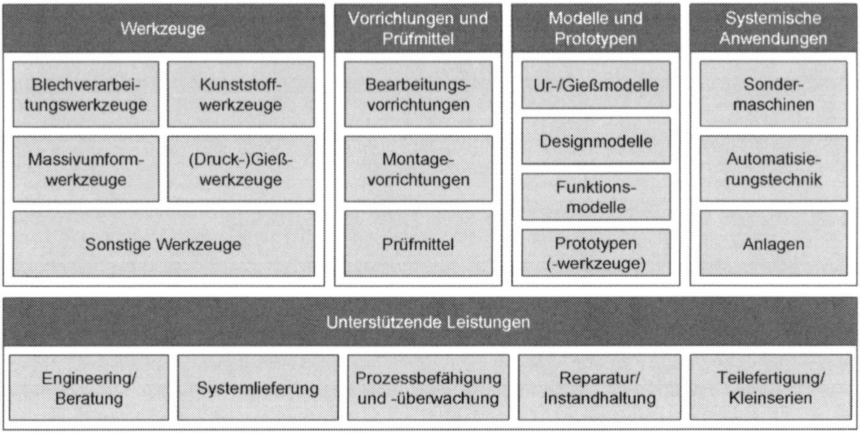

Abbildung 25: Übersicht des Leistungsspektrums im Werkzeugbau[283]

Massivumformwerkzeuge, auch Schmiedegesenke genannt, werden zur ein- oder mehrstufigen Umformung von massiven, metallischen Werkstoffen eingesetzt. Entsprechend der Temperatur der umzuformenden Rohlinge wird zwischen Kalt-, Halbwarm- und Warmumformung sowie Verfahrenskombinationen unterschieden. Geforderte Oberflächengüte und Produktgewicht sind exemplarische Kriterien für die Auswahl des Herstellungsverfahrens.[284] Typische Erzeugnisse sind Produkte für Motoren und Fahrwerkskomponenten für die Automobilindustrie sowie Produkte für Haushalts- und Bürogeräte.[285] *Kunststoffwerkzeuge* werden allgemein als Spritzgießwerkzeuge bezeichnet.[286] Sie ermöglichen die industrielle Herstellung von Kunststoffprodukten und -komponenten aus Thermoplasten, Duroplasten und Elastomeren.[287] Der Herstellungsprozess ist den urformenden Fertigungsverfahren zuzuordnen und verläuft in den Phasen Plastifizierung, Einspritzung, Abkühlung und Entformung.[288] Die unterschiedlichen Möglichkeiten zur Formgebung, Oberflächengestaltung, Werkstoffeinsatz und Produktgröße

[281] Vgl. Schuler GmbH (Handbuch der Umformtechnik), 1996, S. 11

[282] Vgl. Spur et al. (Handbuch Umformen), 2012, S. 444ff.; Greiss (Strategisches Anforderungsprofil), 2004

[283] I. A. a. Eversheim & Klocke (Werkzeugbau mit Zukunft), 1998, S. 25; vgl. Kozielski (Kennzahlensystem für den Werkzeugbau), 2010, S. 14

[284] Vgl. Schuler GmbH (Handbuch der Umformtechnik), 1996, S. 438f.

[285] Vgl. Schuler GmbH (Handbuch der Umformtechnik), 1996, S. 436f.

[286] Vgl. Eversheim & Klocke (Werkzeugbau mit Zukunft), 1998, S. 26

[287] Für eine Begriffsdefinition von Thermoplast, Duroplast und Elastomer wird auf die entsprechende Fachliteratur, bspw. Johannaber & Michaeli (Spritzgießen), 2004, S. 56ff. verwiesen.

[288] Vgl. Lindner (Spritzgießwerkzeuge), 1995, S. 6

ermöglichen ein breites Einsatzspektrum.[289] *(Druck-)Gießwerkzeuge* werden zur Herstellung von Produkten aus schmelzflüssigem Metall eingesetzt. Analog zum Spritzgießprozess mit Kunststoffwerkzeugen wird der verarbeitete Werkstoff, bspw. Aluminium, Zink oder Magnesium, einem formgebenden Hohlraum zugeführt. Dieser besteht aus zwei Teilen, um das fertige Produkt nach der Erstarrung entnehmen zu können.[290] Aufgrund der höheren thermischen Belastung im Vergleich zu Kunststoffwerkzeugen ist die Lebensdauer von Druckgießwerkzeugen deutlich geringer.[291] *Sonstige Werkzeuge* ist ein Sammelbegriff für alle Werkzeuge, die nicht in die zuvor genannten Kategorien eingeordnet werden können. Beispiele sind Sinter-Pressformen, mit denen Produkte einfacher Geometrien aus hauptsächlich metallisch-pulverförmigem Material unter hohem Druck gefertigt werden[292], oder Galvanoformen, die zur Herstellung selbsttragender metallischer Werkstücke durch Galvanisieren eingesetzt werden.[293]

Die Auswertung der gemeinsamen Datenbank des Werkzeugmaschinenlabors WZL der RWTH Aachen und des Fraunhofer-Instituts für Produktionstechnologie IPT zeigt eine sehr hohe Heterogenität des Sachleistungsspektrums im Werkzeugbau (vgl. Abbildung 26). Der Fokus liegt auf der Herstellung von Kunststoff- und Blechverarbeitungswerkzeugen.

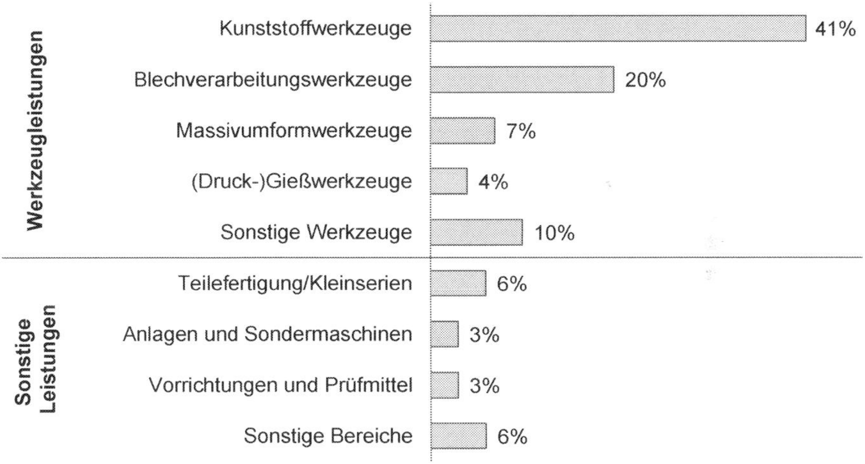

Abbildung 26: Sachleistungsspektrum von Werkzeugbaubetrieben nach Umsatz[294]

289 I. A. a. Menges et al. (Spritzgießwerkzeuge), 2007, S. 560ff.

290 Vgl. Brunhuber (Druckgußfertigung), 1991, S. 187

291 Vgl. Bilsing (Technologische Leistungsfähigkeit), 2007, S. 5

292 Vgl. Bilsing (Technologische Leistungsfähigkeit), 2007, S. 5

293 Vgl. Spur (Produktion), 2014, S. 120

294 I. A. a. Pitsch (Vernetzung von Werkzeugbaustandorten), 2014, S. 39; vgl. Kuhlmann (Corporate Tooling), 2017, S. 83. Daten wurden aktualisiert. Vgl. Gemeinsame Datenbank des Werkzeugmaschinenlabors WZL der RWTH Aachen und des Fraunhofer-Instituts für Produktionstechnologie IPT, ausgewertete Datensätze der Jahre 2013-2017, Stand Oktober 2018

Werkzeugbaubetriebe bieten ihre physischen Erzeugnisse vermehrt in Kombination mit **industriellen Dienstleistungen** an. Abgestimmt auf das Werkzeug schaffen sie Einzigartigkeit und schwere Imitierbarkeit gegenüber Wettbewerbern („Competitor Lock-out“).[295] Die von Werkzeugbaubetrieben angebotenen Dienstleistungen fokussieren nicht die reine Werkzeugherstellung. Vielmehr erstreckt sich das Dienstleistungsangebot über den gesamten Werkzeuglebenszyklus, d. h. von der frühen Produktentwicklung und -optimierung über Werkzeugqualifizierung bis zur Begleitung des Serienanlaufs und der Durchführung von Werkzeugreparaturen und -wartungen.[296] Abbildung 27 zeigt eine Übersicht der relevantesten Dienstleistungen im Werkzeugbau sowie den Anteil an Werkzeugbaubetrieben, die ihren Kunden diese Dienstleistungen anbieten.

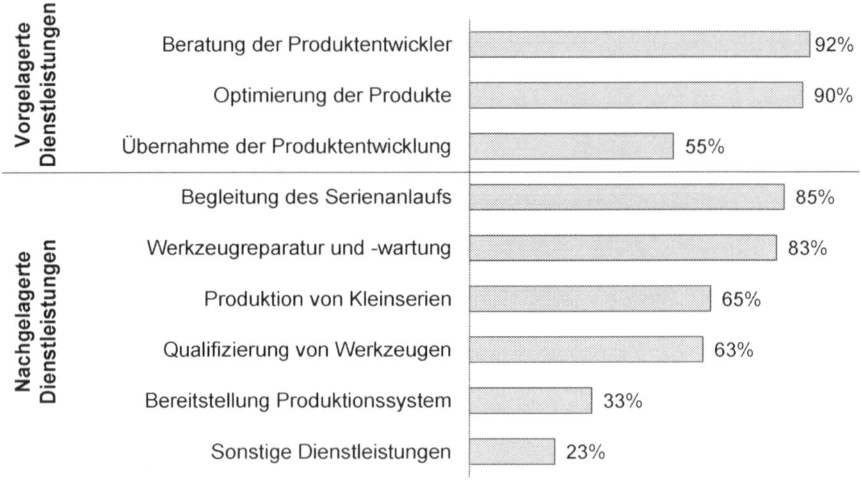

Abbildung 27: Übersicht angebotener Dienstleistungen im Werkzeugbau[297]

2.3.3.2 Auftragsarten

EVERSHEIM & KLOCKE unterteilen das Leistungsspektrum von Werkzeugbaubetrieben in unterschiedliche **Auftragsarten**. Es wird zwischen Neuaufträgen, Änderungsaufträgen, Reparaturaufträgen, Instandhaltungsaufträgen und sonstigen Aufträgen differenziert.[298] In Abhängigkeit

[295] Vgl. Schuh et al. (Service Provision), 2008, S. 80ff.; Schuh et al. (Operative Exzellenz), 2010, S. 26f.

[296] I. A. a. Eversheim et al. (Benchmarking), 2002, S. 18f.; Gaus (Geschäftsmodelle im Werkzeugbau), 2010, S. 21ff.

[297] Vgl. Gemeinsame Datenbank des Werkzeugmaschinenlabors WZL der RWTH Aachen und des Fraunhofer-Instituts für Produktionstechnologie IPT, ausgewertete Datensätze der Jahre 2013-2017, Stand Oktober 2018

[298] I. A. a. Eversheim & Klocke (Werkzeugbau mit Zukunft), 1998, S. 20

von der jeweiligen Auftragsart sind unterschiedliche Prozessschritte und Aktivitäten der Auftragsabwicklung erforderlich, die Auswirkungen auf den übergeordneten Aufwand haben.[299]

Ein *Neuauftrag* durchläuft die gesamte Auftragsabwicklung; die Bearbeitung erfordert alle verfügbaren Kompetenzen und Ressourcen.[300] Obwohl Werkzeuge kundenindividuell konstruiert und hergestellt werden, besteht das Potenzial, die Auftragsabwicklung partiell zu standardisieren. Definierte Prozessabläufe, standardisierte Dokumente und Regeltermine sind Beispiele. Die Notwendigkeit zur Abwicklung von *Änderungsaufträgen* in Werkzeugbaubetrieben resultiert aus Änderungswünschen des Kunden. Beispiele sind ein anzupassendes Produktdesign oder veränderte Anforderungen an Produkt und Fertigungsverfahren. Die Prozessschritte der Auftragsabwicklung werden nur partiell durchlaufen, wobei der Aufwand in den Bereichen Fertigung, Montage und Try-out hoch ist.[301] Ein Werkzeugdefekt in der Serienproduktion führt zu einem *Reparaturauftrag*. Aufgrund der hohen Kosten, die durch Stillstandszeiten bzw. Produktionsausfall entstehen, sind diese Aufträge besonders zeitkritisch und werden schnellstmöglich durchgeführt. Insbesondere Fertigung und Montage werden beansprucht.[302] *Instandhaltungsaufträge,* auch Wartungsaufträge genannt, können im Vergleich zu Reparaturaufträgen geplant werden, sodass der Auftrag dem Schaden vorbeugend durchgeführt wird. Auf eine Analyse, durchgeführt vom Instandhaltungsbereich der Serienproduktion oder vom Montagebereich des Werkzeugbaubetriebs, erfolgt ein analoger Ablauf zu Reparaturaufträgen.[303] *Sonstige Aufträge* sind bspw. Beratungs- oder Wiederholaufträge. Beratungsaufträge greifen je nach Arbeitsinhalt auf verschiedene Prozessschritte und Kompetenzen der gesamten Auftragsabwicklung zurück, um den Kunden durch das Know-how des Werkzeugbaubetriebs zu unterstützen. Wiederholaufträge beziehen sich auf die erneute Herstellung von Werkzeugen oder Werkzeugkomponenten. Da vielfach Konstruktionen und NC-Programme mit kleinen Änderungen übernommen werden können, werden die sich anschließenden Bereiche der Auftragsabwicklung benötigt.[304]

Abbildung 28 zeigt abschließend die prozentuale Verteilung der Auftragsarten nach Umsatzanteil in internen und externen Werkzeugbaubetrieben. Als eigenständige Unternehmen fokussieren externe Werkzeugbaubetriebe die Abwicklung von Neu- und Änderungsaufträgen mit dem Ziel Gewinnmaximierung. Die Stellung interner Werkzeugbaubetriebe zur Befähigung und Betreuung der unternehmensinternen Serienproduktion spiegelt sich im vergleichsweise hohen Umsatzanteil von Reparatur- und Instandhaltungsaufträgen wider.

---

[299] Vgl. Pitsch (Vernetzung von Werkzeugbaustandorten), 2014, S. 41

[300] Vgl. Kuhlmann (Corporate Tooling), 2017, S. 83; Eversheim & Klocke (Werkzeugbau mit Zukunft), 1998, S. 20ff.

[301] Vgl. Eversheim & Klocke (Werkzeugbau mit Zukunft), 1998, S. 22f.

[302] Vgl. Eversheim & Klocke (Werkzeugbau mit Zukunft), 1998, S. 23f.

[303] I. A. a. Kuhlmann (Corporate Tooling), 2017, S. 83; Eversheim & Klocke (Werkzeugbau mit Zukunft), 1998, S. 23

[304] Vgl. Pitsch (Vernetzung von Werkzeugbaustandorten), 2014, S. 42; Eversheim & Klocke (Werkzeugbau mit Zukunft), 1998, S. 23f.

	Interner Marktzugang	Externer Marktzugang
Neuaufträge	34,2%	34,0%
Änderungsaufträge	14,4%	26,8%
Reparaturaufträge	23,4%	11,9%
Instandhaltungsaufträge	16,2%	10,8%
Sonstige Aufträge	11,8%	16,5%

Abbildung 28: Auftragsarten nach Umsatzanteil in Werkzeugbaubetrieben[305]

2.3.4 Auftragsabwicklung im Werkzeugbau

Für den Kontext der vorliegenden Arbeit ist ein umfassendes Verständnis für die Auftragsabwicklung in Werkzeugbaubetrieben und den gegebenen Rahmenbedingungen notwendig. Daher wird zunächst die Position der Werkzeugherstellung in der industriellen Wertschöpfungskette dargestellt und erklärt. Anschließend werden die Schritte des Auftragsabwicklungsprozesses von Werkzeugbaubetrieben sowie die einzelnen primären Aktivitäten vorgestellt. Die Vorstellung sekundärer Aktivitäten folgt abschließend.

2.3.4.1 Position in der industriellen Wertschöpfungskette

Werkzeugbaubetriebe nehmen in der industriellen Wertschöpfungskette eine Schlüsselposition ein und sind zentraler Befähiger einer effizienten industriellen Produktion.[306] An den Schnittstellen zwischen Produktentwicklung und Serienproduktion beeinflussen Werkzeugbaubetriebe maßgeblich Innovationen, Time-to-Market, Kosten und Qualität.[307] Die Besonderheit stellt die Adressierung von zwei Kunden dar, die bei einer integrativen Zusammenarbeit zum gegenseitigen Wissensaufbau an beiden Schnittstellen führen kann.[308] Abbildung 29 zeigt die Position der Werkzeugherstellung in der industriellen Wertschöpfungskette.

[305] I. A. a. Pitsch (Vernetzung von Werkzeugbaustandorten), 2014, S. 42. Daten wurden aktualisiert. Vgl. Gemeinsame Datenbank des Werkzeugmaschinenlabors WZL der RWTH Aachen und des Fraunhofer-Instituts für Produktionstechnologie IPT, ausgewertete Datensätze der Jahre 2013-2017, Stand Oktober 2018

[306] Vgl. Schuh et al. (Digitale Wertschöpfungsnetzwerke), 2013, S. 9; Frick (Geschäftsmodelle im Werkzeugbau), 2006, S. 21

[307] Vgl. Eversheim & Klocke (Werkzeugbau mit Zukunft), 1998, S. 1f.

[308] Vgl. Kuhlmann (Geschäftsprozesse im Werkzeugbau), 2011, S. 33

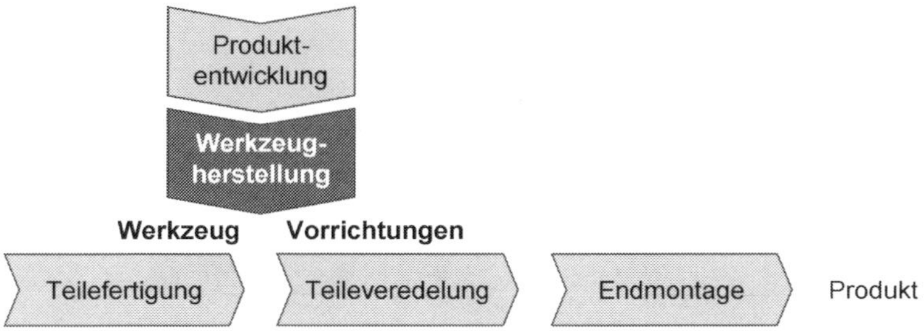

Abbildung 29: Position der Werkzeugherstellung in der industriellen Wertschöpfungskette[309]

Die **Produktentwicklung** ist für die Konzeption und operative Entwicklung von Produkten verantwortlich, die in Serie produziert werden sollen.[310] Auf die Festlegung von Funktionen, Design und Material erfolgt die iterative Durchführung von Machbarkeitsstudien, bis das Produkt einen finalen Stand erreicht.[311] Das Know-how, welches mit der Durchführung von Projekten über Jahre sukzessive erweitert wird, hilft Werkzeugbaubetrieben, bereits in der Produktentwicklung entscheidenden Einfluss auf die werkzeuggerechte Produktgestaltung zu nehmen. Die Berücksichtigung verschiedener Einflussfaktoren wie bspw. die Größe zu fertigender Radien oder die Form von Hinterschneidungen ermöglicht eine einfache und kostengünstige Herstellung von Werkzeugen.[312]

In der **Serienproduktion** finden die im Werkzeugbaubetrieb hergestellten Werkzeuge Anwendung. Sie stellt einen Elementartyp der Produktion[313] dar und ist durch die Herstellung eines gleichen Erzeugnisses in großer Stückzahl definiert.[314] Das Know-how des Werkzeugbaubetriebs fließt ebenso wie in der Produktentwicklung während der Nutzung des Werkzeugs in der Serienproduktion ein. Die korrekte Einstellung erforderlicher Parameter wie bspw. Pressenkraft oder Zykluszeit sichern dabei eine effiziente und wartungsarme Produktion.[315] Neben dem Einstellen der Werkzeuge bieten Werkzeugbaubetriebe zusätzliche Dienstleistungen während des restlichen Werkzeuglebenszyklus an (vgl. Kapitel 2.3.3.1).

2.3.4.2 Auftragsabwicklungsprozess

Die in der Literatur bestehenden Beschreibungen des Auftragsabwicklungsprozesses im Werkzeugbau sind sehr ähnlich oder sogar nahezu identisch. Die nachfolgende Beschreibung

---

309 Vgl. Frick (Geschäftsmodelle im Werkzeugbau), 2006, S. 21

310 Vgl. Komorek (Kollaborative Wertschöpfung), 2014, S. 38

311 I. A. a. Kühn (Leistungssysteme im Werkzeugbau), 2016, S. 44

312 Vgl. Boos (Modulare Werkzeuge), 2008, S. 31f.

313 Für die ausführliche Definition und Detaillierung von Produktion wird auf die entsprechende Fachliteratur, bspw. Corsten (Produktionswirtschaft), 2007, verwiesen.

314 Vgl. Wiendahl (Betriebsorganisation), 2010, S. 29; Gabler Wirtschaftslexikon (Serienproduktion), 2018

315 I. A. a. Boos (Modulare Werkzeuge), 2008, S. 31

ist angelehnt an die Ausführungen von KLOTZBACH[316], BOOS[317], SALMEN[318] und KUHLMANN[319]. Abbildung 30 zeigt die Aktivitäten in der Auftragsabwicklung von Werkzeugbaubetrieben.

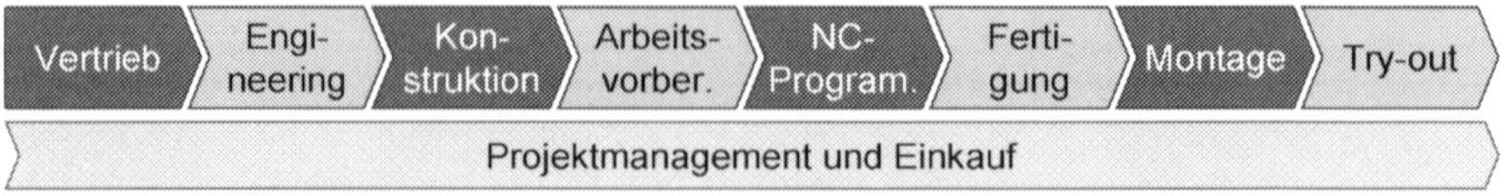

Abbildung 30: Aktivitäten in der Auftragsabwicklung von Werkzeugbaubetrieben

Der **Vertrieb** ist die erste Schnittstelle zwischen Werkzeugbaubetrieb und potenziellen Kunden. Hauptaufgabe ist die Abstimmung des technologischen Know-hows mit den betriebswirtschaftlichen Rahmenbedingungen.[320] In der Regel richten sich Kunden mit einer konkreten Anfrage direkt an Werkzeugbaubetriebe.[321] Eine aktive Kundenakquise kann jedoch durch die Präsentation von Werkzeugen und damit hergestellten Produkten auf Industriemessen und Ausstellungen erfolgen. Obwohl Werkzeugbaubetriebe als Auftragsfertiger selten ein eigenes Produktprogramm anbieten[322], findet häufig eine Fokussierung auf eine oder wenige Branchen und Produktgruppen statt. Dadurch kann eine zielgerichtete Akquise relevanter Kundengruppen erfolgen. In der Angebotserstellung erhält der Vertrieb zudem Unterstützung von Engineering und Konstruktion.[323]

Bei erfolgreicher Projektakquisition erfolgt die interne Übergabe von Vertrieb an **Projektmanagement**.[324] Das Projektmanagement begleitet und verantwortet die Abwicklung von Werkzeugprojekten von der Konstruktion über die Herstellung bis zur Auslieferung des Werkzeugs an den Kunden. Dementsprechend führt das Projektmanagement die Projektplanung durch und legt zentrale Meilensteine fest. Dazu gehören u. a. die Koordination der internen Aktivitäten sowie die (Termin-)Abstimmungen mit dem Kunden. Insbesondere die externe Vergabe von größeren Wertschöpfungsumfängen in der Grobplanung von Werkzeugprojekten findet in Abstimmung mit Konstruktion, Arbeitsplanung und Werkzeugproduktion statt; dies zeigt die enge Verknüpfung des Projektmanagements zu unterschiedlichen vor- und nachgelagerten Prozessschritten in der Auftragsabwicklung.[325]

Die technische Planung von Werkzeugprojekten beginnt mit dem **Engineering**. Inhalt des Engineerings ist die Erstellung eines Werkzeugkonzepts auf Basis der Produktspezifikationen.

---

[316] Vgl. Klotzbach (Industrieller Werkzeugbau), 2007, S. 49ff.

[317] Vgl. Boos (Modulare Werkzeuge), 2008, S. 41ff.

[318] Vgl. Salmen (Digital vernetzter Shopfloor), 2016, S. 50f.

[319] Vgl. Kuhlmann (Corporate Tooling), 2017, S. 78ff.

[320] Vgl. Schleyer (Kooperationsmanagement im Werkzeugbau), 2006, S. 30

[321] Vgl. Klotzbach (Industrieller Werkzeugbau), 2007, S. 50

[322] Vgl. Klotzbach (Industrieller Werkzeugbau), 2007, S. 50

[323] Vgl. Kuhlmann (Corporate Tooling), 2017, S. 78

[324] Vgl. Klotzbach (Industrieller Werkzeugbau), 2007, S. 50

[325] Vgl. Giehler (Planungsproduktivität im Werkzeugbau), 2010, S. 32f.; Kuhlmann (Corporate Tooling), 2017, S. 78

Ziel ist es, in einem oder mehreren Konzeptentwürfen die Anforderungen des in Serie hergestellten Produkts in Werkzeugeigenschaften abzubilden, um die Herstellbarkeit sicherzustellen.[326] Als Hilfsmittel werden Prozesssimulationen durchgeführt, die den Einsatz des Werkzeugs im Serienprozess simulieren und somit die entwickelten Werkzeugkonzepte hinsichtlich ihrer Machbarkeit und Sinnhaftigkeit validieren.[327] Gelegentlich findet der Prozess des Engineerings bereits in der Angebotsphase statt, um eine detaillierte Kalkulation des Werkzeugprojekts umsetzen zu können.[328]

Die **Konstruktion** baut auf dem zuvor entwickelten Werkzeugkonzept auf. Durch die Erstellung von CAD-Modellen der einzelnen Werkzeugkomponenten[329] erfolgt eine Konkretisierung und Detaillierung des Werkzeugkonzepts. Nachträgliche Änderungen am Konzept werden selten vorgenommen. Eine Ausnahme bilden umfangreiche, von Kundenseite erforderliche Änderungen am Produkt. Ergebnis der Konstruktionsphase sind CAD-Modelle bzw. Zeichnungen des gesamten Werkzeugprojekts sowie systemisch ausgeleitete Stücklisten, die alle Werkzeugkomponenten inkl. definierter Spezifikationen abbilden.[330]

Auf Basis der erstellten Stückliste erfolgt der operative **Einkauf** von projektspezifischem Rohmaterial, Normalien, Halbzeugen und Leistungen bei Lieferanten.[331] In dieser Projektphase werden u. a. Lieferantenrecherchen, Anfrageprozesse oder Preisverhandlungen zumeist von einer zentralen Einkaufsabteilung durchgeführt. Durch die Möglichkeit zur Beschaffung auf internationalen Märkten können insbesondere im Einkauf Kostenpotenziale gehoben werden.[332]

Die Ergebnisse aus Engineering und Konstruktion werden in der **Arbeitsvorbereitung** verarbeitet. Es erfolgt zunächst die kapazitive und terminliche Planung der intern hergestellten Werkzeugkomponenten. Im Rahmen der Kapazitäts- und Terminplanung werden auf Basis der Stücklisten die einzelnen Fertigungsschritte, deren Abfolge und Endtermine in Arbeitsplänen oder Fertigungsaufträgen dokumentiert. Abhängig vom jeweiligen Werkzeugbaubetrieb werden geplante Bearbeitungszeiten und Endtermine der einzelnen Fertigungsschritte auf dem Arbeitsplan integriert. Aus der Kapazitäts- und Terminplanung ergeben sich Art und Umfang zu beschaffender Werkzeugelemente, Normteile, Verbrauchselemente und Materialien.[333] Abhängig vom Werkzeugbaubetrieb wird der Beschaffungsprozess von Mitarbeitern der Arbeitsvorbereitung oder einer zentralen Einkaufsabteilung verantwortet.

---

[326] I. A. a. Boos (Modulare Werkzeuge), 2008, S. 42f.

[327] Vgl. Kuhlmann (Corporate Tooling), 2017, S. 28

[328] I. A. a. Klotzbach (Industrieller Werkzeugbau), 2007, S. 50

[329] Der Begriff „Werkzeugkomponenten“ fasst herzustellende Werkzeugelemente, Normteile sowie Kauf- und Verbrauchsteile (bspw. Schrauben oder Muttern) zusammen.

[330] Vgl. Boos (Modulare Werkzeuge), 2008, S. 42f.

[331] Vgl. Komorek (Kollaborative Wertschöpfung), 2014, S. 50f.

[332] I. A. a. Kuhlmann & Kelzenberg (Best-of-Benchmark Einkauf), 2015, S. 38ff.

[333] Vgl. Boos (Modulare Werkzeuge), 2008, S. 43; Kuhlmann (Corporate Tooling), 2017, S. 79

In der **NC-Programmierung** werden Maschinenprogramme erzeugt, die für die Herstellung und Bearbeitung von Werkzeugkomponenten auf NC-gesteuerten[334] Werkzeugmaschinen erforderlich sind. Die Programmierung erfolgt stets nach der Erstellung der Stückliste.[335] Obwohl sie den arbeitsvorbereitenden Tätigkeiten zugeordnet wird, besteht die NC-Programmierung in der Organisationsstruktur häufig als eigene Abteilung oder Bereich und somit getrennt von der Arbeitsvorbereitung.

Die NC-Programme werden in der **mechanischen Fertigung** genutzt, um die einzelnen Komponenten von Werkzeugen maschinell herzustellen. Die zentralen Fertigungsverfahren im Werkzeugbau sind Fräsen bzw. Bohren, Senk- und Drahterosion, Schleifen und Drehen.[336] Weitere wichtige Verfahren sind Sägen zur Vorbereitung des Rohmaterials sowie Härten.[337] In der mechanischen Fertigung fällt der Großteil der Gesamtkosten zur Werkzeugherstellung an. Bedingt wird dies durch den kostenintensiven Materialeinsatz sowie hohe verursachte Kosten durch eingesetztes Personal und Betriebsmittel. Eine aktive Kostenbeeinflussung ist aufgrund der Kalkulation in den vorgelagerten Prozessschritten lediglich eingeschränkt möglich.[338]

In der **Montage** erfolgt der Zusammenbau des Werkzeugs. Dabei werden Werkzeugkomponenten, d. h. intern und extern hergestellte Werkzeugkomponenten sowie Norm- und Kaufteile, zu einem Werkzeug montiert. Anschließend erfolgt eine erste Funktionsprüfung des Werkzeugs bzw. der einzelnen Werkzeugkomponenten. Zumeist sind kleinere Nacharbeiten an einzelnen Werkzeugkomponenten individuell durchzuführen, sodass häufig von Bankarbeit gesprochen wird.[339] Insbesondere die Herstellung von Blechverarbeitungswerkzeugen für die Automobilindustrie erfordert häufig eine Vormontage einzelner Werkzeugkomponenten, um Baugruppen im Zusammenbau spanend bearbeiten zu können. Der Montageprozess ist folglich in Vormontage und Endmontage eingeteilt.

Der letzte Schritt der Auftragsabwicklung ist die Werkzeugerprobung, die häufig mit dem englischen Begriff **Try-out** bezeichnet wird. In den Qualifizierungszyklen werden mithilfe des Werkzeugs Produkte in geringer Stückzahl auf Erprobungs- oder Produktionsmaschinen hergestellt. Ziel ist es, die Prozessfähigkeit des Werkzeugs anhand der Maßhaltigkeit und Formgenauigkeit der hergestellten Produkte sicherzustellen.[340] Nach jedem Zyklus erfolgt, unter Berücksichtigung der Produktqualität, ein Abgleich zwischen spezifizierten Werkzeuganforde-

---

[334] Die Abkürzung NC steht für „Numerical control" bzw. numerische Steuerung. Die Mehrheit der Werkzeugbaubetriebe nutzt NC-gesteuerte Werkzeugmaschinen, deren Arbeits- und Bewegungsabläufe mithilfe sequenzieller Steuerungsbefehle programmiert werden.

[335] Vgl. Boos (Modulare Werkzeuge), 2008, S. 43; Klotzbach (Industrieller Werkzeugbau), 2007, S. 50

[336] Vgl. Klotzbach (Industrieller Werkzeugbau), 2007, S. 50

[337] I. A. a. Boos (Modulare Werkzeuge), 2008, S. 43

[338] I. A. a. Wiendahl (Betriebsorganisation), 2010, S. 202ff.; vgl. Giehler (Planungsproduktivität im Werkzeugbau), 2010, S. 22

[339] Vgl. Giehler (Planungsproduktivität im Werkzeugbau), 2010, S. 22

[340] I. A. a. Klotzbach (Industrieller Werkzeugbau), 2007, S. 50f.; Boos (Modulare Werkzeuge), 2008, S. 44

rungen und realen Werkzeugeigenschaften, sodass das Erreichen der geforderten Spezifikationen iterativ erfolgt.[341] Nach erfolgreicher Werkzeugqualifikation und -abnahme erfolgt die Auslieferung an den Kunden. Damit endet zumeist die Verantwortung für den Werkzeugbaubetrieb.

2.3.4.3 Sekundäre Aktivitäten

Die Geschäftstätigkeiten von Werkzeugbaubetrieben umfassen neben den beschriebenen Aktivitäten der Auftragsabwicklung zusätzliche, auftragsneutrale Aktivitäten. SCHLEYER fasst die Gesamtheit aller erforderlichen Prozesse zur Herstellung von Werkzeugen im Modell der Wertkette zusammen (vgl. Abbildung 31). Dabei wird zwischen primären Aktivitäten, welche direkte Wertschöpfung betreiben, und sekundären Aktivitäten als Unterstützung dieser unterschieden.

Zusätzlich zu den in Kapitel 2.3.4.2 erläuterten Prozessschritten werden Eingangs- und Ausgangslogistik sowie Kundendienst als **primäre Aktivitäten** ergänzt. Interne Werkzeugbaubetriebe werden bei Eingangs- und Ausgangslogistik zumeist von ihrem Mutterunternehmen unterstützt, während externe Werkzeugbaubetriebe von ihren Rohmaterial- und Fertigungslieferanten oder eigenständigen Logistikunternehmen abhängig sind.[342] Die Auftragsabwicklung schließt mit dem Kundendienst, welcher für die Kundenbetreuung nach der Erbringung der vertraglich vereinbarten Leistung verantwortlich ist.[343] Bei internen Werkzeugbaubetrieben liegt diese Verantwortung häufig bei Instandhaltungsbereichen, die der Serienproduktion des Mutterunternehmens zugeordnet sind. In externen Werkzeugbaubetrieben sind meist Vertrieb oder Projektmanagement Ansprechpartner, wobei die operative Abwicklung der Aufträge durch Servicemitarbeiter oder Mitarbeiter aus Montage und Try-out erfolgt.

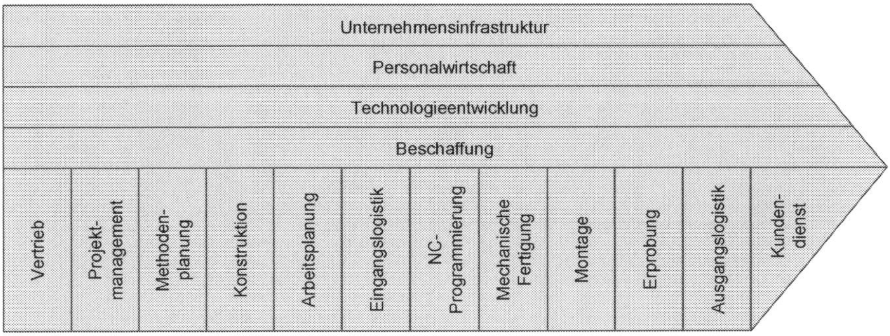

Abbildung 31: Modell der Wertkette von Werkzeugbaubetrieben[344]

Nach SCHLEYER unterstützen **sekundäre Aktivitäten** die reibungslose Ausführung der primären Aktivitäten und stellen die unternehmensinterne Versorgung sicher. Sie können den

[341] Vgl. Kuhlmann (Corporate Tooling), 2017, S. 79
[342] I. A. a. Schleyer (Kooperationsmanagement im Werkzeugbau), 2006, S. 136
[343] Vgl. Schleyer (Kooperationsmanagement im Werkzeugbau), 2006, S. 136
[344] Vgl. Schleyer (Kooperationsmanagement im Werkzeugbau), 2006, S. 136f.

Kategorien Beschaffung, Technologieentwicklung, Personalwirtschaft und Unternehmensinfrastruktur zugeordnet werden. Die *Beschaffung* verantwortet, analog zu den Ausführungen in Kapitel 2.3.4.2, den Einkauf von projektspezifischem Roh- und Verbrauchsmaterial. Darüber hinaus ist sie für die Beschaffung von Gebäuden, Maschinen und Energie verantwortlich; folglich besteht eine Abgrenzung bzw. Erweiterung der primären Aktivität Einkauf. Innerhalb der *Technologieentwicklung* werden technologische (Neu-)Entwicklungen in den Bereichen Werkzeug und Fertigungsverfahren fokussiert. Beispiele sind die teilweise Standardisierung von Werkzeugkonstruktionen oder die Erprobung neuer Fertigungsstrategien. Analog zur Beschaffung besteht in der Technologieentwicklung eine enge Abstimmung zwischen primären und sekundären Aktivitäten oder sogar eine Substitution. Die *Personalwirtschaft* koordiniert hauptsächlich Personaleinstellungen, Aus- und Weiterbildungsmaßnahmen und Entlohnung. Dieser sekundären Aktivität kommt eine entscheidende Rolle zu, da Werkzeugbaubetriebe insbesondere in Konstruktion, Montage und Try-out von Experten- und Spezialwissen abhängig sind, um Werkzeugprojekte erfolgreich abwickeln zu können. Die *Unternehmensinfrastruktur* umfasst u. a. Finanzen, Rechnungswesen und Qualitätssicherung. Diese Funktionen tragen ebenfalls signifikant zur Projektabwicklung bei, sind allerdings nur punktuell einzelnen primären Aktivitäten zuordenbar.[345]

2.3.5 Kollaborative Wertschöpfung

Aufgrund der Einzel- und Kleinseriencharakteristik der hergestellten Erzeugnisse (vgl. Kapitel 2.3.3) sind Werkzeugbaubetriebe traditionell handwerklich geprägt und zeichnen sich durch eine verrichtungsorientierte Werkstattfertigung, ein breites Ressourcenspektrum und eine hohe Wertschöpfungstiefe aus.[346] Das Resultat sind hohe Durchlaufzeiten, geringe Termintreue durch verspätete Auslieferungen und hohe Bestände auf dem Shopfloor.[347] Der international steigende Wettbewerbsdruck durch Werkzeugbaubetriebe, deren organisatorische Leistungsfähigkeit und technologisches Know-how steigt, erfordert neue Wege zur Effektivitäts- und Effizienzsteigerung innerhalb deutscher Werkzeugbaubetriebe. Zur langfristigen Nutzung und Ausbau der bestehenden Wettbewerbsvorteile sind daher Wertschöpfungsnetzwerke aufzubauen und zu nutzen sowie eigene Kompetenzen weiterzuentwickeln.[348] Das Gestaltungsmodell für kollaborative Wertschöpfung im industriellen Werkzeugbau nach KOMOREK (vgl. Abbildung 32) bietet dafür einen geeigneten Lösungsansatz.[349]

[345] Vgl. Schleyer (Kooperationsmanagement im Werkzeugbau), 2006, S. 137

[346] Vgl. Pitsch (Vernetzung von Werkzeugbaustandorten), 2014, S. 43

[347] Vgl. Klotzbach (Industrieller Werkzeugbau), 2007, S. 80

[348] Vgl. Komorek (Kollaborative Wertschöpfung), 2014, S. 1f.

[349] Vgl. Komorek (Kollaborative Wertschöpfung), 2014, S. 115ff.

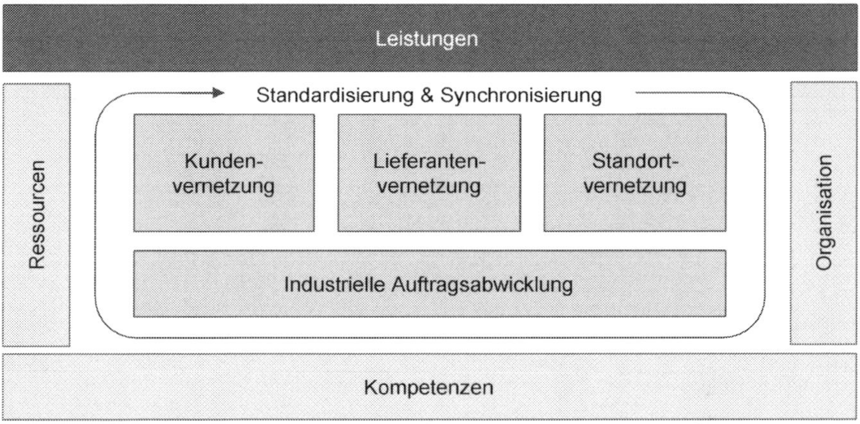

Abbildung 32: Gestaltungsmodell für kollaborative Wertschöpfung[350]

Das Gestaltungsmodell integriert die drei Funktionen Befähiger, Handlungsfelder und Ergebnis der kollaborativen Wertschöpfung mit insgesamt acht Elementen und zwei Paradigmen. Die befähigenden Faktoren einer kollaborativen Wertschöpfung sind Ressourcen, Kompetenzen und Organisation des Werkzeugbaubetriebs. Die Handlungsfelder der kollaborativen Wertschöpfung stellen die industrielle Auftragsabwicklung sowie die Kunden-, Lieferanten- und Standortvernetzung dar. Als handlungsleitende Paradigmen geben Standardisierung und Synchronisierung die Ausgestaltung und Abstimmung der einzelnen Elemente vor. Das Ergebnis der kollaborativen Wertschöpfung von Werkzeugbaubetrieben sind die erbrachten Leistungen.

Leistungen sind das Ergebnis der kollaborativen Wertschöpfung in Werkzeugbaubetrieben. In Kapitel 2.3.3 wurden bereits gängige Beispiele für spezifische Leistungen in Form von Sachleistungen, Dienstleistungen und Kombinationen vorgestellt. Sie stellen das zentrale Mittel zur nachhaltigen Stiftung von Kundennutzen dar.[351] Die bestehenden Potenziale von Industrie 4.0 werden das Sach- und Dienstleistungsspektrum von Werkzeugbaubetrieben zukünftig verändern und den Kundennutzen erhöhen (vgl. Kapitel 2.3.6.2).

Für den Begriff **Kompetenzen** existiert eine Vielzahl von unterschiedlichen Definitionen. Kompetenzen werden im Allgemeinen als Fähigkeiten eines Unternehmens verstanden, die dauerhaft erbracht werden können, um definierte Ziele, bspw. die Erhöhung des Kundennutzens oder die Steigerung der internen Effizienz, zu erreichen.[352] KOMOREK definiert Kompetenzen als Aktivitäten, mithilfe derer Werkzeugbaubetriebe eine Differenzierung vom Wettbewerb erreichen können. Es wird unterschieden zwischen investitionsbasierten Kompetenzen, die mithilfe von Ressourcen ausgeführt werden, und wissensbasierten Kompetenzen, die mithilfe von

---

[350] Vgl. Komorek (Kollaborative Wertschöpfung), 2014, S. 112

[351] Vgl. Kühn (Leistungssysteme im Werkzeugbau), 2016, S. 47

[352] Vgl. Rose (Dynamische Kernkompetenzen), 2000, S. 34; Kampker (Kompetenzbasierte Geschäftsausweitung), 2004, S. 78; North & Reinhardt (Kompetenzmanagement), 2005

intern entwickeltem, spezifischem Wissen verrichtet werden. Kompetenzen verknüpfen zudem die kollaborative Wertschöpfung des Betriebs mit seiner strategischen Positionierung.[353]

Die **Ressourcen** eines Werkzeugbaubetriebs dienen zur Ausführung der Aktivitäten der kollaborativen Wertschöpfung. Hervorzuheben ist, dass für die Durchführung jeglicher Aktivitäten Ressourcen erforderlich sind. Es wird zwischen finanziellen Ressourcen, physischen Ressourcen, IT-Systemressourcen, Bestandsressourcen und Humanressourcen in einem Werkzeugbaubetrieb unterschieden.[354]

Die **Organisation** stellt die Rahmenbedingungen für die Handlungsfelder sowie für Kompetenzen und Ressourcen der kollaborativen Wertschöpfung dar. Dabei ist neben der Organisation des Werkzeugbaubetriebs auch die Organisation aller anderen Betriebe im Wertschöpfungsnetzwerk zu berücksichtigen. Bestandteile der für die Wertschöpfungsgestaltung relevanten Organisation sind Aufbau- und Ablauforganisation sowie Managementsystem und Kultur.[355]

Zentraler Bestandteil des Gestaltungsmodells ist die Wertschöpfung. Die detaillierte Beschreibung der darin aufgezeigten Handlungsfelder industrielle Auftragsabwicklung sowie Kunden-, Lieferanten- und Standortvernetzung erfolgt in den nachfolgenden Kapiteln.

2.3.5.1 Industrialisierung im Werkzeugbau

Das Gestaltungsmodell für den industriellen Werkzeugbau nach KLOTZBACH[356] bildet einen Handlungsrahmen für den Paradigmenwechsel vom handwerklich geprägten zum industriellen Werkzeugbaubetrieb (vgl. Abbildung 33). Die Zielsetzung in der Anwendung des Modells ist die Erreichung von operativer Exzellenz[357] durch die Verbesserung der fünf wesentlichen Zielgrößen Qualität, Time-to-Market, Produktivität, Innovation und Flexibilität[358]. Das Gestaltungsmodell fußt auf Kooperation und Fokussierung als notwendige Grundlagenelemente. Den Kern des Modells bilden die Elemente Produkt- und Prozessstandardisierung sowie Fließfertigung und Taktung. Die Kernelemente werden durch Administration sowie Mitarbeiter und Veränderung ergänzt, um Unterstützungsprozesse zu gestalten und operativ umzusetzen.[359]

---

[353] Vgl. Komorek (Kollaborative Wertschöpfung), 2014, S. 149ff.

[354] Vgl. Müller-Stewens & Lechner (Strategisches Management), 2011, S. 199; Komorek (Kollaborative Wertschöpfung), 2014, S. 153ff.

[355] Vgl. Komorek (Kollaborative Wertschöpfung), 2014, S. 158ff.

[356] Vgl. Klotzbach (Industrieller Werkzeugbau), 2007, S. 163ff.

[357] Operative Exzellenz bezeichnet die ganzheitliche Optimierung und Ausrichtung aller Unternehmensprozesse auf Kundenbedürfnisse, Qualität und Effizienz.

[358] Vgl. Schuh et al. (Operative Exzellenz), 2010, S. 13ff.

[359] Vgl. Klotzbach (Industrieller Werkzeugbau), 2007, S. 181

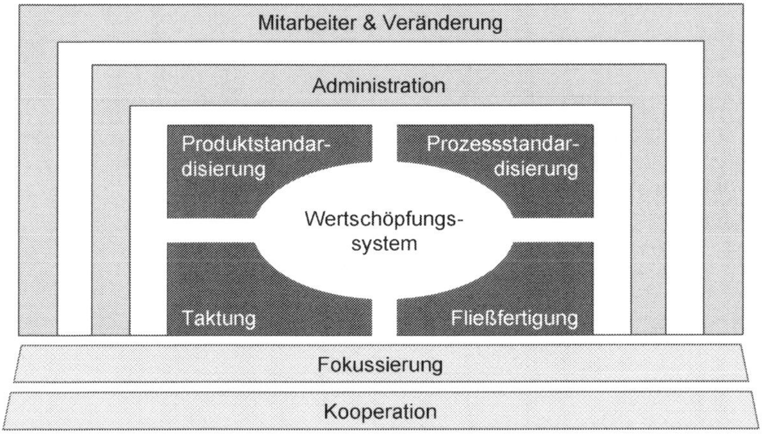

Abbildung 33: Gestaltungsmodell für den industriellen Werkzeugbau[360]

Fokussierung in Werkzeugbaubetrieben bedeutet die Konzentration auf eigene Kompetenzen in Bezug auf das angebotene Sach- und Dienstleistungsspektrum. Dieser Fokus auf einen definierten Teil der Wertschöpfung führt zur Reduktion von Produkt- und Prozessvarianz und ermöglicht eine effiziente Auftragsabwicklung. Um das Dilemma eines eingeschränkten Leistungsspektrums und gleichzeitig hoher Anforderungsvielfalt seitens der Kunden aufzulösen, sind systematische **Kooperationen** in Wertschöpfungsnetzwerken aufzubauen.[361]

Die **Produktstandardisierung** integriert die Identifikation von Ähnlichkeiten im Werkzeug- und Komponentenspektrum und der anschließenden Entwicklung von standardisierten Werkzeugkomponenten, -modulen und -strukturen. Ziel ist es, die Varianz im Werkzeug- und Komponentenspektrum zu reduzieren und Synergieeffekte durch Wiederholhäufigkeiten, insbesondere in der Konstruktion, zu realisieren. Auf Basis der Produktstandardisierung erfolgt die **Prozessstandardisierung**, in deren Rahmen definierte, standardisierte Fertigungsprozessfolgen ermittelt werden. Resultat der Standardisierungsmaßnahmen sind Zeitersparnisse in der Arbeitsvorbereitung, eine bessere Planbarkeit der Fertigung von Werkzeugkomponenten und verbesserte Transparenz auf dem Shopfloor. Auf Basis von Produkt- und Prozessstandardisierung kann eine **Fließfertigung** im Werkzeugbaubetrieb implementiert werden. Insbesondere standardisierte Fertigungsprozessfolgen ermöglichen eine Reorganisation des funktional ausgerichteten Shopfloors hin zu einer am Fertigungsfluss ausgerichteten Anordnung von Maschinen und Arbeitsplätzen. **Taktung** beschreibt die in einem definierten und sich wiederholenden Zeitintervall (Taktzeit) stattfindende Bearbeitung von Aufträgen. Sie stellt die Königsdisziplin der Produktionsplanung und -steuerung in Werkzeugbaubetrieben dar.[362]

---

[360] Vgl. Klotzbach (Industrieller Werkzeugbau), 2007, S. 181

[361] Vgl. Klotzbach (Industrieller Werkzeugbau), 2007, S. 165ff.

[362] Vgl. Klotzbach (Industrieller Werkzeugbau), 2007, S. 168ff.

Die Industrialisierung von Werkzeugbaubetrieben erfordert eine durchgängig industrielle Auftragsabwicklung ohne Schnittstellenverluste. Folglich ist die **Administration**, d. h. Tätigkeiten in den Bereichen Einkauf, Controlling und Entlohnung, ebenfalls zu industrialisieren. Diese administrativen Tätigkeiten helfen bei der Fortschrittskontrolle der Umsetzung, die maßgeblich von den **Mitarbeitern** als Kernelement des Veränderungsprozesses durchgeführt wird.

2.3.5.2 Kundenvernetzung

Die Position von Werkzeugbaubetrieben in der industriellen Wertschöpfungskette (vgl. Kapitel 2.3.4.1) sowie die geforderte Kooperation und Fokussierung im Rahmen der Industrialisierung (vgl. Kapitel 2.3.5.1) führen zu Schnittstellen zwischen Werkzeugbaubetrieb und Kunden. Dabei sind die Anforderungen eines jeden Kunden, die Werkzeugbaubetriebe adressieren müssen, spezifisch und individuell. Im Allgemeinen wird zwischen vorgelagerter und nachgelagerter Kundenvernetzung unterschieden.

Unter **vorgelagerter Kundenvernetzung** werden Kooperationsaktivitäten zwischen Werkzeugbaubetrieb und Produktentwicklung des Kunden verstanden. Durch eine integrierte bzw. zeitparallele Produkt- und Werkzeugentwicklung profitiert die Produktentwicklung vom hohen Innovationsgrad und der Flexibilität des Werkzeugbaubetriebs. Des Weiteren stellen bspw. Produkt- und Prozesssimulationen oder die additive Herstellung von Produkten ein werkzeug- und produktionsgerechtes Produktdesign sicher. Durch die frühe Integration des Werkzeugbaubetriebs können die Grenzen der technischen Machbarkeit fachgerecht ermittelt und eine effiziente Auftragsabwicklung durch die Existenz aller relevanten Daten und Informationen sichergestellt werden.[363] Dienstleistungen, die bereits von Werkzeugbaubetrieben in der vorgelagerten Kundenvernetzung angeboten werden, wurden bereits erläutert (vgl. Kapitel 2.3.3.1).

Die **nachgelagerte Kundenvernetzung** beschreibt die Integration des Werkzeugbaubetriebs in die Kundenprozesse nach Auslieferung des Werkzeugs. Dabei erwarten Kunden robuste, produktive und hochqualitative Produktionsprozesse bei gleichzeitig geringen Ausfallzeiten und minimalen Instandhaltungsaufwänden.[364] Um dies realisieren zu können, ist die realitätsnahe Abbildung des Serienprozesses, bspw. durch ähnliche oder gar identische Produktionsmaschinen und -bedingungen, erforderlich. Folglich ergeben sich unterschiedliche Integrationsmöglichkeiten für Werkzeugbaubetriebe, von der Erprobung der Werkzeuge bis zur Produktion von Kleinserien auf werkzeugbaueigenen Maschinen. Zusätzlich werden Reparaturen, Instandhaltungen und andere klassische After-Market-Services angeboten. Neben der Vergütung durch den Kunden erlangen Werkzeugbaubetriebe umfangreiches Wissen über Werkzeug und Produktionsprozess, welches wiederum für andere Kunden und Aufträge genutzt werden kann. Die Kombination von vor- und nachgelagerter Kundenvernetzung ist folglich Grundvoraussetzung für die Herstellung anforderungsgerechter Werkzeuge.[365]

---

363 Vgl. Schuh et al. (Digitale Wertschöpfungsnetzwerke), 2013, S. 25; Eversheim & Klocke (Werkzeugbau mit Zukunft), 1998, S. 101ff.

364 Vgl. Pitsch (Vernetzung von Werkzeugbaustandorten), 2014, S. 48

365 Vgl. Schuh et al. (Digitale Wertschöpfungsnetzwerke), 2013, S. 25

Neben der vor- und nachgelagerten Kundenvernetzung, die jeweils einen klaren Auftragsbezug aufweisen, ist eine auftragsneutrale Vernetzung mit (potenziellen) Kunden durch den Werkzeugbaubetrieb anzustreben. Ziel ist der Abbau von übergreifenden Hierarchien und die Etablierung eines partnerschaftlichen Verhältnisses.[366]

2.3.5.3 Lieferantenvernetzung

Ziel der Lieferantenvernetzung ist die Gestaltung der wechselseitigen Zusammenarbeit zwischen Werkzeugbaubetrieb und bestehenden Lieferanten sowie potenziellen Lieferanten.[367] Die Vernetzung mit Lieferanten integriert sowohl die Beschaffung von Rohmaterialien, Halbzeugen, Normalien sowie Arbeits- und Betriebsmitteln als auch die Fremdvergabe einzelner Werkzeugkomponenten, Fertigungsschritte und Dienstleistungen entlang der Auftragsabwicklung. Allgemein wird zwischen den vier zentralen Aufgaben „Kompetenzbasierte Lieferantenvernetzung", „Kapazitätsbasierte Lieferantenvernetzung", „Lieferantenqualifizierung" und „Kontinuierlicher Austausch" unterschieden.

Nach KOMOREK wird die **kompetenzbasierte Lieferantenvernetzung** für die Beschaffung von Sach- und Dienstleistungen genutzt, die aufgrund von nicht vorhandenem Wissen oder Kompetenzen betriebsintern nicht verrichtet werden können. Es wird zwischen Sach- und Dienstleistungen unterschieden, die der werkzeugbaueigenen Wertschöpfung vorgelagert sind oder parallel zur eigenen Wertschöpfungserbringung ausgeführt werden. Die **kapazitätsbasierte Lieferantenvernetzung** findet statt, sobald das werkzeugbauinterne Kapazitätsangebot den auftragsseitigen Kapazitätsbedarf unterschreitet. Entstehende Kapazitätsengpässe können dabei unterschiedliche Ressourcen entlang der gesamten Auftragsabwicklung betreffen. Bei der Suche nach Lieferanten ist es wichtig, dass diese die Anforderungen des Werkzeugbaubetriebs möglichst ganzheitlich adressieren. Eng damit verbunden ist die **Lieferantenqualifizierung**. Ziel ist es, potenzielle Lieferanten für unterschiedliche Sach- und Dienstleistungen zu identifizieren und dahingehend zu bewerten, ob die Anforderungen des Werkzeugbaubetriebs erfüllt werden. Unabhängig von Aufträgen ist ein **kontinuierlicher Austausch** mit bestehenden und potenziellen Lieferanten anzustreben. Analog zur Kundenvernetzung ist das Ziel, ein partnerschaftliches Arbeitsverhältnis herzustellen und zu pflegen.[368]

Abschließend ist zu konstatieren, dass die bestehende Korrelation zwischen niedriger Wertschöpfungstiefe und hoher Leistungsfähigkeit des Werkzeugbaubetriebs die Relevanz der ganzheitlichen Lieferantenvernetzung für den unternehmerischen Erfolg von Werkzeugbaubetrieben unterstreicht. Die Vernetzung mit Lieferanten ermöglicht es, trotz Fokussierung ein breiteres Leistungsspektrum anzubieten, ohne dafür eigene Kompetenzen und Kapazitäten aufbauen zu müssen.[369]

---

[366] Vgl. Komorek (Kollaborative Wertschöpfung), 2014, S. 123

[367] Vgl. Komorek (Kollaborative Wertschöpfung), 2014, S. 131

[368] Vgl. Komorek (Kollaborative Wertschöpfung), 2014, S. 132ff.

[369] Vgl. Schuh et al. (Digitale Wertschöpfungsnetzwerke), 2013, S. 23

2.3.5.4 Standortvernetzung

Die Notwendigkeit zur Standortvernetzung im Werkzeugbau resultiert aus der zunehmenden Globalisierung produzierender Unternehmen. Der Aufbau internationaler Produktionsstandorte führt zu einem lokalen Werkzeugbedarf, der häufig über einen internen Werkzeugbaubetrieb gedeckt wird. Oft wird auch von externen Werkzeugbaubetrieben eine räumliche Nähe zum Produktionsstandort verlangt, sodass neue Werkzeugbaustandorte aufgebaut werden. Aufgaben der Standortvernetzung sind der Aufbau und die Implementierung einer Kooperationsstruktur zwischen mehreren Standorten von Werkzeugbaubetrieben. Das Ziel ist die Generierung von Synergieeffekten im Werkzeugbauverbund, welcher auf Basis einer zentralen oder einer dezentralen Unternehmens- bzw. Werkzeugbaustruktur erfolgen kann.[370]

Die **zentrale Werkzeugbaustruktur** ist charakterisiert durch einen zentralen Werkzeugbaubetrieb mit angegliederten, weiteren Werkzeugbaustandorten. Der zentrale Werkzeugbaubetrieb ist für die Steuerung und Überwachung der anderen Standorte zuständig und nimmt eine führende Rolle in der Wertschöpfungsstruktur ein (vgl. Kapitel 2.3.5). Des Weiteren werden Standards hinsichtlich Einkauf, Finanzen, IT und Qualität vorgegeben. Die Auftragsvergabe findet zentral statt, um die Kapazitäten an allen Werkzeugbaustandorten optimal auslasten zu können. Lokale Rahmenbedingungen und Besonderheiten an den einzelnen Werkzeugbaustandorten können aufgrund der Vorgaben des zentralen Standorts nicht berücksichtigt werden, was wiederum zu Ineffizienzen führen kann. Der Aufbau von standortspezifischem Wissen und der gegenseitige Austausch von Lösungen über alle Standorte hinweg finden nur untergeordnet statt.[371]

Eine **dezentrale Werkzeugbaustruktur** zeichnet sich durch autonom agierende Werkzeugbaustandorte aus. Es existieren weder eine übergeordnete Organisationseinheit noch Zentralfunktionen, sodass die gesamte Prozesskette mit direkten und indirekten Bereichen von allen Standorten vorgehalten wird. Als Folge kann dies zu einem nicht abgestimmten Sach- und Dienstleistungsangebot zwischen den einzelnen Standorten führen. Weiterhin können Synergieeffekte durch Kooperationen oder ein durchgängiger Wissens- und Lösungsaustausch nur schwer realisiert werden. Ein zentraler Vorteil der Dezentralisierung liegt allerdings in der Optimierung der individuellen Leistungsfähigkeit durch die Berücksichtigung standortspezifischer Rahmenbedingungen und Besonderheiten.

2.3.6 Trends im Werkzeugbau

Werkzeugbaubetriebe in Hochlohnländern wie Deutschland befinden sich aktuell in einem internationalen, hochkompetitiven Wettbewerbsumfeld.[372] Obwohl in Deutschland hergestellte Werkzeuge als qualitativ hochwertig angesehen werden[373] und die Betriebe einen guten Ruf

[370] Vgl. Pitsch (Vernetzung von Werkzeugbaustandorten), 2014, S. 3; Schleyer (Kooperationsmanagement im Werkzeugbau), 2006, S. 112f.; Kühn (Leistungssysteme im Werkzeugbau), 2016, S. 52

[371] Vgl. Schleyer (Kooperationsmanagement im Werkzeugbau), 2006, S. 112ff.

[372] Vgl. Boos et al. (Upgrade 4.0), 2017, S. 21

[373] Vgl. Boos et al. (Tooling in Germany), 2018, S. 9

genießen, erfolgt der Werkzeugabsatz zunehmend in Asien und Osteuropa. Geringere Werkzeugpreise sowie verbesserte organisatorische und technologische Leistungsfähigkeit internationaler Anbieter können Gründe für einen langfristig sinkenden Werkzeugabsatz in Deutschland sein.[374] Die produzierende Industrie trägt maßgeblich dazu bei, indem kontinuierlich neue Absatzmärkte erschlossen werden, während sich gleichzeitig Rahmenbedingungen verändern. Produktderivatisierung, Globalisierung und digitale Vernetzung sind die drei zentralen Trends der produzierenden Industrie, die nachfolgend vorgestellt werden. Diese führen zwangsläufig zu Herausforderungen für Werkzeugbaubetriebe[375], die im Rahmen von organisatorischen und technologischen Handlungsfeldern adressiert werden müssen. Diese werden ebenfalls erläutert.

2.3.6.1 Trends der produzierenden Industrie

Wachsende Kundenansprüche und -anforderungen haben dazu geführt, dass sich die Produktvielfalt in den vergangenen Jahrzehnten in den unterschiedlichsten Branchen maßgeblich erhöht hat. Diese zunehmende **Produktderivatisierung** führt zu einem kontinuierlich steigenden Bedarf an individuellen Werkzeugen bei in Serie produzierenden Unternehmen.[376] Die erhöhte Anzahl an Derivaten hat zur Folge, dass die Losgröße hergestellter Produkte pro Derivat sinkt. Als Resultat nehmen die Werkzeugkosten anteilig an den Gesamtkosten eines Produkts zu.[377] Werkzeugbaubetriebe stehen somit vor der Herausforderung, Werkzeuge preisgünstiger anzubieten. Bei gleichbleibenden Qualitätsansprüchen und verfügbarem Werkzeugbudget des Kunden müssen Werkzeugbaubetriebe ein besseres Preis-/Leistungsverhältnis, umgesetzt durch eine effiziente Auftragsabwicklung, offerieren.[378]

Die **Globalisierung** der Geschäftstätigkeiten hat zur Internationalisierung von produzierenden Unternehmen geführt. Neue Märkte mit neuen Anbietern und im Vergleich deutlich geringeren Faktorkosten sind das Resultat.[379] Während eine Differenzierung deutscher Werkzeugbaubetriebe über die Höherwertigkeit der Erzeugnisse lange Zeit erfolgreich war, haben Wettbewerber mittlerweile organisatorisch und technologisch aufgeschlossen und verfügen über international vergleichbare Qualitätsstandards.[380] Eine vielversprechende Strategie liegt in der Differenzierung über die Höherwertigkeit des Auftragsabwicklungsprozesses und kundenindividuelle, schwer imitierbare Leistungsangebote.[381] Notwendige Voraussetzung dafür sind effiziente Wertschöpfungsstrukturen (vgl. Kapitel 2.3.5).

---

[374] I. A. a. Pitsch (Vernetzung von Werkzeugbaustandorten), 2014, S. 52

[375] Vgl. Schuh et al. (Der ideale Werkzeugbau), 2013, S. 14

[376] Vgl. Boos et al. (World of Tooling), 2018, S. 5

[377] Vgl. Schuh et al. (Tool and Die Standardization), 2015, S. 87; Schuh et al. (Synchronisierung im Werkzeugbau), 2011, S. 375

[378] Vgl. Pitsch (Vernetzung von Werkzeugbaustandorten), 2014, S. 52

[379] Vgl. Schuh et al. (Der ideale Werkzeugbau), 2013, S. 14

[380] Vgl. Pitsch (Vernetzung von Werkzeugbaustandorten), 2014, S. 52

[381] Vgl. Schuh et al. (Operative Exzellenz), 2010, S. 17

Die **digitale Vernetzung** befähigt produzierende Unternehmen zu einer intelligenten Kollaboration von Systemen, Ressourcen und Prozessen mithilfe moderner Informations- und Kommunikationstechnologien und des Internets (vgl. Kapitel 2.1). Der proklamierte signifikante Produktivitätsanstieg entlang der gesamten Auftragsabwicklung basiert auf der durchgängigen Digitalisierung sowie der systematischen Aufnahme, Verarbeitung und Interpretation von Daten. Die sogenannte Data Analytics ist zentraler Treiber von Wandlungsfähigkeit und Reaktionsfähigkeit, welche zwei zukünftig notwendige Eigenschaften produzierender Unternehmen zur Verbesserung der eigenen Wettbewerbsfähigkeit darstellen.[382] Ziel von Werkzeugbaubetrieben muss es daher sein, Industrie 4.0-Anwendungen in der eigenen Auftragsabwicklung zu integrieren mit dem Ziel der Effizienzsteigerung.

2.3.6.2 Organisatorische Handlungsfelder

Die zuvor erläuterten Trends aus der produzierenden Industrie beeinflussen insbesondere Leistungsangebot und Leistungserstellungsprozess von Werkzeugbaubetrieben. Die organisatorischen Handlungsfelder im Werkzeugbau sind in die innerbetrieblichen Handlungsfelder Smart Innovation, Smart Organization und Smart Shopfloor und in das marktwirtschaftliche Handlungsfeld Smart Solutions eingeteilt (vgl. Abbildung 34).

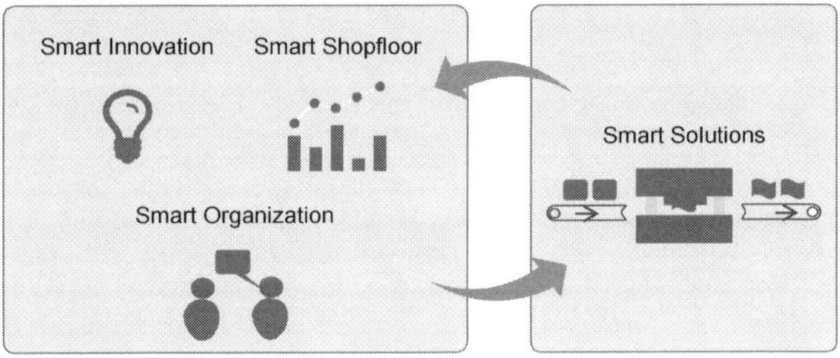

Abbildung 34: Organisatorische Handlungsfelder im Werkzeugbau[383]

Smart Innovation fokussiert schnelle, agile und lösungsorientierte Entwicklungsprozesse für Produkte, Werkzeuge und Prozesse. Ziel ist es, durch die iterative Durchführung von *Testzyklen* in internationalen Wertschöpfungsnetzwerken Lösungen zu entwickeln und zu validieren. Mithilfe von *Simulationen* können Produkte, Werkzeuge und Herstellungsprozesse virtuell erprobt werden, um unbekannte und kritische Aspekte identifizieren und evaluieren zu können. *Additive Fertigungsverfahren* unterstützen dabei, erste physische Prototypen zu entwickeln und herzustellen. Insbesondere die gestiegene Komplexität und Individualität von Produkten,

[382] Vgl. Boos et al. (Upgrade 4.0), 2017, S. 21

[383] I. A. a. Boos (Tooling 4.0), 2017, S. 17

die sich auf Herstellungsprozesse in der Serienproduktion auswirken, erfordern eine zunehmende Kompetenz von Werkzeugbaubetrieben in der Produktentwicklung.[384]

Smart Organization integriert unterschiedliche Inhalte, welche die aufbau- und ablauforganisatorischen Aspekte von Werkzeugbaubetrieben betreffen. Eine *digitale Wissensbasis* unterstützt Werkzeugbaubetriebe, das Wissen der einzelnen Mitarbeiter kollaborativ und ortsunabhängig zu verwalten, um dieses zu organisationalem Wissen zu verknüpfen. *Dynamische Kollaborationsnetzwerke* tragen zur Flexibilisierung bestehender und neuer Partnerstrukturen bei. Ziel ist die direkte Vernetzung zwischen Wertschöpfungspartnern, um bspw. Kapazitäten und Kompetenzen austauschen zu können. Die Etablierung einer *Verantwortungskultur*, in welcher Mitarbeiter als „Unternehmer im Unternehmen" weiterentwickelt werden und mithilfe intelligenter Technologien vernetzt werden, erhöht die Motivation.[385]

Auf dem **Smart Shopfloor** finden intelligente Lösungen Anwendung, um Effektivität und Transparenz im Werkzeugherstellungsprozess zu erhöhen. *Immersion* fokussiert die Visualisierung physischer Objekte in einer virtuellen Umgebung. Durch den bedarfsgerechten Abruf von Informationen und Dokumenten zu Werkzeugen und Komponenten mithilfe von Smartphones, Tablets oder Datenbrillen kann die Leistungsfähigkeit gezielt gesteigert werden. Die *Mensch-Maschine-Interaktion* durch Roboter wird im Werkzeugbau bereits in den Fertigungstechnologien Fräsen und Erodieren erfolgreich eingesetzt. Weiterhin können manuelle und nicht-wertschöpfende Vorgänge reduziert werden. Ein *digitales Auftrags- und Ressourcenmanagement*, realisiert durch die echtzeitnahe Verfügbarkeit von Betriebs- und Auftragsdaten, unterstützt u. a. Mitarbeiter in Projektmanagement und Arbeitsvorbereitung in der operativen Auftragsplanung und -bearbeitung.[386]

Smart Solutions steht als Oberbegriff für intelligente, durch Daten veredelte Sach- und Dienstleistungen. *Intelligente Werkzeuge* ergänzen klassische, aus mechanischen und mechatronischen Komponenten bestehende Werkzeuge um Sensorik, Aktorik, Regelungstechnik und IT-basierte Vernetzungsfunktionen. Dabei werden Werkzeuge zu cyber-physischen Systemen weiterentwickelt, welche sich selbstständig an verändernde Umweltbedingungen anpassen und im Sinne eines Regelkreismodells regeln und steuern können.[387] *Datenbasierte Dienstleistungen* basieren auf intelligenten Werkzeugen, da diese Werkzeug- und Prozessdaten aufnehmen und speichern. Der Einsatz von Analysemethoden ermöglicht die Identifikation von Anomalien, Mustern und Abhängigkeiten. Diese datenbasierten Kenntnisse über die Kundenprozesse ermöglichen die Entwicklung kundenindividueller Dienstleistungen und übergeordnet die Ableitung von datenbasierten Geschäftsmodellen für Werkzeugbaubetriebe.[388]

---

[384] Vgl. Boos et al. (Upgrade 4.0), 2017, S. 21; Boos et al. (Agile Tool Development), 2017, S. 6ff.

[385] Vgl. Boos et al. (Wissen), 2017, S. 201; Boos et al. (Flexible Tooling Organization), 2018, S. 10ff.

[386] Vgl. Boos et al. (Upgrade 4.0), 2017, S. 21f.; Boos et al. (Intelligent Tool Manufacturing), 2017, S. 9ff.

[387] Vgl. Boos et al. (Intelligente Werkzeuge), 2017, S. 18

[388] Vgl. Boos et al. (Datenbasierte Geschäftsmodelle), 2018, S. 5ff.

2.3.6.3 Technologische Handlungsfelder

Neben organisatorischen Handlungsfeldern versuchen Werkzeugbaubetriebe, durch technologische Weiterentwicklungen auf die Trends der produzierenden Industrie zu reagieren. Dazu zählen neben einer durchgängigen CAx-Prozesskette die Integration von Automatisierungslösungen und der Einsatz additiver Fertigungsverfahren (vgl. Abbildung 35).

Abbildung 35: Technologische Handlungsfelder im Werkzeugbau

Eine **durchgängige CAx-Prozesskette** beschreibt eine effiziente und fehlerfreie Datenübertragung zwischen eingesetzten CAD-, CAM- und NC-Systemen in Konstruktion, Arbeitsvorbereitung und Fertigung. Aufgrund der Vielfalt an Konstruktionsprogrammen und Maschinensteuerungen sowie deren Fokussierung auf Teilprozesse treten regelmäßig Fehler und Probleme in der automatisierten Datenüberführung und -transformation auf.[389] Eine Übertragung von Zusatzinformationen, bspw. durch Farbgebung hinterlegte Toleranzen im CAD-Modell oder programmierte Vorschubgeschwindigkeiten von Bearbeitungswerkzeugen, sind noch heute problematisch. Assoziativ verbundene CAD-CAM-Systemkonzepte und stabile Systeme führen zu abgestimmten und fehlerfreien CAD- und NC-Daten, wodurch aufwendige und kostenintensive Datenaufbereitungen entfallen.[390]

Die Durchgängigkeit in der CAx-Prozesskette ist Grundvoraussetzung für die erfolgreiche Implementierung von **Automatisierungslösungen**.[391] Diese finden zunehmend Anwendung im Werkzeugbau, um dem zukünftigen Fachkräftemangel entgegenzuwirken und gleichzeitig Faktorkostennachteile, bedingt durch den Einsatz hochqualifizierter Mitarbeiter, auszugleichen.[392] Bei der Automatisierung in Werkzeugbaubetrieben wird zwischen Automatisierung von Prozessketten und der Automatisierung von Teilprozessen unterschieden.[393] Die Automatisierung von Prozessketten fokussiert einen automatisierten Ablauf einzelner Fertigungsprozessschritte und deren Verknüpfung zu einer integrierten Prozesskette. Des Weiteren ist es möglich, manuell ausgeführte und zeitintensive Teilprozesse durch eine Bearbeitung auf

[389] Vgl. Glasmacher et al. (Durchgängige CAx-Prozessketten), 2012, S. 125

[390] I. A. a. Glasmacher et al. (Durchgängige CAx-Prozessketten), 2012, S. 125f.; vgl. Eversheim & Klocke (Strategie und Technologie), 1998, S. 293f.

[391] Vgl. Altmüller et al. (Beherrschung adaptiver Prozessketten), 2011, S. 421; i. A. a. Boos et al. (Automatisieren im Werkzeugbau), 2017, S. 26ff.

[392] Vgl. Pitsch (Vernetzung von Werkzeugbaustandorten), 2014, S. 54

[393] Vgl. Kretschmer (Automatisierung der Fertigung), 2012, S. 101

Werkzeugmaschinen oder in Roboterzellen unter Nutzung von Werkzeug- und Werkstückpalettiersystemen operativ umzusetzen. Die Vorteile automatisiert ablaufender Prozesse sind reduzierte Rüstzeiten, geringere Liegezeiten sowie bessere Reproduzierbarkeit von Form- und Oberflächenqualität.[394]

Additive Fertigungsverfahren befähigen Unternehmen, individuelle und komplexe Geometrien mit höchster Materialeffizienz herzustellen. Sie sind in der VDI-Richtlinie VDI 3405 genormt und lassen sich in Anwendungen zur Fertigung von Prototypen (Rapid Prototyping) und Produkten (Rapid Manufacturing) unterteilen.[395] Der Begriff „Rapid Tooling" bildet eine Schnittmenge der Anwendungen.[396] Im Werkzeugbau werden bereits vereinzelt unterschiedliche Verfahren sowohl zur Herstellung von Werkzeugkomponenten und (einfachen) Werkzeugen als auch zur Herstellung von Prototypen eingesetzt.[397] Insbesondere Prototypen stellen einen Vorteil im Produktentwicklungsprozess des Kunden dar, da Prototypenwerkzeuge substituiert werden können. Die Verfahren genügen bereits sehr hohen Qualitätsansprüchen und finden, im Vergleich zu klassischen Fertigungsverfahren, bereits punktuell Anwendung. Aufgabe von Werkzeugbaubetrieben ist es daher, die Entwicklungen genau zu beobachten, um die zentralen Eigenschaften der additiven Fertigungsverfahren (Individualität, Komplexität, Wandlungsfähigkeit) mit denen der klassischen Fertigungsverfahren (Produktivität, Genauigkeit, Oberflächenqualität) sinnvoll zu kombinieren.[398]

2.4 Handlungsbedarf aus der Praxis

Aufgrund ihrer Position in der industriellen Wertschöpfungskette werden Werkzeugbaubetriebe unmittelbar von den zentralen Trends Produktderivatisierung, Globalisierung und digitale Vernetzung der produzierenden Industrie beeinflusst (vgl. Kapitel 2.3.6.1). Sie führen zusammenfassend zu steigendem Kostendruck und höherer Komplexität in der Auftragsabwicklung von Werkzeugbaubetrieben. Zur Bewältigung der Herausforderungen müssen Werkzeugbaubetriebe reagieren und Effektivitäts- und Effizienzsteigerungen in ihren internen Prozessabläufen realisieren. Mögliche Themen zur operativen Adressierung lassen sich zu organisatorischen (vgl. Kapitel 2.3.6.2) und technologischen (vgl. Kapitel 2.3.6.3) Handlungsfeldern zusammenfassen.

Aktuell mangelt es an einer ganzheitlichen operativen Implementierung der genannten organisatorischen und technologischen Handlungsfelder. Grund ist eine fehlende valide, datenbasierte Kenntnis für alle Prozesse und Subprozesse entlang der gesamten Auftragsabwicklung, die Basis für eine zielgerichtete und nachhaltige Effektivitäts- und Effizienzsteigerung ist. Werkzeugbaubetrieben fehlt folglich ein hinreichend genaues, datenbasiertes Abbild des Auftragsabwicklungsprozesses. Der sogenannte digitale Schatten (vgl. Kapitel 2.1.4) schafft ein

---

[394] Vgl. Kretschmer (Automatisierung der Fertigung), 2012, S. 100

[395] Vgl. Gebhardt (Additive Fertigungsverfahren), 2016, S. 6

[396] Vgl. Gebhardt (Additive Fertigungsverfahren), 2016, S. 6

[397] Vgl. Kühn (Leistungssysteme im Werkzeugbau), 2016, S. 55; Gebhardt (Additive Fertigungsverfahren), 2016, S. 14

[398] i. A. a. Klocke (Generative Fertigungsverfahren), 2013

Grundverständnis für Prozessabläufe im Werkzeugbaubetrieb durch die vollständige Beschreibung und Visualisierung von Daten. Die Erzeugung eines digitalen Schattens der Auftragsabwicklung von Werkzeugbaubetrieben bedingt ein Datenstrukturmodell (vgl. Kapitel 2.1.4.2). Es bildet die Ausgangsbasis, um mithilfe aufgenommener und analysierter Daten Potenziale entlang der gesamten Auftragsabwicklung zu identifizieren und diese in organisatorischen und technologischen Handlungsfeldern zu adressieren (vgl. Abbildung 36).

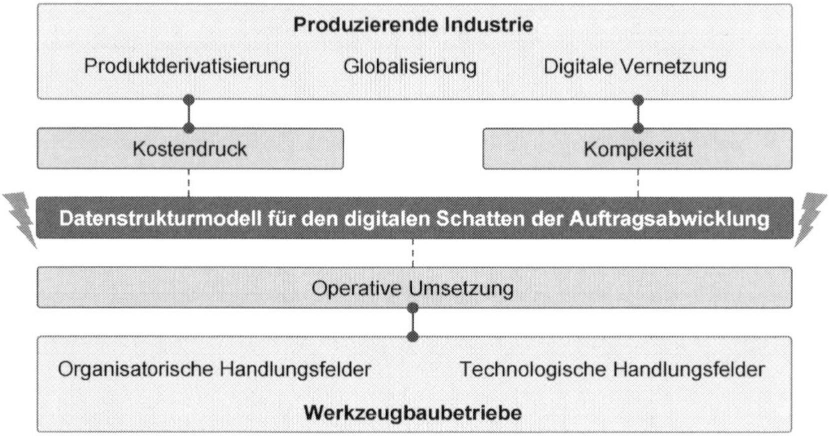

Abbildung 36: Herleitung des Handlungsbedarfs aus der Praxis

Die gemeinsame Datenbank des Werkzeugmaschinenlabors WZL der RWTH Aachen und des Fraunhofer-Instituts für Produktionstechnologie IPT zeigt anhand exemplarischer Tatsachen und zugehöriger Kennzahlen, dass Datenstrukturen in Werkzeugbaubetrieben aktuell nicht bzw. nicht vollständig implementiert sind:[399]

- Mehr als 40% der Werkzeugbaubetriebe können ihre Fertigungsanteile sowie die tatsächlichen jährlichen Betriebsstunden der Werkzeugmaschinen in den Fertigungstechnologien Fräsen bzw. Bohren, Senk- und Drahterosion, Schleifen und Drehen nicht stundengenau bestimmen. Dies lässt auf eine unzureichend genaue Datenbasis bzw. -erfassung in einer Vielzahl von Werkzeugbaubetrieben schließen.
- Rund drei Viertel aller Werkzeugbaubetriebe weisen bei Erstüberprüfung der Datensätze Inkonsistenzen bzgl. des Umsatzes nach Werkzeugtyp (Kunststoffwerkzeug, Gießwerkzeug etc.), Auftragsart (Neuauftrag, Änderungsauftrag etc.) und Verrichtungsart (Konstruktion, Fertigung etc.) auf. Dies ist das Resultat einer fehlenden Strukturierungssystematik.

[399] Vgl. Gemeinsame Datenbank des Werkzeugmaschinenlabors WZL der RWTH Aachen und des Fraunhofer-Instituts für Produktionstechnologie IPT, ausgewertete Datensätze der Jahre 2013-2017, Stand Oktober 2018

- Mit ca. 35% wird ein Großteil der Fehler, die in der frühen Phase der Auftragsabwicklung entstanden sind, erst in den Prozessschritten Montage und Try-out entdeckt. Somit kann konstatiert werden, dass Datendurchgängigkeit und prozess- bzw. aktivitätsübergreifende Datennutzung nicht branchenüblich sind.

Es wird deutlich, dass Werkzeugbaubetriebe ihre Daten entlang der Auftragsabwicklung strukturieren und modellieren müssen, um in der Lage zu sein, einen digitalen Schatten der Auftragsabwicklung zu erzeugen. Neben der Beschreibung der relevanten Daten sowie deren Abhängigkeiten über den Gesamtprozess ermöglicht deren Visualisierung in Form eines Modells die Entwicklung eines grundlegenden Verständnisses. Gleichzeitig bildet das Modell die Schnittstelle zur Implementierung in ein Datenbanksystem (vgl. Kapitel 2.2.1.3). Somit ist ein Datenstrukturmodell für den digitalen Schatten der Auftragsabwicklung von Werkzeugbaubetrieben erforderlich. **Es besteht Handlungsbedarf aus der Praxis**.

3 Analyse und Bewertung bestehender Ansätze

Im dritten Kapitel wird geprüft, ob bestehende Ansätze[400] zur Datenstrukturierung und -modellierung für den digitalen Schatten der Auftragsabwicklung von Werkzeugbaubetrieben angewendet werden können. Des Weiteren ist zu untersuchen, ob eine Übertragbarkeit einzelner Teilaspekte bestehender Ansätze möglich ist. Die Vorgehensweise innerhalb dieses Kapitels entspricht der zweiten und dritten Phase der angewandten Forschung nach ULRICH, in deren Rahmen relevante Wissenschaftstheorien erfasst und interpretiert sowie relevante Wissenschaftsverfahren nachvollzogen und spezifiziert werden (vgl. Kapitel 1.4 und 1.5).

Zunächst werden die Grundlagen der Bewertung vorgestellt. Dazu wird das zugrunde liegende Bewertungssystem erläutert. Anschließend werden Anforderungen, die an ein Datenstrukturmodell für den digitalen Schatten der Auftragsabwicklung von Werkzeugbaubetrieben gestellt werden, hergeleitet und definiert. Gemäß der Forschungsmethodik nach ULRICH werden im Anschluss die für den Kontext der vorliegenden Arbeit relevanten wissenschaftstheoretischen Ansätze vorgestellt. In Abhängigkeit von Zielsetzung und Umfang des jeweiligen Ansatzes werden lediglich diejenigen Teilaspekte vorgestellt und erläutert, die für den vorliegenden Betrachtungs- und Gestaltungsbereich hohe Relevanz aufweisen. Alle Teilaspekte der Ansätze werden hinsichtlich der Erfüllung der definierten Anforderungen bewertet.[401] Im Anschluss wird der Handlungsbedarf aus der Theorie abgeleitet. Praxisdefizit (vgl. Kapitel 2) und Theoriedefizit werden abschließend zusammengeführt, in dessen Folge die Forschungsfrage (vgl. Kapitel 1.3) konkretisiert wird.

3.1 Grundlagen der Bewertung

Eine vergleichbare Bewertung zwischen unterschiedlichen Optionen kann nur realisiert werden, wenn ein allgemeingültiges Bewertungssystem zugrunde liegt. Zur Analyse und Beurteilung der in Kapitel 3.2 vorgestellten Ansätze werden nachfolgend die Grundlagen der Bewertung erläutert. Bestandteile der Bewertungsgrundlagen sind das Bewertungssystem und das Anforderungssystem. Das Bewertungssystem legt die Ausprägungen fest, anhand derer die Anforderungen skaliert bewertet werden können. Im Anforderungssystem werden die Anforderungen, die an ein Datenstrukturmodell für den digitalen Schatten der Auftragsabwicklung von Werkzeugbaubetrieben gestellt werden, kategorisiert und beschrieben. Sowohl das verwendete Bewertungssystem als auch die Struktur der Anforderungsbeschreibung innerhalb des Anforderungssystems orientieren sich am Vorgehen von KOMOREK[402].

400 Unter dem Begriff „Ansatz“ werden Theorien, Modelle, Verfahren, Vorgehen und Denkrichtungen zusammengefasst.

401 Vgl. Ulrich (Management), 1984, S. 193

402 Vgl. Komorek (Kollaborative Wertschöpfung), 2014, S. 63ff.

3.1.1 Bewertungssystem

Wissenschaftliche Ansätze können auf unterschiedliche Art und Weise bewertet werden. Sowohl in der allgemeinen Literatur als auch in der spezifischen Literatur zur Beantwortung werkzeugbauspezifischer Fragestellungen, bspw. in KUHLMANN[403], KOZIELSKI[404], PITSCH[405] und SALMEN[406], werden diskrete Skalen zur Bewertung von wissenschaftlichen Ansätzen eingesetzt. Abhängig von der vorliegenden Problemstellung kann das Skalenniveau diskreter Skalen individuell angepasst werden, sodass sich diese anhand der Anzahl an Abstufungen unterscheiden. Unabhängig davon ist die Erfüllung der inhaltlichen Kriterien zur Erreichung des jeweiligen Skalenniveaus vorab zu definieren.[407] Eine diskrete Skala mit einem Skalenniveau von fünf Abstufungen eignet sich zur differenzierten und robusten Bewertung unterschiedlicher Theorien und Verfahren[408] und hat ihren Ursprung bei LIKERT[409]. Im Rahmen dieser Arbeit wird eine diskrete Skala mit fünf verschiedenen Ausprägungen angewandt (vgl. Abbildung 37).

Abbildung 37: Harvey Balls als Darstellungsweise der Bewertung

Die Bewertung des Erfüllungsgrads der Anforderungen erfolgt anhand von Harvey Balls, da sie Bewertungsergebnisse übersichtlich darstellen.[410] Der Erfüllungsgrad der Anforderungen im Bewertungssystem dieser Arbeit wird in den Abstufungen „Nicht vorhanden", „Sehr gering", „Gering", „Hoch" und „Sehr hoch" bewertet. Hervorzuheben ist, dass das Skalenniveau des Bewertungssystems keine neutrale Ausprägung aufweist, um die Bewertungen der Ansätze zu präzisieren.[411]

3.1.2 Anforderungssystem

Das Anforderungssystem an ein Datenstrukturmodell für den digitalen Schatten der Auftragsabwicklung von Werkzeugbaubetrieben resultiert aus den dargestellten Inhalten von Kapitel 2 sowie insbesondere aus dem hergeleiteten Handlungsbedarf aus der Praxis (vgl. Kapitel 2.4). Es integriert mit allgemeinen Anforderungen, branchenspezifischen Anforderungen, datenspezifischen Anforderungen und modellierungsspezifischen Anforderungen vier Dimensionen. Jede Dimension enthält konkrete Anforderungen (vgl. Abbildung 38). Es ist hervorzuheben,

[403] Vgl. Kuhlmann (Geschäftsprozesse im Werkzeugbau), 2011, S. 61ff.
[404] Vgl. Kozielski (Kennzahlensystem für den Werkzeugbau), 2010, S. 81ff.
[405] Vgl. Pitsch (Vernetzung von Werkzeugbaustandorten), 2014, S. 84ff.
[406] Vgl. Salmen (Digital vernetzter Shopfloor), 2016, S. 83f.
[407] Vgl. Komorek (Kollaborative Wertschöpfung), 2014, S. 64
[408] Vgl. Dawes (Point Scales), 2008, S. 76
[409] Vgl. Linacre (Optimizing Rating Scale), 2002, S. 86ff.; Likert (Measurement of Attitudes), 1932
[410] Vgl. Kett & Schewe (Management Skills), 2010, S. 129
[411] Vgl. Dawes (Point Scales), 2008, S. 66ff.

dass jede Anforderungsdimension sowie deren spezifische Anforderungen unabhängig voneinander analysiert und bewertet werden.[412]

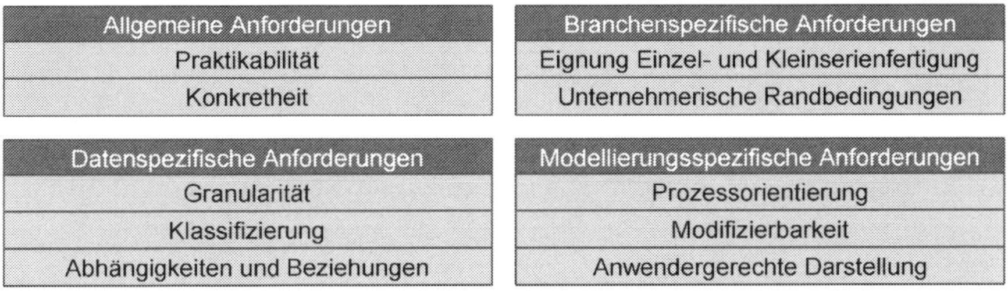

Abbildung 38: Anforderungssystem an ein Datenstrukturmodell für den digitalen Schatten der Auftragsabwicklung von Werkzeugbaubetrieben

Alle Anforderungsdimensionen und deren jeweilige Anforderungen werden nachfolgend erläutert. Des Weiteren werden die fünf Abstufungen des Skalenniveaus jeder einzelnen Anforderung beschrieben.

3.1.2.1 Allgemeine Anforderungen

Aus wissenschaftlicher Sicht muss ein Datenstrukturmodell für den digitalen Schatten der Auftragsabwicklung von Werkzeugbaubetrieben allgemeinen Anforderungen genügen. Geeignete Ansätze müssen folglich durch Praktikabilität und Konkretheit charakterisiert sein.

Die Umsetzbarkeit des Datenstrukturmodells in der Praxis ist abhängig vom Realitätsbezug. Dieser wird durch **Praktikabilität** sichergestellt. Sie ist charakterisiert durch eine einfache und eindeutige Handhabung für den Anwender bei gleichzeitig belastbaren Ergebnissen.[413] Dabei sind realistische Annahmen zu treffen sowie wirklichkeitsnahe Voraussetzungen und Rahmenbedingungen zu berücksichtigen.[414] Die fünf Abstufungen der Anforderung „Praktikabilität" lauten wie folgt:

- *Nicht vorhanden*: Der Ansatz trifft keine realistischen Annahmen und berücksichtigt wirklichkeitsnahe Voraussetzungen und Rahmenbedingungen nicht.
- *Sehr gering*: Der Ansatz trifft realistische Annahmen, die lediglich einen sehr geringen Realitätsbezug aufweisen, berücksichtigt allerdings wirklichkeitsnahe Voraussetzungen und Rahmenbedingungen nicht.
- *Gering*: Der Ansatz trifft grundsätzlich realistische Annahmen, berücksichtigt wirklichkeitsnahe Voraussetzungen und Rahmenbedingungen jedoch nicht in befriedigendem Maße.
- *Hoch*: Der Ansatz trifft realistische Annahmen und berücksichtigt wirklichkeitsnahe Voraussetzungen und Rahmenbedingungen in hohem Maße.

[412] Vgl. Kuhlmann (Corporate Tooling), 2017, S. 93
[413] Vgl. Kuhlmann (Geschäftsprozesse im Werkzeugbau), 2011, S. 47
[414] Vgl. Salmen (Digital vernetzter Shopfloor), 2016, S. 85

- *Sehr hoch*: Der Ansatz trifft realistische Annahmen und berücksichtigt wirklichkeitsnahe Voraussetzungen und Rahmenbedingungen in sehr hohem Maße.

Neben Praktikabilität ist **Konkretheit** die zweite allgemeine Anforderung an ein Datenstrukturmodell für den digitalen Schatten der Auftragsabwicklung von Werkzeugbaubetrieben. Sie garantiert eine klare, systematische und für den Anwender nachvollziehbare Strukturierung und Beschreibung der Inhalte des Datenstrukturmodells. Gleichzeitig werden Praxisbeispiele dargestellt und erläutert, um die Anwendung auf andere Problemstellungen zu erleichtern. Die fünf Abstufungen der Anforderung „Konkretheit" lauten wie folgt:

- *Nicht vorhanden*: Der Ansatz weist keine klare, systematische und nachvollziehbare Struktur und Beschreibung der Inhalte auf.
- *Sehr gering*: Der Ansatz weist eine rudimentäre Struktur mit sehr geringer Systematik und Nachvollziehbarkeit auf, jedoch keine konkrete Beschreibung der Inhalte.
- *Gering*: Der Ansatz weist eine erkennbare Struktur und Beschreibung der Inhalte auf, wobei die Beschreibung der Inhalte unkonkret bleibt.
- *Hoch*: Der Ansatz weist eine klare, systematische und nachvollziehbare Struktur und Beschreibung der Inhalte auf, jedoch keine Praxisbeispiele.
- *Sehr hoch*: Der Ansatz weist eine klare, systematische und nachvollziehbare Struktur und Beschreibung der Inhalte auf. Er integriert darüber hinaus Praxisbeispiele.

3.1.2.2 Branchenspezifische Anforderungen

Das Datenstrukturmodell für den digitalen Schatten der Auftragsabwicklung muss branchenspezifischen Anforderungen des Werkzeugbaus genügen. Diese resultieren aus den Besonderheiten der Branche (vgl. Kapitel 2.3). Geeignete Ansätze müssen folglich für die Unikat- und Kleinserienfertigung geeignet sein und unternehmerische Randbedingungen beachten.

Die **Eignung für Einzel- und Kleinserienfertigung** ist der Tatsache geschuldet, dass Werkzeugbaubetriebe ihre Erzeugnisse in Form von Unikaten oder Kleinserien herstellen (vgl. Kapitel 2.3.3). Folglich weisen Werkzeugkomponenten und Herstellungsprozesse geringe bis keine Wiederholhäufigkeiten auf. Dies hat Auswirkungen auf zugrunde liegende Datenstrukturen entlang der gesamten Auftragsabwicklung. Diese Besonderheiten sind in einem Datenstrukturmodell für den digitalen Schatten der Auftragsabwicklung zu berücksichtigen. Die fünf Abstufungen der Anforderung „Eignung für Einzel- und Kleinserienfertigung" lauten wie folgt:

- *Nicht vorhanden*: Der Ansatz weist keinen Bezug zu einem konkreten Betrachtungsbereich oder -gegenstand gemäß einer Branche auf.
- *Sehr gering*: Der Ansatz weist einen Bezug zu einem konkreten Betrachtungsbereich oder -gegenstand gemäß einer Branche auf.
- *Gering*: Der Ansatz weist einen Bezug zur Produktionstechnik auf und integriert deren Besonderheiten.
- *Hoch*: Der Ansatz weist einen konkreten Bezug zur Auftragsabwicklung in der Produktionstechnik auf und integriert vereinzelt Besonderheiten der Einzel- und Kleinserienfertigung.

- *Sehr hoch*: Der Ansatz weist einen konkreten Bezug zur Auftragsabwicklung in der Einzel- und Kleinserienfertigung auf und integriert Besonderheiten der Einzel- und Kleinserienfertigung, insbesondere die des Werkzeugbaus, ganzheitlich.

Die zweite branchenspezifische Anforderung an ein Datenstrukturmodell für den digitalen Schatten der Auftragsabwicklung ist die **Beachtung unternehmerischer Randbedingungen**. Trotz hoher Heterogenität in der Branche, die sich u. a. in den Bereichen Marktzugang, Leistungsspektrum, Fertigungsverfahren und Mitarbeiteranzahl widerspiegelt (vgl. Kapitel 2.3.2 und 2.3.3), muss die Umsetzbarkeit in allen Werkzeugbaubetrieben garantiert werden. Bestandteil eines passenden Ansatzes ist somit die Berücksichtigung spezifischer Randbedingungen. Die fünf Abstufungen der Anforderung „Beachtung unternehmerischer Randbedingungen" lauten wie folgt:

- *Nicht vorhanden*: Der Ansatz ist allgemeingültig, beachtet jedoch weder unternehmerische Randbedingungen noch ermöglicht er Anpassungen auf spezielle Unternehmenscharakteristika.
- *Sehr gering*: Der Ansatz ist allgemeingültig, beachtet jedoch unternehmerische Randbedingungen und ermöglicht Anpassungen auf spezielle Unternehmenscharakteristika in sehr geringem Maße.
- *Gering*: Der Ansatz ist allgemeingültig, weist aber vereinzelte Bereiche auf, in denen unternehmerische Randbedingungen beachtet und Anpassungen auf spezielle Unternehmenscharakteristika durchgeführt werden können.
- *Hoch*: Der Ansatz beachtet unternehmerische Randbedingungen in hohem Maße und ermöglicht teilweise Anpassungen auf spezielle Unternehmenscharakteristika.
- *Sehr hoch*: Der Ansatz beachtet unternehmerische Randbedingungen ganzheitlich und ermöglicht vollumfängliche Anpassungen auf spezielle Unternehmenscharakteristika.

3.1.2.3 Datenspezifische Anforderungen

Neben branchenspezifischen Anforderungen, die sich auf die Besonderheiten der Branche Werkzeugbau beziehen, stellen die zu entwickelnden Datenstrukturen im Kontext des digitalen Schattens (vgl. Kapitel 2.1.4) zusätzliche Anforderungen. Diese werden nachfolgend als datenspezifische Anforderungen bezeichnet. Geeignete Ansätze müssen eine hinreichend genaue Granularität beschreiben, Klassifizierungen aufweisen und Abhängigkeiten berücksichtigen.

Die Anforderung nach **hinreichend genauer Granularität** ergibt sich aus dem digitalen Schatten der Auftragsabwicklung, der das hinreichend genaue Abbild der Unternehmensprozesse mithilfe aller relevanten Daten und Informationen darstellt (vgl. Kapitel 2.1.4.1). Das Datenstrukturmodell legt durch seine Datenstrukturen fest, in welchem Detaillierungsgrad Daten aufgenommen werden müssen, um durch anschließende Datenfusion sowie Konsistenz- und Plausibilitätsprüfung den digitalen Schatten erzeugen zu können (vgl. Kapitel 2.1.4.2). Somit müssen Daten möglichst eindeutig beschrieben sein und der Detaillierungsgrad der Daten für jeden betrachteten Bereich der Auftragsabwicklung definiert sein. Die fünf Abstufungen der Anforderung „Hinreichend genaue Granularität" lauten wie folgt:

- *Nicht vorhanden*: Der Ansatz beschreibt notwendige Daten nicht eindeutig und definiert den Detaillierungsgrad der Daten für die Bereiche der Auftragsabwicklung nicht.
- *Sehr gering*: Der Ansatz beschreibt einen Teil der notwendigen Daten eindeutig, definiert jedoch den Detaillierungsgrad der Daten für die Bereiche der Auftragsabwicklung nicht.
- *Gering*: Der Ansatz beschreibt einen Teil der notwendigen Daten eindeutig und erwähnt den Detaillierungsgrad der Daten für einzelne Bereiche der Auftragsabwicklung.
- *Hoch*: Der Ansatz beschreibt alle notwendigen Daten eindeutig und erläutert den Detaillierungsgrad der Daten für einzelne Bereiche der Auftragsabwicklung.
- *Sehr hoch*: Der Ansatz beschreibt alle notwendigen Daten eindeutig und weist für jeden Bereich der Auftragsabwicklung einen präzise beschriebenen Detaillierungsgrad der Daten auf.

Die zweite datenspezifische Anforderung an ein Datenstrukturmodell für den digitalen Schatten der Auftragsabwicklung von Werkzeugbaubetrieben ist **Klassifizierung**. Aufgrund der zum Teil redundanten Aufnahme von Daten entlang der Auftragsabwicklung bedarf es eines Instruments, um Daten logisch zu organisieren. Dies ist ebenso Voraussetzung dafür, um Daten in einer Datenbank zu speichern und Anwendern bereitzustellen (vgl. 2.2.1.3). Im Sinne der kollaborativen Wertschöpfung sind dabei ebenso Informationen von externen Wertschöpfungspartnern und Kunden zu berücksichtigen (vgl. Kapitel 2.3.5). Ein geeigneter Ansatz muss Daten in Klassen und Teilklassen logisch einteilen und die strukturelle Komplexität, die sich aus unterschiedlichen Datenformaten und -quellen ergibt, berücksichtigen. Die fünf Abstufungen der Anforderung „Klassifizierung" lauten wie folgt:

- *Nicht vorhanden*: Der Ansatz weist keine logische Einteilung und Charakterisierung der Daten auf und berücksichtigt die strukturelle Komplexität unterschiedlicher Datenformate und -quellen nicht.
- *Sehr gering*: Der Ansatz weist eine logische Einteilung und Charakterisierung der Daten in geringem Maße auf, berücksichtigt die strukturelle Komplexität unterschiedlicher Datenformate und -quellen jedoch nicht.
- *Gering*: Der Ansatz weist eine logische Einteilung und Charakterisierung der Daten in geringem Maße auf und berücksichtigt die strukturelle Komplexität unterschiedlicher Datenformate und -quellen rudimentär.
- *Hoch*: Der Ansatz weist eine logische Einteilung und Charakterisierung der Daten in ausreichendem Maße auf und berücksichtigt die strukturelle Komplexität unterschiedlicher Datenformate und -quellen in befriedigendem Maße.
- *Sehr hoch*: Der Ansatz weist eine logische Einteilung und Charakterisierung der Daten auf und berücksichtigt die strukturelle Komplexität unterschiedlicher Datenformate und -quellen vollumfänglich.

Neben hinreichend genauer Granularität und Klassifizierung ist die dritte datenspezifische Anforderung die **Beschreibung von Abhängigkeiten und Beziehungen**. In den Kapiteln 2.3.4.2

und 2.3.4.3 wurde aufgezeigt, dass der Auftragsabwicklungsprozess von Werkzeugbaubetrieben interne Schnittstellen aufweist. Gleichzeitig bestehen Schnittstellen zu externen Entitäten (vgl. Kapitel 2.3.4.1 und 2.3.5). Übergeordnetes Ziel ist u. a. der Austausch von Daten und Informationen. Um die Komplexität der Leistungserstellung in Werkzeugbaubetrieben, bspw. bedingt durch unterschiedliche Auftragsarten (vgl. Kapitel 2.3.3.2), in einem digitalen Schatten abbilden zu können, ist eine Beschreibung datenspezifischer Abhängigkeiten und Beziehungen im Datenstrukturmodell notwendig. Ein geeigneter Ansatz muss folglich die Relationen zwischen Klassen und Teilklassen beschreiben sowie schnittstellenübergreifende Zusammenhänge von Daten berücksichtigen. Die fünf Abstufungen der Anforderung „Beschreibung von Abhängigkeiten und Beziehungen" lauten wie folgt:

- *Nicht vorhanden*: Der Ansatz beschreibt Abhängigkeiten und Beziehungen von Daten nicht und berücksichtigt keine schnittstellenübergreifenden Zusammenhänge.
- *Sehr gering*: Der Ansatz beschreibt Abhängigkeiten und Beziehungen von Daten in geringem Maße, berücksichtigt jedoch keine schnittstellenübergreifenden Zusammenhänge.
- *Gering*: Der Ansatz beschreibt Abhängigkeiten und Beziehungen von Daten partiell und berücksichtigt Zusammenhänge zu internen Schnittstellen, jedoch nicht zu externen Schnittstellen.
- *Hoch*: Der Ansatz beschreibt Abhängigkeiten und Beziehungen von Daten detailliert und erläutert vereinzelt Zusammenhänge zu internen und externen Schnittstellen.
- *Sehr hoch*: Der Ansatz beschreibt Abhängigkeiten und Beziehungen von Daten ganzheitlich und erläutert detailliert alle schnittstellenübergreifenden Zusammenhänge.

3.1.2.4 Modellierungsspezifische Anforderungen

Modellierungsspezifische Anforderungen komplettieren das Anforderungssystem an ein Datenstrukturmodell für den digitalen Schatten der Auftragsabwicklung von Werkzeugbaubetrieben. Geeignete Ansätze müssen eine Orientierung am Auftragsabwicklungsprozess aufweisen, sich durch Modifizierbarkeit auszeichnen und über eine anwendergerechte Darstellung verfügen.

Die notwendige **Prozessorientierung** als erste modellierungsspezifische Anforderung ergibt sich aus dem Betrachtungsbereich der Arbeit. Das zu entwickelnde Datenstrukturmodell soll eine strukturierte Übersicht von Daten und Datenklassen sowie deren Abhängigkeiten und Beziehungen entlang der gesamten Auftragsabwicklung abbilden (vgl. Kapitel 1.3). Somit besteht die Notwendigkeit, alle an der Auftragsbearbeitung beteiligten relevanten Bereiche von Werkzeugbaubetrieben in einem Datenstrukturmodell zu integrieren und die Darstellung daran auszurichten. Gleichzeitig sind eventuelle Subprozesse, die innerhalb eines Bereichs stattfinden, ebenfalls abzubilden. Die Berücksichtigung von Entitäten, die an der Auftragsabwicklung beteiligt sind, aber nicht dem Werkzeugbaubetrieb zugehörig sind, ist zudem notwendig. Die fünf Abstufungen der Anforderung „Prozessorientierung" lauten wie folgt:

- *Nicht vorhanden*: Der Ansatz orientiert sich nicht an der Auftragsabwicklung und stellt diese nicht im Datenstrukturmodell dar.

- *Sehr gering*: Der Ansatz orientiert sich in geringem Maße an der Auftragsabwicklung, integriert jedoch weder Subprozesse einzelner Bereiche noch externe Entitäten, die an der Auftragsabwicklung beteiligt sind.
- *Gering*: Der Ansatz stellt die zentralen Bereiche der Auftragsabwicklung sowie partiell deren Subprozesse dar, berücksichtigt jedoch keine externen Entitäten, die an der Auftragsabwicklung beteiligt sind.
- *Hoch*: Der Ansatz stellt detailliert alle Bereiche der Auftragsabwicklung und deren Subprozesse dar und berücksichtigt vereinzelt externe Entitäten, die an der Auftragsabwicklung beteiligt sind.
- *Sehr hoch*: Der Ansatz orientiert sich an der Auftragsabwicklung, stellt die einzelnen Bereiche und deren Subprozesse ganzheitlich dar und berücksichtigt alle externen Entitäten, die an der Auftragsabwicklung beteiligt sind.

Die zweite modellierungsspezifische Anforderung an ein Datenstrukturmodell für den digitalen Schatten der Auftragsabwicklung von Werkzeugbaubetrieben ist **Modifizierbarkeit**. Das Datenstrukturmodell muss aufgrund sich verändernder, übergeordneter Gegebenheiten in der Auftragsabwicklung anpassbar sein. Die Notwendigkeit resultiert sowohl aus internen Veränderungen im Werkzeugbaubetrieb (bspw. neue Bereiche, Systeme oder Maschinen) als auch aus Veränderungen, die externe Entitäten betreffen. Gleichzeitig ist es notwendig, dass u. a. Subprozesse und Datenklassen aufgrund unterschiedlicher Gegebenheiten in der Darstellung des Datenstrukturmodells individuell hinzugefügt bzw. entfernt werden können. Die fünf Abstufungen der Anforderung „Modifizierbarkeit" lauten wie folgt:

- *Nicht vorhanden*: Der Ansatz erlaubt keinerlei Modifikation der Datenstrukturen.
- *Sehr gering*: Der Ansatz erlaubt eine übergeordnete Modifikation der Datenstrukturen in geringem Maße, jedoch ohne klaren Bezug zu internen Bereichen und externen Entitäten sowie ohne Anpassungsmöglichkeit von Subprozessen und Datenklassen.
- *Gering*: Der Ansatz erlaubt eine übergeordnete Modifikation der Datenstrukturen in ausgewählten internen Bereichen und externen Entitäten mit sehr geringer Anpassungsmöglichkeit von Subprozessen und Datenklassen.
- *Hoch*: Der Ansatz erlaubt eine Modifikation der Datenstrukturen in allen internen Bereichen und externen Entitäten und ermöglicht vereinzelte Anpassungen von Subprozessen und Datenklassen.
- *Sehr hoch*: Der Ansatz erlaubt eine ganzheitliche Modifikation der Datenstrukturen in allen internen Bereichen und externen Entitäten und ermöglicht eine detaillierte Anpassung von Subprozessen und Datenklassen.

Neben der Orientierung am Auftragsabwicklungsprozess und Modifizierbarkeit ist die dritte modellierungsspezifische Anforderung die **anwendergerechte Darstellung**. Die Entwicklung und operative Nutzung von Datenmodellen und Datenstrukturen ist thematisch der Informatik zugeordnet (vgl. Kapitel 2.2.1.2) und somit fachfremd für Werkzeugbaubetriebe. Die Darstellung der Datenstrukturen mit dem Ziel, darauf aufbauend den digitalen Schatten der Auftragsabwicklung zu entwickeln, muss sich folglich durch einfache Handhabung und Benutzerfreundlichkeit auszeichnen. Trotz der notwendigen Implementierung in ein Datenbanksystem (vgl.

Kapitel 2.2.1.3) ist daher geringe Komplexität in der Darstellung der Datenstrukturen erforderlich. Da Mitarbeiter in Werkzeugbaubetrieben häufig mehrere Funktionen gleichzeitig ausführen, sodass eine direkte Verknüpfung von Kompetenzen und Mitarbeitern besteht[415], ist diese Tatsache in wissenschaftlichen und praktischen Lösungsansätzen für Werkzeugbaubetriebe zu berücksichtigen.[416] Die fünf Abstufungen der Anforderung „Anwendergerechte Darstellung" lauten wie folgt:

- *Nicht vorhanden*: Der Ansatz integriert keine Darstellung der Datenstrukturen, d. h. es erfolgt keine Visualisierung.
- *Sehr gering*: Der Ansatz integriert eine komplexe Darstellung der Datenstrukturen bei geringer Berücksichtigung von Handhabung und Benutzerfreundlichkeit.
- *Gering*: Der Ansatz integriert eine semikomplexe Darstellung von Datenstrukturen bei partieller Berücksichtigung von Handhabung und Benutzerfreundlichkeit.
- *Hoch*: Der Ansatz integriert eine Darstellung von Datenstrukturen mit geringer Komplexität bei ausreichender Berücksichtigung von Handhabung und Benutzerfreundlichkeit.
- *Sehr hoch*: Der Ansatz integriert eine anwendergerechte Darstellung von Datenstrukturen bei hoher Berücksichtigung von Handhabung und Benutzerfreundlichkeit.

3.2 Darstellung wissenschaftlicher Ansätze

In der Theorie existieren verschiedene Ansätze zur Strukturierung und Modellierung von Daten. Die durchgeführte Recherche und Analyse fokussiert Ansätze, die den Ingenieurwissenschaften mit Fokus Produktionstechnik und Informatik sowie den Wirtschaftswissenschaften zugeordnet werden können. KREIMEIER ET AL.[417], KRCMAR[418] und NONNENMACHER[419] entwickeln und beschreiben ganzheitliche Modelle auf übergeordneter Ebene und bleiben dabei unkonkret. Die Ansätze nach HOTZ[420], DEUSE ET AL.[421], VDI[422], WIEGAND ET AL.[423], JUNG[424] und BERGELT ET AL.[425] sind spezifischer und fokussieren Datenerfassung und -verarbeitung, gehen jedoch in unzureichendem Maße auf die vorgelagerte Datenstrukturierung und -modellierung ein. SCHMIDT[426] und EBNER[427] entwickeln übergeordnete Methoden, in denen Datenstrukturie-

415 Vgl. Pichler et al. (Management in KMU), 2000, S. 11ff.
416 Vgl. Komorek (Kollaborative Wertschöpfung), 2014, S. 53
417 Vgl. Kreimeier et al. (Teilautonome Produktionsplanung), 2015
418 Vgl. Krcmar (Informationsmanagement), 2015
419 Vgl. Nonnenmacher (Informationsmodellierung), 1994
420 Vgl. Hotz (Simulationsbasierte Frühwarnsysteme), 2006
421 Vgl. Deuse et al. (Wissensentdeckung in Datenbeständen), 2014
422 Vgl. VDI (VDI-Richtlinie 5600), 2015
423 Vgl. Wiegand et al. (Prozessüberwachung), 2016
424 Vgl. Jung (Datenintegrierende Architektur), 2001
425 Vgl. Bergelt et al. (Generische Datenerfassung und Aufbereitung), 2012
426 Vgl. Schmidt (Methode zur Stammdatenintegration), 2010
427 Vgl. Ebner (Entwurf von Unternehmensdatenarchitekturen), 2014

rung und -modellierung zwar thematisiert, aber weder ausreichend beschrieben noch dargestellt werden. Weitere Lösungsansätze wie bspw. SCHOLZ[428], SCHUH ET AL.[429], ENGEL ET AL.[430] und HORN ET AL.[431] konzentrieren sich auf die Produktionsplanung und sind trotz guter Anknüpfungspunkte zu spezifisch für eine detailliertere Analyse. Die Ansätze von BILSING[432] und KOZIELSKI[433] sind zwar für Werkzeugbaubetriebe entwickelt worden, fokussieren aber die Erstellung und Bewertung von Kennzahlen. Weder die Betrachtung der gesamten Auftragsabwicklung noch die Modellierung der zugrunde liegenden Datenstrukturen sind Bestandteile dieser Arbeiten. Nachfolgend werden relevante Ansätze vorgestellt sowie die jeweiligen Zielsetzungen und Inhalte beschrieben. Neben dem jeweiligen Vorgehen zur Datenstrukturierung und -modellierung werden Teilbereiche der Datenmodelle grafisch dargestellt, um die Übertragbarkeit des jeweiligen Ansatzes auf die zugrunde liegende Problemstellung besser bewerten zu können.

3.2.1 Informationssysteme im Industriebetrieb (SCHEER, 1988)

Die Beschreibung betriebswirtschaftlicher Informationssysteme und deren Einfluss auf Produktions- und Planungsprozesse sowie Entscheidungszusammenhänge in Industriebetrieben ist Zielsetzung der Arbeit von SCHEER. **Informationssysteme** sind Systeme zur Bereitstellung von Führungsinformationen[434], d. h. von verdichteten Einzelinformationen zur Lösung von Führungsaufgaben. Sie beziehen sich auf die unterschiedlichen Funktionsbereiche eines produzierenden Unternehmens.

SCHEER fasst Administrations- und Dispositionssysteme als *mengenorientierte operative Systeme* zusammen. Diese integrieren alle mengenorientierten Prozesse, die mit der Auftragsabwicklung verknüpft sind. Beispiele sind Vertrieb, Technik, Beschaffung, Produktion und Verwaltung. Zur betriebswirtschaftlichen Abrechnung dieser existieren *wertorientierte Abrechnungssysteme* (bspw. Buchführung). Relevante Informationen aus den mengen- und wertorientierten Systemen werden in *Berichts- und Kontrollsysteme* (bspw. Controlling) verdichtet und integriert. Es folgt die Erstellung von *Analyse- und Informationssystemen* (bspw. Marketinginformationssystem) auf Basis der Daten der genannten Systeme sowie externer Daten. *Planungs- und Entscheidungssysteme* weisen den höchsten Grad der Datenverdichtung auf und dienen als Unterstützung für kurzfristig zu treffende Entscheidungen. Die zunehmende Datenverdichtung sowie die Abstimmung zwischen den unterschiedlichen Informationssystemen wird durch den senkrechten Pfeil dargestellt. Der waagerechte Pfeil deutet mögliche funktionale Informationssysteme in einer Ebene an mit dem Ziel, diese zu einem integrierten Ge-

[428] Vgl. Scholz (Datenbankgestützte Planung), 1989
[429] Vgl. Schuh et al. (Production Management), 2013
[430] Vgl. Engel et al. (Referenzmodell der digitalen Planung), 2010
[431] Vgl. Horn et al. (Data Coupling Strategies), 2005
[432] Vgl. Bilsing (Technologische Leistungsfähigkeit), 2007
[433] Vgl. Kozielski (Kennzahlensystem für den Werkzeugbau), 2010
[434] Vgl. Scheer (Informationssysteme im Industriebetrieb), 1988, S. 2

samtsystem zu entwickeln. Im Vordergrund eines integrierten Gesamtsystems steht die informationsseitige Orientierung am Auftragsabwicklungsprozess und die Vermeidung von Datenredundanzen.[435] Abbildung 39 zeigt Struktur und Ablauf der beschriebenen Informationssysteme.

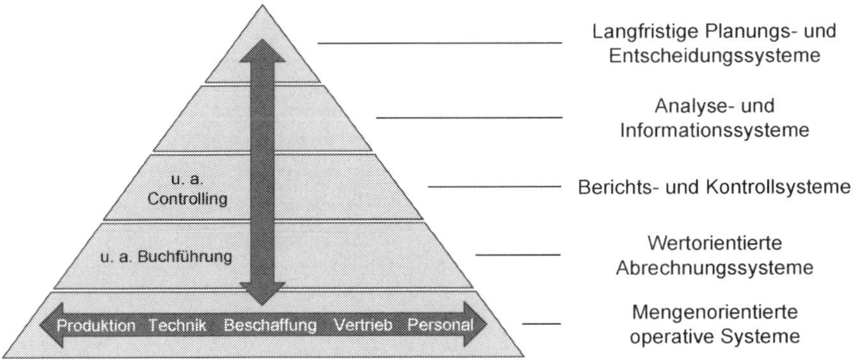

Abbildung 39: Informationssysteme in produzierenden Unternehmen nach SCHEER[436]

Die **Entwicklung und Modellierung von Datenstrukturen** nach SCHEER ist Bestandteil des Formalisierungsprozesses realer Probleme im Kontext der Beschreibung von Informationssystemen. Im ersten Schritt erfolgt der *Entwurf sachlogischer Datenstrukturen*. Die Datenstrukturen können einerseits mithilfe bekannter Prinzipien (vgl. Kapitel 2.2.3) logisch konstruiert werden. Im Verlauf des Konstruktionsprozesses werden bestehende Sachverhalte angepasst und/ oder neue betriebswirtschaftliche Zusammenhänge erkannt. Andererseits kann eine Modellierung der Datenstrukturen erfolgen, sofern der betrachtete Sachverhalt bereits bekannt ist. Die Modellierung kann grundsätzlich durch Separation (Zerlegung der Datenstrukturen in kleinere, einfachere Elemente) oder Synthese (Verdichtung der Datenstrukturen zu gröberen, komplexeren Elementen) erfolgen.[437] Zur Modellierung der Datenstrukturen nutzt SCHEER die Modellierungssprache ERM (vgl. Kapitel 2.2.4) und verknüpft sie mit der Normalformenlehre[438], die dem Modellierungsvorgehen Separation entspricht. In mehreren, sequenziell ablaufenden Normalisierungsschritten werden wiederholt auftretende Gruppen reduziert, die durch (1,n)-Beziehungen charakterisiert sind, sowie weitere redundante Inhalte eliminiert. Da kein Informationsverlust auftreten darf und der Separationsprozess reversibel sein muss, können neue Entitäts- und Beziehungstypen im ERM entstehen.[439] Der Vorteil der Kombination aus ERM und Normalisierungsverfahren besteht in der individuellen Entwicklung und Modellierung von Entitäts- und Beziehungstypen sowie ihren Attributen.[440] SCHEER verzichtet auf

[435] Vgl. Scheer (Informationssysteme im Industriebetrieb), 1988, S. 2ff.
[436] Vgl. Scheer (Informationssysteme im Industriebetrieb), 1988, S. 3
[437] Vgl. Scheer (Informationssysteme im Industriebetrieb), 1988, S. 14f.
[438] Vgl. Codd (A Relational Model of Data), 1970, S. 381
[439] Vgl. Scheer (Informationssysteme im Industriebetrieb), 1988, S. 29ff.
[440] Vgl. Scheer (Informationssysteme im Industriebetrieb), 1988, S. 33

eine detaillierte Betrachtung des Modellierungsvorgehens Synthese aufgrund der angestrebten übersichtlichen Darstellung der Datenstrukturen von produzierenden Unternehmen.[441] Im zweiten Schritt erfolgt die *Erstellung des Datenmodells*. Die konstruierten bzw. modellierten Datenstrukturen werden in die Notationen eines Netzwerk- bzw. Relationenmodells überführt. Anschließend findet im dritten Schritt eine *Überführung des Datenmodells* in das Schema der Datenbankbeschreibungssprache („Data Dictionary") eines definierten Datenbanksystems statt. Abhängig vom entwickelten Datenmodell sind dies Netzwerkdatenbanken oder relationale Datenbanken.[442]

Abbildung 40 zeigt exemplarisch das ERM des Funktionsbereichs Betriebsdatenerfassung als Ergebnis von Schritt 1. Das ERM beinhaltet die Entitätstypen Betriebsmittel, Maschinenbelegung, Zeit und Störungsart. Betriebsmittel werden durch die Schlüsselattribute Betriebsmittelgruppennummer und Betriebsmittelnummer eindeutig beschrieben. Analog sind die anderen Entitätstypen durch Schlüsselattribute charakterisiert. Da mehrere Störungen an einem Betriebsmittel und umgekehrt eine Störung an mehreren Betriebsmitteln auftreten kann, existiert eine (n,m)-Beziehung zwischen Störungsart und Betriebsmittel. Eine analoge Beziehung besteht zwischen den Entitätstypen Störungsart und Zeit, da die gleiche Störung zu unterschiedlichen Zeiten an mehreren Betriebsmitteln auftreten kann.[443] Die konstruierten und modellierten Datenstrukturen der Bereiche Produktion, Technik, Beschaffung, Absatz, Personalwirtschaft, Rechnungswesen und Verwaltung wurden geprüft und werden in die Bewertung des Ansatzes integriert. Eine detaillierte Beschreibung im Rahmen dieser Arbeit ist jedoch nicht zielführend und daher der Literatur zu entnehmen.

---

[441] Vgl. Scheer (Informationssysteme im Industriebetrieb), 1988, S. 34

[442] Vgl. Scheer (Informationssysteme im Industriebetrieb), 1988, S. 34ff.

[443] Vgl. Scheer (Informationssysteme im Industriebetrieb), 1988, S. 254

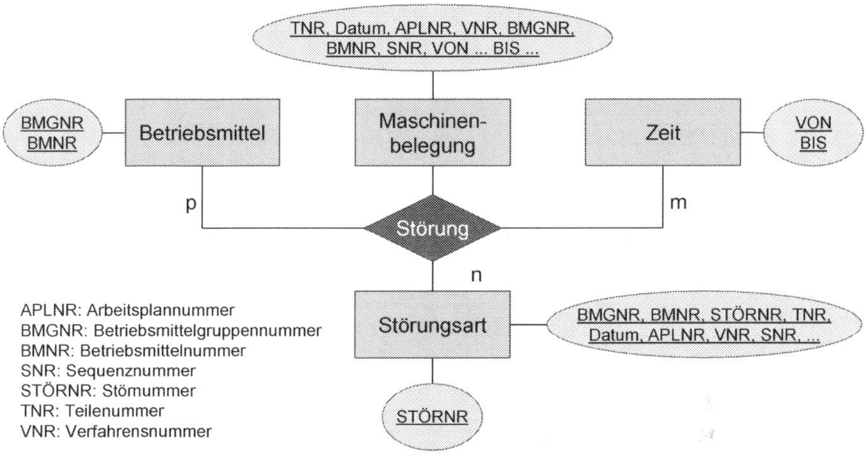

Abbildung 40: ERM des Funktionsbereichs Betriebsdatenerfassung nach SCHEER[444]

Die Bewertung des Ansatzes nach SCHEER zur Beschreibung von Informationssystemen im Industriebetrieb anhand des definierten Anforderungssystems (vgl. Kapitel 3.1.2) ist nachfolgend in Abbildung 41 dargestellt.

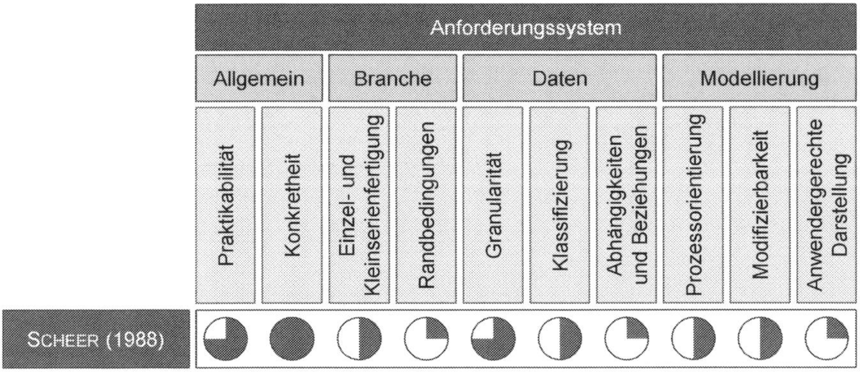

Abbildung 41: Bewertung des Ansatzes nach SCHEER

Der Ansatz stellt eine Unterstützung für die Beschreibung von Informationssystemen dar, indem Datenstrukturen und Datenmodelle für unterschiedliche Bereiche von Industrieunternehmen aufgezeigt werden. Aufgrund realistischer Annahmen und der Berücksichtigung von Rahmenbedingungen ist der Ansatz in hohem Maße praktikabel. Die stringente Strukturierung in die Funktionsbereiche von Unternehmen bei gleichzeitiger Darstellung von Praxisbeispielen

---

[444] Vgl. Scheer (Informationssysteme im Industriebetrieb), 1988, S. 255f.

führt zu einer sehr hohen Konkretheit. Trotz des klaren Bezugs zur Produktionstechnik gestaltet sich eine Adaption auf Werkzeugbaubetriebe schwierig, da die Besonderheiten der Einzel- und Kleinserienfertigung nicht berücksichtigt werden. Unternehmerische Randbedingungen werden lediglich in geringem Maße integriert. Durch die beschriebenen Datenstrukturen und -modelle ergibt sich eine eindeutige Beschreibung vieler Funktionsbereiche produzierender Unternehmen. Trotz logischer Einteilung und Charakterisierung fehlt eine detaillierte Berücksichtigung unterschiedlicher Datenformate und -quellen. Abhängigkeiten und Beziehungen von Daten zwischen den Funktionsbereichen werden punktuell angedeutet. Der Ansatz weist eine geringe Orientierung am Auftragsabwicklungsprozess auf, da keine externen, an der Auftragsabwicklung beteiligten Entitäten berücksichtigt werden. Zwar werden Datenstrukturen und -modelle separat dargestellt, jedoch führt die fehlende Berücksichtigung externer Entitäten zu einer geringen Modifizierbarkeit. Die Datenmodellierung ist auf die Implementierung in DBMS ausgelegt und führt aufgrund der Komplexität zu einer anwendergerechten Darstellung in sehr geringem Maße. Zusammenfassend ist festzustellen, dass der Ansatz zur Beschreibung von Informationssystemen in Industriebetrieben nach SCHEER insbesondere wertvolle allgemeine und datenspezifische Aspekte aufweist. Eine unmittelbare Anwendung zur Entwicklung eines Datenstrukturmodells für den digitalen Schatten der Auftragsabwicklung von Werkzeugbaubetrieben ist aufgrund des zu geringen Erfüllungsgrads mehrerer Anforderungen nicht möglich.

3.2.2 Daten- und Informationsflüsse in der Serienproduktion (SHINA, 1991)

Hauptintention der Arbeit von SHINA ist die Verbreitung der neuesten Erkenntnisse der verteilten gleichzeitigen Produktentwicklung (engl. „Simultaneous Engineering") sowie der fertigungsgerechten Produktentwicklung (engl. „Design for Manufacturing"). Ziel ist die Adaption in amerikanischen Großunternehmen erfolgreich angewandter Methoden auf die Elektronikbranche. Die Notwendigkeit zur Weiterentwicklung resultiert aus steigenden Anforderungen in Bezug auf Qualität, Kosten und Markteintritt des Produkts. Ein Lösungsansatz zur erfolgreichen Adressierung dieser Herausforderung ist das Verständnis für Daten- und Informationsflüsse zwischen und innerhalb der unterschiedlichen Bereiche eines produzierenden Unternehmens, um den Entwicklungsprozess zukünftiger Produkte zielgerichtet ausführen zu können.[445] Nach Vorstellung der Unternehmensbereiche wird die Art und Weise der Modellierung thematisiert.

Neben Entwicklung haben die **Unternehmensbereiche** Marketing, Produktion, Qualität und Kundendienst maßgeblichen Anteil an der Verbesserung zukünftiger Produkte. Sie und ihre Tätigkeiten sind Bestandteil des übergeordneten Produktentstehungsprozesses, deren zugrunde liegenden Daten und Informationen genutzt werden sollten.[446] Bereiche und Tätigkeiten sind in Abbildung 42 detailliert dargestellt. SHINA beschreibt in diesem Zusammenhang die

[445] I. A. a. Shina (Concurrent Engineering and Design), 1991, S. 1f.
[446] Vgl. Shina (Concurrent Engineering and Design), 1991, S. 32ff.

individuellen funktionalen Rollen der Unternehmensbereiche, hebt jedoch hervor, dass die Optimierungen nur im Unternehmenskollektiv zielgerichtet realisiert werden können.[447] Für jeden Bereich werden relevante Daten und Informationen bzw. Formeln zur Berechnung von Kennzahlen genannt und teilweise in Form von Tabellen und Grafiken dargestellt.[448]

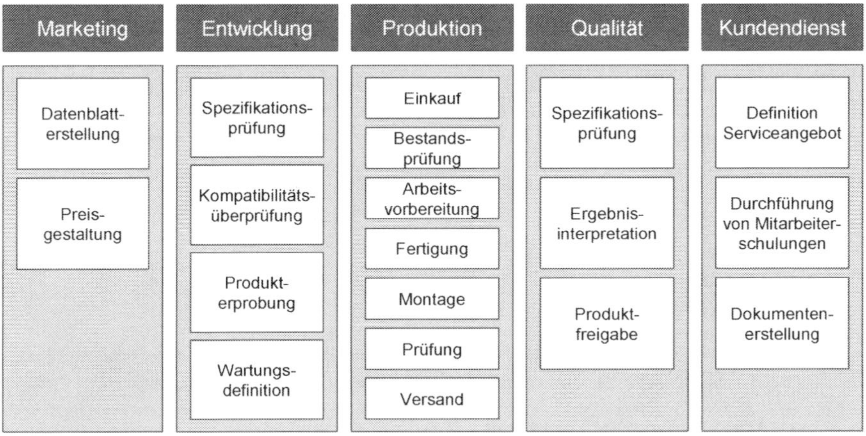

Abbildung 42: Bereiche und Tätigkeiten zur datenbasierten Optimierung nach SHINA[449]

Zur Gewährleistung eines hohen Übertrags in die betriebliche Praxis empfiehlt SHINA die Abstraktion der betrieblichen Prozesse in einem Modell inkl. der Verwendung von Modellierungselementen. Dadurch können, zusätzlich zu Erläuterungen, die daten- und informationsspezifischen Zusammenhänge einfach grafisch visualisiert werden.[450] Dies führt wiederum zu Sensibilisierung und grundlegendem Verständnis für die Mitarbeiter in den jeweiligen Unternehmensbereichen. Für die Modellierung der Daten- und Informationsflüsse innerhalb und zwischen den einzelnen Unternehmensbereichen werden ein **Kontextdiagramm** sowie **Datenflussdiagramme**, die der Methode „Strukturierte Analyse"[451] zugeordnet sind, verwendet. Die Kombination erlaubt sowohl die Darstellung auf übergeordneter Ebene als auch die Dekomposition in kleinere Unternehmenseinheiten und -prozesse.[452] Abbildung 43 zeigt die entsprechenden Modellierungselemente sowie beispielhaft ein Kontextdiagramm und ein Datenflussdiagramm.

447 Vgl. Shina (Concurrent Engineering and Design), 1991, S. 104ff.

448 Vgl. Shina (Concurrent Engineering and Design), 1991, S. 68ff.

449 I. A. a. Shina (Concurrent Engineering and Design), 1991, S. 37; eigene Darstellung

450 Vgl. Shina (Concurrent Engineering and Design), 1991, S. 8ff.

451 Die Methode „Strukturierte Analyse" wurde maßgeblich von DeMarco entwickelt und dient der Erstellung von Systembeschreibungen im Kontext der Softwareentwicklung. Für weitere Informationen wird auf DeMarco (Structured Analysis and System Specification), 1978 verwiesen.

452 Vgl. Shina (Concurrent Engineering and Design), 1991, S. 9

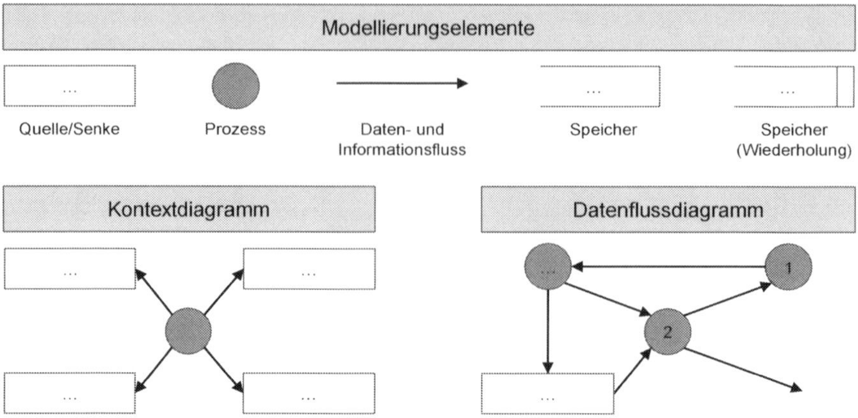

Abbildung 43: Elemente sowie Kontext- und Datenflussdiagramm nach SHINA[453]

Quellen bzw. *Senken* von Daten und Informationen werden durch Rechtecke dargestellt. Sie haben einen Bezug zu Unternehmensabteilungen sowie zu Kunden und Zulieferern. Mithilfe eines Kreises wird ein *Prozess* als Reihenfolge durchgeführter Tätigkeiten repräsentiert. *Daten- und Informationsflüsse* stellen die Beziehung zwischen Prozessen und Quellen bzw. Senken in Form von Speicherung oder Transformation dar. Sie werden durch gerichtete Pfeile symbolisiert. Diese werden mit den betrachteten Daten und Informationen versehen. Die Darstellung von *Speichern* erfolgt mithilfe offener Rechtecke. Zur Vermeidung einer Vielzahl von (komplexen) Verbindungen werden Speicher mehrfach dargestellt und mit einem vertikalen Strich ergänzt.[454] Während das Kontextdiagramm eine Visualisierung der Gegebenheiten auf übergeordneter Unternehmensebene darstellt, können mithilfe von Datenflussdiagrammen Unternehmensbereiche und -prozesse in sinnvollem Maße unterteilt werden. Dies ermöglicht eine gezielte Verteilung des Aufwands der Diagrammerstellung, da die Modellierung des jeweiligen Ausschnitts durch die betreffenden Mitarbeiter durchgeführt werden kann.

SHINA berichtet im Kontext seiner Arbeiten von einer Fallstudie, in welcher ein interdisziplinäres Team das Produktionssystem eines Elektronikherstellers durch ein Kontextdiagramm sowie durch mehrere Datenflussdiagramme erarbeitet hat. Ergebnisse waren die Reduzierung redundanter Prozesse, Effizienzsteigerungen durch klare Verantwortlichkeiten, zielgerichtete Zusammenarbeit durch Ressourcenallokation und gesteigerte Datenintegrität.[455] Eine detaillierte Darstellung des Kontextdiagramms sowie der Datenflussdiagramme der Bereiche Materialmanagement, Produktion und Produktionsunterstützung ist der Literatur zu entnehmen.

[453] Vgl. Shina (Concurrent Engineering and Design), 1991, S. 12

[454] Vgl. Shina (Concurrent Engineering and Design), 1991, S. 9

[455] Vgl. Shina (Concurrent Engineering and Design), 1991, S. 13ff.

Die Bewertung des Ansatzes nach SHINA zu Daten- und Informationsflüssen in der Serienproduktion anhand des definierten Anforderungssystems (vgl. Kapitel 3.1.2) ist nachfolgend in Abbildung 44 dargestellt.

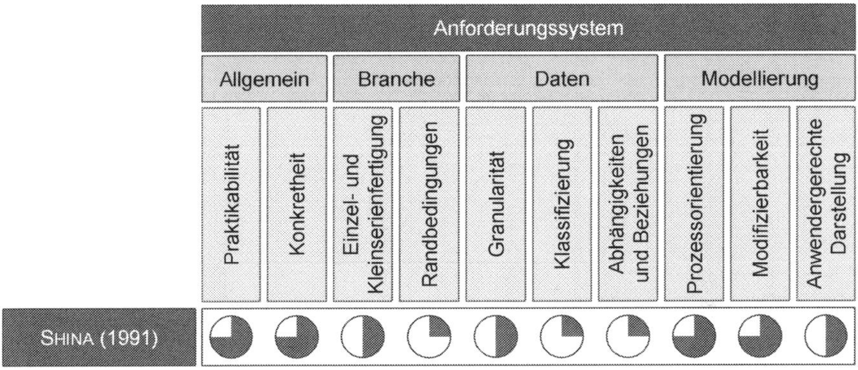

Abbildung 44: Bewertung des Ansatzes nach SHINA

Der Ansatz ist eine Unterstützung für produzierende Unternehmen, um neue Produkte auf Basis von Unternehmensdaten und -informationen zielgerichtet zu entwickeln. Allgemeine Rahmenbedingungen und Voraussetzungen werden integriert, sodass eine hohe Praktikabilität gegeben ist. Struktur und Beschreibung der Inhalte sind größtenteils systematisch und nachvollziehbar; gemeinsam mit der punktuellen Integration von Praxisbeispielen entsteht Konkretheit in hohem Maße. Die Fokussierung auf Unternehmen der Serienherstellung von Elektronikprodukten führt zu einer geringen Eignung für die Einzel- und Kleinserienfertigung. In Kombination mit der starren Betrachtung der fünf Unternehmensbereiche Marketing, Entwicklung, Produktion, Qualität und Kundendienst werden unternehmerische Randbedingungen nur sehr wenig beachtet, was wiederum eine Übertragung auf Werkzeugbaubetriebe erschwert. Relevante Daten und Informationen in den jeweiligen Bereichen werden zwar genannt, repräsentieren jedoch nur einen Teilbereich. Die logische Einteilung und Charakterisierung der Daten beschränkt sich auf die Unternehmensbereiche, während die Datenformate und -quellen nur angedeutet werden. Gleiches gilt für Abhängigkeiten und Beziehungen, deren Existenz lediglich erwähnt wird. Eine Orientierung am Auftragsabwicklungsprozess sowie die Möglichkeit zur Modifikation sind in hohem Maße vorhanden. Trotz geringer Komplexität ist die anwendergerechte Darstellung als gering zu bewerten, weil Datenstrukturen in rudimentärem Maße integriert werden. Zusammenfassend ist festzustellen, dass der Ansatz zu Daten- und Informationsflüssen in der Serienproduktion nach SHINA sinnvolle allgemeine und modellierungsspezifische Aspekte aufweist. Eine direkte Anwendung zur Entwicklung eines Datenstrukturmodells für den digitalen Schatten der Auftragsabwicklung von Werkzeugbaubetrieben ist aufgrund des zu geringen Erfüllungsgrads mehrerer Anforderungen nicht möglich.

3.2.3 Datenstrukturierung in der Fertigung (LOOS, 1992)

Die zunehmende Anwendung integrierter Informationssysteme in produzierenden Unternehmen motiviert, analog zu SCHEER, die Darstellung zugrunde liegender Datenstrukturen im Ansatz von LOOS. Inhalt ist die Entwicklung eines Datenmodellierungsansatzes für die Aufbau- und Ablauforganisation sowie eines Referenzdatenmodells für die Fertigung.[456] Abbildung 45 zeigt die **Funktionsbereiche** der Fertigung sowie deren Datenbeziehungen. Abhängig davon bilden Funktionsbereiche Datenquellen und liefern Informationen (abgehender Pfeil) an andere Funktionsbereiche, die als Datensenken bezeichnet werden (ankommender Pfeil).

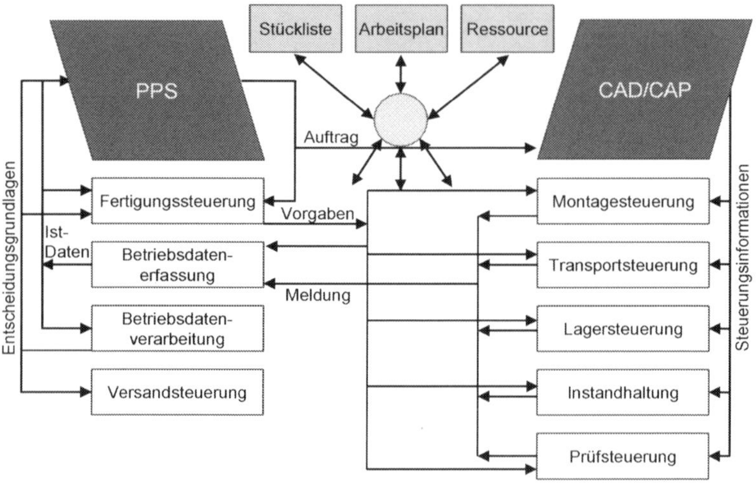

Abbildung 45: Funktionsbereiche und Datenbeziehungen in der Fertigung nach Loos[457]

Auf Basis dieser übergeordneten Darstellung der Funktionsbereiche und Zusammenhänge erfolgt die **Definition der Datenstrukturen**. LOOS teilt diese auf in Grunddaten, Arbeitsplandaten, Chargendaten, Lager- und Transportdaten, Auftragsdaten und Instandhaltungsdaten. *Grunddaten* sind prozessunabhängig und werden langfristig von mehreren Funktionsbereichen genutzt. Unterschieden wird zwischen Ressourcendaten, die alle Fertigungsmittel (bspw. Maschinen und Arbeitsplätze), Fertigungshilfsmittel (bspw. Werkzeuge und Programme) und Mitarbeiter integrieren, sowie Kapazitätsdaten, die Informationen zu Arbeitszeiten bzw. Schichtplänen (bspw. Arbeitsdauer und Pausenanzahl) beinhalten. *Arbeitsplandaten* umfassen Informationen zu Fertigungsvorschriften (bspw. Prozessabfolgen) und weisen aufgrund der längerfristigen Gültigkeit den Charakter von Grunddaten auf. *Chargendaten* dienen der Nachverfolgung von Materialfluss sowie der Dokumentation von Materialzusammenstellungen. *Lager- und Transportdaten* geben bspw. Auskunft über den aktuellen Standort und Transportwege nichtstationärer Fertigungsressourcen und werden zur Steuerung und Überwachung

[456] Vgl. Loos (Datenstrukturierung in der Fertigung), 1992, S. 1

[457] Vgl. Loos (Datenstrukturierung in der Fertigung), 1992, S. 118

des Materialflusses genutzt. *Auftragsdaten* sind zustandsorientiert und haben einen kurzfristigen Zeithorizont. Unterschieden wird zwischen Qualitätsdaten (bspw. Toleranzen und Oberflächengüte), Fertigungsauftragsdaten (bspw. Maschinen und Werkzeuge), Planungsdaten (bspw. Kapazitätsbedarfe und Zeitpunkte), Ist-Daten (bspw. tatsächliche Kapazitätsbedarfe und tatsächliche Zeitpunkte) und Auftragsnetzen. *Instandhaltungsdaten* integrieren Daten zur Planung präventiver Instandhaltungen.[458] Trotz hoher Ähnlichkeit zur Fertigungsplanung entwickelt LOOS für die Instandhaltung eigene Datenstrukturen, die bspw. eine direkte Zuordnung zur Fertigungsressource oder die parallele Durchführung von Prozessabläufen beinhalten.[459] Abbildung 46 fasst die erklärten Datenstrukturen zusammen.

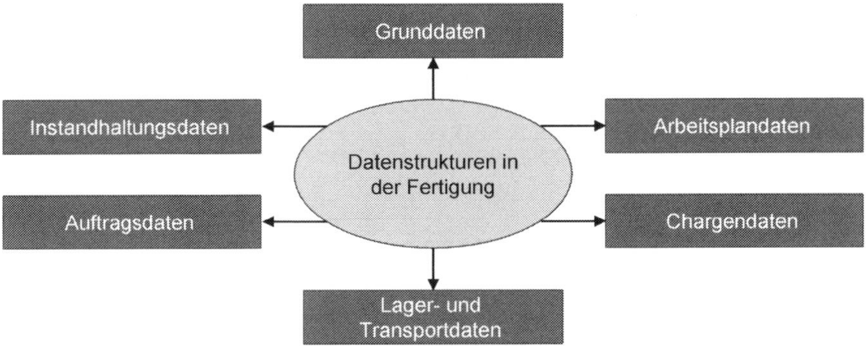

Abbildung 46: Datenstrukturen in der Fertigung nach LOOS[460]

Zur anforderungsgerechten Modellierung der beschriebenen Datenstrukturen führt LOOS eine Bewertung bestehender Modellierungssprachen anhand zuvor definierter Kriterien durch. Trotz guter Ergebnisse bei ERM und den entwickelten Erweiterungen bestehen modellierungsspezifische Defizite bzgl. nicht modellinhärenter, semantischer Integritätsbedingungen.[461] Als Resultat wird das Expanded Entity-Relationship-Modell (PERM) entwickelt, welches die Notation des erweiterten Entity-Relationship-Modell (eERM) nutzt und um zusätzliche Notationen erweitert. Insbesondere werden Darstellungsmöglichkeiten für Versionsstände von Objekten, für Cluster und komplexe Objekte sowie für semantische Integritätsbedingungen integriert.[462]

Analog zum Formalisierungsprozess realer Probleme (vgl. Kapitel 3.2.1) erfolgt nach der Erstellung der Datenmodelle die Übertragung in die Beschreibungssprache des Datenbanksys-

458 Vgl. Loos (Datenstrukturierung in der Fertigung), 1992, S. 117ff.
459 Vgl. Loos (Datenstrukturierung in der Fertigung), 1992, S. 117ff.
460 Vgl. Loos (Datenstrukturierung in der Fertigung), 1992, S. 117ff.; eigene Darstellung
461 Vgl. Loos (Datenstrukturierung in der Fertigung), 1992, S. 73ff.
462 Vgl. Loos (Datenstrukturierung in der Fertigung), 1992, S. 88ff.

tems. Diese wird mit der Modellierungssprache PERM selbst ausgeführt, sodass man von einem Metamodell spricht.[463] Darstellung und Erklärung des Metamodells sind im Kontext der vorliegenden Arbeit nicht zielführend und sind daher der Literatur zu entnehmen.

Die Bewertung des Ansatzes nach LOOS zur Datenstrukturierung in der Fertigung anhand des definierten Anforderungssystems (vgl. Kapitel 3.1.2) ist nachfolgend in Abbildung 47 dargestellt.

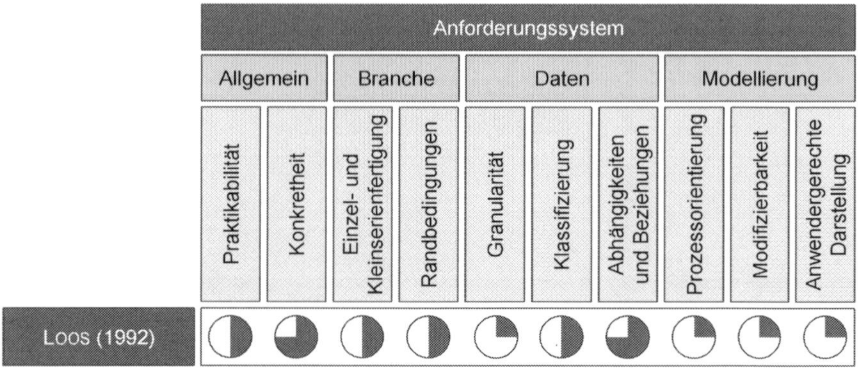

Abbildung 47: Bewertung des Ansatzes nach LOOS

Der Ansatz stellt eine Unterstützung für die Beschreibung von Informationssystemen dar, indem der Datenmodellierungsprozess aufgezeigt und am Beispiel der Fertigung durchgeführt wird. Aufgrund der mäßigen Berücksichtigung von Rahmenbedingungen und Voraussetzungen ist der Ansatz eingeschränkt praktikabel. Durch eine klare und nachvollziehbare Struktur ist die Anforderung nach Konkretheit jedoch in hohem Maße erfüllt. Die Ausrichtung auf die industrielle Fertigung hebt den Fokus auf die Produktionstechnik hervor, wobei Besonderheiten der Einzel- und Kleinserienfertigung nicht berücksichtigt werden. Die lediglich partielle Berücksichtigung unternehmerischer Randbedingungen ermöglicht keine unmittelbare Übertragung auf Werkzeugbaubetriebe. Es fehlt eine ganzheitliche Beschreibung von Daten und deren Granularität. Eine grundlegende Einteilung und Charakterisierung von Daten ist vorhanden, wobei die unterschiedlichen Datenformate und -quellen nicht ganzheitlich berücksichtigt werden. Abhängigkeiten und Beziehungen werden in hohem Maße erläutert. Durch die Fokussierung auf die Fertigung und die Darstellung der peripheren externen Bereiche ist keine Orientierung am gesamten Auftragsabwicklungsprozess erkennbar. Eine Modifikation ist ebenfalls nur in sehr geringem Maße möglich. Die Verwendung des PERM als Modellierungssprache führt zu einer komplexen und daher wenig anwendergerechten Darstellungsweise. Zusammenfassend ist festzustellen, dass der Ansatz zur Datenstrukturierung in der Fertigung nach LOOS sinnvolle allgemeine und datenspezifische Aspekte aufweist. Eine unmittelbare

[463] Vgl. Loos (Datenstrukturierung in der Fertigung), 1992, S. 106

Anwendung zur Entwicklung eines Datenstrukturmodells für den digitalen Schatten der Auftragsabwicklung von Werkzeugbaubetrieben ist aufgrund des zu geringen Erfüllungsgrads mehrerer Anforderungen nicht möglich.

3.2.4 Architekturmodell für industrielle Auftragsabwicklung (BECKER ET AL., 2002)

Die Koordination von Geschäftsprozessen in produzierenden Unternehmen erfolgt vornehmlich mithilfe von Systemen der Produktionsplanung und -steuerung (PPS). Trotz guter Möglichkeiten zur intra- und interorganisatorischen Integration von Daten existieren Potenziale in der Prozesskoordination. Am Institut für Wirtschaftsinformatik der Westfälischen Wilhelms-Universität (WWU) in Münster wurde daher ein Architekturmodell für die Koordination von Prozessen der industriellen Auftragsabwicklung durch BECKER ET AL. entwickelt. Ziel ist die effiziente Verknüpfung der Planungs- und Kontrollinformationen von PPS und Workflowmanagementsystemen (WfMS), um u. a. bestehende Defizite bzgl. unternehmensspezifischer Anpassbarkeit und Flexibilität, Berücksichtigung externer Einflüsse und wechselseitiger Abhängigkeiten von Daten zu adressieren.[464] WfMS sind spezielle Koordinationssysteme, welche Reihenfolge und Aufgabenverantwortlichkeit der Tätigkeiten eines Geschäftsprozesses steuern.[465]

BECKER ET AL. entwickeln zunächst eine **Architektur**, die die funktionalen Aspekte eines workflowintegrierten PPS-Systems beschreibt. Die Architektur integriert Workflowmanagement-, Produktionsplanungs- und Integrationskomponenten.[466] Die *Produktionsplanungskomponenten* integrieren alle Methoden und Daten zur Planung und Steuerung des Materialflusses. Sie sind aufgeteilt in Materialbedarfs- und Kapazitätsplanung, Maschinenbelegungsplanung, Arbeitsplanerstellung und Steuerung. Die *Workflowmanagementkomponenten* stellen die Basisfunktionen zur Prozessausführung zur Verfügung. Diese beinhalten die Verwaltung von Prozessdefinition und Auftragsdaten sowie die Koordination von Tätigkeiten und ausführenden Personen. Mithilfe der Integrationskomponenten erfolgt die Verknüpfung zwischen PPS und WfMS. Durch die Komponente *Workflow-Planungsstruktur-Zuordnung* wird die Modellierung von Planungsaufgaben und Ressourcen sowie ihrer gegenseitigen Abhängigkeiten ermöglicht. Sie ist die Basis für die Komponente *Workflow-Objekt-Zuordnung*, die Informationen von Workflow-Instanzen, Objekten und Planungsaufgaben verknüpft. Die Komponente *Ereignisverarbeitung* hat die Aufgabe, Ereignisse zu erkennen und Tätigkeiten zur Adressierung dieser abzuleiten. Sie stellt zudem Informationen der Komponente Workflow-Objekt-Zuordnung zur Verfügung. Die Anwenderschnittstelle erfolgt durch die Komponente *Workflow-Benutzerschnittstelle*. Entsprechend ihren Aufgabenbereichen werden Mitarbeiter informiert und mit zusätzlich notwendigen Informationen, bspw. in Form von Kennzahlen, versorgt.[467] Abbildung 48 zeigt den Aufbau der Architektur und die Zusammenhänge zwischen den einzelnen Komponenten.

---

[464] I. A. a. Becker et al. (Architekturmodell für die industrielle Auftragsabwicklung), 2002, S. 4ff.

[465] Vgl. Becker et al. (Architekturmodell für die industrielle Auftragsabwicklung), 2002, S. 6

[466] Vgl. Becker et al. (Architekturmodell für die industrielle Auftragsabwicklung), 2002, S. 11

[467] Vgl. Becker et al. (Architekturmodell für die industrielle Auftragsabwicklung), 2002, S. 11ff.

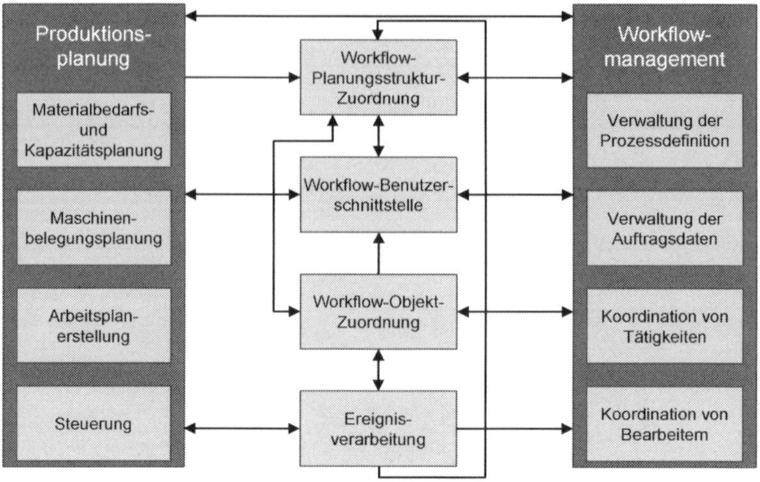

Abbildung 48: Architektur des workflowintegrierten PPS-Systems nach BECKER ET AL.[468]

Auf Basis der Architektur konzipieren BECKER ET AL. ein **Architekturmodell** für die Koordination von Planungsaufgaben, Mitarbeitern und Auftragsdaten. Die Modellierung des Architekturmodells, welches in Cluster eingeteilt werden kann, erfolgt mithilfe der Erweiterung der Modellierungssprache ERM.[469] Das Cluster *Workflowmanagement* integriert den Entitätstyp Workflowaktivität, die die Aufgaben eines Prozesses darstellen. Diese können unterschiedlichen Rollen, repräsentiert durch Qualifikationen oder Kompetenzen, zugewiesen werden. Nach der Instanziierung zu einem Workitem erfolgt eine Zuordnung zu den handelnden Akteuren, wobei die Ernennung eines Stellvertreters zusätzlich erfolgen kann. Im Cluster *Produktionsplanung* ist der Entitätstyp Planungsaktivität als Spezialisierung der Workflowaktivität zentrales Objekt. Planungsrollen und -workitems sowie die planende Einheit als Spezialisierung des Entitätstyps Akteur sind ebenfalls separat dargestellt. Weiterhin integriert dieses Cluster die Beziehungen zwischen Material und Aufträgen. Letztere können Fertigungs- oder Beschaffungsaufträge sein. Der Integration von Zeit und Menge wird durch den Beziehungstyp Bedarfsposition Rechnung getragen, der wiederum die Bedarfsdeckung darstellt. Die Auftragserfüllung erfolgt durch die Allokation mehrerer Kapazitätseinheiten. Das Cluster *Workflow-Objekt-Zuordnung* beinhaltet den Beziehungstyp Planungsergebnis, welcher PPS-Objekte und Planungsworkitems verknüpft, und die Beziehung Methodenaufruf, der die zur Verarbeitung des Workitems notwendigen Funktionalitäten des PPS zur Verfügung stellt. Das Cluster *Workflow-Planungsstruktur-Zuordnung* wird durch den reflexiven Beziehungstyp zwi-

---

[468] Vgl. Becker et al. (Architekturmodell für die industrielle Auftragsabwicklung), 2002, S. 11

[469] Vgl. Becker et al. (Architekturmodell für die industrielle Auftragsabwicklung), 2002, S. 16

schen Planungsaufgabentyp und Planungsaktivität dargestellt. Das Cluster *Ereignisverarbeitung* besitzt den Entitätstyp Ereignis, der Workflowaktivitäten und PPS-Objekt verbindet, die sich wiederum gegenseitig auslösen können.[470] Abbildung 49 zeigt das Architekturmodell.

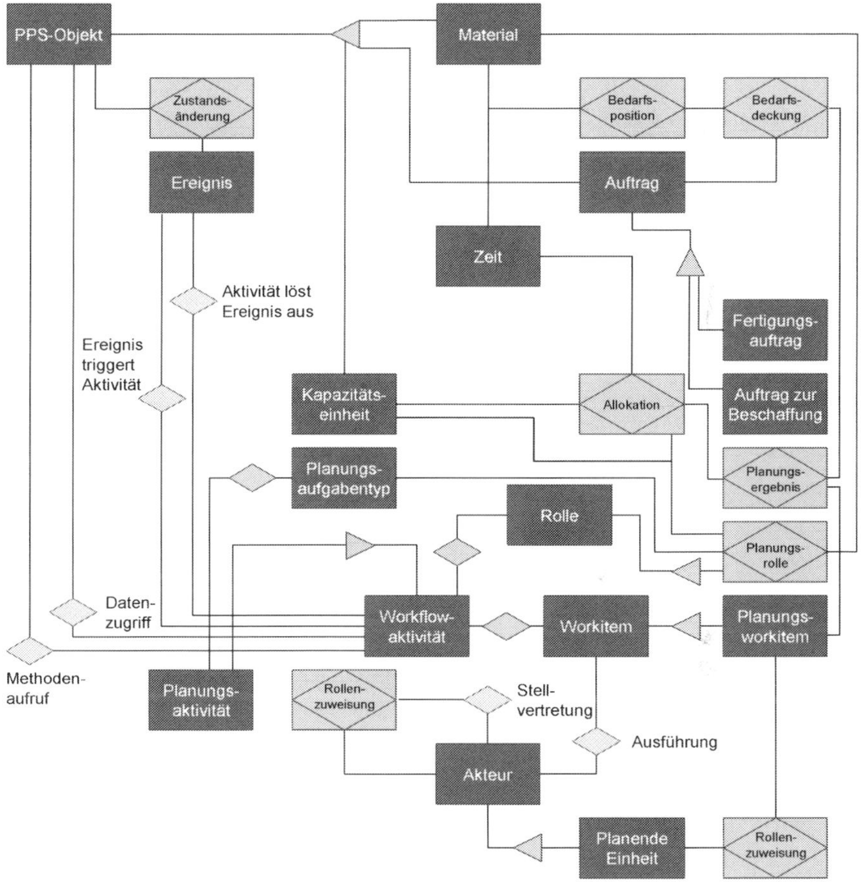

Abbildung 49: Architekturmodell für die Prozesskoordination nach BECKER ET AL.[471]

Die Bewertung des Ansatzes nach BECKER ET AL. für ein Architekturmodell zur Prozesskoordination in der industriellen Auftragsabwicklung anhand des definierten Anforderungssystems (vgl. Kapitel 3.1.2) ist nachfolgend in Abbildung 50 dargestellt.

[470] Vgl. Becker et al. (Architekturmodell für die industrielle Auftragsabwicklung), 2002, S. 16ff.

[471] Vgl. Becker et al. (Architekturmodell für die industrielle Auftragsabwicklung), 2002, S. 17

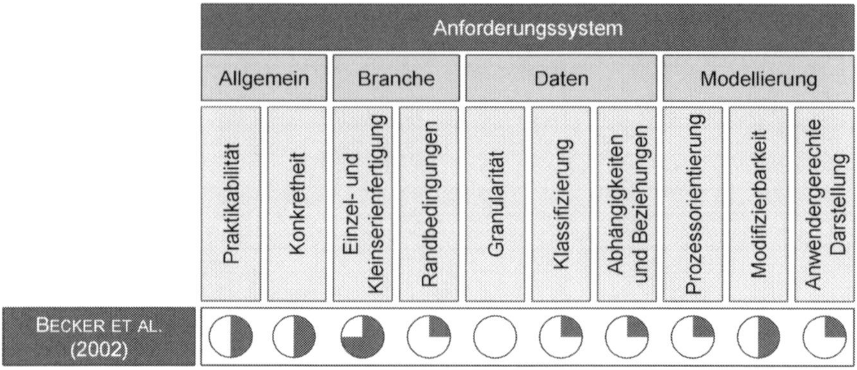

Abbildung 50: Bewertung des Ansatzes nach BECKER ET AL.

Der Ansatz beschreibt ein Architekturmodell für die Prozesskoordination in produzierenden Unternehmen. Da realistische Annahmen getroffen, aber konkrete Rahmenbedingungen und Voraussetzungen aufgrund der generischen Anwendbarkeit nicht integriert werden, ist der Ansatz in geringem Maße praktikabel. Struktur und Inhalte sind erkennbar, wobei die Beschreibung der Inhalte zur direkten Anwendung in Unternehmen zu unkonkret ist. Der sehr konkrete Bezug zur Produktionstechnik bei gleichzeitiger Validierung an Unternehmen der Einzelserienfertigung führen zu einer hohen Übertragbarkeit auf Werkzeugbaubetriebe. Unternehmerische Randbedingungen werden lediglich in geringem Maße berücksichtigt, da der Ansatz allgemeine Gültigkeit aufweist und spezielle Anpassungen auf Charakteristika von Werkzeugbaubetrieben erschwert. Alle datenspezifischen Anforderungen werden höchstens in sehr geringem Maße erfüllt. Weder Daten noch deren Detaillierungsgrad werden beschrieben. Eine logische Einteilung und Charakterisierung der Daten sowie die Berücksichtigung von Formaten und Quellen werden nur angedeutet. Abhängigkeiten und Beziehungen werden nur zwischen PPS und WfMS aufgezeigt, sodass für diese Anforderung lediglich ein sehr geringer Erfüllungsgrad besteht. Der Ansatz orientiert sich an der industriellen Auftragsabwicklung, stellt diese im Architekturmodell durch den Fokus auf arbeitsvorbereitende Prozesse aber nur bedingt dar. Der Ansatz erlaubt eine übergeordnete Modifikation, partiell auch in Subprozessen. Die Darstellung der Zusammenhänge zwischen PPS und WfMS ist komplex und hat nur einen sehr geringen Bezug zu Datenstrukturen, wodurch sich ein sehr geringer Erfüllungsgrad ergibt. Zusammenfassend ist festzustellen, dass der Ansatz des Architekturmodells für die Prozesskoordination in der industriellen Auftragsabwicklung nach BECKER ET AL. sinnvolle allgemeine und branchenspezifische Aspekte aufweist. Eine direkte Anwendung zur Entwicklung eines Datenstrukturmodells für den digitalen Schatten der Auftragsabwicklung von Werkzeugbaubetrieben ist aufgrund des zu geringen Erfüllungsgrads insbesondere datenspezifischer und modellierungsspezifischer Anforderungen nicht möglich.

3.2.5 Handelsinformationssystem (Becker & Schütte, 2004)

Handelsbetriebe sind eigenständige Unternehmungen oder Abteilungen in einem Unternehmen, die unterschiedliche Handlungsfunktionen[472] ausführen, um bspw. Aufgaben der Beschaffung, Lagerung und Logistik zu unterstützen.[473] Aufgrund zunehmender Fremdvergabe von Wertschöpfungsumfängen sowie der Internationalisierung produzierender Unternehmen steigt die allgemeine Handelsintensität an. Dies hat wiederum Auswirkungen auf die strategische Ausrichtung der Handelsbetriebe. Um die Durchführung von Aufgaben der Handelsfunktionen zu unterstützen, haben Becker & Schütte ein speziell auf den Handel ausgerichtetes Informationssystem entwickelt und beschrieben.[474] Zunächst wird die Architektur des Handelsinformationssystems vorgestellt. Aufgrund des Fokus der vorliegenden Arbeit wird anschließend der Bereich Datenmodellierung fokussiert.

Nach Becker & Schütte ist die **Architektur des Handelsinformationssystems**, aufgrund seiner optischen Form auch **Handels-H-Modell** genannt, zweidimensional. Die erste Dimension wird durch die unterschiedlichen Funktionsbereiche dargestellt. Der Bereich *Beschaffung* integriert die Teilsysteme Einkauf, Disposition, Wareneingang, Rechnungsprüfung und Kreditorenbuchhaltung. Im Bereich *Vertrieb* existieren Marketing, Verkauf, Warenausgang, Rechnungsstellung und Debitorenbuchhaltung. Beide Bereiche werden durch das *Lager* verknüpft. Der Bereich *Betriebswirtschaft* beinhaltet die Teilsysteme Haupt- und Anlagenbuchhaltung, Kostenrechnung und Personalwirtschaft, während der Bereich *Auswertung* Controlling, Führungsinformationssystem und Unternehmensplanung einschließt. Die zweite Dimension stellt die Beschreibung der Teilsysteme in den jeweiligen Bereichen dar.[475] Jedes Teilsystem wird mithilfe von drei Modellen beschrieben. Während *Funktionsmodelle* die jeweiligen Aufgaben und Tätigkeiten erläutern, erfolgt im *Datenmodell* die Beschreibung der Datenstrukturen. Das *Prozessmodell* stellt den organisatorischen und informationsverarbeitenden Ablauf dar.[476] Entgegen der allgemeinen Definition von Informationssystemen existiert keine Organisationsmodellierung im Handels-H-Modell, da diese in den Handelsunternehmen individuell ausgeprägt ist. Eine Darstellung im Handels-H-Modell wäre somit wenig konkret.[477] Abbildung 51 zeigt das Handels-H-Modell.

---

[472] Unter Handlungsfunktionen werden Aufgaben verstanden, die bestehende zeitliche, räumliche, quantitative oder qualitative Diskrepanzen zwischen Produktion und Konsum auflösen. Vgl. dazu Gabler Wirtschaftslexikon (Handlungsfunktionen), 2018

[473] Vgl. Becker & Schütte (Handelsinformationssysteme), 2004, S. 34

[474] Vgl. Becker & Schütte (Handelsinformationssysteme), 2004, S. 1ff. Die Erstveröffentlichung des Handelsinformationssystems erfolgte bereits 1996. Aufgrund der umfangreichen Überarbeitung des Handelsinformationssystems, die u. a. in neuen Erkenntnissen durch den Einsatz in der betrieblichen Praxis resultieren, wird die überarbeitete Auflage zur Beschreibung des Ansatzes verwendet. Dies garantiert einen höheren Erfüllungsgrad der Anforderungen, die an ein Datenstrukturmodell für den digitalen Schatten der Auftragsabwicklung von Werkzeugbaubetrieben gestellt werden.

[475] Vgl. Becker & Schütte (Handelsinformationssysteme), 2004, S. 42f.

[476] Vgl. Becker & Schütte (Handelsinformationssysteme), 2004, S. 44ff.

[477] Vgl. Becker & Schütte (Handelsinformationssysteme), 2004, S. 44

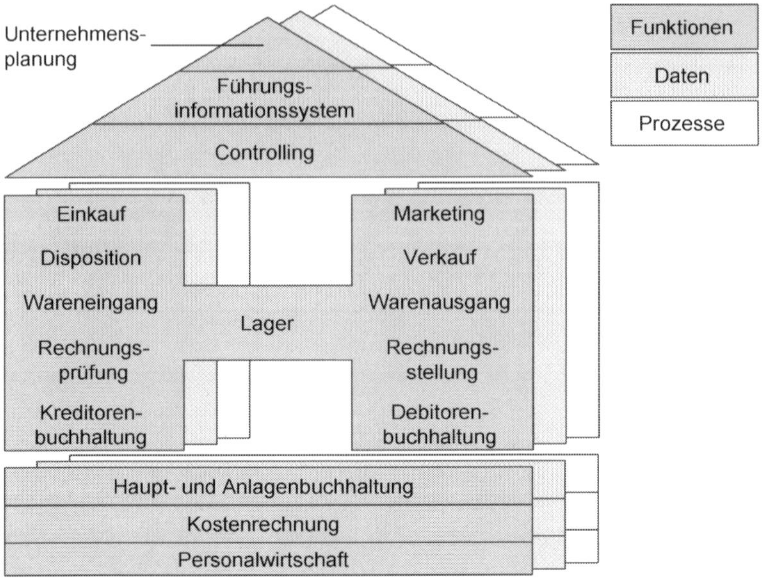

Abbildung 51: Handels-H-Modell nach BECKER & SCHÜTTE[478]

Die Entwicklung des Datenmodells des jeweiligen Teilbereichs erfolgt stets nach der Funktionsmodellierung und vor der Prozessmodellierung. Die Modellierung erfolgt Teilsystem für Teilsystem, wobei BECKER & SCHÜTTE die Daten- und Informationsflüsse zu und von anderen Bereichen nach der Erstellung aller Modelle je Teilsystem beschreiben und visualisieren.[479] Die Modellierung der Datenstrukturen erfolgt mithilfe der Modellierungssprache ERM. Exemplarisch wird an dieser Stelle das **Datenmodell des Wareneingangs** beschrieben. Der Wareneingang ist charakterisiert durch einen Wareneingangskopf und eine artikelbezogene Lieferscheinposition. Der Wareneingangskopf ist eine Beziehung zwischen Lieferant, Kunde und Zeit und kann spezialisiert werden in „mit Bestellbezug" und „ohne Bestellbezug". Ihm ist mindestens eine Lieferscheinposition zuzuordnen. Der Wareneingang wird mit der Bestellung, die sich aus Bestellkopf und Bestellposition zusammensetzt, abgeglichen. Eventuelle Abweichungen werden dokumentiert. Der Bestellkopf ist, ähnlich wie der Wareneingangskopf, eine Beziehung aus Lieferant, Kunde und Zeit. Weiterhin bestehen Beziehungen von Einkaufsorganisation und Disponent zur Bestellung. Über eine mengenmäßige Bestandsbuchung erfolgt die Zuordnung der Wareneingänge zu den Beständen. Der aktuelle Bestand ist eine Beziehung aus Artikel, Lagerplatz und Zeit.[480] Das Datenmodell des Wareneingangs ist in Abbildung 52 dargestellt.

---

478 Vgl. Becker & Schütte (Handelsinformationssysteme), 2004, S. 43

479 Vgl. Becker & Schütte (Handelsinformationssysteme), 2004, S. 287ff.

480 Vgl. Becker & Schütte (Handelsinformationssysteme), 2004, S. 340f.

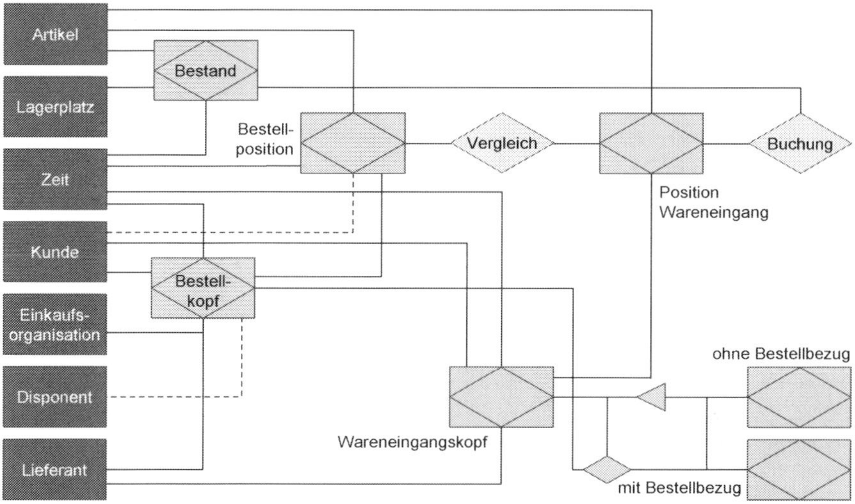

Abbildung 52: Datenmodell des Teilsystems Wareneingang nach BECKER & SCHÜTTE[481]

Für eine detaillierte Beschreibung von Funktions- und Prozessmodell des Teilsystems Wareneingang, aber auch für alle Modelle der restlichen Teilsysteme, wird auf die Literatur verwiesen.[482]

Die Bewertung des Ansatzes nach BECKER & SCHÜTTE zu Handelsinformationssystemen für Handelsbetriebe anhand des definierten Anforderungssystems (vgl. Kapitel 3.1.2) ist nachfolgend in Abbildung 53 dargestellt.

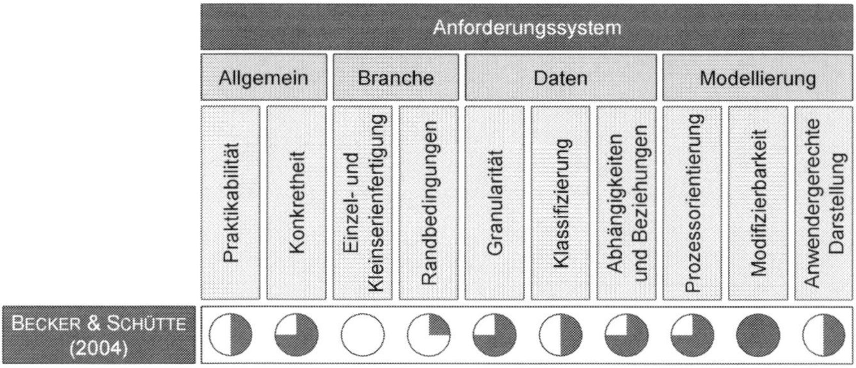

Abbildung 53: Bewertung des Ansatzes nach BECKER & SCHÜTTE

[481] Vgl. Becker & Schütte (Handelsinformationssysteme), 2004, S. 341

[482] Vgl. Becker & Schütte (Handelsinformationssysteme), 2004, S. 259ff.

Der Ansatz stellt eine Unterstützung für Handelsbetriebe dar, indem alle Funktionen, Daten und Prozesse des Unternehmens mithilfe von Modellen beschrieben und visualisiert werden. Durch die generische Anwendbarkeit werden Voraussetzungen und Rahmenbedingungen nicht berücksichtigt, sodass der Ansatz geringe Praktikabilität aufweist. Die Strukturierung des Handelsinformationssystems in Bereiche und wiederum Teilsysteme erfüllt die Anforderung nach Konkretheit in hohem Maße. Zwar bezieht sich der Ansatz auf Handelsbetriebe, allerdings fehlt eine Fokussierung im Sinne einer Branche vollständig. Die sehr geringe Beachtung unternehmerischer Randbedingungen erschwert die Anwendung auf Werkzeugbaubetriebe. Die Datenmodelle der Teilsysteme beschreiben die notwendigen Daten eindeutig, wobei der Detaillierungsgrad nicht durchgängig erläutert wird. Trotz logischer Einteilung lässt der Ansatz eine Berücksichtigung der strukturellen Komplexität unterschiedlicher Datenquellen und -formate vermissen. Abhängigkeiten und Beziehungen zwischen den Daten der Bereiche werden beschrieben. Eine detaillierte Betrachtung zwischen einzelnen Teilsystemen innerhalb eines Bereichs fehlt jedoch. Der Ansatz weist eine hohe Orientierung am Auftragsabwicklungsprozess auf, da alle Bereiche, deren Subsysteme sowie vereinzelt externe Entitäten berücksichtigt und modelliert werden. Aufgrund der separaten Darstellung der Datenmodelle der einzelnen Subsysteme ist eine Modifikation in sehr hohem Maße gegeben. Während die Datenmodellierung ein Grundverständnis der Informatik erfordert, ist die Darstellung der Interdependenzen vergleichsweise simpel. Insgesamt ist die Darstellung somit als semikomplex anzusehen. Zusammenfassend ist festzustellen, dass der Ansatz zu Handelsinformationssystemen nach BECKER & SCHÜTTE insbesondere wertvolle datenspezifische und modellierungsspezifische Aspekte aufweist. Eine unmittelbare Anwendung zur Entwicklung eines Datenstrukturmodells für den digitalen Schatten der Auftragsabwicklung von Werkzeugbaubetrieben ist aufgrund des zu geringen Erfüllungsgrads mehrerer Anforderungen, aber insbesondere der branchenspezifischen Anforderungen, nicht möglich.

3.2.6 Vorgehensmodell zur Informationsgewinnung (BERNHARD ET AL., 2007)

Zur Durchführung modellgestützter Analysen von Logistiksystemen bedarf es der Beschaffung dafür notwendiger Daten und Informationen. Im Sonderforschungsbereich 559 „Modellierung großer Netze in der Logistik“ der Technischen Universität Dortmund haben BERNHARD ET AL. ein prozessorientiertes Vorgehensmodell zur Informationsgewinnung entwickelt. Ziel ist die Beschreibung eines Ablaufs zur Bereitstellung von Daten für die Modellierung und Simulation von Logistiksystemen durch die Integration einer informationstheoretischen Betrachtungsweise.[483] Nach der Vorstellung des Vorgehensmodells wird der für den Kontext dieser Arbeit relevante Prozessschritt Datenstrukturierung im Detail erläutert.

Die Informationsgewinnung ist Bestandteil eines übergeordneten Simulationsvorgehensmodells.[484] Voraussetzung zur zielorientierten Informationsgewinnung ist eine Zielbeschreibung,

[483] Vgl. Bernhard et al. (Informationsgewinnung), 2007, S. 3

[484] Die Beschreibung, wie Informationsgewinnung in ein Simulationsvorgehensmodell integriert wird, ist für den Kontext der vorliegenden Arbeit nicht relevant. Für weitere Informationen wird auf Bernhard et al. (Informationsgewinnung), 2007, S. 3ff. verwiesen.

die Systemgrenzen und Detaillierungsgrad festlegt, um die korrekten Daten für das zu überprüfende Logistiksystem bereitzustellen.[485] Das prozessorientierte Vorgehensmodell zur Informationsgewinnung beinhaltet acht **Prozessschritte** und ist in Abbildung 54 dargestellt.

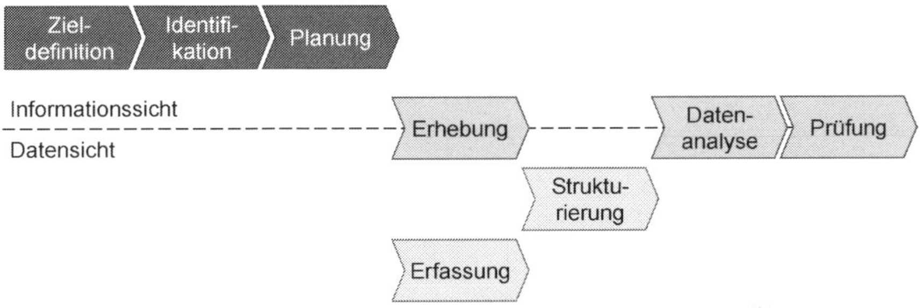

Abbildung 54: Vorgehensmodell zur Informationsgewinnung nach BERNHARD ET AL.[486]

BERNDHARD ET AL. unterscheiden zwischen Informations- und Datensicht, um den gesamten Prozess von der informationsbezogenen Zieldefinition bis zur Überprüfung der Datennutzbarkeit abzubilden.[487] Im ersten Prozessschritt *Zieldefinition* wird die Aufgabenstellung analysiert und der theoretische, notwendige Informationsbedarf unter Berücksichtigung von Betrachtungsgegenstand, Zielen und Methoden abgeleitet. Die *Identifikation* erfolgt im zweiten Prozessschritt. Zunächst wird der theoretische, notwendige Informationsbedarf untersucht und spezifiziert, sodass ein subjektiver Informationsbedarf entsteht. Anschließend wird eine Analyse des Informationsangebots durch die Prüfung und Bewertung bekannter Informationsquellen durchgeführt. Informationsbedarf und -angebot werden abschließend verglichen. Im dritten Prozessschritt *Planung* erfolgt die organisatorische Vorbereitung der Informations- und Datenerhebung. Dabei werden zuerst Informationsquellen im Rahmen einer Nutzwertanalyse[488] analysiert, ausgewählt und priorisiert. Auf Basis der Ergebnisse sowie bestehender Rahmenbedingungen (bspw. Budget oder verfügbare Zeit) erfolgt die Auswahl geeigneter Methoden der Datenerhebung. Entsprechende Vorbereitungen zur Nutzung der Erhebungsmethoden (bspw. Fragebogenentwicklung oder Mitarbeiterschulungen) sind abschließend durchzuführen. *Erhebung* und *Erfassung* werden im vierten und fünften Prozessschritt durchgeführt. Abhängig von der Erhebungsmethode werden zunächst Daten und Informationen aufgenommen. Informationen, die über nicht-standardisierte Antworten (bspw. Interview oder Fragebogen) erhoben wurden, werden nachfolgend interpretiert und in verwendbare Informationen transformiert. Im Rahmen der Datenerfassung werden anschließend Daten in eine maschinell lesbare Form übertragen und auf Datenträgern gespeichert. Schließlich werden erhobene Daten mit

[485] Vgl. Bernhard et al. (Informationsgewinnung), 2007, S. 4f.
[486] Vgl. Bernhard et al. (Informationsgewinnung), 2007, S. 7
[487] Vgl. Bernhard et al. (Informationsgewinnung), 2007, S. 7
[488] Für eine detaillierte Erklärung der Analysemethode Nutzwertanalyse wird auf die entsprechende Fachliteratur, bspw. Zangemeister (Nutzwertanalyse in der Systemtechnik), 1976, verwiesen.

dem subjektiven Informationsbedarf abgeglichen. Im sechsten Prozessschritt erfolgt die *Strukturierung* der Daten. Zuerst werden die Daten syntaktisch formatiert, bevor Relationen definiert und Fehler eliminiert werden. Nach Anpassung der Datengranularität wird die entstandene Datenbank bzgl. Richtigkeit und Weiterverwendbarkeit geprüft. Die Durchführung *statistischer Datenanalysen* mit dem Ziel, Eingangsdaten für die Analyse zu erstellen, erfolgt im siebten Prozessschritt. Zunächst wird eine allgemeine deskriptive Analyse durchgeführt, um die Eigenschaften der Beobachtungen zu ermitteln. Anschließend werden Analyseverfahren ausgewählt, deren Ergebnisse den subjektiven Informationsbedarf decken. Die Verfahren werden nachfolgend mithilfe statistischer Software angewandt und die Ergebnisse interpretiert. Abschließend werden Ergebnisse und Interpretationen bzgl. Vollständigkeit und Richtigkeit verifiziert, in dessen Folge potenziell nutzbare Eingangsdaten dokumentiert oder, falls notwendig, Korrekturen durchgeführt werden. Im achten und letzten Prozessschritt erfolgt die *Datennutzbarkeitsprüfung*. Zuerst wird überprüft, ob die potenziell nutzbaren Eingangsdaten im Hinblick auf den subjektiven Informationsbedarf plausibel, vollständig, glaubwürdig und richtig sind. Abschließend wird die Nutzbarkeit der validierten, potenziell nutzbaren Eingangsdaten im Kontext des Simulationsmodells anhand von Korrektheit und Angemessenheit bewertet. Das Ergebnis sind validierte Eingangsdaten, die für das Simulationsmodell nutzbar sind.[489]

Der Prozess zur **Datenstrukturierung** erfolgt nach BERNHARD ET AL. im unmittelbaren Anschluss an die Erhebung digital existierender Daten und ist in mehrere Subprozesse gegliedert (vgl. Abbildung 55).

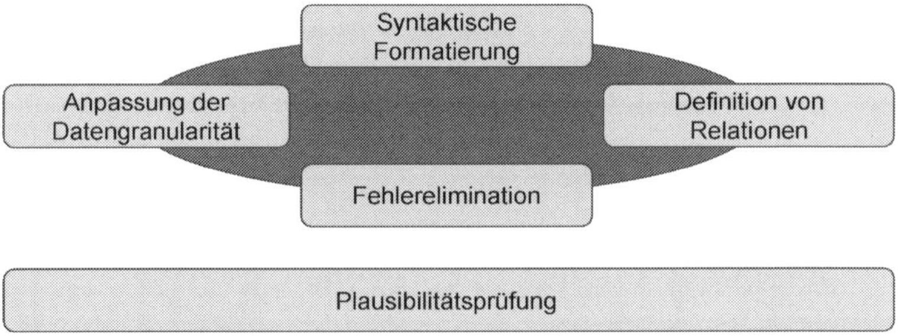

Abbildung 55: Subprozesse der Datenstrukturierung nach BERNHARD ET AL.[490]

Im Rahmen der *syntaktischen Formatierung* werden alle erhobenen Daten in ein lesbares und einheitliches Dateiformat (bspw. Boolean und Integer) konvertiert. Grund ist, dass die digital vorliegenden Daten nach der Erhebungsvalidierung nicht zwingend in der für die Zielsetzung notwendigen Form vorliegen. Nach der Konvertierung werden die Daten in Datenbank- oder Tabellenform dargestellt sowie die Korrektheit der Formatierung geprüft. Durch die *Definition von Relationen* werden Zusammenhänge und Abhängigkeiten von Variablen und Datenbankkomponenten erläutert. Es werden sowohl einfache, logische Relationen als auch komplexe

[489] Vgl. Bernhard et al. (Informationsgewinnung), 2007, S. 7ff

[490] Vgl. Bernhard et al. (Informationsgewinnung), 2007, S. 11ff.; eigene Darstellung

Relationen (bspw. zeitliche und räumliche Eigenschaften) zwischen unterschiedlichen Variablen beschrieben. In Abhängigkeit der Daten und deren Eigenschaften müssen Zuordnungen und Aggregationen durchgeführt werden. Ziel der *Fehlerelimination* ist die Identifizierung und Entfernung aller inkorrekten Datenbankeinträge. Inhalt der dafür notwendigen Untersuchung sind fehlerhafte (bspw. falsche Eigenschaft der Variablen oder falsche Kombination von Ausprägungen) und auffällige Datenbankeintragungen (bspw. Ausreißer). Fehlerhafte Eintragungen werden anschließend gelöscht bzw. bei logischer Nachvollziehbarkeit korrigiert, während auffällige Eintragungen dokumentiert werden. Durch die *Anpassung der Datengranularität* werden die jeweiligen Einträge aller Variablen in der fehlerfreien Datenbank vereinheitlicht. Dazu gehören die Umwandlung der Einträge in jeweils identische Maßeinheiten sowie die Definition von zu speichernder Einheit und Genauigkeit der Ausprägungen. Anforderungsspezifisch können weitere Schritte, bspw. die Neukodierung von Variablen oder die Bildung von Klassen, durchgeführt werden. Genauigkeit und Informationsgehalt erhöhen sich dadurch jedoch nicht. Die Reihenfolge der Durchführung der bisher beschriebenen Subprozesse ist als Vorschlag zu verstehen und in Abhängigkeit der spezifischen Rahmenbedingungen durch den Anwender anzupassen. Im Rahmen der *Plausibilitätsprüfung* erfolgt ein ganzheitlicher Abgleich der Datenbank mit den definierten Anforderungen. Durch eine Verifizierung erfolgt eine Datenprüfung auf inhaltliche Richtigkeit und Widerspruchsfreiheit, die eine Nachweispflicht bzgl. Dateneigenschaften, Relationen und Ausreißern erfordert. Mithilfe einer anschließenden Datenvalidierung werden Datenbankumfang und Datenrepräsentativität bewertet. Bei negativem Ergebnis ist eine erneute Datenerhebung bzw. eine zusätzliche Nacherhebung durchzuführen.[491]

Die Bewertung des Ansatzes nach BERNHARD ET AL. zur Informationsgewinnung anhand des definierten Anforderungssystems (vgl. Kapitel 3.1.2) ist nachfolgend in Abbildung 56 dargestellt.

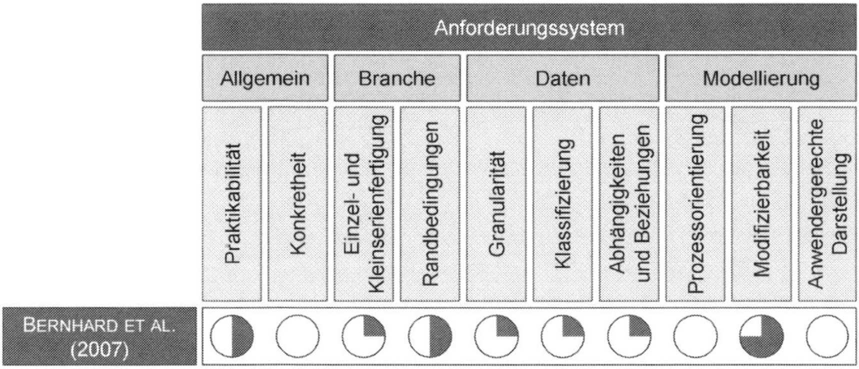

Abbildung 56: Bewertung des Ansatzes nach BERNHARD ET AL.

491 Vgl. Bernhard et al. (Informationsgewinnung), 2007, S. 11ff.

Der Ansatz beschreibt eine Vorgehensweise zur Informationsgewinnung für die Modellierung und Simulation von Logistiksystemen. Da realistische Annahmen getroffen, aber konkrete Rahmenbedingungen und Voraussetzungen (bspw. in der Umsetzung des Vorgehens) wenig Berücksichtigung finden, ist der Ansatz eingeschränkt praktikabel. Aufgrund der Tatsache, dass der Prozess zur Datenstrukturierung und nicht Struktur und Inhalte des Datenstrukturmodells beschrieben werden, existiert keine Konkretheit. Der sehr konkrete Bezug auf den Betrachtungsbereich Logistik erschwert die Übertragbarkeit auf Werkzeugbaubetriebe. Unternehmerische Randbedingungen werden in geringem Maße berücksichtigt, da der Ansatz allgemeine Gültigkeit aufweist und Anpassungen lediglich bei ausgewählten Subprozessen der Prozessschritte möglich sind. Alle datenspezifischen Anforderungen werden in sehr geringem Maße erfüllt, da der Ansatz lediglich die Vorgehensweise zur Ermittlung der Datengranularität, zur Berücksichtigung unterschiedlicher Datenquellen und -formate sowie zur Bestimmung von Abhängigkeiten und Beziehungen rudimentär aufzeigt. Die konkrete Beschreibung und Erläuterung von Datengranularität und -charakteristika, Datenquellen und -formaten sowie Abhängigkeiten und Beziehungen von Klassen und Teilklassen fehlt. Der Ansatz weist weder eine Orientierung am Auftragsabwicklungsprozess auf noch werden Datenstrukturen dargestellt oder modelliert. Folglich fehlt eine anwendergerechte Darstellung. Als generische Vorgehensweise zur Informationsgewinnung erlaubt der Ansatz, insbesondere im Prozessschritt Datenstrukturierung, eine hohe Modifizierbarkeit. Zusammenfassend ist festzustellen, dass der Ansatz zur Informationsgewinnung nach BERNHARD ET AL. sinnvolle branchenspezifische Aspekte aufweist. Eine direkte Anwendung zur Entwicklung eines Datenstrukturmodells für den digitalen Schatten der Auftragsabwicklung von Werkzeugbaubetrieben ist aufgrund des zu geringen Erfüllungsgrads einer Vielzahl von Anforderungen nicht möglich.

3.2.7 Modellierung der Unternehmensarchitektur (BRAUN, 2007)

Informationssysteme und deren Koordination zwischen Unternehmensstrategie und Organisationsstruktur sind essenziell für Unternehmen. Die Entwicklung einer Unternehmensarchitektur ist dafür zentrale Voraussetzung, da sie die Koordination operativ umgesetzt. BRAUN entwickelt daher einen Lösungsansatz zur ganzheitlichen Modellierung einer Unternehmensarchitektur, die zentral betreut wird, um redundante und inkonsistente Daten und Informationen im Unternehmen zu identifizieren und zu reduzieren.[492] Übergeordnetes Ziel von Unternehmensarchitekturen ist die Abbildung bestehender Strukturen und Informationssysteme als Unterstützung für die zukünftige Weiterentwicklung des Unternehmens.[493] Die **Gestaltungsebenen der Unternehmensarchitektur** gliedern sich wie folgt auf:[494]

- *Strategie*: Geschäftsnetzwerk, Kundenprozessmodell, Leistungsmodell, Zielsystem
- *Organisation*: Prozessübersicht, Prozessrevision, Prozessführung, Ablaufplanung, Aufbauorganisation, Informationsübersicht

[492] Vgl. Braun (Modellierung der Unternehmensarchitektur), 2007, S. 1ff.

[493] I. A. a. Krcmar (Informationsmanagement), 2015, S. 104

[494] Vgl. Braun (Modellierung der Unternehmensarchitektur), 2007, S. 89

- *Information*: Informationsobjektemodell, Geschäftsfunktionenmodell, Anwendungsübersicht, Integrationsarchitektur, Autorisierungsmodell, Softwarekomponenten- und Plattformenmodell, Datenmodell
- *Infrastruktur*: Infrastrukturmodell

In allen Gestaltungsebenen wird zwischen mehreren Ergebnisdokumenten[495] differenziert. Aufgrund der Zielsetzung der vorliegenden Arbeit wird die Informationsebene exemplarisch beschrieben. BRAUN unterteilt sie in Applikationsebene und Datenstrukturebene. Die *Applikationsebene* enthält das Informationsobjekte- und Geschäftsfunktionenmodell, mit deren Hilfe alle relevanten Informationsobjekte und Geschäftsfunktionen der Auftragsabwicklung ermittelt und vereinheitlicht werden. Sie sind Basis zur Entwicklung neuer Anwendungen. Alle geplanten und bestehenden Anwendungen des Unternehmens sind in der Applikationslandschaft dokumentiert. Die Integrationsarchitektur beschreibt die Beziehungen der Anwendungen untereinander. Die *Datenstrukturebene* enthält das Softwarekomponenten- und Plattformenmodell, welches Komponenten ausgewählter Anwendungen, Plattformen, Daten und Informationen darlegt und zentrale Schnittstellen und Speicher abbildet. Das Datenmodell visualisiert die Datenstruktur des jeweiligem Betrachtungsbereichs (vgl. Kapitel 2.2.1.2), deren Grundlage identifizierte Daten und Informationen sind. Das Autorisierungsmodell ist sowohl der Applikations- als auch der Datenstrukturebene zugehörig und bildet die benutzerbezogenen Systemrechte für die operative Durchführung von Aufgaben ab.[496]

BRAUN beschreibt ein Vorgehensmodell für jede Ebene der Unternehmensarchitektur und stellt die Zusammenhänge der Ergebnisdokumente übergeordnet dar. Im Anschluss werden Metamodelle für jedes einzelne Ergebnisdokument beschrieben und dargestellt, bevor Metaentitätstypen definiert und deren Beziehungen erläutert werden. Abschließend werden Darstellungssymbole festgelegt. Aufgrund der Zielsetzung der vorliegenden Arbeit wird das **Vorgehensmodell der Informationsebene** nachfolgend exemplarisch geschildert. Nach der Einführung der Bestandsführung für Anwendungen erfolgt die parallele Erstellung von Informationsobjekte- und Geschäftsfunktionenmodell. Auf Basis dieser Modelle sowie der Anwendungsbestandsführung wird die Integrationsarchitektur abgeleitet. Anschließend werden alle notwendigen Softwarekomponenten und Plattformen abgebildet, bevor das Datenstrukturmodell anhand identifizierter Daten und Informationen entwickelt wird. Abschließend wird die Autorisierung in Form von Systemberechtigungen festgelegt.[497] Die beschriebenen Prozessschritte sowie die einzelnen Ergebnisdokumente der Informationsebene sind in Abbildung 57 dargestellt.

---

495 Der Begriff „Ergebnisdokument" ist im Kontext des Methodenentwurfs einzuordnen und stellt ein Element dar, in dem durch Aktivitäten erzeugte Ergebnisse dokumentiert werden. Eine detaillierte Erläuterung zu Bestandteilen von Methoden findet sich in Braun (Modellierung der Unternehmensarchitektur), 2007, S. 14f.

496 Vgl. Braun (Modellierung der Unternehmensarchitektur), 2007, S. 132ff.

497 Vgl. Braun (Modellierung der Unternehmensarchitektur), 2007, S. 134ff.

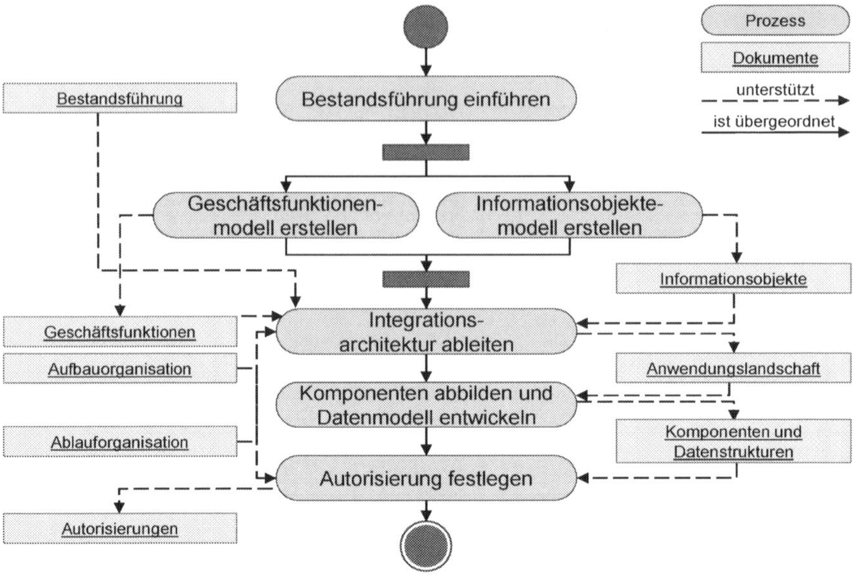

Abbildung 57: Vorgehensmodell der Informationsebene nach BRAUN[498]

Abbildung 58 zeigt exemplarisch das **Metamodell der Datenstrukturen** anhand der Modellierungssprache UML. Ergänzend zu den bestehenden Ausführungen zu UML in Kapitel 2.2.4 sind die Assoziationsenden hervorzuheben, von denen zwei oder mehrere jeder Assoziation zuzuordnen sind. Sie sind eigenständige Modellelemente und können daher alle Merkmale von Eigenschaften, bspw. Multiplizität und Namen, aufweisen.[499] Im Sinne der Redundanzfreiheit wird auf eine weiterführende Beschreibung des Metamodells verzichtet.

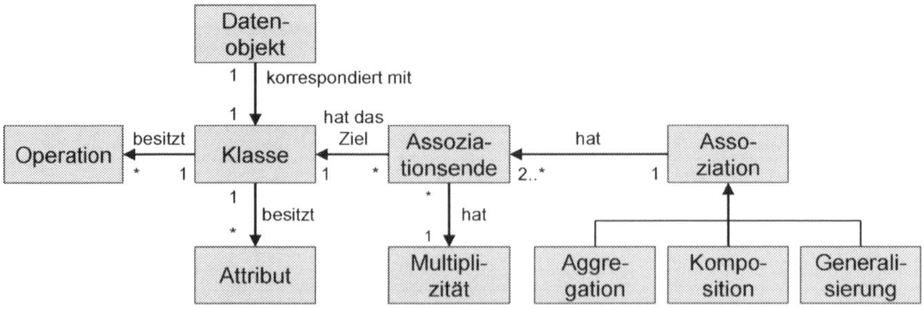

Abbildung 58: Metamodell der Datenstrukturen nach BRAUN[500]

498 Vgl. Braun (Modellierung der Unternehmensarchitektur), 2007, S. 134

499 I. A. a. Braun (Modellierung der Unternehmensarchitektur), 2007, S. 142f.

500 Vgl. Braun (Modellierung der Unternehmensarchitektur), 2007, S. 143

Das beschriebene Vorgehen wird für alle Ergebnisdokumente in allen Ebenen durchgeführt. Anschließend werden die Ergebnisdokumente bzw. die jeweiligen Metamodelle je Ebene miteinander verknüpft.[501] Daraufhin werden die Abhängigkeiten der Ergebnisdokumente ebenenübergreifend beschrieben und dargestellt.[502] Schließlich werden Schnittstellen zu domänenspezifischen Architekturmodellen und Modellierungssprachen erläutert.[503]

Die Bewertung des Ansatzes nach BRAUN zur Modellierung der Unternehmensarchitektur anhand des definierten Anforderungssystems (vgl. Kapitel 3.1.2) ist nachfolgend in Abbildung 59 dargestellt.

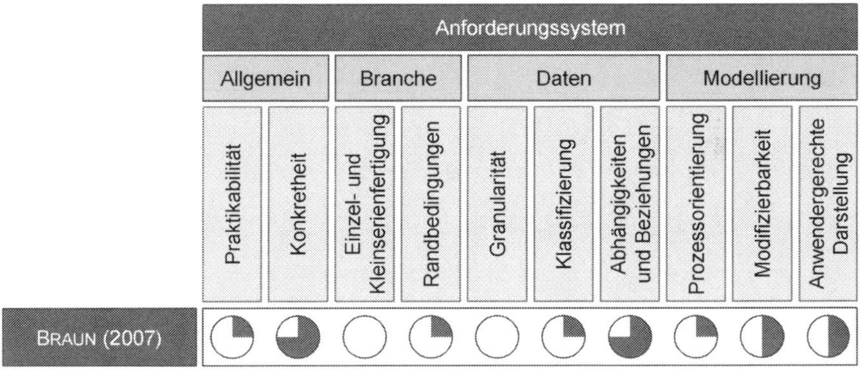

Abbildung 59: Bewertung des Ansatzes nach BRAUN

Der Ansatz beschreibt die Vorgehensweise zur ganzheitlichen Modellierung der Unternehmensarchitektur mit dem Ziel der Reduktion redundanter und inkonsistenter Informationen. Allgemeine Rahmenbedingungen und Voraussetzungen werden durch die sehr allgemeine Beschreibung in sehr geringem Maße berücksichtigt, wodurch der Ansatz wenig praktikabel ist. Die klare, systematische und nachvollziehbare Struktur erzeugt ein hohes Maße an Konkretheit. Der vage Bezug des Ansatzes zur Dienstleistungsbranche führt dazu, dass weder Besonderheiten der Einzel- und Kleinserienfertigung noch der Produktionstechnik allgemein berücksichtigt werden. Die sehr geringe Integration von Randbedingungen verhindert die Übertragung auf Werkzeugbaubetriebe. Daten und Informationen werden zwar in Form von Objekten erwähnt, jedoch erfolgen weder Beschreibung noch Definition des Detaillierungsgrads. Unterschiedliche Datenformate und -quellen werden ebenfalls nur in sehr geringem Maße berücksichtigt. Abhängigkeiten und Beziehungen von Daten werden für jede Gestaltungsebene der Unternehmensarchitektur und ebenenübergreifend, und damit in hohem Maße, beschrieben. Aufgrund der Strukturierung in Unternehmensebenen existiert keine grundsätzliche Orientierung am Auftragsabwicklungsprozess, wobei dieser als Metamodell rudimentär dargestellt wird. Die Modifizierbarkeit ist aufgrund der generischen Beschreibung in

501 Vgl. Braun (Modellierung der Unternehmensarchitektur), 2007, S. 161ff.

502 Vgl. Braun (Modellierung der Unternehmensarchitektur), 2007, S. 171ff.

503 Vgl. Braun (Modellierung der Unternehmensarchitektur), 2007, S. 179ff.

geringem Maße möglich, wobei Subprozesse und Datentypen nicht thematisiert werden. Die anwendergerechte Darstellung wird durch die Verwendung von UML teilweise umgesetzt. Zusammenfassend ist festzustellen, dass der Ansatz zur Modellierung der Unternehmensarchitektur nach BRAUN vereinzelt wertvolle allgemeine, datenspezifische und modellierungsspezifische Aspekte aufweist. Eine unmittelbare Anwendung zur Entwicklung eines Datenstrukturmodells für den digitalen Schatten der Auftragsabwicklung von Werkzeugbaubetrieben ist aufgrund des zu geringen Erfüllungsgrads mehrerer Anforderungen nicht möglich.

3.2.8 Flexible Datenerfassung und -speicherung (NEUGEBAUER ET AL., 2008)

Die zunehmenden Anforderungen an Unternehmen des Maschinen- und Anlagenbaus bzgl. Produktivität und Qualität erzeugter Produkte führen zu hohem Wettbewerbsdruck. Die Adressierung dieser Anforderungen kann nur durch die flexible Erfassung, Speicherung, Analyse und Auswertung von Produkt-, Prozess- und Ressourcendaten gelingen. Am Fraunhofer-Institut für Werkzeugmaschinen und Umformtechnik (IWU) in Chemnitz wurden daher Konzepte zur flexiblen Datenerfassung und -verwaltung durch NEUGEBAUER ET AL. entwickelt. Im Rahmen der vorliegenden Arbeit wird das adaptive Datenmodell zur Erfassung und Speicherung semistrukturierter[504] Daten von Anlagen als eines von drei entwickelten Konzepten[505] erläutert.

Die **Grobstruktur** des adaptiven Datenmodells besteht aus den Komponenten Statisches Anlagenmodell, Erfassungsregime, Metamodell und Datenverwaltung. Das *statische Anlagenmodell* bildet die reale Struktur einer Anlage generisch ab, indem hierarchische Abhängigkeiten und Beziehungen bestehender Modellelemente (bspw. Anlagenstation, Zuführstelle oder Werkzeug) beschrieben werden.[506] Die Modellelemente sind Bestandteil eines einfachen und flexibel erweiterbaren Baukastensystems, welches eine kunden- und problemspezifische Adaption des Anlagenmodells gewährleistet.[507] Das *Erfassungsregime* beschreibt die Vorgehensweise zur Vervollständigung der Anlagenbeschreibung. Die dafür notwendigen, dynamischen Daten inkl. Vor- und Nachbedingungen werden in einem Abhängigkeitsgraphen beschrieben. Dieser wird einem Algorithmus zugeführt, der das Vorgehen zur Datenerfassung ableitet.[508] Das *Metamodell* dient der Beschreibung beliebig komplexer Datenstrukturen. Ziel ist die beschreibende Darstellung der Prozesseigenschaften.[509] Die *Datenverwaltung* stellt sogenannte Datencontainer zur Verfügung, in denen die entsprechend der Datenstrukturen er-

[504] Daten werden als semistrukturiert bezeichnet, sofern sie keinem Typ eindeutig zuordenbar sind, jedoch eine gewisse, nicht immer klar erkennbare Struktur aufweisen. Vgl. dazu u. a. Kazakos et al. (Datenbank und XML), 2002, S. 28 und Geisler (Datenbanken), 2014, S. 498

[505] Aufgrund des Fokus der vorliegenden Arbeit wird auf die Vorstellung der anderen Konzepte verzichtet. Die Ausführungen sind Neugebauer et al. (Flexible Datenerfassung & -verwaltung, Teil 1), 2008 und Neugebauer et al. (Flexible Datenerfassung & -verwaltung, Teil 3), 2008 zu entnehmen.

[506] Vgl. Neugebauer et al. (Flexible Datenerfassung & -verwaltung, Teil 2), 2008, S. 156; Neugebauer et al. (Flexible Datenerfassung & -verwaltung, Teil 1), 2008, S. 45

[507] Vgl. Neugebauer et al. (Flexible Datenerfassung & -verwaltung, Teil 2), 2008, S. 156

[508] Vgl. Neugebauer et al. (Flexible Datenerfassung & -verwaltung, Teil 2), 2008, S. 152

[509] Vgl. Neugebauer et al. (Flexible Datenerfassung & -verwaltung, Teil 2), 2008, S. 156

fassten Daten gespeichert werden. Abschließend ist die definierte Tabellenstruktur im Datenbankmanagementsystem als zentrale Eigenschaft des Datenmodells hervorzuheben. Diese stellt sowohl die automatische Ableitung notwendiger Informationen als auch einheitliche Datenbankstrukturen anwenderübergreifend sicher.[510] Die Grobstruktur des adaptiven Datenmodells ist zusammenfassend in Abbildung 60 dargestellt.

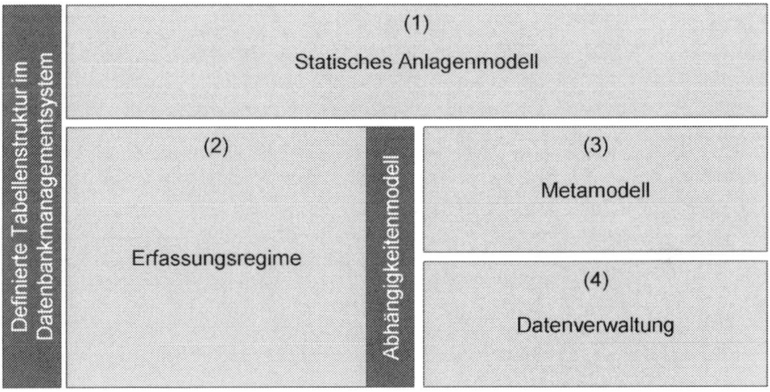

Abbildung 60: Grobstruktur des adaptiven Datenmodells nach NEUGEBAUER ET AL.[511]

Aufgrund des Fokus der vorliegenden Arbeit wird die Komponente **Metamodell** detailliert beschrieben. Nach NEUGEBAUER ET AL. können, im Gegensatz zu anderen Ansätzen, beliebige Modifikationen und Konfigurationen an den Datenstrukturen ohne Programmieraufwand vorgenommen werden. Grund ist die Definition von logischen Datensätzen auf Basis des Metamodells. Logische Datensätze bestehen aus einem Feld zur Produktidentifizierung (ID-Feld), aus einer beliebigen Anzahl von Datenfeldern für skalare Prozesswerte und aus einer beliebigen Anzahl von Metafeldern für skalare Messattribute. In jedem Feld eines logischen Datensatzes werden skalare Werte gespeichert. Für jeden skalaren Wert ist der zugehörige Datentyp (bspw. String und Long) definiert, deren Wertetabelle im Datenmodell dargestellt ist.[512] Der allgemeine Aufbau eines logischen Datensatzes sowie die exemplarische Umsetzung auf Daten- und Metaebene sind in Abbildung 61 dargestellt.

[510] Vgl. Neugebauer et al. (Flexible Datenerfassung & -verwaltung, Teil 2), 2008, S. 156

[511] Vgl. Neugebauer et al. (Flexible Datenerfassung & -verwaltung, Teil 2), 2008, S. 155

[512] Vgl. Neugebauer et al. (Flexible Datenerfassung & -verwaltung, Teil 2), 2008, S. 156f.

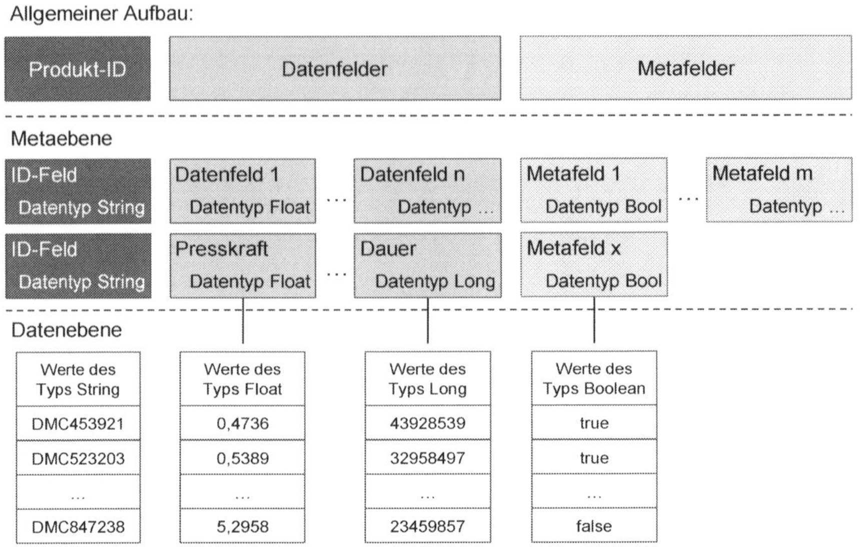

Abbildung 61: Definition von Datenstrukturen nach NEUGEBAUER ET AL.[513]

Basierend auf dem allgemeinen Aufbau und der allgemeinen Metaebene werden anwendungsspezifisch ID-Feld sowie Daten- und Metafelder definiert. Das spezielle ID-Feld ist mit skalaren Werten des Datentyps String definiert.[514] Presskraft und Dauer stellen exemplarische Datenfelder mit den Datentypen Float bzw. Long dar. Mithilfe der Metainformationen können logische Datensätze, d. h. Datenstrukturen und Datentypen der zu erfassenden Werte, definiert werden. Durch die Aufnahme von realen Prozesswerten, d. h. physischen Datensätzen, und deren Zuordnung zu den Feldern des logischen Datensatzes werden diese validiert. Da reale Prozesswerte in mehreren Tabellen auftreten können, ist die eindeutige Zugehörigkeit zu einem logischen Datensatz nicht unmittelbar ersichtlich. NEUGEBAUER ET AL. empfehlen daher gezielte Datenbankanfragen sowie eine sorgfältige Interpretation der Metainformationen.[515]

Die Bewertung des Ansatzes nach NEUGEBAUER ET AL. zur flexiblen Datenerfassung und -speicherung anhand des definierten Anforderungssystems (vgl. Kapitel 3.1.2) ist nachfolgend in Abbildung 62 dargestellt.

513 Vgl. Neugebauer et al. (Flexible Datenerfassung & -verwaltung, Teil 2), 2008, S. 156

514 Vgl. Neugebauer et al. (Flexible Datenerfassung & -verwaltung, Teil 2), 2008, S. 157

515 Vgl. Neugebauer et al. (Flexible Datenerfassung & -verwaltung, Teil 2), 2008, S. 157

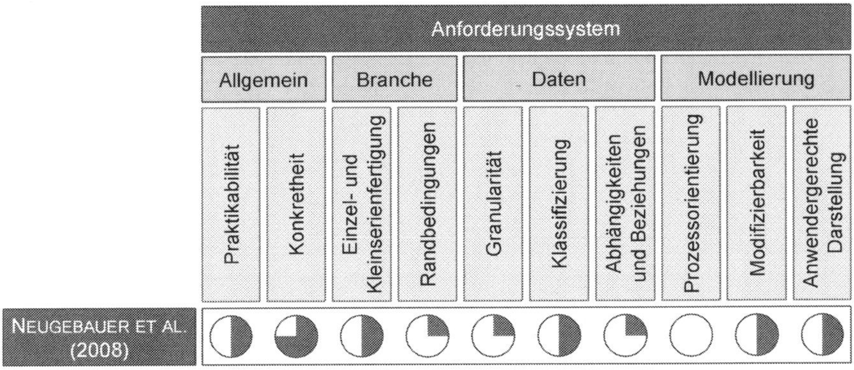

Abbildung 62: Bewertung des Ansatzes nach NEUGEBAUER ET AL.

Der Ansatz stellt eine Unterstützung zur flexiblen Datenerfassung und -speicherung durch die Nutzung eines adaptiven Datenmodells für semistrukturierte Daten dar. Allgemeine Rahmenbedingungen und Voraussetzungen werden aufgrund der Fokussierung auf Maschinen und Anlagen nicht ausreichend berücksichtigt, sodass der Ansatz in geringem Maße praktikabel ist. Durch Struktur und Beschreibung des Ansatzes sowie die rudimentäre Darstellung eines Praxisbeispiels ist er sehr konkret. Eine Verortung im Maschinen- und Anlagenbau, und damit in der Einzel- und Kleinserienfertigung, ist eindeutig, wobei die Herstellungsprozesse dieser nicht thematisiert werden. Die ausschließliche Betrachtung des Leistungsspektrums und deren individueller Ausprägungen erschwert die Übertragung auf Werkzeugbaubetriebe, da nicht alle unternehmerischen Randbedingungen integriert werden. Durch die Erläuterung des Praxisbeispiels werden hinreichend genaue Granularität sowie logische Einteilung und Charakterisierung von Daten rudimentär adressiert, wobei der komplexe Umgang mit unterschiedlichen Datenformaten und -quellen nur angedeutet wird. Durch die Zuordnung von Feldern zu logischen Datensätzen werden Abhängigkeiten und Beziehungen vereinfacht dargestellt. Aufgrund der Fokussierung auf die physischen Maschinen und Anlagen geschieht dies jedoch ohne schnittstellenübergreifende Zusammenhänge. Eine Orientierung auf Auftragsabwicklungsprozess ist nicht vorhanden. Die Modifizierbarkeit des Datenmodells ist sehr hoch, da Anpassungen im Metamodell umgesetzt werden, sodass nur die Beschreibung des logischen Datensatzes, und nicht der Tabellenstruktur, geändert werden muss. Die exemplarische Darstellung anhand des Praxisbeispiels weist eine mittlere Komplexität auf und berücksichtigt Handhabung und Benutzerfreundlichkeit nur in geringem Maße. Zusammenfassend ist festzustellen, dass der Ansatz zur flexiblen Datenerfassung und -speicherung nach NEUGEBAUER ET AL. insbesondere wertvolle allgemeine Aspekte aufweist. Eine unmittelbare Anwendung zur Entwicklung eines Datenstrukturmodells für den digitalen Schatten der Auftragsabwicklung von Werkzeugbaubetrieben ist aufgrund des zu geringen Erfüllungsgrads mehrerer Anforderungen nicht möglich.

3.2.9 Integrierte Informationsbearbeitung im Industriebetrieb (MERTENS, 2013)

In Industriebetrieben bestehen häufig (künstliche) Grenzen zwischen Abteilungen, Funktionsbereichen und Prozessen. Diese stehen gegensätzlich zu einer effizienten Informationsverarbeitung, die ein effektives und effizientes Zusammenarbeiten unterstützt. An der Universität Nürnberg-Erlangen entwickelte MERTENS daher ein Konzept zur integrierten Informationsverarbeitung. Übergeordnete Zielsetzung ist u. a. die reale Abbildung von Informationsflüssen innerhalb der Geschäftsprozesse von Unternehmen durch die Integration bzw. die Verknüpfung der unterschiedlichen Unternehmensbereiche und -prozesse.[516] Dies geschieht durch die Verbindung von **operativen Systemen** sowie **Planungs- und Kontrollsystemen**.

MERTENS teilt die Funktionen und Prozesse eines Industriebetriebs in die Bereiche Produkt- und Prozessentwicklung, Vertrieb, Beschaffung, Lagerhaltung, Produktion, Versand, Kundendienst, Finanzen, Rechnungswesen, Anlagenmanagement und Personal auf. Diese sind für operative Systeme sowie für Planungs- und Kontrollsysteme gleich. Letztere integrieren zusätzlich Data Warehouses, die alle Daten aus den operativen Systemen echtzeitnah zwischenspeichern, sowie eine Unternehmensgesamtplanung.[517] Abbildung 63 zeigt die Zusammenhänge der Funktionen und Prozesse eines Industriebetriebs.

Abbildung 63: Konzept der integrierten Informationsverarbeitung nach MERTENS[518]

[516] Vgl. Mertens (Integrierte Informationsverarbeitung), 2013, S. 23f.

[517] Vgl. Mertens (Integrierte Informationsverarbeitung), 2013, S. 18f.

[518] Vgl. Mertens (Integrierte Informationsverarbeitung), 2013, S. 19

Dem entwickelten Referenzmodell der integrierten Informationsverarbeitung für Industriebetriebe liegt eine Datentypologie zugrunde, die zwischen **Stamm- und Bewegungsdaten** differenziert. Stammdaten sind bspw. Daten zu Kunden, Lieferanten und Personal und werden nur in Sonderfällen geändert. Sie können den Kategorien Betriebswirtschaft oder Technik zugeordnet werden. Als Bewegungsdaten werden alle veränderbaren Daten bezeichnet. Unterschieden wird zwischen Vormerkdaten, Transferdaten und Archivdaten.[519]

Zur Darstellung der integrierten Informationsbearbeitung in Industriebetrieben entwickelt MERTENS, abhängig vom jeweiligen Unternehmensbereich, Funktions- bzw. Prozessmodelle. Zusätzlich wird ein Funktionsbaum dargestellt, der die Teilfunktionen eines jeden Bereichs übersichtlich zusammenfasst. Gleichzeitig werden Tabellen präsentiert, die die wichtigsten Aufgaben des jeweiligen Anwendungssystems aus Nutzersicht zusammenfasst. Diese sind strukturiert nach Eingaben, Anzeigen und Ausdrucke, Dialogfunktionen sowie Nutzeffekte.[520] Abbildung 64 zeigt exemplarisch das **Teilfunktionsmodell** Produktion, welches sich in die Subbereiche Produktionsplanung und -steuerung sowie Anlageninstandhaltung aufteilt.[521]

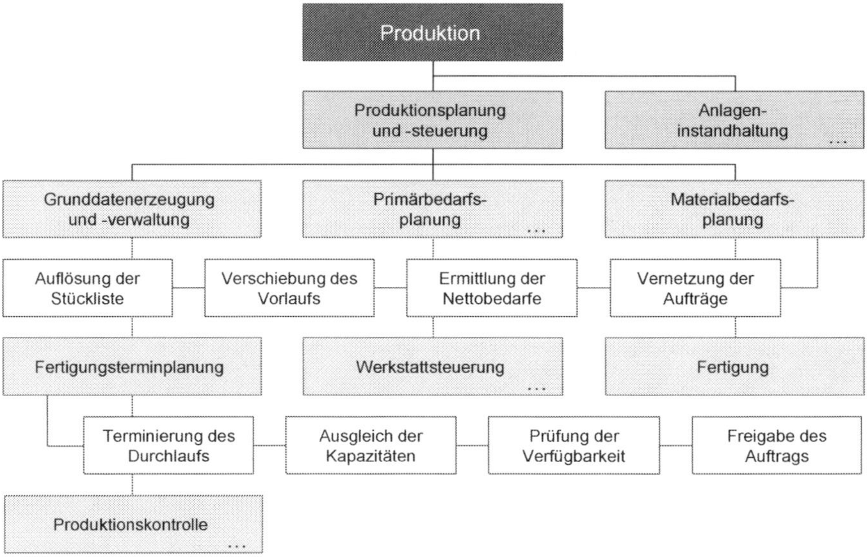

Abbildung 64: Auszug aus dem Teilfunktionsmodell Produktion nach MERTENS[522]

[519] Vgl. Mertens (Integrierte Informationsverarbeitung), 2013, S. 39ff.

[520] Vgl. Mertens (Integrierte Informationsverarbeitung), 2013, S. 45ff.

[521] Die Darstellung mehrerer Teilfunktionsmodelle im Rahmen dieser Arbeit ist nicht zielführend. Weitere Teilfunktionsmodelle und Erläuterungen sind Mertens (Integrierte Informationsverarbeitung), 2013 zu entnehmen.

[522] Vgl. Mertens (Integrierte Informationsverarbeitung), 2013, S. 164f.

Der Subbereich Produktionsplanung und -steuerung besteht aus den Prozessschritten Grunddatenerzeugung und -verwaltung, Primärbedarfsplanung, Materialbedarfsplanung, Fertigungsterminplanung, Werkstattsteuerung, Fertigung sowie Produktionskontrolle. Instandhaltungsterminierung, Instandhaltungsablaufsteuerung und Instandhaltungskontrolle sind die Prozessschritte des Subbereichs Anlageninstandhaltung[523], die zur Reduzierung der Komplexität nicht in die Abbildung integriert sind. Exemplarische Aufgaben für den Prozessschritt Primärbedarfsplanung[524] im Subbereich Produktionsplanung und -steuerung sind[525]:

- *Eingaben*: Prognoseparameter
- *Anzeigen und Ausdrucke*: Primärbedarfe
- *Dialogfunktionen*: Simulation alternativer Produktionsprogramme
- *Nutzeffekte*: Rationalisierung der Programmplanung und Kapazitätsabgleich

MERTENS beschreibt zusätzlich funktions- und prozessübergreifende Bereiche, die für eine ganzheitliche integrierte Informationsverarbeitung berücksichtigt werden sollten. Dazu gehören Produkt-Lebenszyklus-Management, Kundenbeziehungsmanagement, computerintegrierte Fertigung und Lieferkettenmanagement.[526]

Die Bewertung des Ansatzes nach MERTENS zur integrierten Informationsverarbeitung im Industriebetrieb anhand des definierten Anforderungssystems (vgl. Kapitel 3.1.2) ist nachfolgend in Abbildung 65 dargestellt.

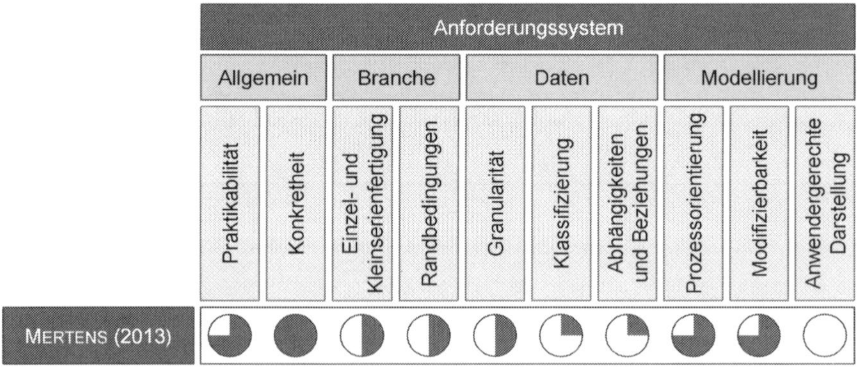

Abbildung 65: Bewertung des Ansatzes nach MERTENS

Der Ansatz stellt eine Unterstützung bei der realen Abbildung von Informationsflüssen innerhalb von Industriebetrieben durch die Verknüpfung von Abteilungen, Funktionsbereichen und

523 Vgl. Mertens (Integrierte Informationsverarbeitung), 2013, S. 167ff.

524 Die Darstellung weiterer Aufgaben für andere Teilfunktionen im Rahmen dieser Arbeit ist nicht zielführend. Weitere Aufgaben anderer Teilfunktionen und Erläuterungen sind Mertens (Integrierte Informationsverarbeitung), 2013 zu entnehmen.

525 Vgl. Mertens (Integrierte Informationsverarbeitung), 2013, S. 176

526 Vgl. Mertens (Integrierte Informationsverarbeitung), 2013, S. 347ff.

Prozessen dar. Durch die Berücksichtigung von allgemeinen Rahmenbedingungen und Voraussetzungen ist der Ansatz in hohem Maße praktikabel. Die klare, systematische und nachvollziehbare Struktur und Beschreibung sowie die durchgängige Nutzung von Praxisbeispielen erzeugt eine sehr hohe Konkretheit. Es besteht ein konkreter Bezug zur Produktionstechnik, wobei Besonderheiten der Einzel- und Kleinserienfertigung wie bspw. Herstellungsprozesse nicht thematisiert werden. Die lediglich vereinzelte Integration unternehmerischer Randbedingungen verhindert die Übertragung auf Werkzeugbaubetriebe. Eine eindeutige Beschreibung der Daten inkl. Detaillierungsgrad erfolgt teilweise. Die Einteilung nach Stamm- und Bewegungsdaten gibt eine grundlegende Klassifizierung vor, wobei eine vollumfängliche Berücksichtigung unterschiedlicher Datenformate und -quellen fehlt. Lediglich schnittstellenübergreifende Zusammenhänge zwischen den Daten werden angedeutet. Der Ansatz weist eine hohe Orientierung am Auftragsabwicklungsprozess sowie eine hohe Modifizierbarkeit auf, da die Bereiche des Industriebetriebs generisch, aber vollständig beschrieben und dargestellt werden. Aufgrund der fehlenden Visualisierung von Datenstrukturen ist eine anwendergerechte Darstellung im Sinne von Handhabung und Benutzerfreundlichkeit nicht gegeben. Zusammenfassend ist festzustellen, dass der Ansatz der integrierten Informationsverarbeitung im Industriebetrieb nach MERTENS insbesondere wertvolle allgemeine Aspekte aufweist. Eine direkte Anwendung zur Entwicklung eines Datenstrukturmodells für den digitalen Schatten der Auftragsabwicklung von Werkzeugbaubetrieben ist aufgrund des zu geringen Erfüllungsgrads mehrerer Anforderungen, insbesondere datenspezifischer Anforderungen, nicht möglich.

3.2.10 Informationsbeschaffung in variantenreicher Fertigung (LUCKE, 2014)

Inner- und außerbetriebliche Veränderungen zwingen produzierende Unternehmen zu schneller Reaktions- und effizienter Anpassungsfähigkeit. Aufgrund der dezentralen Speicherung relevanter Informationen, die die Entscheidungsfindung maßgeblich beeinflussen, auf verschiedenen fertigungsnahen IT-Systemen entstehen vermeidbare Latenzzeiten. Am Fraunhofer-Institut für Produktionstechnik und Automatisierung IPA in Stuttgart wurde daher ein Ansatz zur echtzeitnahen Informationsbeschaffung in einer variantenreichen Serienfertigung durch LUCKE entwickelt. Ziel ist die Unterstützung von Produktionsmitarbeitern durch die Beschaffung, Strukturierung und Modellierung von kontextrelevanten Daten und Informationen. In dessen Folge können nicht-wertschöpfende Tätigkeiten reduziert werden.[527] Zur Adressierung der Problemstellung entwickelt LUCKE ein Konzept für ein fertigungsnahes Kontextinformationssystem, welches die notwendigen Informationen bereitstellt. Es besteht aus Produktionsumgebungsmodell und Systemarchitektur.[528]

Das **Produktionsumgebungsmodell** ist ein dynamisches Abbild der Produktion und bildet die Informationsbasis für das fertigungsnahe Kontextinformationssystem. Dabei werden vorhandene Daten und Informationen aus unterschiedlichen IT-Systemen abgerufen, vernetzt und anwendergerecht strukturiert sowie modelliert. Die logische Strukturierung erfolgt mithilfe von Fabrikobjekttypen, die in die Kategorien Fabrikstruktur, Produkte, Prozesse, Ressourcen

---

527 Vgl. Lucke (Informationsbeschaffung in variantenreicher Serienfertigung), 2014, S. 22

528 Vgl. Lucke (Informationsbeschaffung in variantenreicher Serienfertigung), 2014, S. 24f.

und Infrastruktur, Aufträge, Geschäftspartner, Sensoren und Meldungen sowie Dokumente gegliedert werden.[529] Jeder Fabrikobjekttyp wird durch die Merkmalskategorien Identität, Ort, Betriebszustand, Zeit und explizite Vernetzung eindeutig beschrieben, sodass die für den Kontext relevanten Informationen als Teilmenge des gesamten Produktionsumgebungsmodells beschafft und dargestellt werden können (vgl. Abbildung 66).

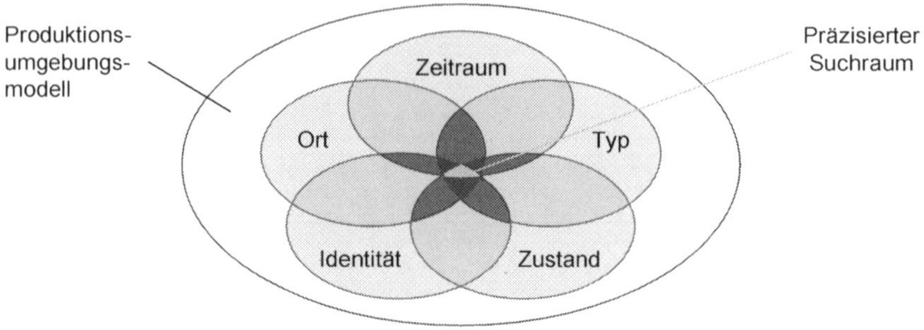

Abbildung 66: Eindeutige Teilmenge des Produktionsumgebungsmodells nach Lucke[530]

Zur übersichtlichen Darstellung erfolgt die Modellierung jedes Fabrikobjekttyps mithilfe von vereinfachten UML-Klassendiagrammen. Die Merkmalskategorien inkl. den jeweiligen Ausprägungen werden als Attribute dargestellt. Die Darstellung integriert ebenfalls Vererbungen zwischen mehreren Fabrikobjekttypen sowie Relationen zwischen Fabrikobjekten, die über Verweise realisiert werden.[531] Durch die Beschreibung und Darstellung vordefinierter Fabrikobjekttypen, deren Merkmale unternehmensindividuell ergänzt werden können, sowie die Möglichkeit von Vererbungen und Verweisen werden die Anforderungen nach Anpassbarkeit, Erweiterbarkeit und Skalierbarkeit des Produktionsumgebungsmodells erfüllt.[532]

Abbildung 67 zeigt exemplarisch die Struktur der Fabrikobjekttypen für den Typ *Aufträge*, der alle Fertigungs- und Montageaufträge konsolidiert[533]. Die Angaben in den Merkmalskategorien Ort, Zeit und Betriebszustand sowie der Verweis auf spezifische Ressourcen und Produkte erfolgen für den übergeordneten Fabrikobjekttyp Auftrag. Abgeleitete Fabrikobjekttypen wie Fertigungs-, Transport-, Prüf- und Instandhaltungsauftrag weisen zusätzliche Merkmale, bspw. Losgröße, auf und verweisen zur eindeutigen Charakterisierung auf andere Fabrikobjekte, bspw. Fertigungsarbeitsplan oder Kunde.[534]

---

[529] Vgl. Lucke (Informationsbeschaffung in variantenreicher Serienfertigung), 2014, S. 83ff.
[530] Vgl. Lucke (Informationsbeschaffung in variantenreicher Serienfertigung), 2014, S. 82
[531] Vgl. Lucke (Informationsbeschaffung in variantenreicher Serienfertigung), 2014, S. 83ff.
[532] Vgl. Lucke (Informationsbeschaffung in variantenreicher Serienfertigung), 2014, S. 82ff.
[533] Vgl. Lucke (Informationsbeschaffung in variantenreicher Serienfertigung), 2014, S. 93
[534] Vgl. Lucke (Informationsbeschaffung in variantenreicher Serienfertigung), 2014, S. 93f.

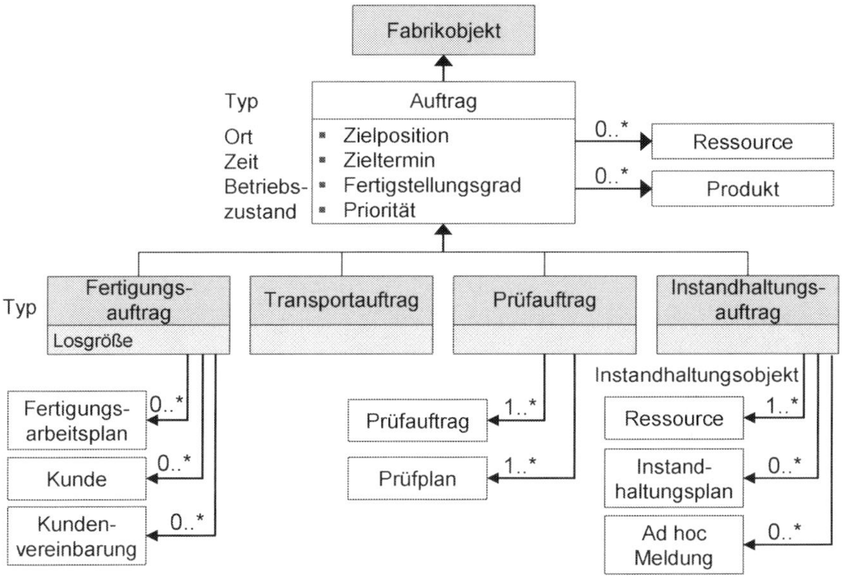

Abbildung 67: Struktur der Fabrikobjekttypen in der Kategorie Aufträge nach LUCKE[535]

Die **Systemarchitektur** als zweites Teilmodell des fertigungsnahen Kontextinformationssystems stellt die technische Grundlage zur Implementierung dar. LUCKE strukturiert die Systemarchitektur in vier Ebenen, deren modularer Aufbau eine unternehmensindividuelle Anpassung und die Integration bereits bestehender Module ermöglicht. In der *Erfassungsebene* werden die für den Kontext relevanten Informationen als Merkmalsausprägungen der Fabrikobjekte aus den verschiedenen IT-Systemen übernommen, aufbereitet und bereitgestellt. Die *Kontextmanagementebene* dient zur Verwaltung der erfassten Daten und Informationen. In der *Logikebene* erfolgt die Anwendung der zugrunde liegenden Logik des Systems, um die beschafften, für den Kontext relevanten Informationen manuell und automatisch zu filtern und bereitzustellen. Die *Benutzerinteraktionsebene* beinhaltet die Funktionen zur Ein- und Ausgabe der relevanten Informationen für den Produktionsmitarbeiter.[536] Da Datenstrukturierung und -modellierung im Fokus der vorliegenden Arbeit liegt, sei für weitere Ausführungen zur Systemarchitektur auf die Literatur verwiesen.

Die Bewertung des Ansatzes nach LUCKE zur Informationsbeschaffung in einer variantenreichen Serienfertigung anhand des definierten Anforderungssystems (vgl. Kapitel 3.1.2) ist nachfolgend in Abbildung 68 dargestellt.

---

[535] I. A. a. Lucke (Informationsbeschaffung in variantenreicher Serienfertigung), 2014, S. 94; eigene Darstellung

[536] Vgl. Lucke (Informationsbeschaffung in variantenreicher Serienfertigung), 2014, S. 106ff.

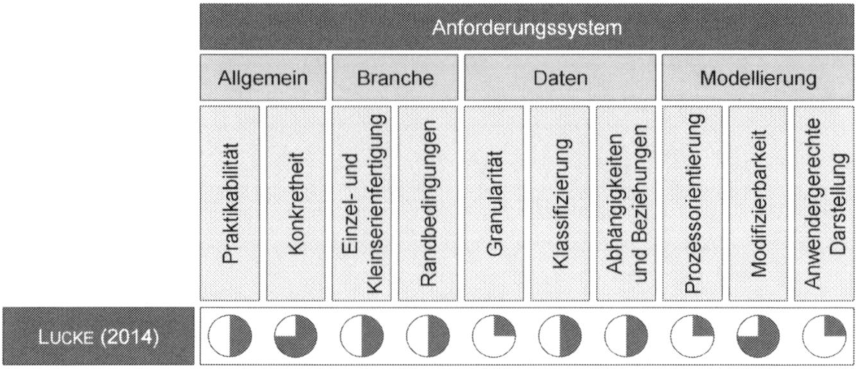

Abbildung 68: Bewertung des Ansatzes nach LUCKE

Der Ansatz beschreibt ein Kontextinformationssystem, mit dessen Hilfe eine unmittelbare Informationsbeschaffung zur Reduzierung von Latenzzeiten und nicht-wertschöpfender Tätigkeiten realisiert werden kann. Aufgrund der allgemeinen Beschreibung weist der Ansatz eine geringe Praktikabilität auf. Durch eine klare, systematische und nachvollziehbare Struktur erfüllt der Ansatz die Anforderung nach Konkretheit in hohem Maße. Die klare Ausrichtung auf eine variantenreiche Serienfertigung unterstreicht den Fokus auf die Produktionstechnik, wobei kein konkreter Bezug zur Auftragsabwicklung besteht. Die geringe Beachtung unternehmerischer Randbedingungen bei partieller Anpassbarkeit erlaubt keine unmittelbare Übertragung auf Werkzeugbaubetriebe. Die Beschreibung der notwendigen Daten und Informationen erfolgt lediglich in Teilen mit sehr geringer Berücksichtigung des notwendigen Detaillierungsgrads. Die logische Einteilung und Charakterisierung sowie die Abhängigkeiten und Beziehungen von Daten und Informationen werden beschrieben, allerdings nur rudimentär. Durch die Strukturierung in Fabrikobjekttypen ist keine grundsätzliche Orientierung am Auftragsabwicklungsprozess vorhanden, wobei dieser durch einen Fabrikobjekttypen repräsentiert wird. Der generische und gleichzeitig modulare Aufbau des Produktionsumgebungsmodells ermöglicht eine Modifikation in hohem Maße. Durch die Verwendung von UML wird die anwendergerechte Darstellung angestrebt, jedoch ist sie aufgrund der sehr rudimentären Darstellung der Datenstrukturen selbst nur sehr gering ausgeprägt. Zusammenfassend ist festzustellen, dass der Ansatz zur unmittelbaren Informationsbeschaffung in einer variantenreichen Serienfertigung nach LUCKE vereinzelt wertvolle allgemeine und branchenspezifische Aspekte aufweist. Eine unmittelbare Anwendung zur Entwicklung eines Datenstrukturmodells für den digitalen Schatten der Auftragsabwicklung von Werkzeugbaubetrieben ist aufgrund des zu geringen Erfüllungsgrads insbesondere daten- und modellierungsspezifischer Anforderungen nicht möglich.

3.3 Aggregation der Bewertungen

In Kapitel 3.2 wurden zehn wissenschaftliche Ansätze zur Datenstrukturierung und -modellierung vorgestellt und erläutert. Jeder Ansatz wurde bereits dahingehend bewertet, ob bzw. in welchem Maße dieser zur Entwicklung eines Datenstrukturmodells für den digitalen Schatten der Auftragsabwicklung von Werkzeugbaubetrieben angewandt werden kann. Die jeweilige Bewertung erfolgte anhand des in Kapitel 3.1.2 definierten Anforderungssystems. Die Bewertungen der Ansätze sind aggregiert in Abbildung 69 dargestellt.

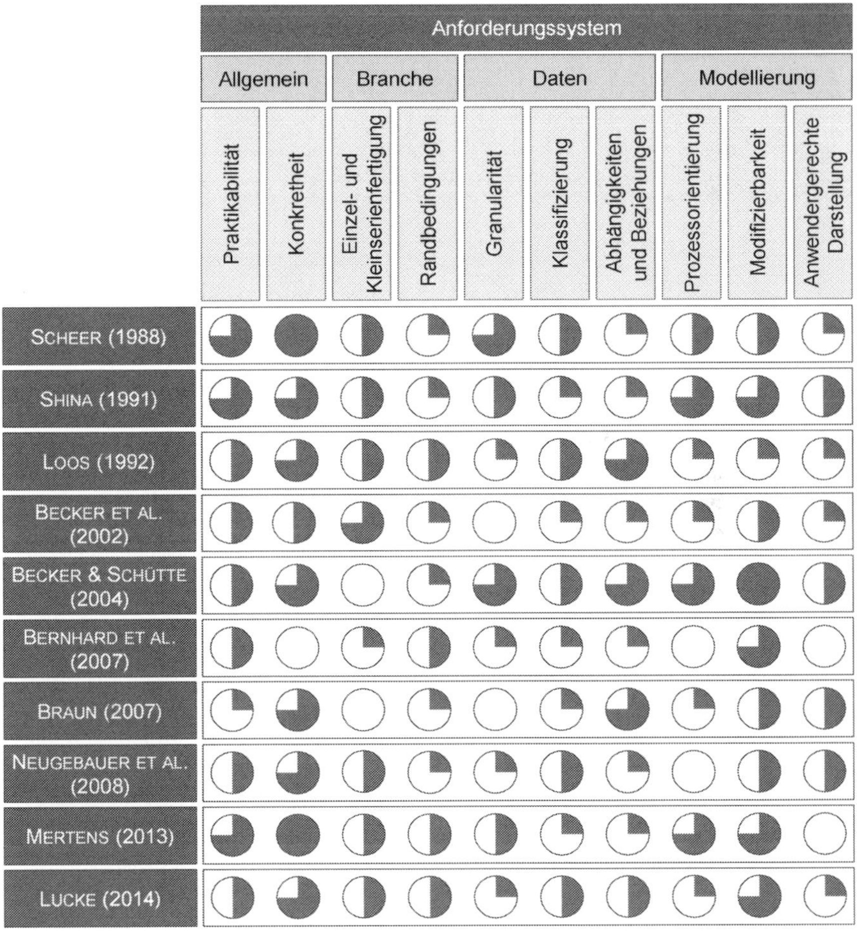

Abbildung 69: Aggregation der Bewertungen der wissenschaftlichen Ansätze

Die allgemeinen Anforderungen beinhalten Praktikabilität und Konkretheit. Viele der vorgestellten Ansätze weisen eine sehr geringe bis geringe Praktikabilität auf, da keine realistischen

Annahmen und wirklichkeitsnahe Voraussetzungen berücksichtigt werden. Lediglich die Ansätze nach SCHEER, SHINA und MERTENS zeichnen sich durch eine hohe Praktikabilität aus, da sie die genannten Aspekte in hohem Maße integrieren. Die meisten Ansätze weisen in der Konkretheit einen hohen bis sehr hohen Erfüllungsgrad auf. Ausnahme stellt der Ansatz nach BERNHARD ET AL. dar, der die Anforderung nicht erfüllt. Insgesamt ist festzustellen, dass die **allgemeinen Anforderungen** von einem Großteil der vorgestellten Ansätze teilweise erfüllt werden

Die branchenspezifischen Anforderungen schließen die Eignung für die Einzel- und Kleinserienfertigung sowie die Beachtung unternehmerischer Randbedingungen ein. Der Ansatz nach BECKER ET AL. eignet sich am ehesten für die Einzel- und Kleinserienfertigung, während unternehmerische Randbedingungen von den Ansätzen höchstens in geringem Maße berücksichtigt werden. Zusammenfassend ist festzustellen, dass die **branchenspezifischen Anforderungen** von keinem der vorgestellten Ansätze in ausreichendem Maße erfüllt werden.

Die datenspezifischen Anforderungen integrieren Granularität, Klassifizierung sowie die Beschreibung von Abhängigkeiten und Beziehungen. Lediglich die Ansätze nach SCHEER sowie BECKER & SCHÜTTE erfüllen die Anforderung nach hinreichend genauer Granularität in hohem Maße. Die Datenklassifizierung wird von keinem Ansatz genügend adressiert. Die Beschreibung von Abhängigkeiten und Beziehungen ist in den meisten Ansätzen nicht ausreichend. Die Ansätze nach LOOS, BECKER & SCHÜTTE sowie BRAUN stellen positive Ausnahmen dar. Keiner der vorgestellten Ansätze kann somit alle **datenspezifischen Anforderungen** erfüllen.

Die modellierungsspezifischen Anforderungen sind Prozessorientierung, Modifizierbarkeit und anwendergerechte Darstellung des Datenstrukturmodells. Während die Ansätze nach SHINA, BECKER & SCHÜTTE sowie MERTENS eine hohe Orientierung am Auftragsabwicklungsprozess aufweisen, vermissen die Ansätze nach BERNHARD ET AL. und NEUGEBAUER ET AL. dies gänzlich. Die Hälfte aller vorgestellten Ansätze erlaubt eine Modifikation höchstens in geringem Maße. Eine ganzheitlich anwendergerechte Darstellung fehlt bei allen Ansätzen, während Defizite insbesondere bei BERNHARD ET AL. und MERTENS bestehen. Folglich werden die **modellierungsspezifischen Anforderungen** ebenfalls in nicht ausreichendem Maße erfüllt.

Zusammenfassend kann festgestellt werden, dass folgende systematische Defizite vorliegen:

- Die datenspezifischen Anforderungen werden von den beschriebenen Ansätzen nicht ganzheitlich adressiert. Während die Anforderung zur Beschreibung von Abhängigkeiten und Beziehungen noch am ehesten erfüllt wird, werden Granularität und Klassifizierung in sehr geringem Maße adressiert.

- Die vorgestellten Ansätze erfüllen die modellierungsspezifischen Anforderungen nicht vollständig. Die meisten Ansätze fokussieren die Modifizierbarkeit. Die Anforderungen nach Prozessorientierung und anwendergerechter Darstellung werden nicht erfüllt.

- Keiner der bewerteten Ansätze ist spezifisch für Werkzeugbaubetriebe entwickelt und definiert. Eine ganzheitliche, unmittelbare Anwendbarkeit der Ansätze auf die Datenstrukturierung und -modellierung im Werkzeugbau ist somit nicht gewährleistet.

3.4 Handlungsbedarf aus der Theorie

Die Forderung nach einem Datenstrukturmodell für den digitalen Schatten der Auftragsabwicklung von Werkzeugbaubetrieben wurde als Praxisdefizit in Kapitel 2.4 hergeleitet. Dieses resultiert aus den zahlreichen Herausforderungen, mit denen sich Werkzeugbaubetriebe aktuell konfrontiert sehen, sowie dem bestehenden Potenzial, die die vier Handlungsfelder von Industrie 4.0 bieten. Ein entsprechendes Datenstrukturmodell soll Werkzeugbaubetriebe befähigen, eine strukturierte und anwendergerechte Übersicht von relevanten Daten entlang der Auftragsabwicklung zu erstellen, auf deren Basis ein hinreichend genaues, digitales Abbild – der digitale Schatten – mithilfe von Datenaufnahme, Datenfusion sowie Konsistenz- und Plausibilitätsprüfung erstellt werden kann. Anhand eines Bewertungs- und Anforderungssystems, bestehend aus allgemeinen, werkzeugbauspezifischen, datenspezifischen und modellierungsspezifischen Anforderungen (vgl. Kapitel 3.1), wurden zehn wissenschaftliche Ansätze hinsichtlich Anwendbarkeit und Übertragbarkeit bewertet (vgl. Kapitel 3.2). Vorab erfolgte eine umfangreiche Recherche bestehender Ansätze, in deren Folge zehn Ansätze mit hoher oder sehr hoher Relevanz für die vorliegende Arbeit identifiziert werden konnten.

Die Analyse und Bewertung der zehn Ansätze mit hoher oder sehr hoher Relevanz hat gezeigt, dass keiner dieser Ansätze die definierten Anforderungen vollständig erfüllt. Dabei konnten **drei systematische Defizite** ermittelt werden. Bei den datenspezifischen Anforderungen werden Datengranularität und -klassifizierung nicht im Detail thematisiert. Im Kontext der modellierungsspezifischen Anforderungen werden die Orientierung am Auftragsabwicklungsprozess sowie die anwendergerechte Darstellung nicht hinreichend adressiert. Gleichzeitig liegt bei keinem der analysierten und beschriebenen Ansätze ein werkzeugbauspezifischer Bezug vor. Insbesondere die fehlende ganzheitliche Eignung für die Einzel- und Kleinserienfertigung sowie die mangelnde holistische Beachtung unternehmensspezifischer Rahmenbedingungen verhindert die vollständige Anwendbarkeit der Ansätze auf die vorliegende Problemstellung. Die Bewertung zeigt, dass keiner der analysierten und beschriebenen Ansätze zur Entwicklung eines Datenstrukturmodells für den digitalen Schatten der Auftragsabwicklung von Werkzeugbaubetrieben die zuvor definierten Anforderungen vollständig erfüllt. **Folglich besteht Handlungsbedarf aus der Theorie**.

3.5 Konkretisierung der Forschungsfrage

In den Kapiteln 2.4 und 3.4 wurde der Handlungsbedarf aus der Praxis und aus der Theorie in Bezug auf die Datenstrukturierung und -modellierung für den digitalen Schatten der Auftragsabwicklung von Werkzeugbaubetrieben aufgezeigt. Somit wurde der in der Zielsetzung dargestellte Forschungsbedarf begründet. Dieser wurde als zentrale, handlungsleitende Forschungsfrage wie folgt formuliert:

Wie müssen Datenstrukturen für den digitalen Schatten der Auftragsabwicklung von Werkzeugbaubetrieben beschrieben und modelliert werden?

Ausgehend von der formulierten Forschungsfrage können weitere, spezifischere Forschungsfragen abgeleitet werden, die bei der Beantwortung der übergeordneten Forschungsfrage unterstützen.[537]

Der Fokus liegt auf der Auftragsabwicklung von Werkzeugbaubetrieben. Gleichzeitig existiert eine Vielzahl von Tätigkeiten und Aufgaben, die den Auftragsabwicklungsprozess aktiv beeinflussen. Somit leitet sich folgende Unterforschungsfrage ab:

Welche Bereiche der Auftragsabwicklung von Werkzeugbaubetrieben bilden den Ordnungsrahmen des Datenstrukturmodells?

Der digitale Schatten der Auftragsabwicklung beschreibt ein hinreichend genaues Abbild des Gesamtprozesses. Dieser stellt somit Anforderungen an spezifische Daten mit einer jeweils definierten Granularität. Ein Datenstrukturmodell für den digitalen Schatten der Auftragsabwicklung von Werkzeugbaubetrieben muss dementsprechend folgende Unterforschungsfrage beantworten:

Welche Daten sind in einem Datenstrukturmodell für den digitalen Schatten der Auftragsabwicklung zu integrieren und wie sind diese zu klassifizieren?

Durch die ausschließliche Klassifizierung von Daten besteht die Gefahr, Zusammenhänge und Abhängigkeiten zwischen Inhalten und Daten, die in unterschiedlichen Bereichen der Auftragsabwicklung existieren, zu vernachlässigen. Weiterhin entsteht durch die Verknüpfung erst ein Datenstrukturmodell der gesamten Auftragsabwicklung. Folgende Unterforschungsfrage berücksichtigt die beschriebene Thematik:

Welche Beziehungen bestehen zwischen den beschriebenen Inhalten und Daten?

Das zu entwickelnde Datenstrukturmodell für den digitalen Schatten der Auftragsabwicklung ist Voraussetzung für eine systematische Aufnahme und Speicherung von Daten in einer Datenbank. Gleichzeitig ist eine hohe Anwendbarkeit des Datenstrukturmodells in der täglichen Praxis sicherzustellen. Die entsprechende Unterforschungsfrage lautet daher:

Welche Modellierungssprache eignet sich zur anwendergerechten Darstellung des Datenstrukturmodells bei gleichzeitiger Wahrung der Funktionalität?

Alle zuvor genannten und erläuterten Fragestellungen sind bei der Entwicklung eines Datenstrukturmodells für den digitalen Schatten der Auftragsabwicklung von Werkzeugbaubetrieben zu beantworten.

[537] Vgl. Kubicek (Heuristische Bezugsrahmen), 1977, S. 17ff.

4 Konzeption des Datenstrukturmodells

Die Analyse und Bewertung existierender wissenschaftstheoretischer Ansätze zur Datenstrukturierung und -modellierung in Kapitel 3 hat gezeigt, dass keiner der bestehenden Lösungsansätze die Anforderungen an ein Datenstrukturmodell für den digitalen Schatten der Auftragsabwicklung von Werkzeugbaubetrieben hinreichend erfüllt. Zur Adressierung der aufgezeigten Handlungsbedarfe aus Praxis (vgl. Kapitel 2.4) und Theorie (vgl. Kapitel 3.4) wird deshalb im Rahmen dieses Kapitels ein Datenstrukturmodell konzeptioniert, welches die zentrale Forschungsfrage (vgl. Kapitel 3.5) beantwortet und die gestellten Anforderungen an ein Datenstrukturmodell für den digitalen Schatten der Auftragsabwicklung von Werkzeugbaubetrieben (vgl. Kapitel 3.1) ganzheitlich erfüllt. Die Phasen drei, vier und fünf der angewandten Forschung nach ULRICH werden adressiert (vgl. Kapitel 1.4 und 1.5).

Zunächst werden in Kapitel 4.1 die Grundlagen der Systemtechnik und Modellierung sowie deren Notwendigkeit für die Entwicklung des Datenstrukturmodells erläutert. Im Rahmen von Kapitel 4.2 werden die Grundmerkmale des zu entwickelnden Datenstrukturmodells hergeleitet, um die praktische Nutzung des Modells sicherzustellen. In Kapitel 4.3 werden die Elemente des Datenstrukturmodells entwickelt. Im Anschluss erfolgt die Synthese der Elemente zu einem übergeordneten Datenstrukturmodell für den digitalen Schatten der Auftragsabwicklung von Werkzeugbaubetrieben sowie dessen Skizzierung in Kapitel 4.4. Abschließend wird das übergeordnete Datenstrukturmodell in Kapitel 4.5 anhand der zentralen Forschungsfragen und des erarbeiteten Anforderungssystems kritisch reflektiert.

4.1 Grundlagen der Systemtechnik und Modellierung

Das Datenstrukturmodell für den digitalen Schatten der Auftragsabwicklung von Werkzeugbaubetrieben wird nach dem Verständnis der Systemtechnik und Modellierung (vgl. Kapitel 2.2.2) entwickelt. Diese haben sich als Ausgangspunkt zur Lösung komplexer Problemstellungen etabliert.[538] Besonders die Systemtheorie eignet sich als wissenschaftlicher Bezugsrahmen in der Management- und Organisationstheorie, da sie Heuristik und allgemeine Anwendbarkeit in hohem Maße unterstützt.[539] Zur Vervollständigung der Grundlagen wissenschaftstheoretischer Konzeption werden in der Folge die Begrifflichkeiten der Systemtechnik erläutert.

Der Systembegriff ist in Abhängigkeit des jeweiligen Fachbereichs und der Anwendung unterschiedlich definiert. Nach PATZAK ist ein System eine Menge von Elementen, die durch definierte Eigenschaften charakterisiert sind. Zwischen den Elementen bestehen zudem Beziehungen.[540] Ein ähnliches Verständnis weist HABERFELLNER auf.[541] BRUNS ergänzt diese grundlegenden Merkmale um eine Struktur, die durch die Elemente mit ihren Eigenschaften und Beziehungen entsteht.[542] Diese Struktur wird häufig als Systemgrenze bezeichnet, da sie eine

538 Vgl. Neemann (Schutz gegen Produktimitationen), 2007, S. 32

539 Vgl. Ulrich & Hill (Wissenschaftstheoretische Grundlagen), 1976, S. 308f.

540 Vgl. Patzak (Systemtechnik), 1982, S. 19

541 Vgl. Haberfellner et al. (Systems Engineering), 2015, S. 32

542 Vgl. Bruns (Systemtechnik), 1991, S. 31

Abgrenzung zwischen System und Umgebung darstellt.[543] Beziehungen zur Systemumgebung bestehen durch Ein- und Ausgang.[544] Abbildung 70 zeigt zusammenfassend den Aufbau und die Struktur eines Systems.

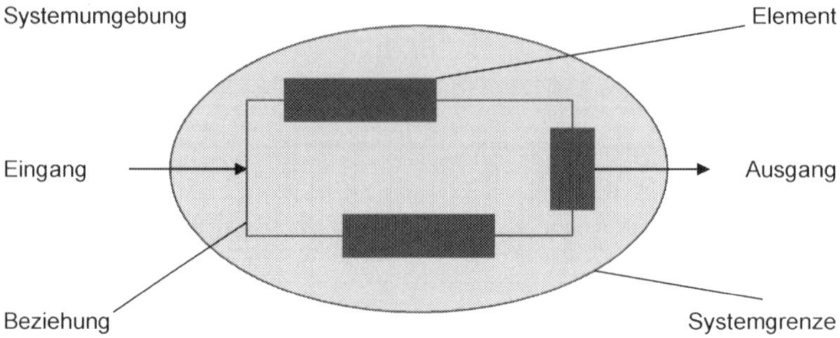

Abbildung 70: Aufbau und Struktur eines Systems[545]

In Abhängigkeit der bestehenden Beziehungen zwischen Elementen wird zwischen geschlossenen und offenen Systemen unterschieden. Ein geschlossenes System beinhaltet ausschließlich Beziehungen zwischen Elementen innerhalb der Systemgrenze. Sofern die Elemente zusätzlich Beziehungen zur Systemumgebung aufweisen, handelt es sich um ein offenes System. Dabei sind die Beziehungen zwischen Elementen innerhalb der Systemgrenze grundsätzlich stärker ausgeprägt als zwischen Element und Systemumgebung.[546]

Werkzeugbaubetriebe können als komplexe, offene Systeme verstanden werden. Es bestehen sowohl Beziehungen zwischen einzelnen Elementen innerhalb des Werkzeugbaubetriebs (bspw. Unternehmensbereiche und -prozesse) als auch zu Elementen, die sich außerhalb der Systemgrenze des Werkzeugbaubetriebs befinden (bspw. Kunden und Lieferanten). Eine Festlegung der Systemgrenze erfolgt in Kapitel 4.2.1.

Die Grundlagen der Modelltheorie wurden bereits in Kapitel 2 ausführlich vorgestellt, sodass auf eine erneute Ausführung verzichtet wird. Die Darstellung der Handlungsbedarfe aus Praxis (vgl. Kapitel 2.4) und Theorie (vgl. Kapitel 3.4) hat jedoch gezeigt, dass die Grundlagen der Systemtechnik und Modellierung integriert werden müssen, um ein Datenstrukturmodell für den digitalen Schatten der Auftragsabwicklung von Werkzeugbaubetrieben zu entwickeln. Entsprechend den vier existierenden Modellarten nach PATZAK (vgl. Kapitel 2.2.2) wird ein Beschreibungsmodell zur Abbildung der Lösung ausgewählt, da es die datenspezifischen Sachverhalte in der Auftragsabwicklung von Werkzeugbaubetrieben beschreibt und darstellt.

---

[543] Vgl. Haberfellner et al. (Systems Engineering), 2015, S. 33

[544] I. A. a. Patzak (Systemtechnik), 1982, S. 20

[545] I. A. a. Paulukuhn (Typologisierung im Maschinenbau), 2005, S. 84; Bruns (Systemtechnik), 1991, S. 31

[546] Vgl. Haberfeller et al. (Systems Engineering), 2015, S. 35

4.2 Merkmale des Datenstrukturmodells

Angestrebtes Forschungsergebnis der vorliegenden Arbeit ist ein entwickeltes Datenstrukturmodell für den digitalen Schatten der Auftragsabwicklung von Werkzeugbaubetrieben. Das Datenstrukturmodell soll eine strukturierte Beschreibung und Darstellung bestehender Daten der am Auftragsabwicklungsprozess beteiligten Unternehmensbereiche integrieren. Diese stellt wiederum Grundlage zur Erstellung eines hinreichend genauen Abbilds des Werkzeugbaubetriebs im Sinne eines digitalen Schattens dar. Im Rahmen der Lösungserarbeitung sind zudem die spezifischeren Forschungsfragen (vgl. Kapitel 3.5) zu beantworten und die Verwertung der Forschungsergebnisse vorzubereiten bzw. zu integrieren (vgl. Kapitel 6).

Gemäß der Definition nach STACHOWIAK muss ein Modell, und damit auch das im Rahmen dieser Arbeit entwickelte Datenstrukturmodell, die drei Charakteristika Abbildung, Verkürzung und Pragmatik aufweisen.[547] Im Rahmen der nachfolgenden Kapitel 4.3 und 5 erfolgt die Konzeption und Detaillierung des Datenstrukturmodells. Beide Kapitel beinhalten Abbildungen des Datenstrukturmodells in unterschiedlichem Detailgrad. Als wissenschaftliches Beschreibungsmodell enthält das Datenstrukturmodell nur die für den Kontext relevanten Elemente und erhebt somit keinen Anspruch auf Vollständigkeit. Dadurch wird das Datenstrukturmodell der Forderung nach Verkürzung ebenfalls gerecht.

Grundvoraussetzung für Pragmatik in einem Modell ist die Definition der vier zentralen Merkmale reales System, Zielsetzung, Nutzer und Zeitraum.[548] Diese Vorgehensweise entspricht KOMOREK und SALMEN, an deren Arbeiten die anschließende Merkmalsdefinition angelehnt ist.[549]

4.2.1 Reales System

Das reale System, auf welches sich das Datenstrukturmodell bezieht, ist der in Kapitel 2.3 beschriebene industrielle Werkzeugbaubetrieb. In diesem Kapitel wurde bereits ausführlich beschrieben, dass innerhalb der Branche Werkzeugbau Unterschiede zwischen Werkzeugbaubetrieben in Bezug auf Marktzugang, Leistungsspektrum, Auftragsarten und Mitarbeiteranzahl existieren. Kapitel 2.3.4 hat gezeigt, dass eine Vielzahl von unterschiedlichen Tätigkeiten während der Auftragsabwicklung durchgeführt werden und nur in sehr geringem Maße von den zuvor beschriebenen Unterschieden abhängen. Dies unterstützt eine universelle Anwendbarkeit des Datenstrukturmodells auf alle Werkzeugbaubetriebe innerhalb der Branche.

Der Auftragsabwicklungsprozess von Werkzeugbaubetrieben stellt den Kern des realen Systems dar. Im Rahmen des Auftragsabwicklungsprozesses wird eine Vielzahl von Aktivitäten durchgeführt (vgl. Kapitel 2.3.4), die in primäre und sekundäre Bereiche eingeteilt werden können. Neben den werkzeugbauinternen Prozessen sind unternehmensexterne Entitäten wie Kunden und Lieferanten zu berücksichtigen, da sie partiell in die Auftragsabwicklung integriert

[547] Vgl. Stachowiak (Modelltheorie), 1973, S. 131ff.

[548] Vgl. Stachowiak (Modelltheorie), 1973, S. 133

[549] Vgl. Komorek (Kollaborative Wertschöpfung), 2014, S. 96ff.; Salmen (Digital vernetzter Shopfloor), 2016, S. 124ff.

sind. Die Bereiche der Auftragsabwicklung sowie unternehmensexterne Entitäten sollen nachfolgend das reale System darstellen.

4.2.2 Zielsetzung

Das inhaltliche Ziel des Datenstrukturmodells ist die Darstellung und Beschreibung datenstrukturspezifischer Sachverhalte der Auftragsabwicklung von Werkzeugbaubetrieben. Das Datenstrukturmodell ist Grundvoraussetzung, um den digitalen Schatten zu entwickeln (vgl. Kapitel 2.1.4) und darauf aufbauend Effektivitäts- und Effizienzsteigerungen in der Auftragsabwicklung zu erzielen. Die Notwendigkeit resultiert u. a. aus den zentralen Trends in der produzierenden Industrie (vgl. Kapitel 2.3.6.1), die zu steigendem Kostendruck und höherer Komplexität in der Auftragsabwicklung von Werkzeugbaubetrieben führen.

Das Datenstrukturmodell soll in Bezug auf Struktur und Visualisierung eine möglichst große Zielgruppe adressieren. Die Struktur soll es Nutzern unterschiedlicher Disziplinen erlauben, einzelne Teilbereiche der Auftragsabwicklung isoliert betrachten zu können. Folglich ist eine eindeutige Definition der Teilbereiche notwendig und, sofern zutreffend, Schnittstellen zu anderen Bereichen klar zu formulieren. Durch eine verständliche und anforderungsgerechte Darstellung wird zudem ein hoher Nutzungsgrad angestrebt. Mit Hinblick auf bestehende Ansätze (vgl. Kapitel 3.2) hat die Auswahl der Modellierungssprache, die den Komplexitätsgrad der grafischen Darstellung bestimmt, darauf entscheidenden Einfluss.

4.2.3 Nutzer

Die Nutzer des Datenstrukturmodells sind diejenigen Personen, für die eine Beschreibung und Darstellung von Datenstrukturen entlang der Auftragsabwicklung von Werkzeugbaubetrieben Relevanz hat. Unterschieden wird zwischen Anwendern und Verwendern.[550]

Anwender des Datenstrukturmodells sind Personen, die den digitalen Schatten der Auftragsabwicklung eines Werkzeugbaubetriebs vollumfänglich oder teilweise entwickeln möchten. In Abhängigkeit der zugrunde liegenden Aufgabenstellung sind es Mitarbeiter des Werkzeugbaubetriebs, Partnerunternehmen oder andere externe Dienstleister. Das Datenstrukturmodell dient ihnen als Grundlage, um eine multimodale Datenaufnahme und -fusion sowie Konsistenz- und Plausibilitätsprüfung (vgl. Kapitel 2.1.4) durchführen zu können. Eine Einschränkung der Anwender auf definierte Berufsgruppen, Funktionen und Abteilungen existiert nicht.

Verwender des Datenstrukturmodells sind Personen, die an der Entwicklung des digitalen Schattens eines Werkzeugbaubetriebs nicht beteiligt sind. Diejenigen Personen nutzen das Datenstrukturmodell zur Erlangung eines besseren Verständnisses datenspezifischer Zusammenhänge entlang der gesamten Auftragsabwicklung oder einzelner Teilbereiche. Organisatorisch können die Verwender den einzelnen Aktivitäten des Werkzeugbaubetriebs (vgl. Kapitel 2.3.4) oder externen Anspruchsgruppen (vgl. Kapitel 2.3.5) zugeordnet werden.

550 Vgl. Komorek (Kollaborative Wertschöpfung, 2014, S. 97f.

4.2.4 Zeitraum der Nutzung

Der Zeitraum der Nutzung des Forschungsergebnisses unterliegt keiner zeitlichen Beschränkung. Die Entwicklung des Datenstrukturmodells für den digitalen Schatten der Auftragsabwicklung von Werkzeugbaubetrieben erfolgt auf Basis aktueller Handlungsbedarfe aus Theorie und Praxis, sodass die Nutzung unmittelbar erfolgen kann. Insbesondere die Berücksichtigung gegenwärtiger Trends der produzierenden Industrie (vgl. Kapitel 2.3.6.1) sowie derzeitiger organisatorischer und technologischer Handlungsfelder der Branche Werkzeugbau (vgl. Kapitel 2.3.6.2 und 2.3.6.3) unterstreicht die Aktualität und gewährleistet Anwendbarkeit. Die dargestellten Grundlagen (vgl. Kapitel 2) und wissenschaftlichen Ansätze (vgl. Kapitel 3) unterliegen jedoch einem stetigen Wandel, sodass das Forschungsergebnis gänzlich oder in Teilen an Gültigkeit verlieren kann. Aus heutiger Perspektive kann der Zeitpunkt, an dem der Nutzungszeitraum endet, nicht vorhergesagt werden. Folglich ist es Aufgabe der Wissenschaft, die Gültigkeit des Datenstrukturmodells für den digitalen Schatten der Auftragsabwicklung von Werkzeugbaubetrieben kontinuierlich zu überprüfen.

4.3 Entwicklung der Beschreibungselemente

Im Folgenden wird das Datenstrukturmodell für den digitalen Schatten der Auftragsabwicklung von Werkzeugbaubetrieben inhaltlich entwickelt. Dazu werden die Beschreibungselemente des Datenstrukturmodells hergeleitet, deren Inhalte im Anschluss erläutert und in Kapitel 5 detailliert werden. Für die erfolgreiche Erreichung des angestrebten Forschungsergebnisses ist die wissenschaftliche Herleitung und anschließende Ausformulierung aller Bestandteile notwendige Voraussetzung.

Ziel des digitalen Schattens der Auftragsabwicklung, für dessen Zweck das Datenstrukturmodell entwickelt wird, ist eine hinreichend genaue Abbildung der an Projekten beteiligten Prozesse eines Unternehmens.[551] Diese übergeordnete und umfängliche Unternehmensbetrachtung ist konform mit dem Verständnis von RÜEGG-STÜRM im neuen St. Galler Management-Modell[552], in dem zwischen Managementprozessen, Geschäftsprozessen und Unterstützungsprozessen differenziert wird, sowie der Wertkette nach PORTER[553]. Gleichzeitig werden externe Anspruchsgruppen als am Auftragsabwicklungsprozess beteiligte Entitäten in die Betrachtung integriert. Zentrale Bestandteile des zu entwickelnden Datenstrukturmodells sind somit **Prozesselemente**. Unterforschungsfrage 1 aus Kapitel 3.5 wird in diesem Zusammenhang beantwortet.

Die Entwicklung einer Übersicht vorhandener Daten entlang der Auftragsabwicklung von Werkzeugbaubetrieben erfordert grundlegende Kenntnisse über Tätigkeiten und Prozesse in produzierenden Unternehmen. Gleichzeitig sind informationstechnologische Kenntnisse, bspw. zur Kategorisierung unterschiedlicher Datentypen und deren Zusammenhänge zwi-

---

[551] Vgl. Schuh et al. (Produzierende Unternehmen), 2016, S. 43f.

[552] Vgl. Rüegg-Stürm (St. Galler Management-Modell), 2003

[553] Vgl. Porter (Competitive Advantage), 1996

schen einzelnen Unternehmensbereichen und -prozessen, Grundvoraussetzung. Für produzierende Unternehmen ist eine Einteilung von Daten nach Stamm- und Bewegungsdaten etabliert und wird u. a. in den Ansätzen von SCHEER[554], LOOS[555] und MERTENS[556] genutzt. Die Anwendung und Detaillierung für die Auftragsabwicklung von Werkzeugbaubetrieben führt zur Beantwortung der Unterforschungsfragen 2, 3 und 4. Folglich sind weitere zentrale Bestandteile des Datenstrukturmodells **Datenelemente** und **Integrationselemente**.

Dem Verständnis von PATZAK folgend dienen Beschreibungsmodelle der Darstellung von Sachverhalten und Phänomenen. Die Beschreibung und grafische Visualisierung des Gegenstandsbereichs sollte spezifischen Regeln folgen und dezidierte Elemente nutzen.[557] Für die Darstellung und Modellierung einer Datenstruktur für den digitalen Schatten der Auftragsabwicklung von Werkzeugbaubetrieben sind somit **Darstellungselemente** erforderlich. Sie garantieren eine systematische, verständliche und anwendergerechte Darstellung der Prozesselemente, Datenelemente und Integrationselemente. Unterforschungsfrage 5 aus Kapitel 3.5 wird in diesem Kontext beantwortet.

Die Integration der vier definierten Bestandteile eines Datenstrukturmodells für den digitalen Schatten der Auftragsabwicklung von Werkzeugbaubetrieben kann die fünf Unterforschungsfragen sowie die handlungsleitende Forschungsfrage beantworten. Die vier Bestandteile legen die Beschreibungselemente des Datenstrukturmodells fest (vgl. Abbildung 71).

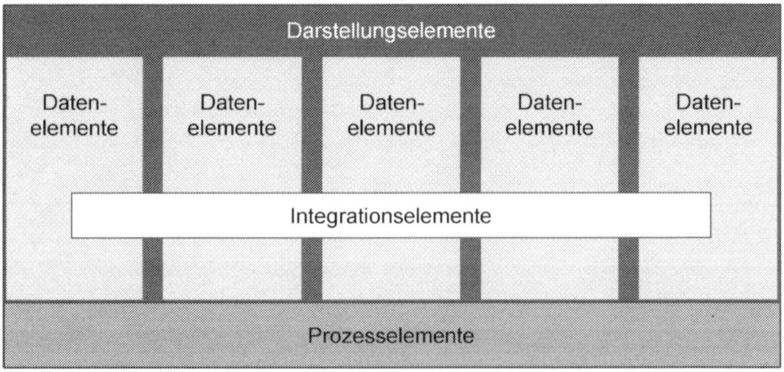

Abbildung 71: Beschreibungselemente des Datenstrukturmodells für den digitalen Schatten der Auftragsabwicklung von Werkzeugbaubetrieben

554 Vgl. Scheer (Informationssysteme im Industriebetrieb), 1988

555 Vgl. Loos (Datenstrukturierung in der Fertigung), 1992

556 Vgl. Mertens (Integrierte Informationsverarbeitung), 2013, S. 39ff.

557 I. A. a. Patzak (Systemtechnik), 1982, S. 313ff.

Prozesselemente sind Basis für Datenelemente und Integrationselemente. Sie bilden den Auftragsabwicklungsprozess von Werkzeugbaubetrieben ab. Sie geben dem Datenstrukturmodell eine äußere Ordnung im Sinne eines Ordnungsrahmens und tragen zu Übersichtlichkeit und Verständnis für die Nutzer bei.

Datenelemente stellen den zentralen Inhalt des Datenstrukturmodells dar. Sie beschreiben den Informationsgehalt von jedem Prozesselement der Auftragsabwicklung von Werkzeugbaubetrieben. Zur Erreichung eines besseren Verständnisses für die Nutzer integrieren sie eine Kategorisierung der unterschiedlichen Daten und schaffen dadurch eine innere Ordnung.

Integrationselemente beschreiben die datenspezifischen Abhängigkeiten und Beziehungen zwischen unterschiedlichen Elementen des Betrachtungsbereichs. In Form von Verbindungen beschreiben sie die Zusammenhänge zwischen den Datenstrukturen der einzelnen Prozesselemente.

Darstellungselemente sind notwendig, um den Informationsgehalt von Prozesselementen, Datenelementen und Integrationselementen grafisch darzustellen zu können. Sie sind Teil einer Modellierungssprache, die eine individuelle Syntax aufweist und Sachverhalte anwendergerecht visualisiert. Die Modellierungssprache ist entsprechend auszuwählen.

Nachfolgend werden Prozesselemente, Datenelemente, Integrationselemente und Darstellungselemente hergeleitet und erläutert, sodass das übergeordnete Datenstrukturmodell für den digitalen Schatten der Auftragsabwicklung von Werkzeugbaubetrieben festgelegt wird. In Kapitel 5 erfolgt darauf aufbauend die Detaillierung des Datenstrukturmodells. Das Vorgehen ist konform mit dem in Kapitel 2.2.3 erläuterten Vorgehen zur Entwicklung von Datenmodellen, wobei im Rahmen der vorliegenden Arbeit ausschließlich das semantische Datenstrukturmodell für den digitalen Schatten der Auftragsabwicklung von Werkzeugbaubetrieben entwickelt werden kann. Die Entwicklung von logischem und physischem Datenstrukturmodell, welche an der Datenbanktechnologie des jeweiligen Werkzeugbaubetriebs ausgerichtet sind, muss individuell auf Basis des visualisierten semantischen Datenstrukturmodells erfolgen. Sie sind somit nicht Bestandteil der vorliegenden Arbeit. Das semantische Datenstrukturmodell garantiert allgemeingültige Anwendbarkeit für alle Werkzeugbaubetriebe der Branche. Unterstützt wird diese durch die Verwendung einer leicht verständlichen, dem vorliegenden Anwendungskontext gerechten Modellierungssprache.

4.3.1 Prozesselemente

Der Auftragsabwicklungsprozess von Werkzeugbaubetrieben besteht aus unterschiedlichen Teilprozessen, in denen unterschiedliche Tätigkeiten durchgeführt werden. Sie unterscheiden sich hinsichtlich des inhaltlichen Beitrags in der Bearbeitung unterschiedlicher Aufträge (vgl. Kapitel 2.3.3). Für das Datenstrukturmodell des digitalen Schattens der Auftragsabwicklung erfolgt keine Unterscheidung zwischen Kernprozessen und Unterstützungsprozessen bzw. primären und sekundären Aktivitäten (vgl. Kapitel 2.3.4.3). Wichtiger als der Beitrag, den Tätigkeiten in den Teilprozessen der Auftragsabwicklung für Sach- und Dienstleistungen erbringen, ist die ganzheitliche Betrachtung der Auftragsabwicklung. Die betrachteten Teilprozesse der

Auftragsabwicklung sind somit die Prozesselemente Vertrieb, Engineering, Konstruktion, Arbeitsvorbereitung, Fertigung, Montage und Qualifizierung sowie Projektmanagement, Einkauf und Logistik (vgl. Abbildung 72). Die gesonderte Darstellung der Prozesselemente Projektmanagement, Einkauf und Logistik ist der Tatsache geschuldet, dass die Tätigkeiten innerhalb dieser Teilprozesse während eines Großteils der Auftragsabwicklung durchgeführt werden und sich daher nicht eindeutig in eine Sequenz einordnen lassen.

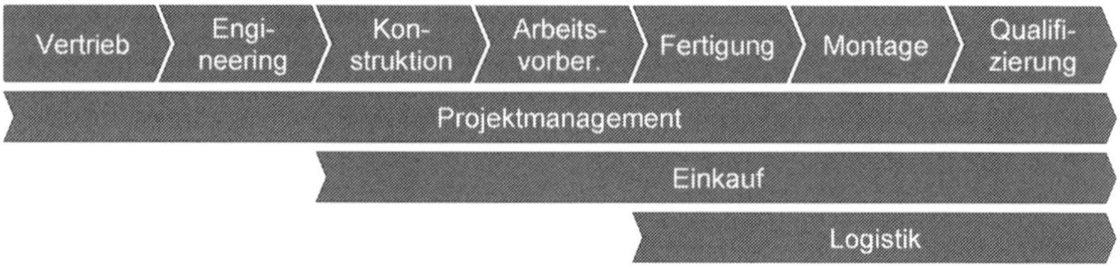

Abbildung 72: Prozesselemente des Datenstrukturmodells

Die genannten Prozesselemente bilden die Bilanzgrenze des Datenstrukturmodells für den digitalen Schatten der Auftragsabwicklung von Werkzeugbaubetrieben. Weitere Teilprozesse eines Werkzeugbaubetriebs, bspw. Marketing, Personalwirtschaft oder IT-Management, werden im Datenstrukturmodell nicht berücksichtigt. Obwohl sie ebenfalls Tätigkeiten darstellen, die einen Einfluss auf die Auftragsabwicklung haben bzw. diese befähigen, sind sie nicht als produktionsnahe bzw. -angrenzende Bereiche zu verstehen und können selten direkt Projekten zugerechnet werden. An dieser Stelle sei erneut auf die Definition des digitalen Schattens aus Kapitel 2.1.4 hingewiesen, um die hinreichende Genauigkeit des Abbilds der Prozesse in Form eines digitalen Schattens hervorzuheben.

Auf Basis der beschriebenen Aktivitäten in der Auftragsabwicklung von Werkzeugbaubetrieben (vgl. Kapitel 2.3.4.2) werden die jeweiligen Tätigkeiten in den Prozessschritten detailliert und den Prozesselementen des Datenstrukturmodells zugeordnet. Die Beschreibung stellt die Basis für die Herleitung der jeweiligen Datenelemente dar und erleichtert eine anforderungsgerechte Modellierung der Datenstrukturen. Es sei ausdrücklich darauf hingewiesen, dass die nachfolgend erläuterten Prozesselemente und Tätigkeiten innerhalb dieser Prozessschritte unabhängig von der implementierten Organisationsstruktur oder Tätigkeitszuweisungen in Werkzeugbaubetrieben betrachtet werden. In den entsprechenden Ausführungen zu Prozesselementen, Datenelementen und Integrationselementen besteht folglich keine Verknüpfung zu Abteilungen, Gruppen, Teams oder sonstigen Organisationseinheiten.

Der Prozessschritt **Vertrieb** weist die erste Schnittstelle zwischen Werkzeugbaubetrieb und potenziellem Kunden auf. Zentrale Tätigkeiten im Vertrieb im Werkzeugbau sind die Identifizierung potenzieller Kunden sowie die Durchführung von Verhandlungen beim Kunden, im eigenen Betrieb oder auf Messen. Weitere Tätigkeiten sind die Bearbeitung von Anfragen, die Kalkulation von Projekten und die Erstellung von Angeboten. Abbildung 73 zeigt zusammenfassend die einzelnen Tätigkeiten im Prozesselement Vertrieb, die für das Datenstrukturmodell relevant sind.

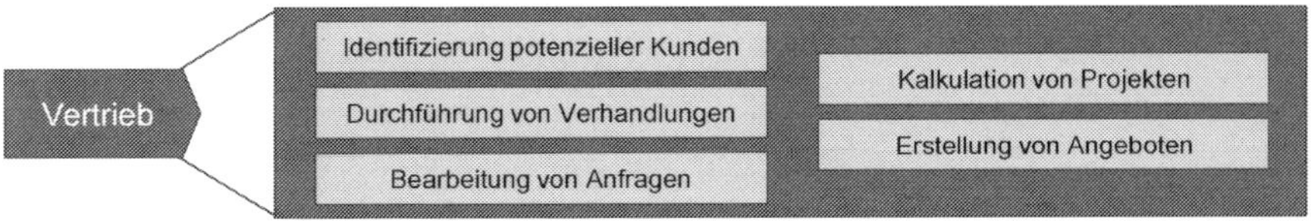

Abbildung 73: Relevante Tätigkeiten im Prozesselement Vertrieb

Im Prozessschritt **Engineering** erfolgt die technische Planung von Werkzeugprojekten. Zentrale Tätigkeit im Engineering im Werkzeugbau ist die iterative Erstellung von Werkzeugkonzepten unter Berücksichtigung der Kundeninformationen. Eine weitere Tätigkeit ist die Durchführung von Prozesssimulationen zur Sicherstellung der Machbarkeit bzw. zur erfolgreichen Realisierung des Serienprozesses. Die einzelnen Tätigkeiten im Prozesselement Engineering, die Relevanz für das Datenstrukturmodell besitzen, sind zusammenfassend in Abbildung 74 dargestellt.

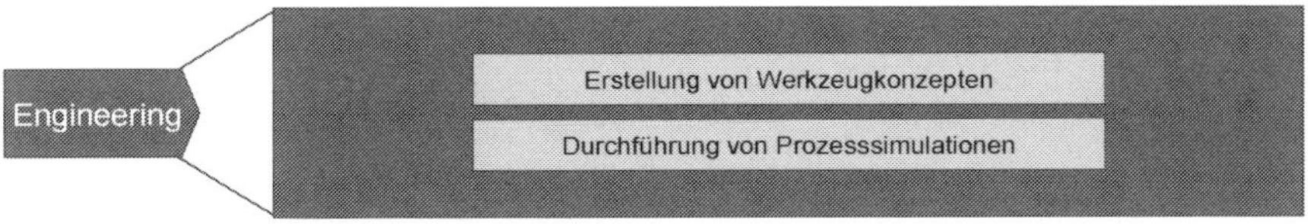

Abbildung 74: Relevante Tätigkeiten im Prozesselement Engineering

Der Prozessschritt **Konstruktion** hat nach Auftragserteilung die Aufgabe, das definierte Werkzeugkonzept konstruktiv umzusetzen und für die nachfolgenden Tätigkeiten vorzubereiten. Zentrale Tätigkeiten in der Konstruktion im Werkzeugbau sind die Erstellung von 3D-Modellen von Werkzeugkomponenten, die zu Baugruppen zusammengefasst werden und gemeinsam das Gesamtwerkzeug bilden, sowie die Erzeugung von Stücklisten für die nachfolgenden Prozessschritte. Abhängig vom Projekt sind beide Tätigkeiten für ein oder mehrere Werkzeuge durchzuführen. Weitere, vorgelagerte Tätigkeiten im Prozessschritt Konstruktion sind die Festlegung des endgültigen Werkzeugkonzepts sowie die Festlegung der Baustruktur. Da es sich dabei um Kreativprozesse handelt, die als Vorbereitung anzusehen sind und häufig mehrfach durchgeführt werden, werden sie nicht im Datenstrukturmodell abgebildet. Abbildung 75 zeigt zusammenfassend die einzelnen Tätigkeiten im Prozesselement Konstruktion, die für das Datenstrukturmodell relevant sind.

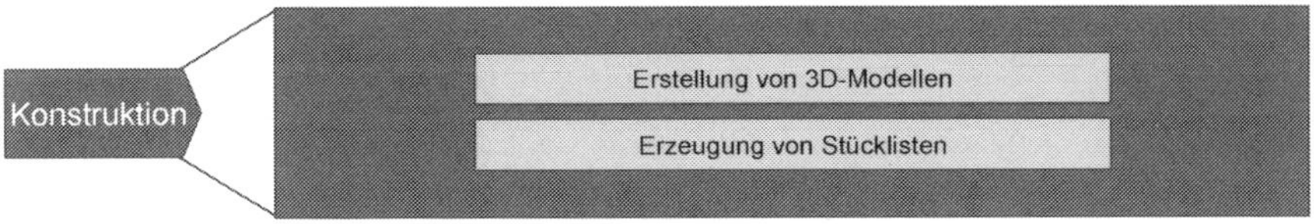

Abbildung 75: Relevante Tätigkeiten im Prozesselement Konstruktion

Im Prozessschritt **Arbeitsvorbereitung** erfolgt die Arbeitsplanung und -steuerung von Fertigung und Montage. Zentrale Tätigkeiten in der Arbeitsvorbereitung im Werkzeugbau sind die Erstellung von Fertigungsplänen und Montageplänen für die nachfolgenden Prozessschritte.

Weitere Tätigkeiten sind die Zuordnung von Betriebsmitteln und die Entwicklung von CAM-Programmen, um die geplanten Fertigungs- und Montageschritte operativ ausführen zu können. Eine weitere Tätigkeit besteht in der Transformation der funktional orientierten Stückliste aus der Konstruktion in eine herstellungsgerechte Stückliste. Dieser Prozess hat jedoch keinen Einfluss auf die zugrunde liegende Datenstruktur und wird daher nicht im Datenstrukturmodell abgebildet. Die einzelnen Tätigkeiten im Prozesselement Arbeitsvorbereitung, die Relevanz für das Datenstrukturmodell besitzen, sind zusammenfassend in Abbildung 76 dargestellt.

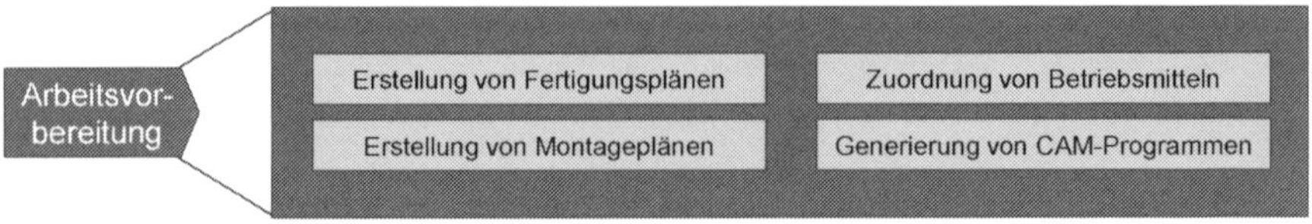

Abbildung 76: Relevante Tätigkeiten im Prozesselement Arbeitsvorbereitung

Der Prozessschritt **Fertigung** hat die Aufgabe, alle im Werkzeugbaubetrieb hergestellten Werkzeugkomponenten entsprechend den Anforderungen durch unterschiedliche Fertigungsverfahren maschinell zu bearbeiten. Zentrale Tätigkeiten sind die Erzeugung des NC-Programms mittels Postprozessor inkl. Prüfung und Anpassung sowie die anschließende mechanische Bearbeitung der Werkzeugkomponenten. Des Weiteren erfolgt die Qualitätsprüfung der hergestellten Komponenten anhand ausgewählter Merkmale. Abbildung 77 zeigt zusammenfassend die einzelnen Tätigkeiten im Prozesselement Fertigung, die für das Datenstrukturmodell relevant sind.

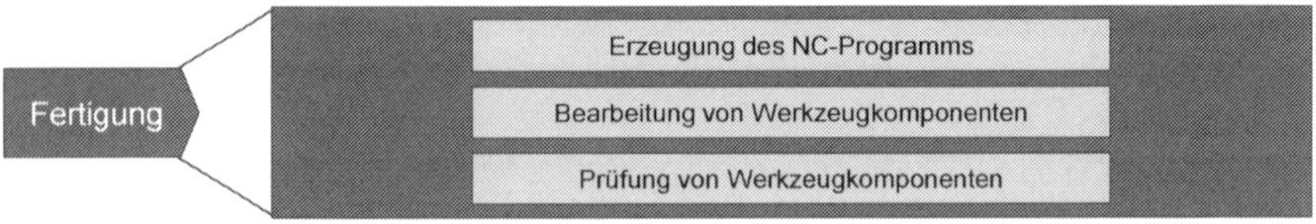

Abbildung 77: Relevante Tätigkeiten im Prozesselement Fertigung

Im Prozessschritt **Montage** erfolgt der Zusammenbau von Komponenten und Baugruppen zu einem funktionsfähigen Werkzeug. Zentrale Tätigkeiten sind die Vormontage einzelner Werkzeugkomponenten zu Baugruppen sowie die Endmontage der unterschiedlichen Werkzeugkomponenten und Baugruppen zu einem Gesamtwerkzeug. Eine weitere Tätigkeit ist die Funktionsprüfung von Baugruppen und Komponenten gemäß dem zugrunde liegenden Wirkprinzip. Des Weiteren erfolgt eine Demontage von Werkzeug und Baugruppen, sofern Abweichungen das Ergebnis der Funktionsprüfung sind und Nacharbeiten erforderlich sind. Die einzelnen Tätigkeiten im Prozesselement Montage, die Relevanz für das Datenstrukturmodell besitzen, sind zusammenfassend in Abbildung 78 dargestellt.

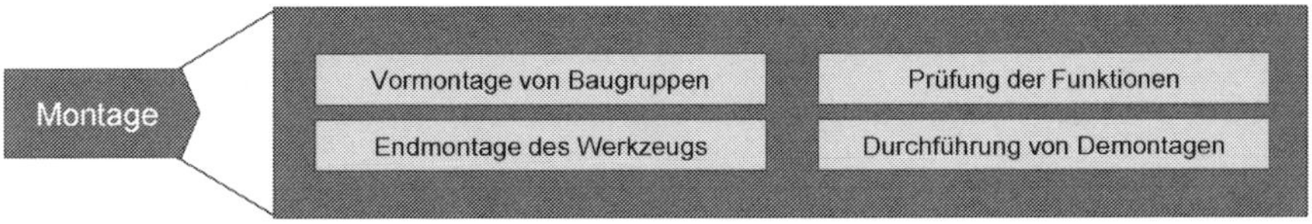

Abbildung 78: Relevante Tätigkeiten im Prozesselement Montage

Der Prozessschritt **Qualifizierung** hat nach erfolgreicher Montage und Funktionsprüfung die Aufgabe, das Werkzeug bis zur Erreichung aller geforderten Charakteristika des Artikels zu optimieren. Zentrale Tätigkeiten sind die Vorbereitung des Qualifizierungszyklus bzw. der dafür notwendigen Betriebsmittel sowie die operative Erprobung des Werkzeugs. Des Weiteren erfolgt eine Überprüfung der vom Kunden vorgegebenen Artikelspezifikationen mit den tatsächlichen Merkmalen des hergestellten Artikels. Abbildung 79 zeigt zusammenfassend die einzelnen Tätigkeiten im Prozesselement Qualifizierung, die für das Datenstrukturmodell relevant sind.

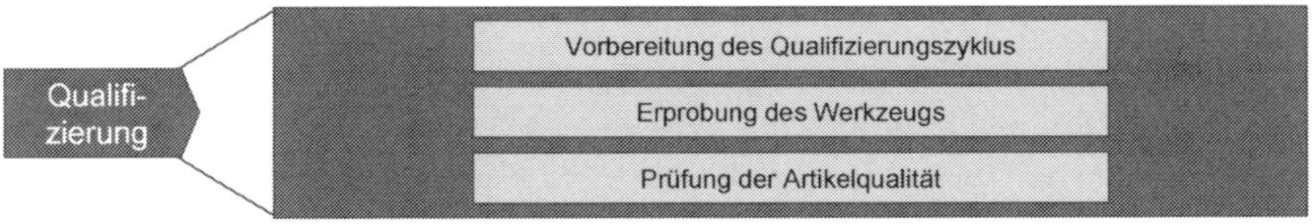

Abbildung 79: Relevante Tätigkeiten im Prozesselement Qualifizierung

Im Prozessschritt **Projektmanagement** erfolgt die Planung, Steuerung, Kontrolle und Betreuung von Werkzeugprojekten auf übergeordneter Ebene. Zentrale Tätigkeiten sind die Durchführung von Kapazitätsplanungen für die an der Auftragsabwicklung beteiligten Bereiche sowie die Erstellung eines Projektplans anhand von Meilensteinen. Weiterhin erfolgen Kommunikation und Austausch mit dem Kunden. Eine weitere Tätigkeit ist die Überwachung des Projektfortschritts von der Konstruktion bis zur Übergabe des Werkzeugs an den Kunden. Grundlage sind interne Termine und Abstimmungen mit den Verantwortlichen der jeweiligen Prozessschritte. Diese Tätigkeit hat keinen Einfluss auf die zugrunde liegende Datenstruktur, sodass sie nicht im Datenstrukturmodell abgebildet wird. Die einzelnen Tätigkeiten im Prozesselement Projektmanagement, die Relevanz für das Datenstrukturmodell besitzen, sind zusammenfassend in Abbildung 80 dargestellt.

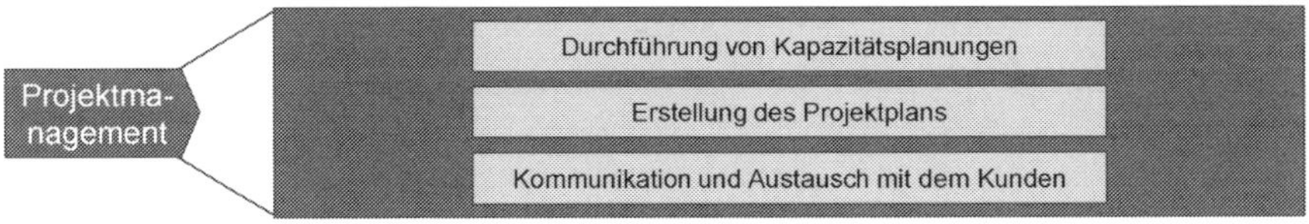

Abbildung 80: Relevante Tätigkeiten im Prozesselement Projektmanagement

Der Prozessschritt **Einkauf** integriert die Beschaffung aller notwendigen, auftragsbezogenen Ressourcen und Dienstleistungen zur erfolgreichen und effizienten Herstellung von Werkzeugen. Zentrale Tätigkeiten sind die Durchführung von Anfragen, die Bewertung von Angeboten und die Auslösung von Bestellungen. Des Weiteren erfolgt eine Bewertung der Leistungsfähigkeit der Lieferanten. Vor der Durchführung von Lieferantenanfragen ist die Identifizierung potenzieller Lieferanten essenziell. Diese Tätigkeit findet im Datenstrukturmodell allerdings keine Berücksichtigung, da sie keine für die Auftragsabwicklung relevanten Daten integriert. Des Weiteren zählen im Durchschnitt ca. 20 Unternehmen zum aktiven Lieferantenstamm von Werkzeugbaubetrieben[558], sodass die projektbezogene Recherche nach neuen Lieferanten eher Ausnahme als Regel ist. Abbildung 81 zeigt zusammenfassend die einzelnen Tätigkeiten im Prozesselement Einkauf, die für das Datenstrukturmodell relevant sind.

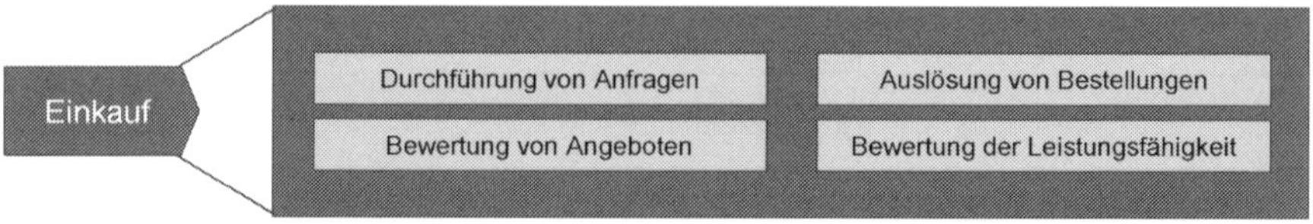

Abbildung 81: Relevante Tätigkeiten im Prozesselement Einkauf

Im Prozessschritt **Logistik** werden fertigungs- und montagerelevante Materialströme abgewickelt. Zentrale Tätigkeiten sind die Kommissionierung von Waren, die Verwaltung des Lagers sowie der Transport von Waren, welcher sowohl die intralogistische Abwicklung sowie die Versandabwicklung zu externen Entitäten integriert. Die einzelnen Tätigkeiten im Prozesselement Logistik, die Relevanz für das Datenstrukturmodell besitzen, sind zusammenfassend in Abbildung 82 dargestellt.

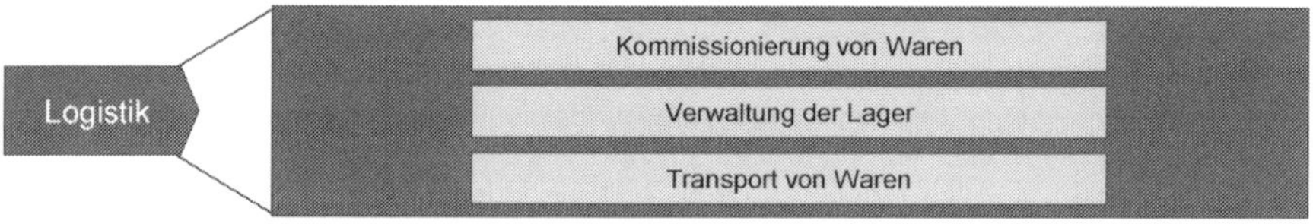

Abbildung 82: Relevante Tätigkeiten im Prozesselement Logistik

Die Kenntnis über die Tätigkeiten innerhalb der Prozessschritte ist Voraussetzung zur Bewertung der Relevanz für die jeweiligen Prozesselemente. Darauf aufbauend können die relevanten Datenelemente eines Datenstrukturmodells für den digitalen Schatten der Auftragsabwicklung von Werkzeugbaubetrieben identifiziert werden. Diese sind wiederum Grundlage, um Zusammenhänge und Abhängigkeiten zu identifizieren und in Form von Integrationselementen zu beschreiben. An dieser Stelle wird deutlich, dass die hinreichend genaue Granularität des digitalen Schattens Einfluss auf den Betrachtungshorizont des zugrunde liegenden Datenstrukturmodells hat. Durch die ganzheitliche Betrachtung der Prozessschritte konnten diejenigen Tätigkeiten identifiziert werden, deren Datenstrukturen modelliert werden und somit relevant für den digitalen Schatten der Auftragsabwicklung von Werkzeugbaubetrieben sind.

[558] Vgl. Gemeinsame Datenbank des Werkzeugmaschinenlabors WZL der RWTH Aachen und des Fraunhofer-Instituts für Produktionstechnologie IPT, ausgewertete Datensätze der Jahre 2013-2017, Stand Oktober 2018

4.3.2 Datenelemente

Entlang der Auftragsabwicklung von Werkzeugbaubetrieben existiert eine Vielzahl von Daten. Analog zum digitalen Schatten selber, der das hinreichend genaue Abbild der Auftragsabwicklung darstellt, beschreibt das zugrunde liegende Datenstrukturmodell die dafür relevanten Daten. Die Identifikation der relevanten Datenelemente erfolgt durch die Betrachtung der einzelnen Prozesselemente und deren jeweilige Tätigkeiten. Die Ergebnisse geben wiederum Aufschluss über Zusammenhänge und Abhängigkeiten, die anschließend in Form von Integrationselementen definiert werden.

Nachfolgend werden die für das Datenstrukturmodell des digitalen Schattens der Auftragsabwicklung relevanten Datenklassen eines jeden Prozesselements hergeleitet und kurz beschrieben. Anschließend erfolgt eine Aggregation zu übergeordneten Datenelementen, die sich an der für produzierende Unternehmen etablierten Einteilung von Daten in Stamm- und Bewegungsdaten (vgl. Kapitel 4.3) orientiert, aber auf den Anwendungskontext des digitalen Schattens für Werkzeugbaubetriebe spezifiziert wird.

Relevante Daten im Prozesselement **Vertrieb** sind insbesondere den Klassen Kunde und Projekt zuzuordnen. Dies resultiert einerseits aus der Kundenanfrage, die eine hohe Anzahl unterschiedlicher Daten bzgl. Kundenartikel, notwendiger Werkzeuge und Lieferkonditionen integriert. Andererseits werden zusätzlich eine Vielzahl von Daten im Rahmen der Angebots- und Kalkulationserstellung erzeugt bzw. festgelegt. Weitere relevante Daten können den Klassen Werkzeug und Mitarbeiter zugewiesen werden. Dabei handelt es sich sowohl um vom Werkzeugbaubetrieb festgelegte Identifikationen und Bezeichnungen als auch um personenbezogene Daten, die den zuständigen Mitarbeitern zuzuordnen sind. Tätigkeitsdaten, die Dauer und Zeitpunkte der Arbeitsprozesse der Mitarbeiter abbilden, stellen abschließend eine weitere Datenklasse dar. Abbildung 83 zeigt die relevanten Datenklassen im Prozesselement Vertrieb.

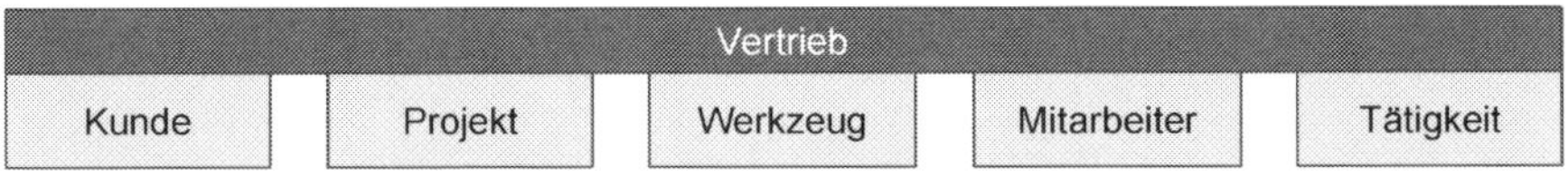

Abbildung 83: Relevante Datenklassen im Prozesselement Vertrieb

Im Prozesselement **Engineering** stehen die Datenklassen Kunde, Projekt und Werkzeug im Fokus. Dies liegt einerseits daran, dass die Erstellung von Werkzeugkonzepten und Simulationen auf Grundlage von kunden- und projektspezifischen Daten durchgeführt werden. Andererseits werden eine Vielzahl von projekt- und werkzeugspezifischen Daten innerhalb der genannten Tätigkeiten erzeugt. Im Rahmen der Konzepterstellung werden ebenfalls komponentenspezifische Daten erstellt, die eine weitere Datenklasse bilden. Weitere relevante Daten beziehen sich auf spezifische Mitarbeiter, die die genannten Tätigkeiten ausführen. Dauer und Zeitpunkte der Arbeitsprozesse der Mitarbeiter sind ebenfalls relevant und der Datenklasse Tätigkeit zuzuordnen. Die relevanten Datenklassen im Prozesselement Engineering sind in Abbildung 84 dargestellt.

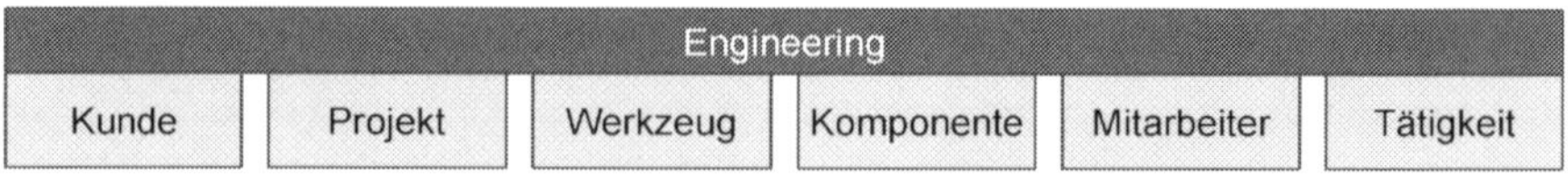

Abbildung 84: Relevante Datenklassen im Prozesselement Engineering

Relevante Daten im Prozesselement **Konstruktion** sind insbesondere den Klassen Werkzeug und Komponente zuzuordnen. Dies resultiert sowohl aus der Erstellung des 3D-Modells als auch aus der Stücklistenerzeugung, in deren Rahmen eine Vielzahl von spezifischen Daten erzeugt wird. Daten, die der Klasse Baugruppe zugeordnet werden können, werden ebenfalls während dieser Tätigkeiten erstellt. Weitere relevante Daten können den Klassen Projekt und Mitarbeiter zugeordnet werden. Während die personenbezogenen Daten analog zu den bereits erläuterten Prozessschritten zu verstehen sind, existieren projektspezifische Daten, die der Arbeitsorganisation im Rahmen der Konstruktionstätigkeiten geschuldet sind. Tätigkeitsdaten, die Dauer und Zeitpunkte der Arbeitsprozesse der Mitarbeiter abbilden, stellen abschließend eine weitere Datenklasse dar. Abbildung 85 zeigt die relevanten Datenklassen im Prozesselement Konstruktion.

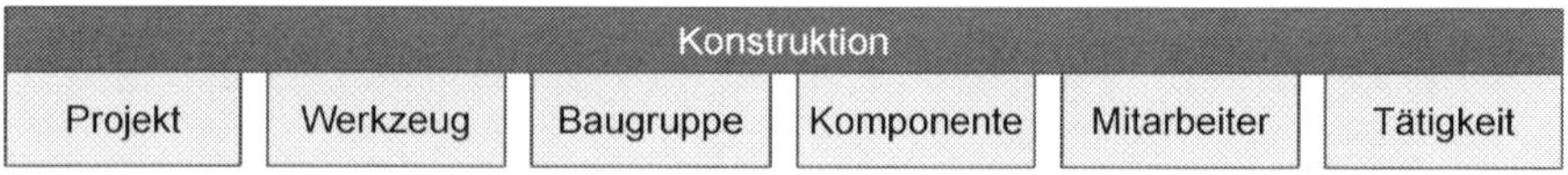

Abbildung 85: Relevante Datenklassen im Prozesselement Konstruktion

Im Prozesselement **Arbeitsvorbereitung** stehen die Datenklassen Komponente, Baugruppen und Betriebsmittel im Fokus. Für die Erstellung von Fertigungs- und Montageplänen ist die Verknüpfung der Daten der zu bearbeitenden Waren mit den dafür notwendigen Arbeitsmaschinen und -mitteln notwendig. Weiterhin sind Daten der genannten Datenklassen für die Zuordnung von Komponenten und Baugruppen zu Arbeitsstätten bzw. zur Generierung des CAM-Programms erforderlich. Punktuell werden werkzeugspezifische Daten als zusätzliche Informationen auf Fertigungs- und Montageplänen verwendet. Weitere relevante Daten beziehen sich auf spezifische Mitarbeiter, die die genannten Tätigkeiten ausführen. Dauer und Zeitpunkte der Arbeitsprozesse der Mitarbeiter sind ebenfalls relevant und der Datenklasse Tätigkeit zuzuordnen. Die relevanten Datenklassen im Prozesselement Arbeitsvorbereitung sind in Abbildung 86 dargestellt.

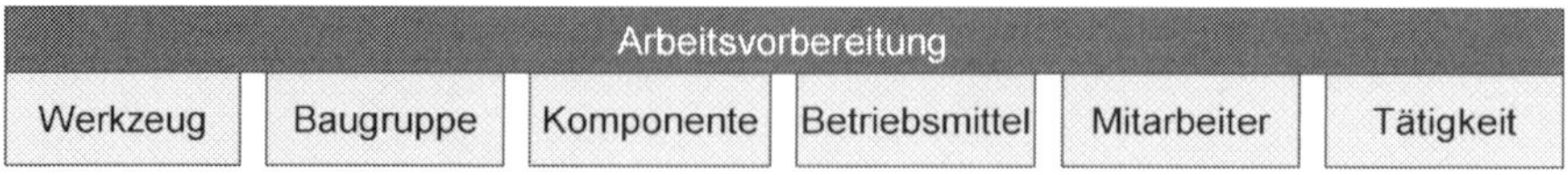

Abbildung 86: Relevante Datenklassen im Prozesselement Arbeitsvorbereitung

Relevante Daten im Prozesselement **Fertigung** sind insbesondere den Klassen Komponente und Betriebsmittel zuzuordnen. Die Datenklasse Komponente hat hohe Relevanz, da die mechanische Bearbeitung und anschließende Prüfung im Werkzeugbau auf Einzelteilebene erfolgt. Somit besteht u. a. bei NC-Programm und Fertigungsplan stets ein Bezug zur Komponente. Betriebsmittel sind ebenso zur Leistungserbringung notwendig und integrieren hauptsächlich Werkzeugmaschinen, Bearbeitungswerkzeuge und Prüfvorrichtungen. Sie integrieren u. a. die jeweiligen Haupt- und Nebenzeiten der Betriebsmittel. Punktuell erfolgt die Verwendung werkzeug- und projektspezifischer Daten als zusätzliche Informationen auf Fertigungsplänen. Weitere relevante Daten können der Klasse Mitarbeiter zugeordnet werden. Tätigkeitsdaten, die Dauer und Zeitpunkte der Arbeitsprozesse der Mitarbeiter abbilden, stellen abschließend eine weitere relevante Datenklasse dar. Abbildung 87 zeigt die relevanten Datenklassen im Prozesselement Fertigung.

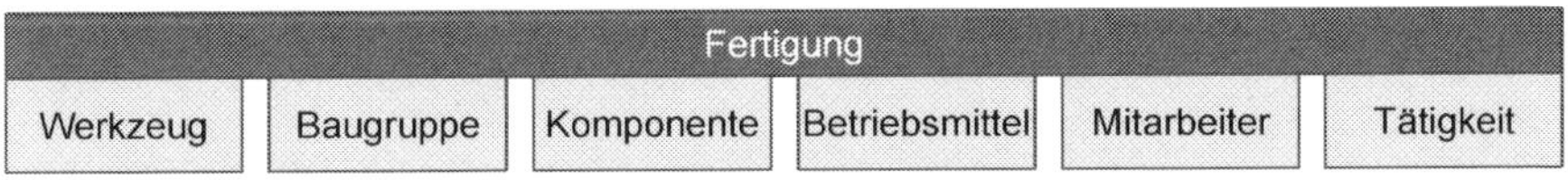

Abbildung 87: Relevante Datenklassen im Prozesselement Fertigung

Im Prozesselement **Montage** stehen die Datenklassen Werkzeug, Baugruppe und Komponente im Fokus. Sowohl Vor- und Endmontagetätigkeiten werden an Komponenten und Baugruppen verrichtet, sodass u. a. Montageplan, Montageschritte und bestehende Wirkprinzipien stets einen Bezug zu Werkzeugelementen aufweisen. Das Werkzeug als Endergebnis des Endmontageprozesses, jedoch auch Ausgangspunkt der Demontagetätigkeit, weist neben beschreibenden Daten ebenfalls Daten zum Fertigstellungstermin auf. Neben projektspezifischen Daten, die der Arbeitsorganisation im Rahmen der Montagetätigkeiten geschuldet sind, sind Daten der Klasse Arbeitsstation relevant, da sie den Verrichtungsort der Tätigkeiten repräsentieren. Weitere relevante Daten beziehen sich auf spezifische Mitarbeiter, die die genannten Tätigkeiten ausführen. Dauer und Zeitpunkte der Arbeitsprozesse der Mitarbeiter sind ebenfalls relevant und der Datenklasse Tätigkeit zuzuordnen. Die relevanten Datenklassen im Prozesselement Montage sind in Abbildung 88 dargestellt.

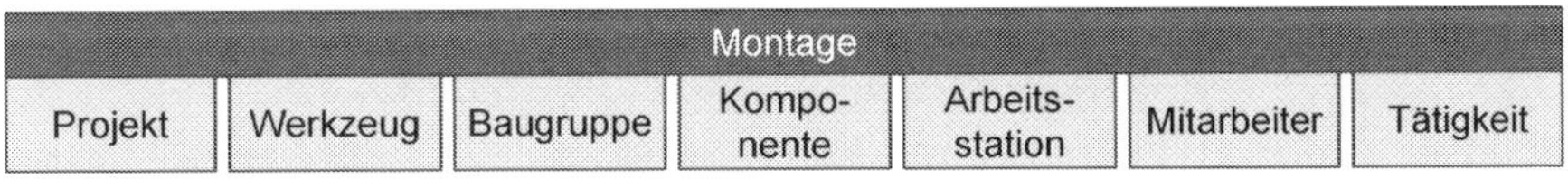

Abbildung 88: Relevante Datenklassen im Prozesselement Montage

Relevante Daten im Prozesselement **Qualifizierung** sind insbesondere den Klassen Kunde, Projekt, Werkzeug und Betriebsmittel zuzuordnen. Die Vorbereitung der Qualifizierungszyklen betrifft neben dem Werkzeug hauptsächlich unterschiedliche Betriebsmittel, sodass entsprechende Daten dieser Klasse relevant sind. Die Werkzeugerprobung selbst integriert Daten der gleichen Klassen. Kunden- und projektspezifische Daten sind Bestandteil der Artikelqualitätsprüfung und fokussieren die geforderten Spezifikationen und tatsächlichen Merkmale des hergestellten Artikels. Tätigkeitsdaten, die Dauer und Zeitpunkte der Arbeitsprozesse der Mitarbeiter abbilden, stellen abschließend eine weitere relevante Datenklasse dar. Abbildung 89 zeigt die relevanten Datenklassen im Prozesselement Qualifizierung.

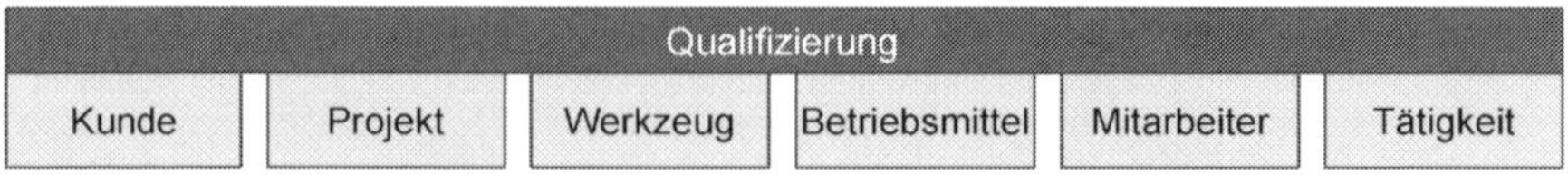

Abbildung 89: Relevante Datenklassen im Prozesselement Qualifizierung

Im Prozesselement **Projektmanagement** steht keine Datenklasse aufgrund der Tätigkeiten in besonderem Fokus. Vielmehr existieren unterschiedliche Daten, die einer Vielzahl von Datenklassen zugeordnet werden können. Relevante Datenklassen sind Unternehmen, Arbeitsstationen, Betriebsmittel und Personen, deren Inhalte zur validen Ermittlung verfügbarer Kapazitäten notwendig sind. Gleichzeitig sind projekt- und werkzeugspezifische Daten integriert, um Kapazitätsübersicht und darauf aufbauend den Projektplan erstellen zu können. Durch die Kommunikation mit dem Kunden sind Daten der Klasse Kunde wichtig. Weitere relevante Daten beziehen sich auf spezifische Mitarbeiter, die die genannten Tätigkeiten ausführen. Dauer und Zeitpunkte der Arbeitsprozesse der Mitarbeiter sind ebenfalls relevant und der Datenklasse Tätigkeit zuzuordnen. Die relevanten Datenklassen im Prozesselement Projektmanagement sind in Abbildung 90 dargestellt.

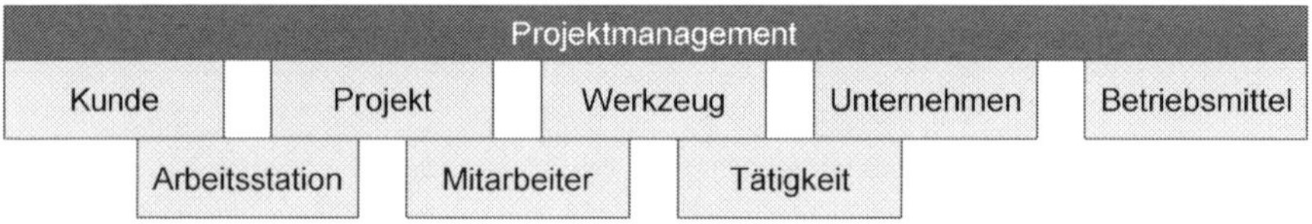

Abbildung 90: Relevante Datenklassen im Prozesselement Projektmanagement

Relevante Daten im Prozesselement **Einkauf** sind insbesondere den Klassen Lieferant und Projekt zuzuordnen. Einerseits existieren im Rahmen von Anfragedurchführung, Angebotsbewertung und Bestellauslösung eine Vielzahl von spezifischen Daten zum Lieferanten selbst sowie zu angegebenen Angeboten und beauftragten Bestellungen. Des Weiteren werden spezifische Daten zur Bewertung der Leistungsfähigkeit generiert. Durch die Beschaffung unterschiedlichster Waren sind Daten der Klasse Werkzeug, Baugruppe und Komponente ebenfalls relevant. Unternehmensdaten, welche den Unternehmensstandort für die Zustellung von Lieferungen integrieren, sind zusätzlich abzubilden. Tätigkeitsdaten, die Dauer und Zeitpunkte der Arbeitsprozesse der Mitarbeiter repräsentieren, stellen abschließend eine weitere relevante Datenklasse dar. Abbildung 91 zeigt die relevanten Datenklassen im Prozesselement Einkauf.

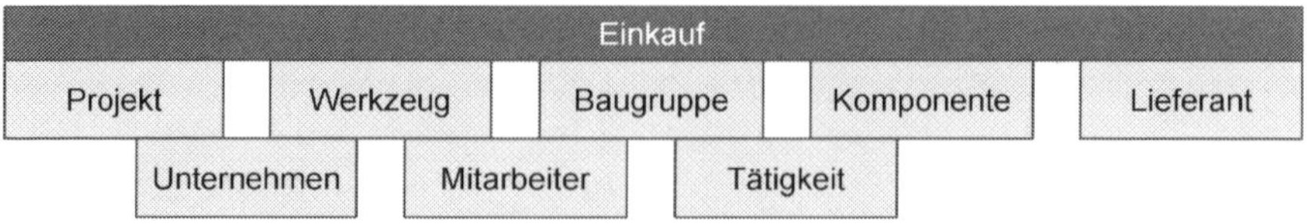

Abbildung 91: Relevante Datenklassen im Prozesselement Einkauf

Im Prozesselement **Logistik** stehen die Datenklassen Werkzeug, Baugruppe, Komponente und Lieferant im Fokus. Dies liegt einerseits an der Annahme und Kommissionierung der unterschiedlichen Waren, in deren Prozessablauf unterschiedliche werkzeug-, baugruppen- und komponentenspezifische Daten erzeugt bzw. genutzt werden. Andererseits ist eine Vielzahl von Daten der erwähnten Klassen maßgebend für eine erfolgreiche Lagerverwaltung. Bezugnehmend auf das Lager ist weiterhin die Datenklasse Betriebsmittel relevant. Aufgrund der Schnittstellen zu Geschäftspartnern sind die Datenklassen Kunde, Lieferant und Projekt ebenfalls Bestandteil der Datenstruktur. Weitere relevante Daten beziehen sich auf spezifische Mitarbeiter, die die genannten Tätigkeiten ausführen. Dauer und Zeitpunkte der Arbeitsprozesse der Mitarbeiter sind ebenfalls relevant und der Datenklasse Tätigkeit zuzuordnen. Die relevanten Datenklassen im Prozesselement Logistik sind in Abbildung 92 dargestellt.

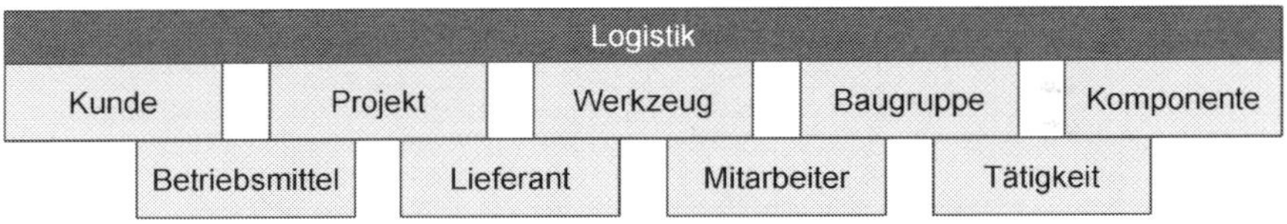

Abbildung 92: Relevante Datenklassen im Prozesselement Logistik

Der Autor hat eine differenzierte Betrachtung von projektspezifischen Daten und werkzeugspezifischen, baugruppenspezifischen und werkstückspezifischen Daten bewusst ausgewählt, da sie für die Herleitung des Datenstrukturmodells für den digitalen Schatten der Auftragsabwicklung von Werkzeugbaubetrieben zwingend erforderlich ist. Zunächst können, abhängig von dem in Serie produzierten Artikel, ein oder mehrere Werkzeuge zu einem Auftrag zugeordnet werden. Obwohl Werkzeuge einen Großteil des Umsatzanteils von Werkzeugbaubetrieben ausmachen, werden gleichzeitig einzelne Werkstücke und Baugruppen, bspw. in Form von Reparatur- oder Instandhaltungsaufträgen, abgewickelt (vgl. Kapitel 2.3.3.2). Abschließend sei noch auf die unterschiedliche Nomenklatur des Werkzeugaufbaus in Konstruktion, Arbeitsvorbereitung, Fertigung und Montage hingewiesen, die abhängig vom jeweiligen Werkzeugbaubetrieb bspw. eine Einteilung in Baugruppen vornimmt oder auf Werkstückebene bleibt. Die genannten Punkte tragen maßgeblich zur allgemeingültigen Anwendbarkeit bei.

Die beschriebenen relevanten Datenklassen entlang der Auftragsabwicklung von Werkzeugbaubetrieben weisen grundlegende Unterschiede hinsichtlich ihrer Beständigkeit auf. Sowohl für die Umsetzung in einem Datenbankmanagementsystem (vgl. Kapitel 2.2.1.2) als auch für die anwenderfreundliche Darstellung der Inhalte des Datenstrukturmodells ist eine Aggregation der vorgestellten Datenklassen zu übergeordneten Datenelementen erforderlich. Die Datenelemente des Datenstrukturmodells für den digitalen Schatten der Auftragsabwicklung von Werkzeugbaubetrieben werden daher in Stammdaten und Bewegungsdaten klassifiziert und weisen zusätzlich unterschiedliche Subklassen auf (vgl. Abbildung 93).

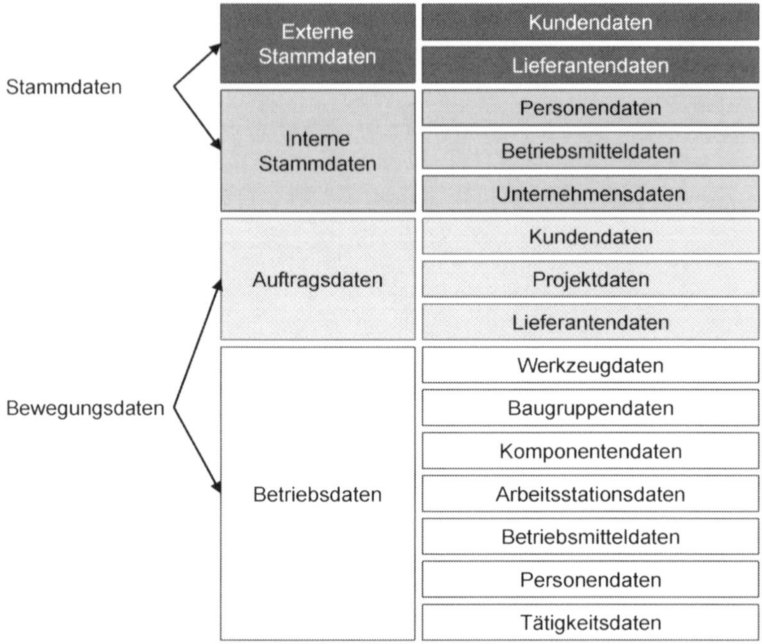

Abbildung 93: Datenelemente des Datenstrukturmodells

Stammdaten enthalten grundlegende Daten, die über einen längeren Zeitraum Gültigkeit aufweisen und somit grundsätzlich nicht veränderbar sind. Es existieren Daten mit einer geringen Volatilität zu Geschäftspartnern wie Kunden und Lieferanten (*externe Stammdaten*). Innerhalb eines Werkzeugbaubetriebs sind dies nicht veränderbare Daten zu Betriebsmitteln wie Maschinen und Anlagen, zu beschäftigten Mitarbeitern oder zum Gesamtunternehmen (*interne Stammdaten*). Entgegen der Einteilung bei anderen produzierenden Unternehmen wird in Werkzeugbaubetrieben Material nahezu ausschließlich projektbezogen bestellt, sodass es den Bewegungsdaten zugeordnet werden kann. **Bewegungsdaten** sind Daten, die im Rahmen der Durchführung innerbetrieblicher Prozesse erzeugt werden und somit veränderbar sind. Für das Datenstrukturmodell zur Erzeugung des digitalen Schattens der Auftragsabwicklung von Werkzeugbaubetrieben wird innerhalb der Bewegungsdaten zwischen Auftragsdaten und Betriebsdaten unterschieden. *Auftragsdaten* beinhalten spezifische Daten, die ausschließlich für den abgewickelten Auftrag relevant sind und damit einen begrenzten Zeithorizont aufweisen. Dabei handelt es sich um Kunden-, Projekt- und Lieferantendaten. Als *Betriebsdaten* werden diejenigen Daten bezeichnet, die während der Auftragsabwicklung seitens des Werkzeugbaubetriebs erzeugt werden oder aufgrund ihrer vergleichsweise geringen Beständigkeit veränderbar sind. Diese Daten weisen einen Bezug zu Werkzeug, Baugruppen und Komponenten sowie Arbeitsstationen, Betriebsmitteln, Personen und Tätigkeiten auf.

Die übergeordneten Datenelemente bilden eine Übersicht der Inhalte des Datenstrukturmodells. Obwohl die relevanten Datenklassen für jedes Prozesselement bestimmt wurden, wurden diese jeweils isoliert voneinander betrachtet. Angedeutet durch die mehrmalige Nennung gleicher Datenklassen bestehen datenspezifische Abhängigkeiten und Beziehungen zwischen unterschiedlichen Prozesselementen, die durch Integrationselemente beschrieben werden.

4.3.3 Integrationselemente

Gemäß der größtenteils sequenziell ablaufenden Auftragsabwicklung in Werkzeugbaubetrieben finden Daten in unterschiedlichen Prozesselementen Anwendung, werden verändert oder erweitert, erzeugt oder bedingen einander. Diese datenspezifischen Abhängigkeiten und Beziehungen bestehen sowohl innerhalb des Werkzeugbaubetriebs als auch über die Systemgrenze hinaus und sind häufig an Daten- oder Informationsträger geknüpft. Zur Erzeugung eines digitalen Schattens der Auftragsabwicklung von Werkzeugbaubetrieben sind die Abhängigkeiten und Beziehungen ebenfalls in der Datenstruktur abzubilden. Sie stellen Verbindungen dar und werden als Integrationselemente bezeichnet. Nachfolgend werden daher die datenspezifischen Schnittstellen für jedes Prozesselement erläutert.

Das Prozesselement **Vertrieb** weist datenspezifische Schnittstellen zu den Prozesselementen Engineering, Qualifizierung, Projektmanagement und Logistik sowie zu (potenziellen) Kunden auf. Die Schnittstelle zwischen Werkzeugbaubetrieb und Kunde stellt der Vertrieb dar. Die vom Kunden bereitgestellten CAD-Daten des Artikels, der mit einem oder mehreren Werkzeugen hergestellt werden soll, samt relevanter Spezifikationen und Lieferkonditionen sind Eingangsgrößen, auf deren Basis Machbarkeitsprüfung sowie Kalkulations- und Angebotserstellungsprozesse durchgeführt werden. Die Machbarkeitsprüfung erfolgt basierend auf Ergebnissen in Simulation, durchgeführt im Engineering, und in der Kapazitätsübersicht, erstellt im Projektmanagement. Im Prozesselement Qualifizierung werden die CAD-Daten des Artikels zum Abgleich mit dem hergestellten Artikel verwendet. Weiterhin nutzt das Projektmanagement die im Prozesselement Vertrieb erstellte Kalkulation, um die kapazitätsrelevanten Informationen nach erfolgreicher Akquisition berücksichtigen zu können. Durch die Versandabwicklung an den Kunden besteht eine Verbindung zum Prozesselement Logistik. Abbildung 94 zeigt die datenspezifischen Schnittstellen des Prozesselements Vertrieb.

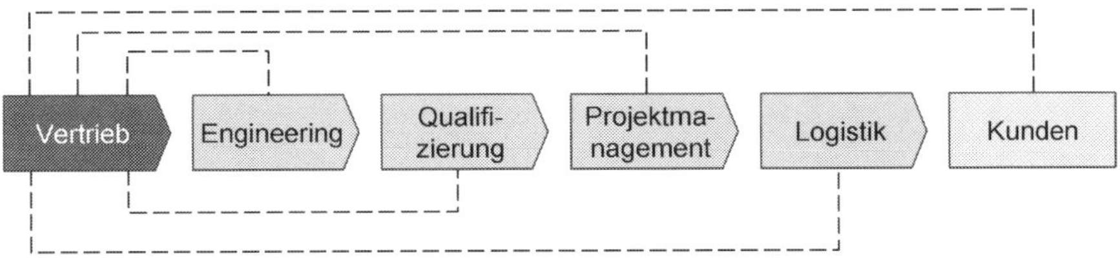

Abbildung 94: Datenspezifische Schnittstellen des Prozesselements Vertrieb

Datenspezifische Schnittstellen des Prozesselements **Engineering** bestehen zu den Prozesselementen Vertrieb, Konstruktion und Qualifizierung. Die Schnittstelle zwischen den Prozesselementen Engineering und Vertrieb wurde bereits erläutert. Die Datenstrukturen der Prozesselemente Engineering und Konstruktion weisen eine Schnittstelle in Bezug auf werkzeugspezifische Daten und Informationen auf, die im Kontext der Simulationsdurchführung erstellt und in die Konstruktionstätigkeiten integriert werden. Ähnlich geartet ist die Verbindung zur Datenstruktur des Prozesselements Qualifizierung, da während der Prozesssimulation die richtigen Parameter iterativ ermittelt werden, die wiederum Eingangsgrößen zur Vorbereitung der Produktionsmaschine für den Erprobungsprozess sind. Die datenspezifischen Schnittstellen des Prozesselements Engineering sind in Abbildung 95 dargestellt.

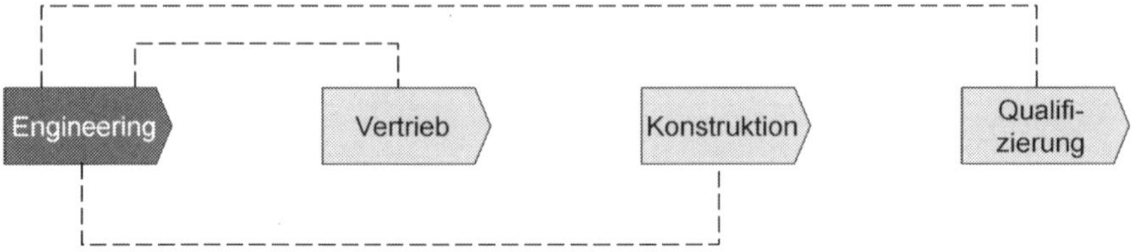

Abbildung 95: Datenspezifische Schnittstellen des Prozesselements Engineering

Das Prozesselement **Konstruktion** weist datenspezifische Schnittstellen zu den Prozesselementen Engineering, Arbeitsvorbereitung und Projektmanagement auf. Die Schnittstelle zwischen den Prozesselementen Konstruktion und Engineering wurde bereits erläutert. Die durch Mitarbeiter im Prozesselement Konstruktion erstellten 3D-Modelle der Werkzeugkomponenten sind notwendig, um die CAM-Programme als Tätigkeit des Prozesselements Arbeitsvorbereitung zu erstellen. Eine weitere Verbindung zu den arbeitsvorbereitenden Tätigkeiten besteht, da die erzeugte Stückliste ebenfalls Eingangsgröße ist, um Fertigungs- und Montagepläne für Komponenten und Baugruppen zu kreieren. Die Verknüpfung zum Prozesselement Projektmanagement besteht ebenfalls bei anderen Prozesselementen und wird daher im betreffenden Absatz erläutert. Abbildung 96 zeigt die datenspezifischen Schnittstellen des Prozesselements Konstruktion.

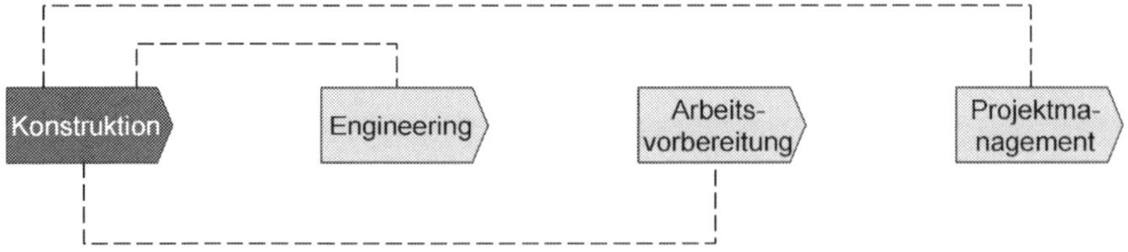

Abbildung 96: Datenspezifische Schnittstellen des Prozesselements Konstruktion

Datenspezifische Schnittstellen des Prozesselements **Arbeitsvorbereitung** bestehen zu den Prozesselementen Konstruktion, Fertigung, Montage, Projektmanagement und Einkauf. Die Schnittstellen zwischen den Prozesselementen Arbeitsvorbereitung und Konstruktion wurden bereits erläutert. Die im Rahmen der arbeitsvorbereitenden Tätigkeiten erstellten CAM-Programme und Fertigungspläne werden im Prozesselement Fertigung genutzt, um die Bearbeitung der Werkzeugkomponenten auf Betriebsmitteln operativ ausführen zu können. Analog stellen Montagepläne zentrale Dokumente für Zusammenbau und Endmontage von Komponenten und Baugruppen zu einem funktionsfähigen Werkzeug dar. Da die Verknüpfung zum

Prozesselement Projektmanagement ebenfalls bei anderen Prozesselementen besteht, wird diese aggregiert im betreffenden Absatz erläutert. Die Entscheidung zur Herstellung oder Beschaffung von Werkzeugkomponenten wird im Prozesselement Arbeitsvorbereitung getroffen. Die dafür relevanten Daten werden im Prozesselement Einkauf benötigt, da dort die Beschaffung operativ durchgeführt wird. Somit existiert eine Verknüpfung. Die datenspezifischen Schnittstellen des Prozesselements Arbeitsvorbereitung sind in Abbildung 97 dargestellt.

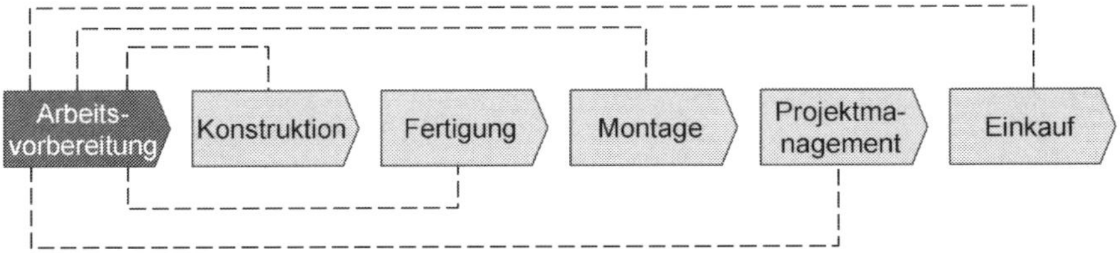

Abbildung 97: Datenspezifische Schnittstellen des Prozesselements Arbeitsvorbereitung

Das Prozesselement **Fertigung** weist datenspezifische Schnittstellen zu den Prozesselementen Arbeitsvorbereitung, Projektmanagement und Logistik auf. Die Schnittstellen zwischen den Prozesselementen Fertigung und Arbeitsvorbereitung wurden bereits erläutert. Nach Fertigstellung der Werkzeugkomponenten und positivem Prüfergebnis erfolgt deren Kommissionierung bzw. Transport zu anderen internen Arbeitsstationen oder Lagerbereichen oder zu externen Lieferanten. Wie bereits bei den Prozesselementen Konstruktion und Arbeitsvorbereitung erwähnt, wird die Schnittstelle zur Datenstruktur des Prozesselements Projektmanagement im weiteren Verlauf erläutert. Abbildung 98 zeigt die datenspezifischen Schnittstellen des Prozesselements Fertigung.

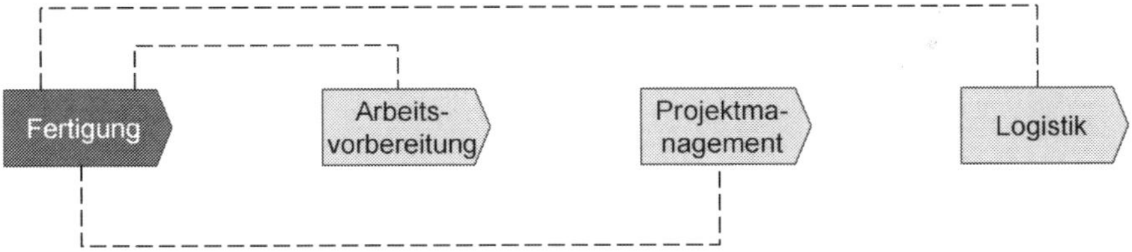

Abbildung 98: Datenspezifische Schnittstellen des Prozesselements Fertigung

Datenspezifische Schnittstellen des Prozesselements **Montage** bestehen zu den Prozesselementen Arbeitsvorbereitung, Qualifizierung, Projektmanagement und Logistik. Die Schnittstelle zwischen den Prozesselementen Montage und Arbeitsvorbereitung wurde bereits erläutert. Sofern das Werkzeug vollständig (vor)montiert wurde und alle Werkzeugkomponenten und Baugruppen ihre Funktion erfüllen, kann die Qualifizierung des Werkzeugs durchgeführt werden. Weiterhin führt ein negatives Prüfergebnis des Artikels in der Werkzeugqualifizierung zu einer notwendigen Demontage im Prozesselement Montage. Gemäß den vorherigen Ausführungen erfolgt die Erläuterung der Verbindung zum Prozesselement Projektmanagement später. Die datenspezifische Verknüpfung zum Prozesselement Logistik erklärt sich, analog zum Prozesselement Fertigung, im Transport von vormontierten Baugruppen oder endmontierten Werkzeugen. Die datenspezifischen Schnittstellen des Prozesselements Montage sind in Abbildung 99 dargestellt.

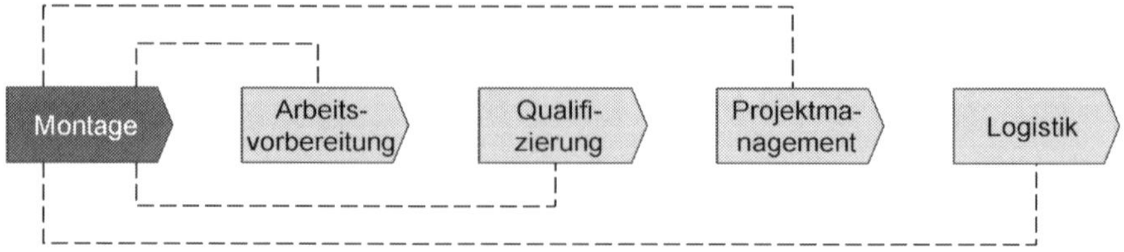

Abbildung 99: Datenspezifische Schnittstellen des Prozesselements Montage

Das Prozesselement **Qualifizierung** weist datenspezifische Schnittstellen zu den Prozesselementen Vertrieb, Engineering, Montage, Projektmanagement und Logistik auf. Die Schnittstellen zwischen dem Prozesselement Qualifizierung und den Prozesselementen Vertrieb, Engineering und Montage wurden bereits erläutert. Die Verbindung zum Prozesselement Projektmanagement wird im nachfolgenden Absatz erläutert. Zur operativen Durchführung der Werkzeugerprobung wird Material benötigt, welches im Rahmen der Logistiktätigkeiten bereitgestellt wird, da dieses vorab in der jeweils typischen Lieferform kommissioniert und eingelagert wird. Abbildung 100 zeigt die datenspezifischen Schnittstellen des Prozesselements Qualifizierung.

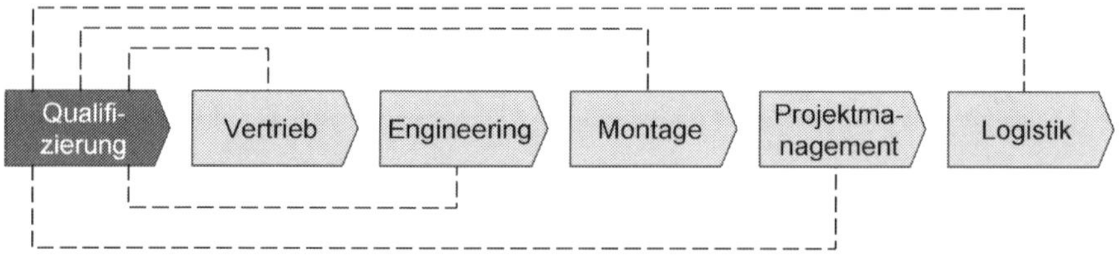

Abbildung 100: Datenspezifische Schnittstellen des Prozesselements Qualifizierung

Datenspezifische Schnittstellen des Prozesselements **Projektmanagement** bestehen zu den Prozesselementen Vertrieb, Konstruktion, Arbeitsvorbereitung, Fertigung, Montage und Qualifizierung. Die Schnittstelle zwischen den Prozesselementen Projektmanagement und Vertrieb wurde bereits erläutert. Im Rahmen der Projektmanagementtätigkeiten werden Kapazitätsübersichten der Ressourcen des Werkzeugbaubetriebs erstellt. Als Eingangsgrößen sind kapazitätsbezogene Daten zu Mitarbeitern und Betriebsmitteln, die Tätigkeiten in den Prozesselementen Konstruktion, Arbeitsvorbereitung, Fertigung, Montage und Qualifizierung durchführen, von hoher Relevanz. Die datenspezifischen Schnittstellen des Prozesselements Projektmanagement sind in Abbildung 101 dargestellt.

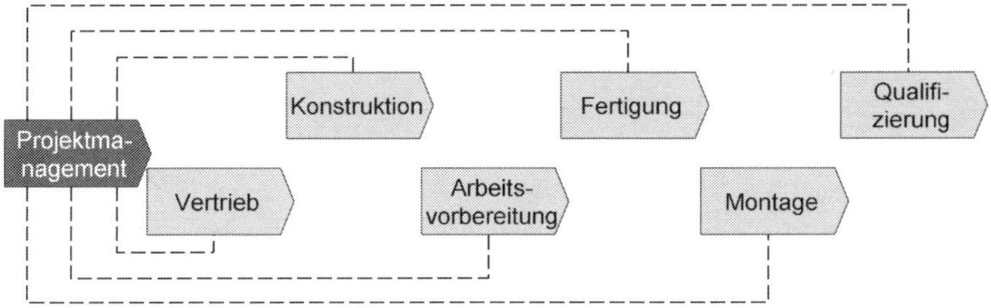

Abbildung 101: Datenspezifische Schnittstellen des Prozesselements Projektmanagement

Das Prozesselement **Einkauf** weist datenspezifische Schnittstellen zu den Prozesselementen Arbeitsvorbereitung und Logistik sowie zu (potenziellen) Lieferanten auf. Die Schnittstelle zwischen Werkzeugbaubetrieb und Lieferanten stellt das Prozesselement Einkauf dar. Das vom Lieferanten bereitgestellte Angebot, welches sich auf die zu beschaffende Ware bezieht, ist notwendig, um einen Abgleich mit dem Lastenheft durchzuführen. Darauf aufbauend werden Verhandlungen durchgeführt oder die Bestellung direkt ausgelöst. Die Schnittstelle zwischen den Prozesselementen Einkauf und Arbeitsvorbereitung wurde bereits erläutert. Die Verbindung zum Prozesselement Logistik entsteht dadurch, dass Daten zu Bestellungen nach der Kommissionierung für die Leistungsfähigkeitsbewertung, die im Rahmen der Einkaufstätigkeiten durchgeführt wird, benötigt werden. Weiterhin wird der Bedarf zur Beschaffung von Waren innerhalb der Logistiktätigkeiten ermittelt. Abbildung 102 zeigt die datenspezifischen Schnittstellen des Prozesselements Einkauf.

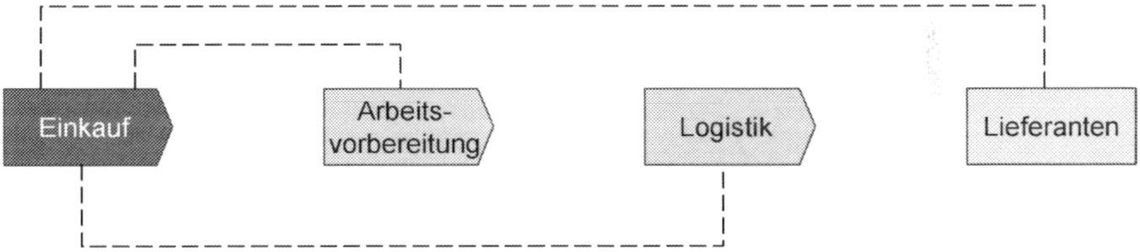

Abbildung 102: Datenspezifische Schnittstellen des Prozesselements Einkauf

Datenspezifische Schnittstellen des Prozesselements **Logistik** bestehen zu den Prozesselementen Vertrieb, Fertigung, Montage und Qualifizierung sowie zu Kunden und Lieferanten. Die Schnittstellen zwischen dem Prozesselement Logistik und den Prozesselementen Vertrieb, Fertigung, Montage und Qualifizierung wurden bereits erläutert. Durch die Kommissionierung und Versandabwicklung von Waren an Kunden und Lieferanten bestehen entsprechende Verbindungen zu diesen externen Entitäten. Die datenspezifischen Schnittstellen des Prozesselements Logistik sind in Abbildung 103 dargestellt.

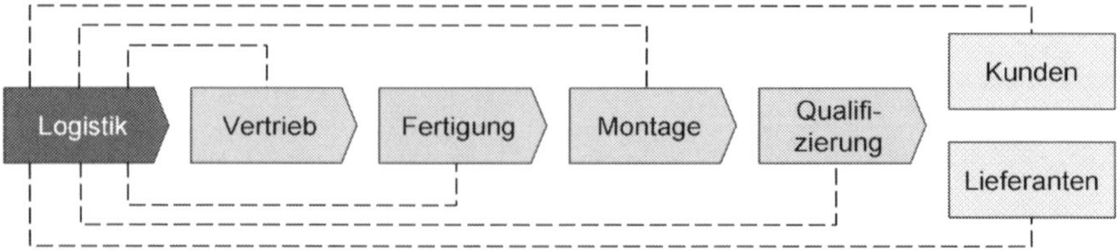

Abbildung 103: Datenspezifische Schnittstellen des Prozesselements Logistik

Die datenspezifischen Schnittstellen jedes Prozesselements mit anderen Prozesselementen wurden bestimmt, sodass alle Integrationselemente des Datenstrukturmodells für den digitalen Schatten der Auftragsabwicklung von Werkzeugbaubetrieben definiert sind. Erst durch die Integration aller Datenstrukturen entsteht ein ganzheitliches Modell, welches die gesamte Auftragsabwicklung von Werkzeugbaubetrieben abbildet.

4.3.4 Darstellungselemente

Die Modellierung der Datenstrukturen für den digitalen Schatten der Auftragsabwicklung von Werkzeugbaubetrieben erfordert die Nutzung anforderungsgerechter Darstellungselemente. Die im Kontext der Datenstrukturierung und -modellierung relevanten Modellierungssprachen (vgl. Kapitel 2.2.4) wurden bereits vorgestellt und werden nun anhand der modellierungsspezifischen Anforderungen (vgl. Kapitel 3.1.2.4) individuell bewertet.[559] Abbildung 104 zeigt die Bewertungsergebnisse, denen das Bewertungssystem aus Kapitel 3.1.1 zugrunde liegt.

[559] An dieser Stelle sei darauf hingewiesen, dass sich die in diesem Kapitel durchgeführte Bewertung ausschließlich auf die originären Modellierungssprachen bezieht. Die Bewertung in Kapitel 3 betrachtet den gesamten Ansatz und integriert somit u. a. individuelle Darstellungsweisen innerhalb der jeweilig genutzten Modellierungssprache. Folglich können, trotz der jeweiligen Nutzung der Modellierungssprachen, im Rahmen dieses Kapitels abweichende Bewertungen entstehen.

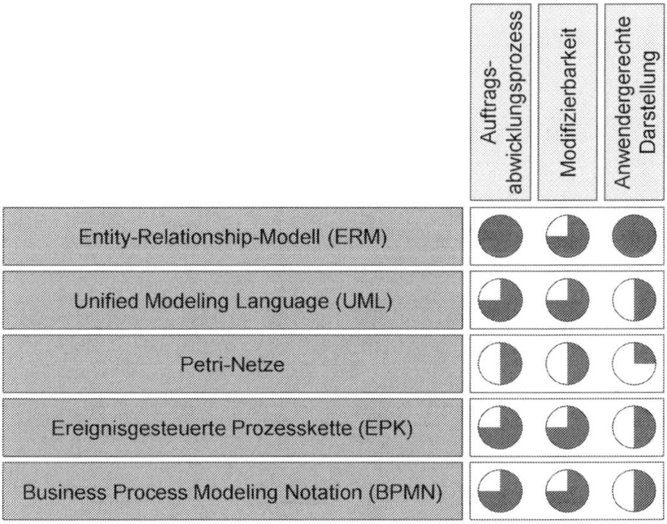

Abbildung 104: Bewertung der Modellierungssprachen

Die Bewertung zeigt, dass die Modellierungssprache ERM alle drei Anforderungen mindestens in hohem, zwei sogar in sehr hohem Maße erfüllt. Die Darstellung des Datenstrukturmodells für den digitalen Schatten der Auftragsabwicklung von Werkzeugbaubetrieben ist mit der Modellierungssprache ERM leicht umzusetzen. Die einfache und für den Anwender intuitive Notation aus Entitys und Beziehungen, vor allem in Kombination mit Attributen, führt zudem zu einer anwendergerechten Darstellung von Daten und Datenstrukturen in höchstem Maße. Die Modellierungssprache UML erfüllt die Anforderungen nach der Orientierung am Auftragsabwicklungsprozess zwar in hohem Maße. Die zugrunde liegenden Modellierungselemente, vor allem aber die Darstellung von Klassen, Assoziationen und Kommentaren, ist jedoch nur in geringem Maße anwendergerecht. Die Darstellung von Daten und Datenstrukturen mithilfe von Petri-Netzen ist ebenfalls nicht praktikabel. Die Orientierung am Auftragsabwicklungsprozess ist nur in geringem Maße zu realisieren, da die Modellierungselemente Marke, Stelle, Transition und Kante eher Zustände und Zustandsänderungen visualisieren als Daten. Die Modellierungssprache EPK erlaubt wie UML eine Orientierung am Auftragsabwicklungsprozess in hohem Maße. Darstellung und Inhalt sind für den Anwender zwar leicht verständlich, fokussieren aber keine Daten oder Datenstrukturen. Die Anwendung von BPMN ermöglicht eine Orientierung des Auftragsabwicklungsprozesses in hohem Maße. Analog zu Petri-Netzen sind die Modellierungselemente jedoch für die Darstellung von Zuständen und Unterprozessen ausgelegt und nicht für Daten und Datenstrukturen. Mit Ausnahme der Petri-Netze erfüllen alle Modellierungssprachen die Anforderung nach Modifizierbarkeit in hohem Maße.

Zentrale Erkenntnis der dargelegten Bewertung ist, dass die Modellierungssprache **Entity-Relationship-Modell (ERM)** zur Modellierung von Datenstrukturen für den digitalen Schatten der Auftragsabwicklung von Werkzeugbaubetrieben sehr geeignet ist. Folglich wird ERM zur

Modellierung der Datenstrukturen in Kapitel 5 angewandt. Notation und Modellierungselemente werden, basierend auf der Arbeit nach CHEN[560], daher nachfolgend vorgestellt.

Die zentralen Modellierungselemente von ERM sind Entity, Beziehung (Relation), Kardinalität und Attribut. Eine *Entity* repräsentiert einen Gegenstand der Realität (bspw. eine Person, ein Unternehmen oder eine Veranstaltung), der durch Eigenschaften beschrieben werden kann. Grafisch wird sie als Rechteck dargestellt. Gleiche oder gleichartige Entitys (bspw. Fräsmaschine und Drehmaschine) werden zu einem Entitytyp (bspw. Maschine) zusammengefasst. Entitytypen werden ebenfalls als Rechteck visualisiert. Eine *Beziehung* bildet die logische Verknüpfung zwischen zwei oder mehreren Entitys. Dies ist unabhängig von der Zugehörigkeit zu gleichen oder unterschiedlichen Entitytypen. Analog zu Entitys können Beziehungen gleicher Art zu Beziehungstypen zusammengefasst werden. Beziehungen und Beziehungstypen werden als Raute dargestellt. Die Verknüpfung von Entitytypen und Beziehungstypen ist durch die *Kardinalität* charakterisiert. Die Beziehung zwischen diesen zwei Mengen kann auf drei unterschiedliche Arten charakterisiert sein:

- *(1:1)-Beziehung*: Jedes Objekt von Menge 1 hat eine Beziehung zu genau einem Objekt von Menge 2.
- *(1:m)-Beziehung*: Jedes Objekt von Menge 1 hat eine Beziehung zu genau einem Objekt von Menge 2, während jedes Objekt von Menge 2 Beziehungen zu mehreren Objekten von Menge 1 aufweist. Die (m:1)-Beziehung gilt analog.
- *(n:m)-Beziehung*: Jedes Objekt von Menge 1 hat Beziehungen zu mehreren Objekten von Menge 2, während jedes Objekt von Menge 2 Beziehungen zu mehreren Objekten von Menge 1 aufweist.

Jeder Entitytyp und Beziehungstyp weist Eigenschaften auf, die durch *Attribute* beschrieben und spezifiziert werden. Sie werden durch Ovale grafisch dargestellt. Weiterhin existiert ein Schlüsselattribut, welches eine Entity eines Entitytyps eindeutig identifiziert. Beziehungen weisen ebenfalls ein Schlüsselattribut auf, das sich aus allen Schlüsselattributen der integrierten Entitytypen zusammensetzt. In beiden Fällen ist das Schlüsselattribut unterstrichen. Die zentralen Modellierungselemente des ERM sind nachfolgend in einem Beispiel dargestellt, welches die Beziehung zwischen Maschinen und Mitarbeitern eines Industriebetriebs beschreibt (vgl. Abbildung 105). Beide Entitys sind jeweils durch ein entsprechendes Schlüsselattribut eindeutig beschrieben und weisen jeweils ein zusätzliches Attribut auf.

In der Beschreibung der Datenstrukturen für den digitalen Schatten der Auftragsabwicklung von Werkzeugbaubetrieben wird bewusst auf den Begriff „Entitytyp" verzichtet. Einerseits erleichtert dies die individuelle Adaption des Datenstrukturmodells seitens der Nutzer auf die Gegebenheiten im eigenen Werkzeugbaubetrieb. Andererseits reduziert sich die Komplexität der konkreten Erläuterung der Datenstrukturen.

[560] Vgl. Chen (The Entity-relationship Model), 1976, S. 9ff.

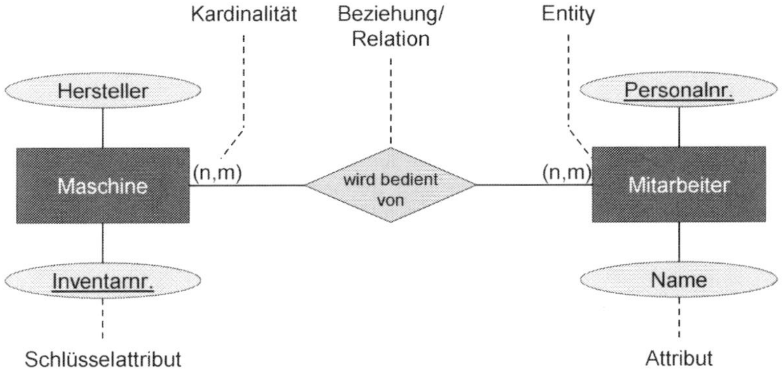

Abbildung 105: Zentrale Modellierungselemente des ERM

Das Grundmodell von CHEN und damit die enthaltenen Modellierungselemente wurden im Laufe der Jahre sukzessive erweitert, um eine verbesserte Aussagekraft in der Abbildung von Management- und Wirtschaftssystemen zu realisieren.[561] Ein für die vorliegende Arbeit maßgeblicher Bestandteil sind **Konstruktionsoperatoren**, mit deren Hilfe die bereits in Kapitel 2.2.3 vorgestellten Abstraktionsprinzipien modelliert werden können. Gleichzeitig beugen sie einer willkürlich modellierten Datenstruktur vor, indem sie dem zugrunde liegenden intellektuellen Konstruktionsprozess ein systematisches Vorgehen vorgeben.[562] Die grafische Darstellungsweise der Konstruktionsoperatoren Generalisierung/Spezialisierung, Aggregation und Gruppierung in der Modellierungssprache ERM wird nachfolgend vorgestellt.[563]

Mithilfe des Operators *Generalisierung/Spezialisierung* werden ähnliche Entitytypen auf einer übergeordneten Ebene zusammengefasst bzw. Entitytypen in zwei oder mehrere untergeordnete Entitys(sub)typen unterteilt.[564] Während alle gemeinschaftlichen Eigenschaften auf übergeordneter Ebene modelliert werden, integriert die untergeordnete Ebene nur die jeweils abweichenden Attribute. Abbildung 106 zeigt die Notation des Konstruktionsoperators Generalisierung/Spezialisierung, der durch ein schwarzes Dreieck dargestellt wird, anhand eines Beispiels. Der Entitytyp Kunde stellt eine Generalisierung der Entitytypen Bestandskunde und Neukunde dar und ist gleichzeitig eine Spezialisierung des Entitytyps Geschäftspartner. Die Eigenschaften ID und Name gelten für alle Entitytypen, während die Eigenschaft Konditionen ausschließlich dem Entitytyp Lieferant zuzuordnen ist.

---

561 Vgl. Schmidt (Informationsmanagement), 1996, S. 55

562 Vgl. Scheer (Referenzmodelle), 1997, S. 35

563 Eine grafische Darstellungsweise des Konstruktionsoperators Klassifizierung existiert nicht, da der Prozess zur eindeutigen Zuordnung von Entitys zu einem Entitytyp gedanklich passiert und nur das Ergebnis als Rechteck dargestellt wird.

564 Vgl. Engesser et al. (Duden Informatik), 1993, S. 170

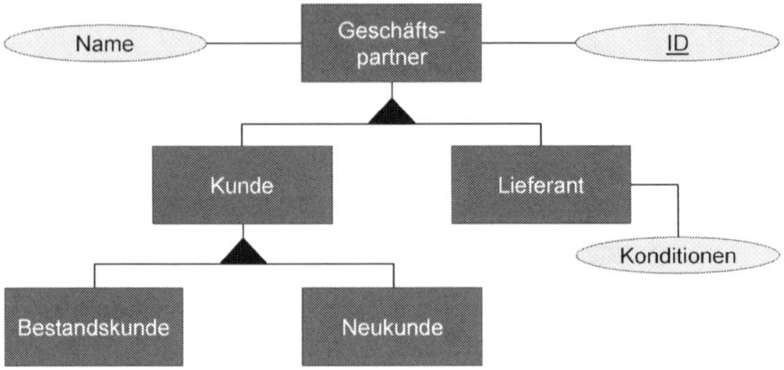

Abbildung 106: Notation des Konstruktionsoperators Generalisierung/Spezialisierung[565]

Der Operator *Aggregation* kombiniert bestehende, unterschiedliche Entitytypen zu neuen Entitytypen, die neue Eigenschaften aufweisen können. In Entitytypen uminterpretierte Beziehungstypen existieren häufig und werden durch eine umrandete Raute dargestellt. Um die Entwicklung des uminterpretierten Beziehungstyps nachvollziehen zu können, erfolgt eine Verbindung der originären Entitytypen bis an die Spitzen der Raute. Die von der Uminterpretation ausgehenden Verbindungslinien berühren lediglich die Kanten des Rechtecks.[566] Abbildung 107 zeigt, dass die Entitytypen Produkt und Lagerbereich zu dem uminterpretierten Beziehungstyp Bestand führen, der wiederum eine Verbindung zum Entitytyp Bedarf aufweist.

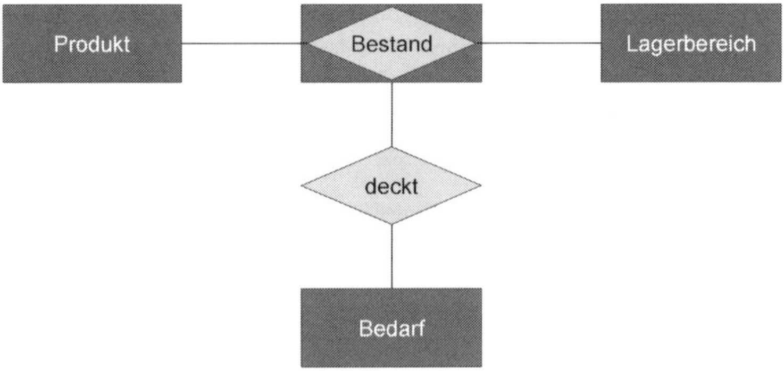

Abbildung 107: Notation des Konstruktionsoperators Aggregation[567]

Durch den Operator *Gruppierung* erfolgt eine Zusammenfassung von mehreren Entitys zu einer Gruppe, die durch eigene Attribute beschrieben werden kann.[568] Die Gruppierung verwendet keine gesonderten Zeichen oder Symbole, sondern wird mithilfe einer (1:n)-Beziehung

[565] I. A. a. Scheer (Referenzmodelle), 1997, S. 36

[566] I. A. a. Scheer (Referenzmodelle), 1997, S. 38f.

[567] I. A. a. Scheer (Referenzmodelle), 1997, S. 38

[568] Vgl. Scheer (Referenzmodelle), 1997, S. 40

dargestellt, die der regulären Notation des ERM entspricht. Abbildung 108 verdeutlicht dies anhand des Beispiels einer Abteilung, die mehrere Arbeitsplätze integriert und durch individuelle Attribute, bspw. den Namen und die Mitarbeiteranzahl, beschrieben wird.

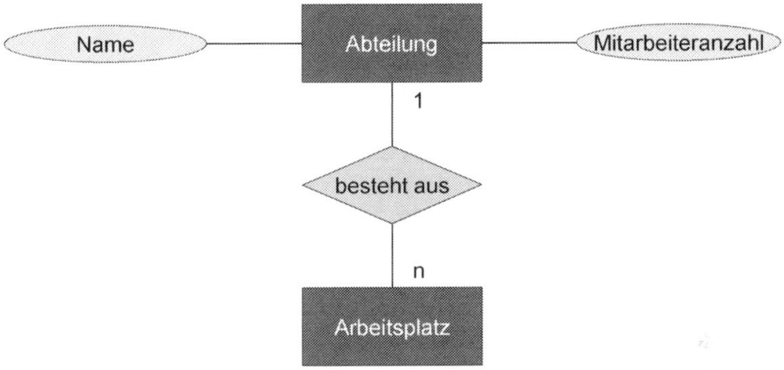

Abbildung 108: Notation des Konstruktionsoperators Gruppierung[569]

Die bisher vorgestellte Notation des Grundmodells ermöglicht keine Auskunft über die **Art der Kardinalitäten** einer Beziehung. Nach SCHEER wird dies durch Erweiterung der Kardinalitäten mithilfe der (min,max)-Notation ermöglicht, die eine Information über die minimale und maximale Anzahl an Beziehungen liefert. Dabei gilt der Wertebereich 0 ≤ min ≤ 1 ≤ max ≤ *, wobei das Zeichen „*" für eine beliebig hohe Anzahl steht.[570] Sofern die Minimal- und Maximalwerte jeweils nur die Werte 0 und 1 bzw. 1 und * annehmen, gilt folgende abgekürzte Schreibweise:

- (1,1) entspricht 1
- (0,1) entspricht c
- (1,*) entspricht m und
- (0,*) entspricht cm,

wobei c für „choice" (engl. „Auswahl") und m für „multiple" (engl. „Mehrere") stehen.[571]

Für die Darstellung des Datenstrukturmodells für den digitalen Schatten der Auftragsabwicklung von Werkzeugbaubetrieben werden die vorgestellten Modellierungselemente der ERM verwendet. Zur Erreichung einer hohen Qualität werden gleichzeitig die in Kapitel 2.2.2 erläuterten Grundsätze der Modellierung nach ROSEMANN ET AL.[572] berücksichtigt. Hervorzuheben ist insbesondere der Grundsatz der Klarheit, der die Verständlichkeit des Modells durch intui-

---

[569] I. A. a. Scheer (Referenzmodelle), 1997, S. 40

[570] Vgl. Scheer (Referenzmodelle), 1997, S. 41

[571] Vgl. Schlageter & Stucky (Datenbanksysteme), 1983, S. 51; Scheer (Referenzmodelle), 1997, S. 40

[572] Vgl. Rosemann et al. (Prozessmodellierung), 2012, S. 49f.

tive Lesbarkeit sicherstellt. Um eine hohe Anwendung des Datenstrukturmodells in der Branche Werkzeugbau zu garantieren, erfolgt daher an geeigneten Stellen – falls notwendig – eine geringfügige Anpassung der Darstellungsweise.

4.4 Synthese der Beschreibungselemente

Das Datenstrukturmodell für den digitalen Schatten der Auftragsabwicklung von Werkzeugbaubetrieben integriert vier zentrale Beschreibungselemente. Die Visualisierung von Prozesselementen, Datenelementen und Integrationselementen mithilfe von Darstellungselementen erzeugt ein übergeordnetes Datenstrukturmodell.

Die Prozesselemente **Vertrieb**, **Engineering**, **Konstruktion**, **Arbeitsvorbereitung**, **Fertigung**, **Montage**, **Qualifizierung** sowie **Projektmanagement**, **Einkauf** und **Logistik** sind die Basiselemente des Datenstrukturmodells. Sie geben den Betrachtungshorizont des Datenstrukturmodells vor und unterstützen die Nutzer durch eine einfache und gleichzeitig praxisorientierte Strukturierung der vorliegenden, komplexen Problemstellung. Die externen Entitäten Kunde und Lieferant sind ebenfalls im übergeordneten Datenstrukturmodell dargestellt und sind für die Auftragsabwicklung von Werkzeugbaubetrieben relevant. Im Gegensatz zu den Prozesselementen selber werden die für den Kontext relevanten Daten von Kunde und Lieferant in das Datenstrukturmodell integriert, jedoch nicht als eigene Datenstruktur modelliert.

Die übergeordneten Datenelemente des Datenstrukturmodells sind, aufbauend auf den Prozesselementen und den jeweiligen Tätigkeiten, in **Stamm- und Bewegungsdaten** klassifiziert. Die weitere Klassifizierung in interne und externe Stammdaten sowie Auftragsdaten und Betriebsdaten sowie spezifischere Unterklassen erzeugt einen ganzheitlichen Überblick der Inhalte des Datenstrukturmodells. Aufgrund der Orientierung am Auftragsabwicklungsprozess ergeben sich Sub-Datenstrukturen für jedes Prozesselement, sodass ein einfaches und intuitives Verständnis für die Anwender und Verwender im Werkzeugbaubetrieb realisiert wird. Dies bietet gleichzeitig die Möglichkeit, digitale Schatten einzelner Bereiche bzw. Prozesselemente der Auftragsabwicklung zu erzeugen.

Die Integrationselemente, welche die **datenspezifischen Schnittstellen** zwischen zwei oder mehreren Prozesselementen repräsentieren, zeigen die Abhängigkeiten und Beziehungen zwischen den Datenstrukturen der einzelnen Prozesselemente auf. Durch die Beschreibung der jeweiligen datenspezifischen Verbindungen jedes Prozesselements wird eine redundanzfreie Verknüpfung der Datenstrukturen der Prozesselemente zu einem ganzheitlichen Datenstrukturmodell erreicht.

Die Darstellungselemente, die der **Syntax der Modellierungssprache ERM** entsprechen, ermöglichen eine grafische Visualisierung der Sub-Datenstrukturen jedes Prozesselements und, gemeinsam mit den Integrationselementen, das vollständige Datenstrukturmodell für den digitalen Schatten der Auftragsabwicklung von Werkzeugbaubetrieben. Neben der durchgängigen Orientierung am Auftragsabwicklungsprozess und der anwendergerechten Darstellung ist die Unabhängigkeit von implementierten Datenbanksystemen ein entscheidendes Kriterium zur Auswahl dieser Modellierungssprache. Sie garantiert eine einfach verständliche Darstellung des Informationsgehalts. Zur Wahrung der Übersichtlichkeit werden die Darstellungselemente nachfolgend lediglich angedeutet. Sowohl die detaillierte Beschreibung als auch die detaillierte grafische Visualisierung der Datenstrukturen erfolgen in Kapitel 5. Das übergeordnete Datenstrukturmodell für den digitalen Schatten der Auftragsabwicklung von Werkzeugbaubetrieben ist in Abbildung 109 dargestellt.

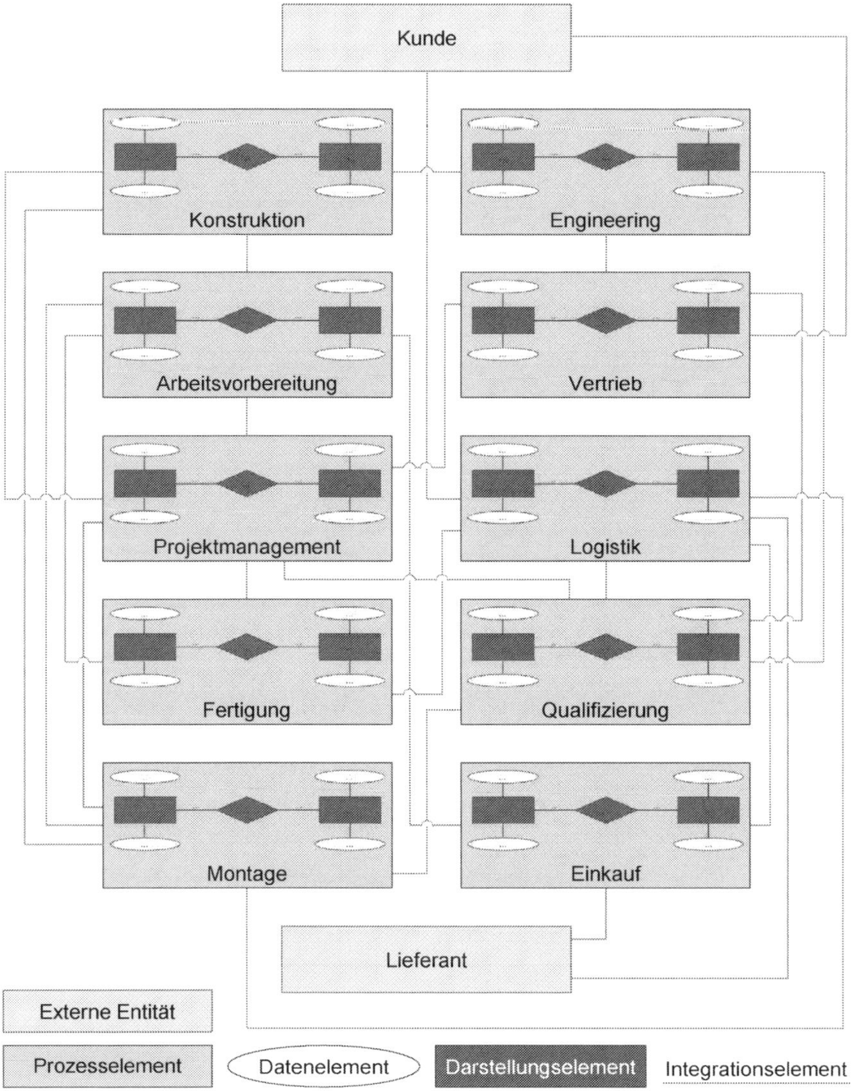

Abbildung 109: Übergeordnetes Datenstrukturmodell für den digitalen Schatten der Auftragsabwicklung von Werkzeugbaubetrieben

Abschließend sei zu erwähnen, dass die Einteilung der Prozesselemente in inhaltlich abgeschlossene und für den Anwender logische Subelemente sinnvoll ist, um die Datenstrukturen der Auftragsabwicklung eines Werkzeugbaubetriebs zu definieren. Weiterhin ist eine simultane Nutzung von Datenelementen, Integrationselementen und Darstellungselementen für Beschreibung und grafische Visualisierung notwendig.

4.5 Kritische Reflexion

Auf Basis von Systemtechnik und Modellierung als Grundlage wurde ein übergeordnetes Datenstrukturmodell für den digitalen Schatten der Auftragsabwicklung von Werkzeugbaubetrieben entwickelt. Ziel war es, die bestehenden Handlungsbedarfe aus Praxis (vgl. Kapitel 2.4) und Theorie (vgl. Kapitel 3.4) zu adressieren und die zentrale Forschungsfrage der vorliegenden Arbeit zu beantworten. Die Forschungsfrage lautet:

> Wie müssen Datenstrukturen für den digitalen Schatten der Auftragsabwicklung von Werkzeugbaubetrieben beschrieben und modelliert werden?

Die Forschungsfrage wird durch das in Kapitel 4.3 konzeptionierte und in Kapitel 4.4 synthetisierte Datenstrukturmodell beantwortet. Das übergeordnete Datenstrukturmodell integriert Prozesselemente, Datenelemente und Integrationselemente und beschreibt, befähigt durch die Modellierungssprache ERM, die für den digitalen Schatten relevanten Datenstrukturen der Auftragsabwicklung von Werkzeugbaubetrieben. Innerhalb von Kapitel 5 werden die Datenelemente der jeweiligen Prozesselemente mithilfe der Darstellungselemente grafisch dargestellt und durch Integrationselemente zu einem ganzheitlichen Datenstrukturmodell für den digitalen Schatten der Auftragsabwicklung von Werkzeugbaubetrieben verknüpft.

Neben der Überprüfung, ob die zentrale Forschungsfrage beantwortet wurde, ist ein Abgleich zwischen konzeptioniertem Datenstrukturmodell und den in Kapitel 3.1.2 hergeleiteten Anforderungen sowie den in Kapitel 3.5 beschriebenen spezifischen Forschungsfragen durchzuführen. Abbildung 110 zeigt das definierte Anforderungssystem.

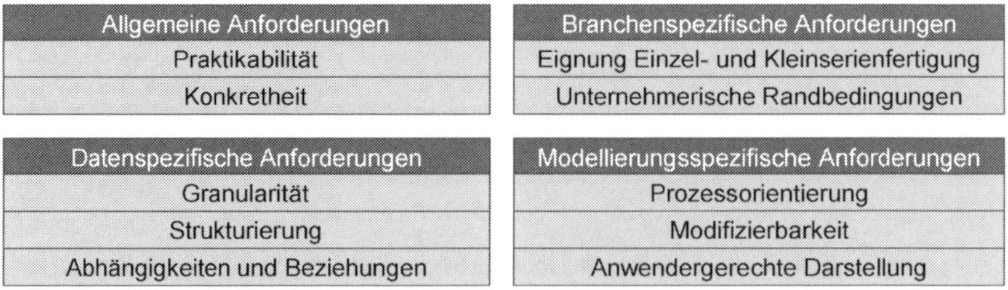

Abbildung 110: Anforderungssystem an ein Datenstrukturmodell für den digitalen Schatten der Auftragsabwicklung von Werkzeugbaubetrieben

Die **allgemeinen Anforderungen** nach Praktikabilität und Konkretheit des Datenstrukturmodells sind erfüllt. Das Datenstrukturmodell wurde aufbauend auf dem Auftragsabwicklungsprozess von Werkzeugbaubetrieben, deren Prozesselemente anhand der jeweiligen Tätigkeiten hinreichend beschrieben wurden, entwickelt. Die logische Herleitung der jeweilig relevanten Datenklassen und die Aggregation zu Datenelementen trägt maßgeblich zu Praktikabilität und Konkretheit bei. Gleiches gilt für die Nutzung der Modellierungssprache ERM, die trotz der Abstraktheit der Gesamtthematik eine hohe Anwendbarkeit beim Nutzer garantiert.

Die **branchenspezifischen Anforderungen** bzgl. der Eignung für Einzel- und Kleinserienfertigung sowie der Beachtung unternehmerischer Randbedingungen sind ebenfalls erfüllt. Das Datenstrukturmodell wurde spezifisch für Werkzeugbaubetriebe konzipiert. Dies ist insbesondere an den Prozesselementen erkenntlich, die sich an dem in der Branche Werkzeugbau etablierten Auftragsabwicklungsprozess orientieren, sowie an werkzeugbauspezifischen Datenklassen, anhand derer die übergeordneten Datenelemente abgeleitet werden. Somit ergibt sich eine sehr hohe Eignung für Unternehmen der Einzel- und Kleinserienfertigung. Das Datenstrukturmodell weist weiterhin einen modularen Aufbau auf. Die Tätigkeiten innerhalb der Prozesselemente sind generisch und unabhängig von bspw. bestehenden Organisationsstrukturen, Leistungsspektrum oder Mitarbeiteranzahl. Die übergeordneten Datenelemente bieten trotz Vorgaben ebenfalls Flexibilität. Folglich sind Anpassungen auf unterschiedliche Unternehmensrandbedingungen in sehr hohem Maße möglich, sodass die Nutzung des Datenstrukturmodells in verschiedensten Unternehmen der Branche Werkzeugbau realisiert werden kann.

Die **datenspezifischen Anforderungen** nach hinreichend genauer Granularität, Klassifizierung der Daten und der Beschreibung von Abhängigkeiten und Beziehungen sind gleichermaßen erfüllt. Die Beschreibung der relevanten Daten für jedes Prozesselement, die insbesondere durch die jeweilige Anwendung der Modellierungssprache ERM ersichtlich wird, ist gegeben. Gleiches gilt für die Klassifizierung der Daten, die einerseits durch die Einzelbetrachtung der Daten in den Prozesselementen widergespiegelt wird und andererseits durch die grafische Visualisierung mittels ERM detailliert wird. Die Integrationselemente ermöglichen eine inhaltliche Beschreibung und grafische Darstellung von Abhängigkeiten und Beziehungen innerhalb der Datenelemente des Datenstrukturmodells.

Die **modellierungsspezifischen Anforderungen** bzgl. der Orientierung am Auftragsabwicklungsprozess, der Modifizierbarkeit sowie der anwendergerechten Darstellung sind ebenfalls erfüllt. Durch die Einteilung in Prozesselemente, die jeweilige Beschreibung von Tätigkeiten und die Ableitung relevanter Datenklassen ist eine grafische Orientierung am Auftragsabwicklungsprozess gegeben. Die einfache Notation aus Entitys und Beziehungen bzw. Beziehungstypen ermöglicht ganzheitliche Modifizierbarkeit und sorgt aufgrund der Intuitivität gleichermaßen für eine anwendergerechte Darstellung von Datenstrukturen. Eine detaillierte Bewertung und Gegenüberstellung zu weiteren Modellierungssprachen findet sich in Kapitel 4.3.4.

Das übergeordnete Datenstrukturmodell erfüllt alle Anforderungen an ein Datenstrukturmodell für den digitalen Schatten der Auftragsabwicklung von Werkzeugbaubetrieben. Es erlaubt weiterhin die Beantwortung der definierten Unterforschungsfragen aus Kapitel 3.5:

Welche Bereiche der Auftragsabwicklung von Werkzeugbaubetrieben bilden den Ordnungsrahmen des Datenstrukturmodells?

Das Datenstrukturmodell orientiert sich an der Auftragsabwicklung von Werkzeugbaubetrieben, sodass der Ordnungsrahmen aus den Prozesselementen Vertrieb, Engineering, Konstruktion, Arbeitsvorbereitung, Fertigung, Montage, Qualifizierung sowie Projektmanagement, Einkauf und Logistik besteht.

Welche Daten sind in einem Datenstrukturmodell für den digitalen Schatten der Auftragsabwicklung zu integrieren und wie sind sie zu klassifizieren?

Gemäß der etablierten Einteilung für produzierende Unternehmen sind Stammdaten und Bewegungsdaten im Datenstrukturmodell integriert. Weiterhin ist eine jeweilige Klassifizierung in interne und externe Stammdaten bzw. in Auftragsdaten und Betriebsdaten möglich, um eine hinreichend genaue inhaltliche Beschreibung realisieren zu können. Übergeordnetes Ziel ist eine verständliche Beschreibung bestehender Datenstrukturen entlang der Auftragsabwicklung.

Welche Beziehungen bestehen zwischen den beschriebenen Inhalten und Daten?

Mithilfe der hergeleiteten Integrationselemente werden die Beziehungen zwischen Datenelementen über alle Prozesselemente hinweg beschrieben. Die Beziehungen zwischen Datenelementen innerhalb eines Prozesselements sind durch die Tätigkeiten inhaltlich beschrieben und werden durch die grafische Visualisierung anwendergerecht dargestellt.

Welche Modellierungssprache eignet sich zur anwendergerechten Darstellung des Datenstrukturmodells bei gleichzeitiger Wahrung der Funktionalität?

Die Darstellungselemente der Modellierungssprache ERM eignen sich aufgrund ihrer intuitiven Notation und anwenderfreundlichen Darstellung für die Visualisierung des Datenstrukturmodells. Anpassungen in der Notation, welche die Handhabung gleichermaßen für Anwender und Verwender erleichtern und gleichzeitig die Funktionalität wahren, sind im Vergleich zu anderen Modellierungssprachen aufwandsarm umzusetzen.

Nachfolgend wird in Kapitel 5 das übergeordnete Datenstrukturmodell für den digitalen Schatten der Auftragsabwicklung von Werkzeugbaubetrieben detailliert.

5 Detaillierung des Datenstrukturmodells

In Kapitel 4 wurde das übergeordnete Datenstrukturmodell für den digitalen Schatten der Auftragsabwicklung von Werkzeugbaubetrieben entwickelt. Anschließend wurde das Modell anhand der zentralen Forschungsfrage und der jeweiligen allgemeinen, branchenspezifischen, datenspezifischen und modellierungsspezifischen Anforderungen verifiziert. Die positive Verifizierung ist ebenfalls daran erkenntlich, dass die Unterforschungsfragen nachvollziehbar beantwortet wurden. Das übergeordnete Datenstrukturmodell enthält Prozesselemente, Datenelemente, Integrationselemente und Darstellungselemente.

Im Folgenden werden die Datenstrukturen für den digitalen Schatten der Auftragsabwicklung von Werkzeugbaubetrieben modelliert und damit Phase fünf der angewandten Forschung nach ULRICH (vgl. Kapitel 1.4 und 1.5) abgeschlossen. Gemäß dem wissenschaftlich etablierten Ansatz zur Modellierung von Datenstrukturen (vgl. Kapitel 2.2.3) wird das Gesamtmodell in Prozesselemente zerlegt. Dadurch wird sowohl eine einfache Modellierung der sogenannten Sub-Datenstrukturen, die sich auf einzelne Tätigkeiten beziehen, realisiert als auch ein höheres Verständnis für die Nutzer erzeugt. Innerhalb jedes Prozesselements werden die Datenelemente mithilfe von Darstellungselementen in Form von Sub-Datenstrukturen visualisiert. Die Datenelemente sind in die Klassen Externe Stammdaten und Interne Stammdaten sowie Auftrags- und Betriebsdaten eingeteilt und folgen der in Kapitel 4.3.2 eingeführten Farbgebung. Nach Erläuterung aller Darstellungselemente und deren Zusammenhänge wird das Datenstrukturmodell des betrachteten Prozesselements der Auftragsabwicklung erzeugt. Dabei werden die Integrationselemente als Schnittstellen zwischen den Sub-Datenstrukturen erklärt.

Die Synthese zu einem gesamtheitlichen Datenstrukturmodell, welches die gesamte Auftragsabwicklung von Werkzeugbaubetrieben abbildet, erfolgt abschließend. Neben der grafischen Verknüpfung der Datenstrukturen der Prozesselemente werden die Verbindungen, d. h. die Integrationselemente, detailliert erläutert. Es sei nochmals hervorgehoben, dass Werkzeugbaubetriebe Sachleistungen unterschiedlichen Bearbeitungsumfangs sowie verschiedene Arten von Aufträgen abwickeln (vgl. Kapitel 2.3.3), die wiederum eine individuelle Kombination aus Tätigkeiten innerhalb der Prozessschritte der Auftragsabwicklung erfordern. Folglich sind nicht zwangsläufig alle zugrunde liegenden Datenstrukturen relevant. Mithilfe des entwickelten Datenstrukturmodells werden alle relevanten Prozessschritte über das gesamte Auftragsspektrum hinweg berücksichtigt.

5.1 Datenstrukturen des Vertriebs

Die Sub-Datenstrukturen des Prozesselements Vertrieb sind Kundenanfrage, Kalkulationserstellung, Angebotserstellung, Auftragsanlage und Organisation. Zunächst werden die jeweiligen Sub-Datenstrukturen konstruiert, bevor diese zum Datenstrukturmodell des Vertriebs verknüpft werden.

5.1.1 Konstruktion der Sub-Datenstrukturen

Die Sub-Datenstruktur **Kundenanfrage** besteht aus den Entitys Anfrage, CAD-Modell Artikel, Lieferinformation, Projekt, Werkzeug und Spezifikation sowie dem aggregierten Beziehungstyp Anfrageinhalt. Die Entity *Anfrage* wird durch das Schlüsselattribut Anfrageidentifikator[573], welches nach Anfrageeingang erzeugt wird, eindeutig sowie durch die Attribute Kundenidentifikator und Datum beschrieben. Weiterhin existiert die Entity *CAD-Modell Artikel*, die durch einen Identifikator eindeutig sowie durch eine Beschreibung zusätzlich attribuiert ist. In Form von Product and Manufacturing Information (PMI) integrieren CAD-Modelle ebenfalls Daten und Informationen, bspw. zu Beschriftungen oder Toleranzen. CAD-Modelle sind in sich geschlossen und dienen nach der Erstellung als Grundlage zur physischen Erzeugung des Modellierten. Eine weitere Detaillierung bzw. die Integration der zugrunde liegenden Datenstrukturen ist somit nicht zielführend. Gemeinsam mit der Entity *Lieferinformation*, die durch die Attribute Datum, Adresse und individuelle Bedingungen charakterisiert ist, entsteht der aggregierte Beziehungstyp *Anfrageinhalt*. Er steht in einer Beziehung zur Entity *Projekt*, wobei die Beziehung das Schlüsselattribut Positionsnummer aufweist. Die Entity Projekt ist durch das Schlüsselattribut Identifikator eindeutig sowie durch die Attribute Bezeichnung und Artikelstückzahl charakterisiert. Sie steht wiederum in einer Beziehung zur Entity *Werkzeug*, welche durch einen Identifikator eindeutig und eine Bezeichnung attribuiert ist. Da zu diesem Zeitpunkt weder ein interner Identifikator oder eine Bezeichnung existiert, werden die durch den Kunden vorgegebenen Attribute übernommen. Durch eine Beziehung zur Entity *Spezifikation*, die die Attribute Dimensionen und Toleranzen aufweist, werden die Kundenvorgaben vervollständigt. Insbesondere in der Anfrage von Blechartikeln, deren Herstellung mithilfe mehrerer Schneid-, Trenn-, Biege- und Umformwerkzeuge erfolgt, werden Anzahl, Spezifikationen sowie Identifikatoren und Bezeichnungen der Blechverarbeitungswerkzeuge vom potenziellen Kunden vorgegeben. Sofern dem Werkzeugbaubetrieb lediglich der Artikel vorliegt, der mit dem bzw. den Werkzeugen hergestellt werden soll, stehen die Entitys Projekt und Spezifikation im Anfrageprozess in direkter Beziehung und nehmen Bezug zum Artikel. Abbildung 111 zeigt die Sub-Datenstruktur Kundenanfrage inkl. den Klassen und Teilklassen der Daten sowie den Kardinalitäten.

[573] Der Begriff „Identifikator“ beschreibt ein Merkmal, welches Objekte durch alphanumerische Zeichen eindeutig identifiziert. Falls eine Entity durch mehrere Identifikatoren beschrieben wird, erfolgt eine eindeutige Benennung der zusätzlichen Identifikatoren. Ansonsten wird auf den Zusatz verzichtet.

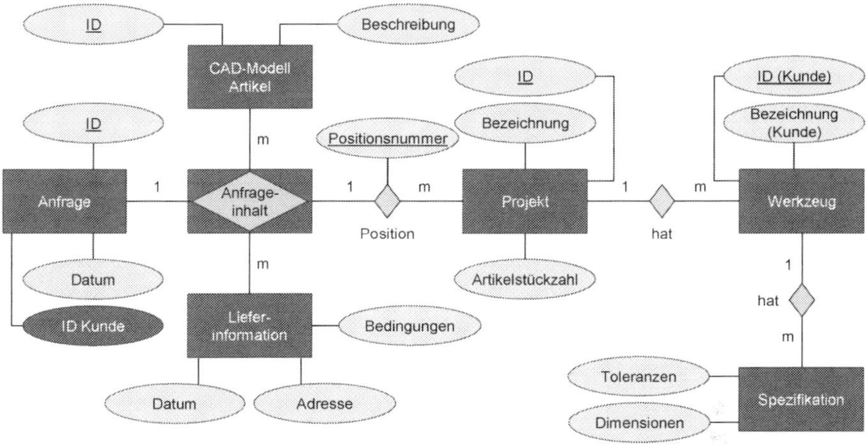

Abbildung 111: Vertrieb – Sub-Datenstruktur Kundenanfrage

Die Sub-Datenstruktur **Kalkulationserstellung** integriert die Entitys Kalkulation sowie Posten inkl. Spezialisierungen und Sub-Spezialisierungen. Die Entity *Kalkulation* stellt die im Werkzeugbaubetrieb durchgeführte Berechnung der Projekt- bzw. Werkzeugkosten dar. Sie wird durch die Schlüsselattribute Kalkulationsidentifikator und Versionsnummer sowie durch das Attribut Angebotsidentifikator beschrieben. Die Kalkulation ist ein Ergebnis aus der Abstimmung mit Engineering und Projektmanagement im Rahmen der Machbarkeitsprüfung. Sie steht in einer Beziehung zur Entity *Posten*, welche durch das Schlüsselattribut Identifikator eindeutig sowie durch die Attribute Bezeichnung, Preis, Stunden und Stundensatz charakterisiert ist. Die Entity Posten ist eine Generalisierung der Entitys *Eigenleistungsposten* und *Fremdleistungsposten*. Diese Spezialisierungen können wiederum in die Spezialisierungen *Sachleistung* und *Dienstleistung* unterteilt werden, welche ebenfalls durch jeweils weitere Entitys konkretisiert werden können. Die Sub-Datenstruktur Kalkulationserstellung inkl. den Klassen und Teilklassen der Daten sowie den Kardinalitäten ist in Abbildung 112 dargestellt.

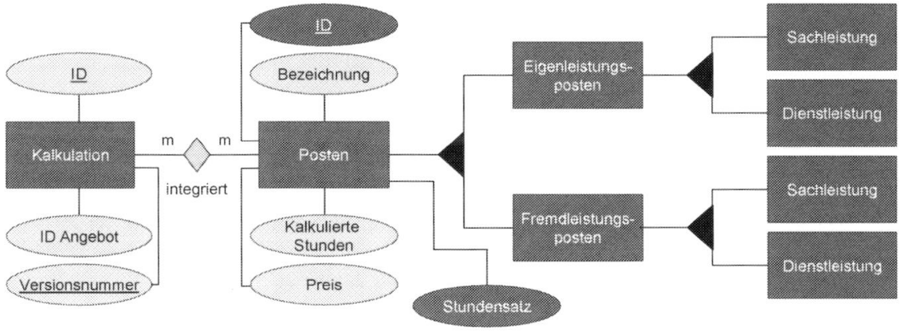

Abbildung 112: Vertrieb – Sub-Datenstruktur Kalkulationserstellung

Die Sub-Datenstruktur **Angebotserstellung** besteht aus den Entitys Angebot, Spezifikation, Lieferinformation, Projektwissen, Kalkulation, Projekt, Werkzeug sowie den aggregierten Beziehungstypen Angebotsinhalt und Machbarkeitsprüfung. Die Entity *Angebot* repräsentiert das an den Kunden verschickte Angebot. Sie ist durch das Schlüsselattribut Angebotsidentifikator sowie durch die Attribute Kundenidentifikator, Datum und Angebotspreis beschrieben. Die Entitys *Spezifikation* und *Lieferinformation* sind analog zur Sub-Datenstruktur Kundenanfrage attribuiert. Gemeinsam mit der Entity *Projektwissen*, die durch Durchlaufzeit, Kosten und Qualität beschrieben wird, entsteht der aggregierte Beziehungstyp *Machbarkeitsprüfung*. Dieser führt gemeinsam mit der Entity *Kalkulation* als Ergebnis sowie der Entity Angebot zum aggregierten Beziehungstyp *Angebotsinhalt*. Analog zur Sub-Datenstruktur Kundenanfrage bestehen Beziehungen zu den Entitys *Projekt* und *Werkzeug*, wobei letztgenannte Entity zusätzlich durch den Werkzeugpreis attribuiert ist. Im Rahmen der Angebotsphase erfolgt weiterhin die Nutzung der vom Kunden vorgegebenen Identifikatoren und Bezeichnungen von Projekt bzw. Werkzeug. Abbildung 113 zeigt die Sub-Datenstruktur Angebotserstellung inkl. den Klassen und Teilklassen der Daten sowie den Kardinalitäten.

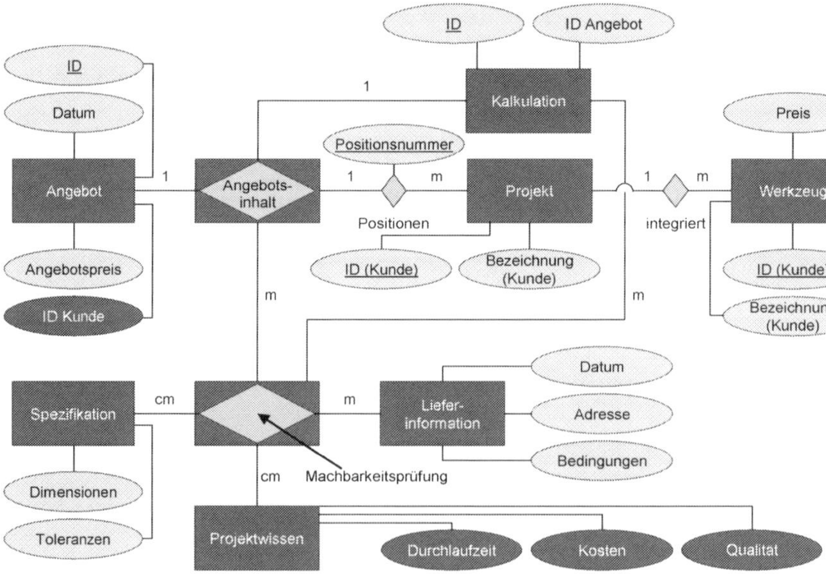

Abbildung 113: Vertrieb – Sub-Datenstruktur Angebotserstellung

Die Sub-Datenstruktur **Auftragsanlage** integriert die Entitys Angebot, Anfrage, Auftrag, Projekt, Werkzeug sowie den aggregierten Beziehungstyp Verhandlung. Die Entitys *Angebot* und *Anfrage* sind aus den vorherigen Ausführungen bekannt, sodass auf eine erneute Nennung der Schlüsselattribute und Attribute verzichtet wird. Der aggregierte Beziehungstyp *Verhandlung*, der den iterativen Abstimmungsprozess zwischen potenziellem Kunden und Werkzeugbaubetrieb darstellt, repräsentiert die Schnittstelle. Diese steht wiederum in Beziehung zur

Entity *Auftrag*, die nach erfolgreichen Verhandlungen angelegt wird. Die Entity ist durch das Schlüsselattribut Auftragsidentifikator charakterisiert, welcher durch den Werkzeugbaubetrieb bestimmt wird, sowie durch die Attribute Kundenidentifikator, Beauftragungsdatum und Endpreis. Analog zu den bisherigen Ausführungen bestehen Beziehungen zwischen den Entitys Auftrag, *Projekt* und *Werkzeug*. Hervorzuheben ist, dass die Schlüsselattribute und Attribute der Entitys Projekt und Werkzeug zum Zeitpunkt der Auftragsanlage durch den Werkzeugbaubetrieb bestimmt werden. Die Sub-Datenstruktur Auftragsanlage inkl. den Klassen und Teilklassen der Daten sowie den Kardinalitäten ist in Abbildung 114 dargestellt.

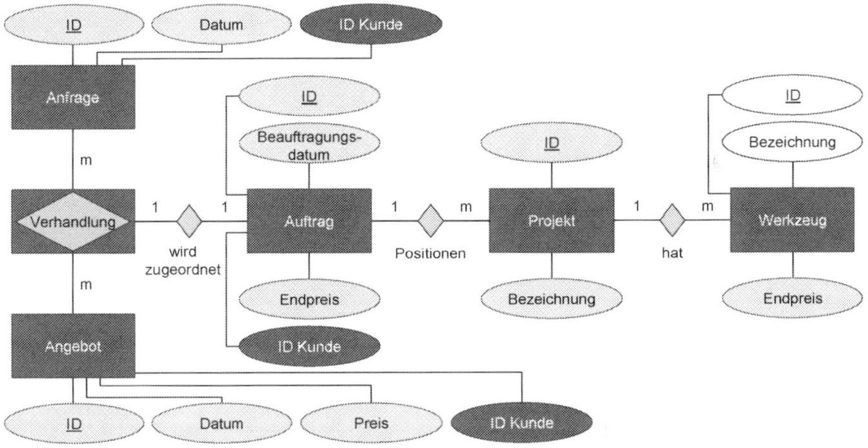

Abbildung 114: Vertrieb – Sub-Datenstruktur Auftragsanlage

Die Sub-Datenstruktur **Organisation** besteht aus den Entitys Mitarbeiter, Qualifikation, Vertriebsmitarbeiter, Kunde, Adresse, Geschäftspartner und Ansprechpartner. Die Entity *Mitarbeiter* ist durch das Schlüsselattribut Identifikator eindeutig sowie durch die Attribute Nachname, Vorname, E-Mail-Adresse, Telefonnummer, Position und Arbeitsstunden beschrieben. Sie steht in einer Beziehung zur Entity *Qualifikation*, die durch Identifikator eindeutig und durch eine Bezeichnung attribuiert ist. Die Entity Mitarbeiter ist eine Generalisierung der Entity *Vertriebsmitarbeiter*[574]. Aufgrund der Zuständigkeit besteht eine Beziehung zur Entity *Kunde*. Sie steht weiterhin in einer Beziehung zur Entity *Adresse*, da Kunden aufgrund unterschiedlicher Standorte mehrere Adressen zugeordnet werden können. Attribute der Entity Adresse sind Straße, Hausnummer, Postleitzahl, Stadt und Land. Die Entity Kunde ist eine Spezialisierung der Entity *Geschäftspartner*, die durch einen Identifikator eindeutig sowie durch einen Namen charakterisiert ist. Sie steht wiederum in Verbindung mit der Entity *Ansprechpartner*, welche

[574] Die Bezeichnung „Vertriebsmitarbeiter" repräsentiert einen Mitarbeiter, der eine oder mehrere Vertriebstätigkeiten ausführt und ist nicht an die Zugehörigkeit einer entsprechenden Organisationseinheit geknüpft. Analoge Formulierungen für die Sub-Datenstruktur Organisation in anderen Prozesselementen folgen dem selben Verständnis.

durch die Attribute Nachname, Vorname, E-Mail-Adresse, Telefonnummer und Position attribuiert ist. Abbildung 115 zeigt die Sub-Datenstruktur Organisation inkl. den Klassen und Teilklassen der Daten sowie den Kardinalitäten abschließend.

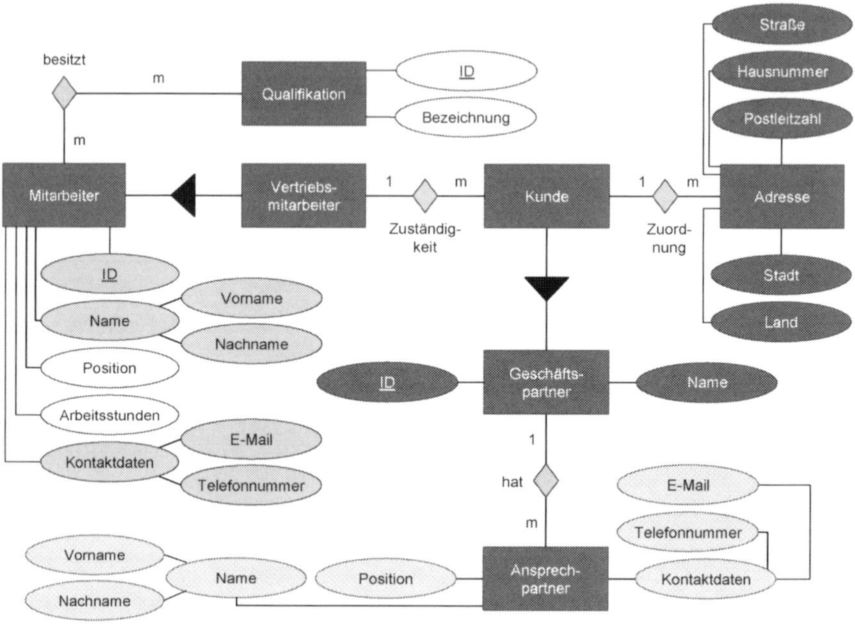

Abbildung 115: Vertrieb – Sub-Datenstruktur Organisation

5.1.2 Modellierung der Datenstruktur des Vertriebs

Die Verknüpfung der vorgestellten Sub-Datenstrukturen führt zum Datenstrukturmodell des Vertriebs. Die Verbindung zwischen den Sub-Datenstrukturen Kundenanfrage und Angebotserstellung erfolgt über den aggregierten Beziehungstyp Verhandlung, der aus den Entitys Anfrage und Angebot entsteht. Durch die ausgehende Verbindungslinie erfolgt eine Zuordnung zur Entity Auftrag und damit eine Verbindung zur Sub-Datenstruktur Auftragsanlage. Die Integration der Sub-Datenstruktur Kalkulationserstellung erfolgt über die Entity Kalkulation selbst. Durch jeweils eine Beziehung zwischen den Entitys Anfrage, Kalkulation, Angebot und Auftrag mit der Entity Vertriebsmitarbeiter werden Verbindungen zur Sub-Datenstruktur Organisation hergestellt. Die Beziehungen sind, sofern sinnvoll ermittelbar, durch die jeweilige Bearbeitungszeit[575] und das Datum attribuiert. Weitere Verbindungen zwischen den verschiedenen Sub-Datenstrukturen entstehen durch die Entitys Spezifikationen und Lieferinformation.

[575] Jegliche Attribute in dieser und allen nachfolgenden Sub-Datenstrukturen, die die geplante oder tatsächlich geleistete Arbeitszeit von Mitarbeitern bzw. Betriebsmitteln repräsentieren, integrieren Daten zu Start- und Endzeitpunkt inkl. Angaben zu konkreten Uhrzeiten.

Letztere ist zur Wahrung der Übersichtlichkeit zweifach abgebildet. Das Datenstrukturmodell des Vertriebs in Werkzeugbaubetrieben ist in Abbildung 116 dargestellt.

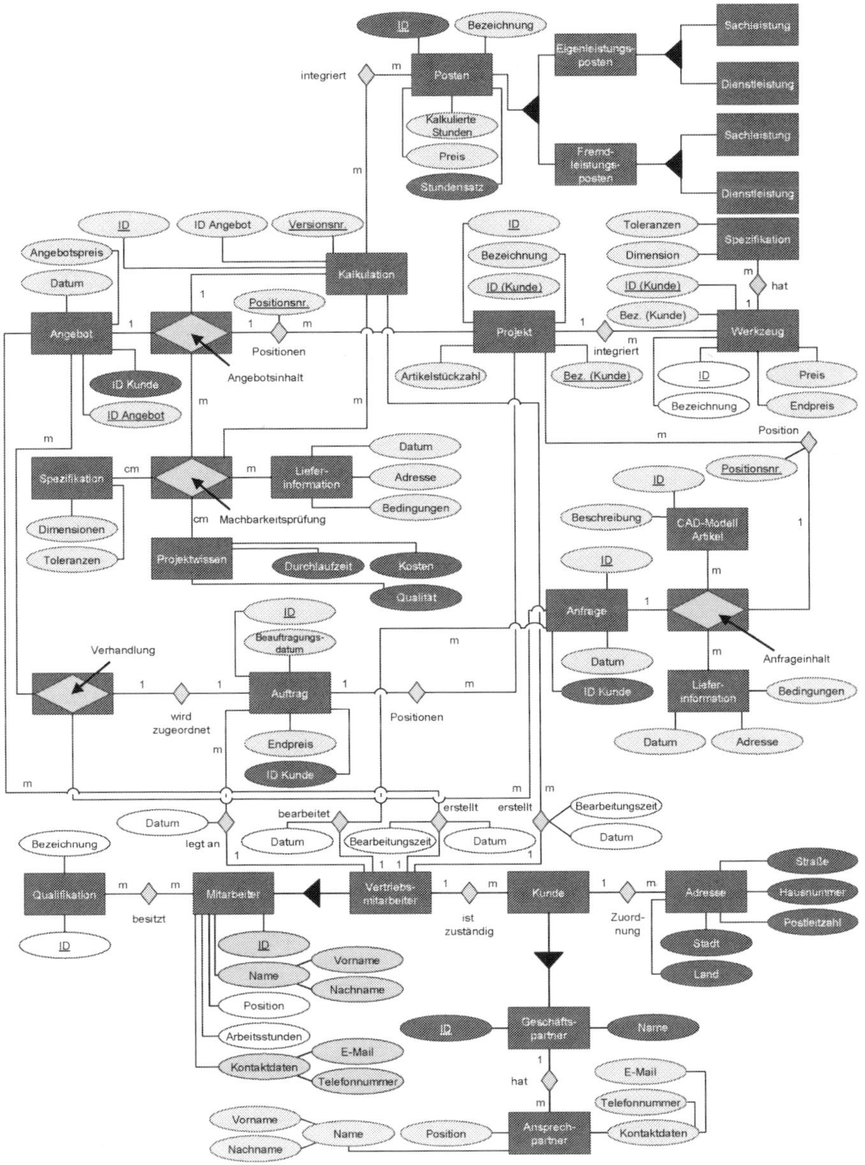

Abbildung 116: Datenstrukturmodell des Vertriebs in Werkzeugbaubetrieben

5.2 Datenstrukturen des Engineerings

Die Sub-Datenstrukturen des Prozesselements Engineering sind Konzepterstellung, Prozesssimulation und Organisation. Zunächst werden die jeweiligen Sub-Datenstrukturen konstruiert, bevor die Sub-Datenstrukturen zum Datenstrukturmodell des Engineerings verknüpft werden.

5.2.1 Konstruktion der Sub-Datenstrukturen

Die Sub-Datenstruktur **Konzepterstellung** integriert die Entitys Konzept, Spezifikation, Projekt, Werkzeug, Artikelspezifische Komponente, Prozessspezifische Komponente und Sonstige Komponente sowie die aggregierten Beziehungstypen Konzeptinhalt und Aufbau. Das Konzept ist ein Teilergebnis der Tätigkeiten im Engineering, um die technische Machbarkeit des herzustellenden Artikels zu überprüfen. Die Entity *Konzept* ist durch das Schlüsselattribut Identifikator sowie das Attribut Bezeichnung charakterisiert. Gemeinsam mit der Entity *Spezifikation*, die durch den Anfrageidentifikator eindeutig sowie durch Dimensionen, Toleranzen und Artikelanzahl attribuiert ist, entsteht der aggregierte Beziehungstyp *Konzeptinhalt*. Er steht in einer Beziehung zur Entity *Projekt*, bei der die Beziehung das Schlüsselattribut Positionsnummer aufweist. Die Entity Projekt ist durch die Schlüsselattribute Projektidentifikator Kunde und Projektidentifikator Werkzeugbaubetrieb eindeutig sowie durch das Attribut Bezeichnung charakterisiert. Durch die Integration beider Identifikatoren ist sichergestellt, dass eine eindeutige Zuordnung des Kundenprojekts auch dann möglich ist, wenn der Werkzeugbaubetrieb eine eigene, interne Kennung einführt. Es besteht wiederum eine Beziehung zur Entity *Werkzeug*, welche durch einen Identifikator eindeutig sowie durch Bezeichnung, Werkzeugart und Position[576] attribuiert ist. Die Entitys *Artikelspezifische Komponente*, *Prozessspezifische Komponente* und *Sonstige Komponente* führen zum aggregierten Beziehungstyp *Aufbau*, der eine Beziehung zur Entity Werkzeug aufweist. Er wird durch das Schlüsselattribut Identifikator sowie durch die Attribute Bezeichnung, Stückzahl und Dimension bzw. Höhe, Länge und Breite charakterisiert. Die Attribute gelten folglich auch für die Entitys Artikelspezifische Komponente, Prozessspezifische Komponente und Sonstige Komponente. Als exemplarische Beispiele für die drei Entitys seien Kavitäten, Kühlkanäle und Platten für Spritzgießwerkzeuge bzw. Matrizen, Abfallrutschen und Gestelle für Blechumformwerkzeuge angeführt. Eine Zuordnung zu Baugruppen findet in diesem Status der Auftragsabwicklung in Bezug auf die zugrunde liegenden Datenstrukturen noch nicht statt. Abbildung 117 zeigt die Sub-Datenstruktur Konzepterstellung inkl. den Klassen und Teilklassen der Daten sowie den Kardinalitäten.

[576] Das Attribut „Position" ist hauptsächlich für die Herstellung von Blechartikeln relevant, da mehrere Werkzeuge mit unterschiedlichen Bearbeitungsoperationen am Produktionsprozess beteiligt sind. Die optimale Anordnung sowie das Verhalten von Werkzeugen und Artikel wird im Engineering simuliert.

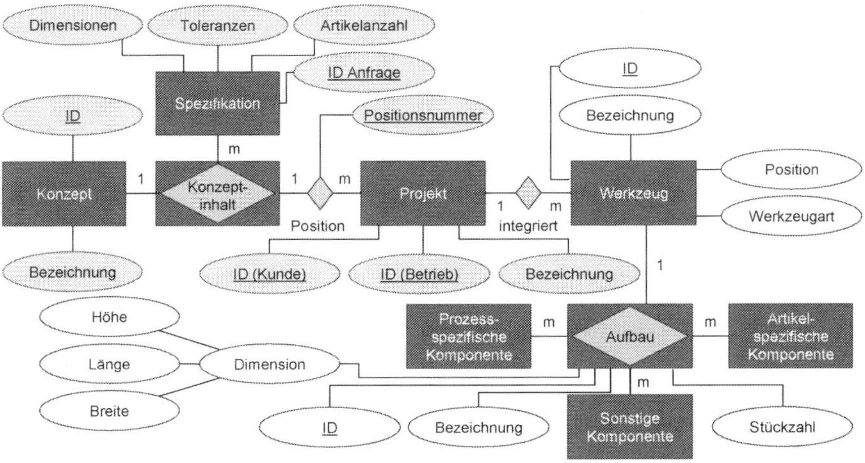

Abbildung 117: Engineering – Sub-Datenstruktur Konzepterstellung

Die Sub-Datenstruktur **Prozesssimulation** besteht aus den Entitys Konzept, Spezifikation, Simulationsdaten inkl. Spezialisierungen und Sub-Spezialisierungen sowie dem aggregierten Beziehungstyp Simulation. Die Entitys *Konzept* und *Spezifikation* entsprechen der bereits vorgestellten Beschreibung in der Sub-Datenstruktur Konzepterstellung. Diese führen zum aggregierten Beziehungstyp *Simulation*, der das Analysevorgehen repräsentiert. Er steht wiederum in einer Beziehung zur Entity *Simulationsdaten*, die durch einen Identifikator eindeutig sowie durch eine Bezeichnung attribuiert ist. Die Entity Simulationsdaten ist eine Generalisierung der Entitys *Ressourcendaten* und *Prozessdaten*. Die Entitys *Maschinendaten* und *Materialdaten* stellen Spezialisierungen der Entity Ressourcendaten dar und integrieren mehrere Attribute, die abhängig vom Herstellverfahren spezifische Identifikatoren, Bezeichnungen und Werte zu Kraft, Temperatur, Druck oder Verfahrweg der Produktionsmaschine bzw. Viskosität, Dicke oder Fließverhalten des eingesetzten Materials aufweisen. Spezialisierungen der Entity Prozessdaten sind die Entitys *Artikeldaten* und *Zeitdaten*. Artikeldaten beschreiben den physikalischen Zustand des hergestellten Artikels durch Attribute wie Gewicht, Farbe, Oberflächengüte, Schwindung oder Rückfederung. Zeitdaten hingegen geben Auskunft über den Herstellungsprozess, bspw. durch die Attribute Füllzeit, Verweilzeit, Zykluszeit oder Kühlzeit.[577] Die Sub-Datenstruktur Prozesssimulation inkl. den Klassen und Teilklassen der Daten sowie den Kardinalitäten ist in Abbildung 118 dargestellt.

[577] Die dargestellten Attribute erheben keinen Anspruch auf Vollständigkeit und sind u. a. in Abhängigkeit von Herstellverfahren, Produktionsprozess, Werkzeugtyp und Simulationsprogramm für jeden Werkzeugbaubetrieb individuell zu definieren.

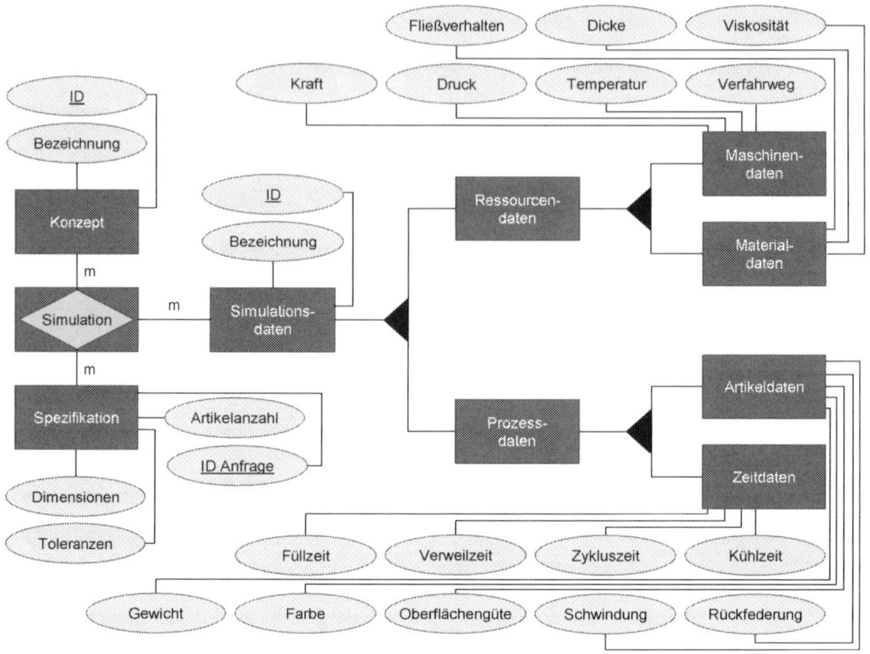

Abbildung 118: Engineering – Sub-Datenstruktur Prozesssimulation

Die Sub-Datenstruktur **Organisation** integriert die Entitys Mitarbeiter, Qualifikation und Engineeringmitarbeiter. Die Entity *Mitarbeiter* ist durch das Schlüsselattribut Identifikator eindeutig beschrieben und weist zusätzlich die Attribute Nachname, Vorname, E-Mail-Adresse, Telefonnummer, Position und Arbeitsstunden auf. Es besteht eine Beziehung zur Entity *Qualifikation*, die durch das Schlüsselattribut Identifikator und das Attribut Bezeichnung charakterisiert ist. Die Entity *Engineeringmitarbeiter* ist eine Spezialisierung der Entity Mitarbeiter. Abbildung 119 zeigt die Sub-Datenstruktur Organisation inkl. den Klassen und Teilklassen der Daten sowie den Kardinalitäten abschließend.

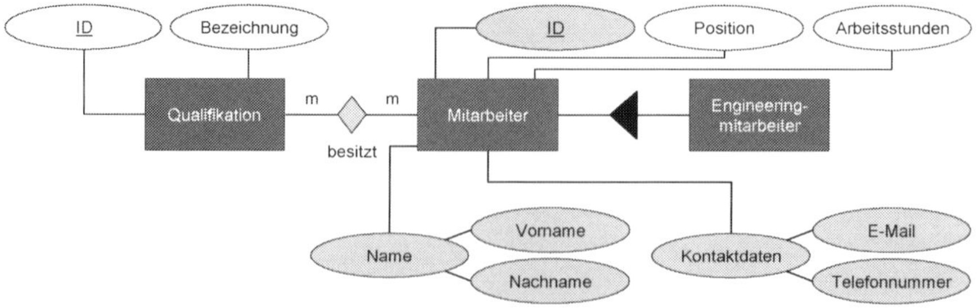

Abbildung 119: Engineering – Sub-Datenstruktur Organisation

5.2.2 Modellierung der Datenstruktur des Engineerings

Die Verknüpfung der vorgestellten Sub-Datenstrukturen führt zum Datenstrukturmodell des Engineerings. Die Verbindung zwischen den Sub-Datenstrukturen Konzepterstellung und Prozesssimulation erfolgt über die Entity Konzept selbst, da sie gemeinsam mit der Entity Spezifikation den aggregierten Beziehungstyp Simulation bildet. Durch jeweils eine Beziehung zwischen den Entitys Konzept und Simulation mit der Entity Engineeringmitarbeiter werden Verbindungen zur Sub-Datenstruktur Organisation hergestellt. Die Beziehungen sind durch die jeweilige Bearbeitungszeit und das Datum attribuiert. Das Datenstrukturmodell des Engineerings in Werkzeugbaubetrieben ist in Abbildung 120 dargestellt.

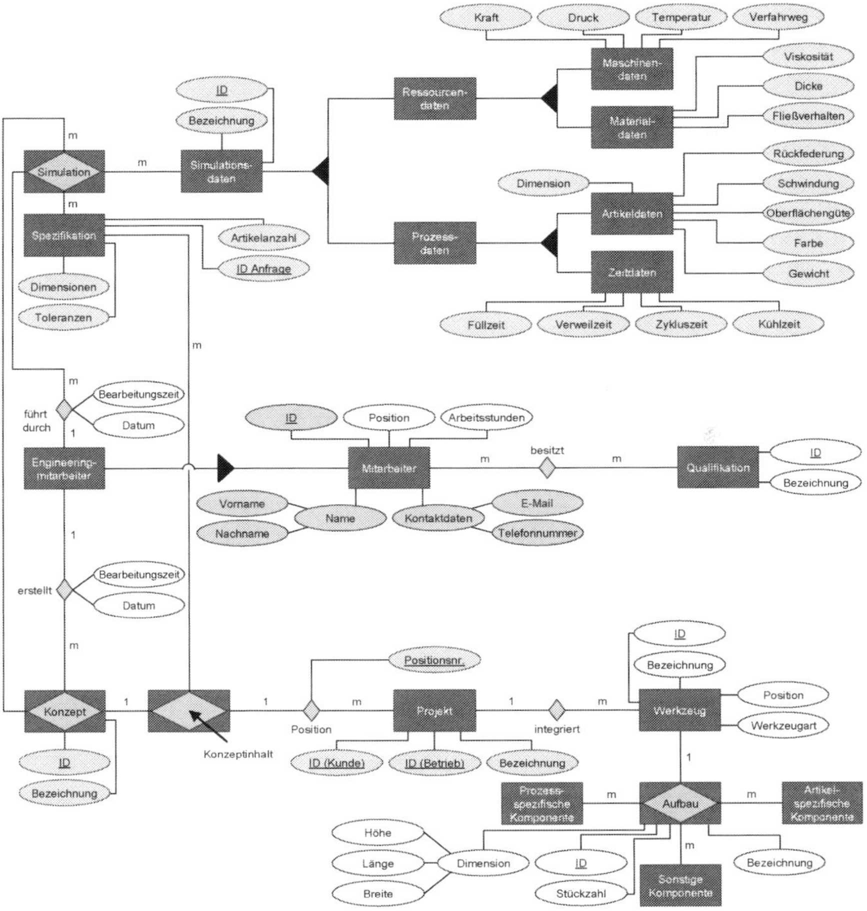

Abbildung 120: Datenstrukturmodell des Engineerings in Werkzeugbaubetrieben

5.3 Datenstrukturen der Konstruktion

Die Sub-Datenstrukturen des Prozesselements Konstruktion sind 3D-Modell-Erstellung, Stücklistenerzeugung und Organisation. Nach Konstruktion der jeweiligen Sub-Datenstrukturen erfolgt die Verknüpfung zum Datenstrukturmodell der Konstruktion.

5.3.1 Konstruktion der Sub-Datenstrukturen

Die Sub-Datenstruktur **3D-Modell-Erstellung** besteht aus den Entitys CAD-Modell, Baugruppe und Komponente. Die Entity *CAD-Modell* repräsentiert ein Ergebnis der Konstruktionstätigkeiten. Sie wird durch die Schlüsselattribute 3D-Modell-Identifikator und Versionsnummer sowie durch Bezeichnung und Werkzeugidentifikator beschrieben. Die Entity CAD-Modell weist eine Beziehung zur Entity *Baugruppe* auf. Diese weist das Schlüsselattribut Identifikator sowie die Attribute Bezeichnung und Montageposition auf. Sie steht wiederum in einer Beziehung zur Entity *Komponente*. Sie ist durch einen Identifikator eindeutig attribuiert. Weitere Attribute sind Bezeichnung, Menge, Werkstoff, Toleranzen, Oberflächengüte sowie Dimensionen bzw. Höhe, Länge und Breite. Die Attribute und deren Ausprägungen sind häufig in der genutzten CAD-Software hinterlegt. Abbildung 121 zeigt die Sub-Datenstruktur 3D-Modell-Erstellung inkl. den Klassen und Teilklassen der Daten sowie den Kardinalitäten.

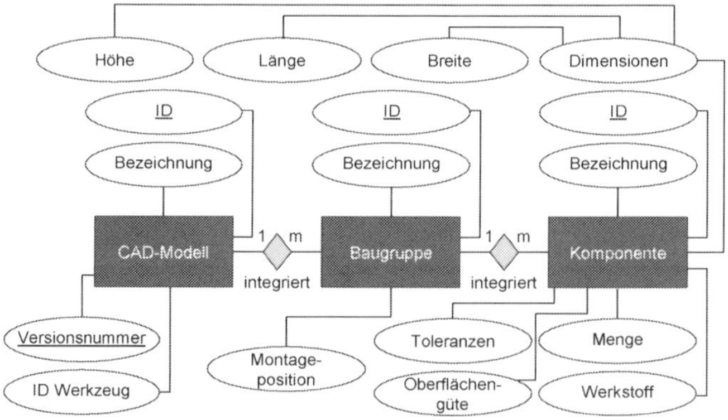

Abbildung 121: Konstruktion – Sub-Datenstruktur 3D-Modell-Erstellung

Die Sub-Datenstruktur **Stücklistenerzeugung** integriert die Entitys Stückliste sowie Komponente inkl. Spezialisierungen. Die Entity *Stückliste* repräsentiert eine logische Anordnung von Werkzeugkomponenten und deren Spezifikationen, die auf Basis von CAD- oder Papierzeichnungen abgeleitet wird. Sie weist die Schlüsselattribute Stücklistenidentifikator und Versionsnummer sowie die Attribute Bezeichnung und Werkzeugidentifikator auf. Sie steht in einer Beziehung zur Entity *Komponente*. Analog zur Sub-Datenstruktur 3D-Modell-Erstellung ist sie durch das Schlüsselattribut Identifikator eindeutig charakterisiert und weist die bereits genannten, weiteren Attribute auf. Die Entitys *Artikelspezifische Komponente*, *Prozessspezifische Komponente* und *Sonstige Komponente* sind Spezialisierungen der Entity Komponente. Die

Sub-Datenstruktur Stücklistenerzeugung inkl. den Klassen und Teilklassen der Daten sowie den Kardinalitäten ist in Abbildung 122 dargestellt.

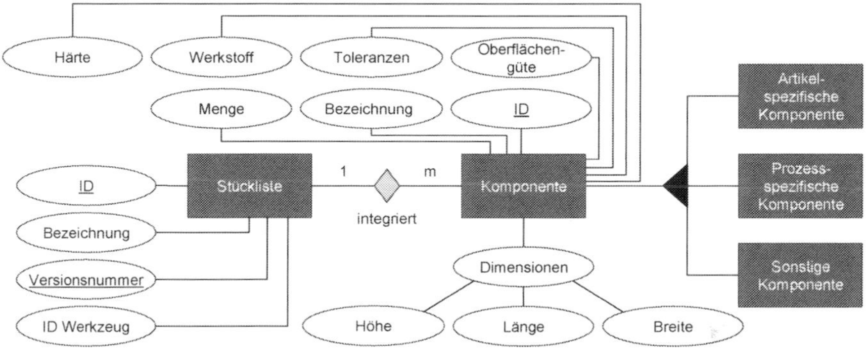

Abbildung 122: Konstruktion – Sub-Datenstruktur Stücklistenerzeugung

Die Sub-Datenstruktur **Organisation** besteht aus den Entitys Mitarbeiter, Qualifikation, Konstrukteur und Projektteam. Die Entity *Mitarbeiter* ist durch das Schlüsselattribut Identifikator eindeutig beschrieben und weist die weiteren Attribute Nachname, Vorname, E-Mail-Adresse, Telefonnummer, Position und Arbeitsstunden auf. Es besteht eine Beziehung zur Entity *Qualifikation*, die durch das Schlüsselattribut Identifikator und das Attribut Bezeichnung charakterisiert ist. Die Entity *Konstrukteur* ist eine Spezialisierung der Entity Mitarbeiter. Es besteht eine Beziehung zur Entity *Projektteam*, die eine definierte Anzahl an Konstrukteuren darstellt, die ihre Tätigkeiten an einem Projekt bzw. Werkzeug verrichten.[578] Die Entity Projektteam ist durch Projektidentifikator und Projektteamidentifikator eindeutig sowie durch eine Bezeichnung attribuiert. Abbildung 123 zeigt die Sub-Datenstruktur Organisation inkl. den Klassen und Teilklassen der Daten sowie den Kardinalitäten abschließend.

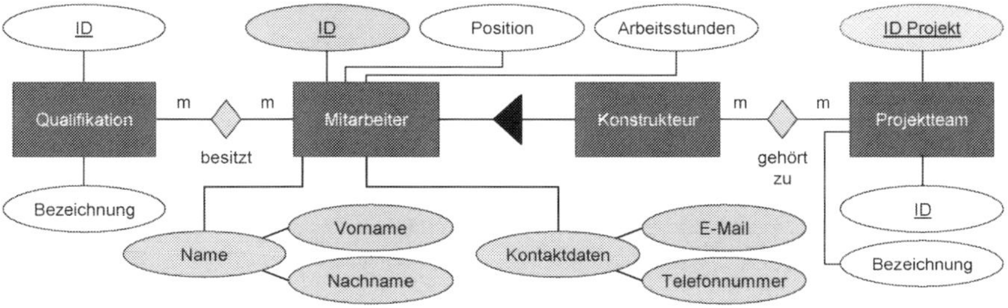

Abbildung 123: Konstruktion – Sub-Datenstruktur Organisation

[578] Die Erstellung von Zeichnungen und Stücklisten in einem Projektteam erfolgt insbesondere dann, wenn ein mehrstufiger Herstellungsprozess eines Blechartikels realisiert werden soll. Die parallele Konstruktion der Werkzeuge trägt maßgeblich zur Durchlaufzeitenreduzierung bei und ist üblich.

5.3.2 Modellierung der Datenstruktur der Konstruktion

Die Verknüpfung der vorgestellten Sub-Datenstrukturen führt zum Datenstrukturmodell der Konstruktion. Die Verbindung zwischen den Sub-Datenstrukturen 3D-Modell-Erstellung und Stücklistenerzeugung erfolgt über die Entity Dokument, die eine Generalisierung der Entitys CAD-Modell und Stückliste darstellt. Zur Vermeidung von Unklarheiten sind die Attribute sowohl bei den Spezialisierungen als auch bei der Generalisierung aufgeführt. Durch eine Beziehung zwischen der Entity Dokument und der Entity Konstrukteur wird eine Verbindung zur Sub-Datenstruktur Organisation hergestellt. Die Beziehung ist durch Bearbeitungszeit und Datum attribuiert. Eine weitere Verbindung zwischen den verschiedenen Sub-Datenstrukturen entsteht durch die Entity Komponente. Das Datenstrukturmodell der Konstruktion in Werkzeugbaubetrieben ist in Abbildung 124 dargestellt.

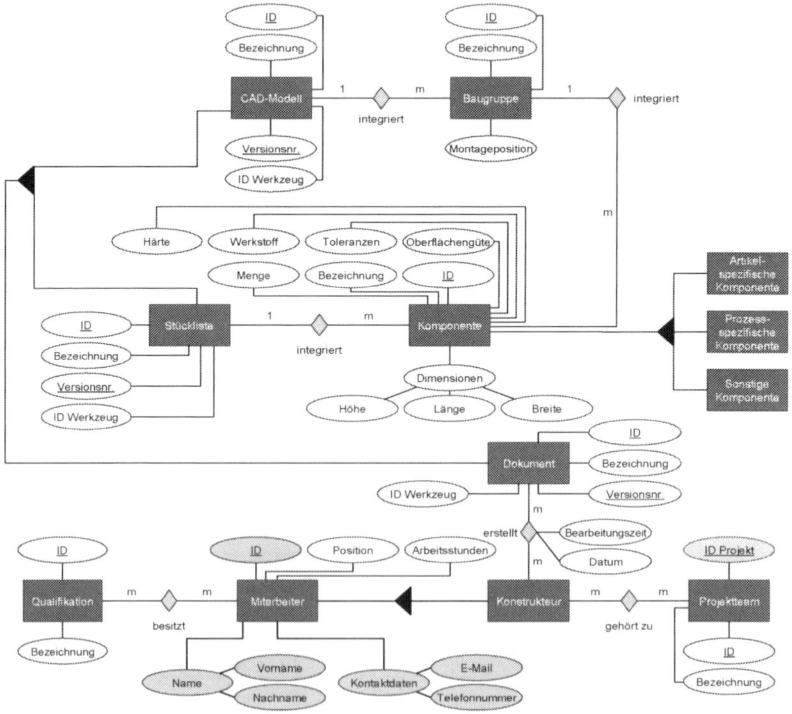

Abbildung 124: Datenstrukturmodell der Konstruktion in Werkzeugbaubetrieben

5.4 Datenstrukturen der Arbeitsvorbereitung

Die Sub-Datenstrukturen des Prozesselements Arbeitsvorbereitung sind Fertigungsplanerstellung, Montageplanerstellung, Betriebsmittelzuordnung, CAM-Programm-Entwicklung und Organisation. Zunächst werden die jeweiligen Sub-Datenstrukturen konstruiert, bevor diese zum Datenstrukturmodell der Arbeitsvorbereitung verknüpft werden.

5.4.1 Konstruktion der Sub-Datenstrukturen

Die Sub-Datenstruktur **Fertigungsplanerstellung** integriert die Entitys Komponente, Fertigungsplan, Bearbeitungsverfahren inkl. Spezialisierungen, Ressource inkl. Spezialisierungen sowie den aggregierten Beziehungstyp Inhalt. Die Entity *Komponente* repräsentiert das Werkstück, für welche der Fertigungsplan erstellt wird. Sie ist durch einen Identifikator eindeutig sowie durch eine Bezeichnung attribuiert. Sie steht in einer Beziehung zur Entity *Fertigungsplan*. Neben den Schlüsselattributen Fertigungsplanidentifikator und Versionsnummer weist sie die Attribute Bezeichnung, Baugruppenidentifikator und Werkzeugidentifikator auf. Die Entity *Bearbeitungsverfahren* integriert die zur Komponentenherstellung notwendigen Fertigungsschritte und weist einen Identifikator sowie eine Bezeichnung auf. Sie ist eine Generalisierung der Entitys *Fräsbearbeitung*, *Erodierbearbeitung*, *Drehbearbeitung* und *Schleifbearbeitung*, wobei eine individuelle Ergänzung weiterer Entitys möglich ist. Weiterer Bestandteil der Sub-Datenstruktur ist die Entity *Ressource*, die durch einen Identifikator eindeutig sowie durch eine Bezeichnung attribuiert ist. Die Entitys *Mitarbeiter* und *Betriebsmittel* stellen Spezialisierungen dar. Diese stellen gleichzeitig Generalisierungen dar, deren Spezialisierungen in anderen Sub-Datenstrukturen thematisiert werden, um Redundanzen zu vermeiden. Die Entitys Fertigungsplan, Bearbeitungsverfahren und Ressourcen führen zum aggregierten Beziehungstyp *Inhalt*. Neben den Attributen der genannten Entitys integriert dieser das Fertigstellungsdatum sowie die geplante Herstellzeit. Die Erstellung des Fertigungsplans erfolgt für jede Komponente, die intern im Werkzeugbaubetrieb hergestellt wird. In Abhängigkeit unterschiedlicher Faktoren, bspw. Komplexität oder Zeitrestriktionen, werden Fertigungspläne auch für extern beschaffte Komponenten erzeugt. Abbildung 125 zeigt die Sub-Datenstruktur Fertigungsplanerstellung inkl. den Klassen und Teilklassen der Daten sowie den Kardinalitäten.

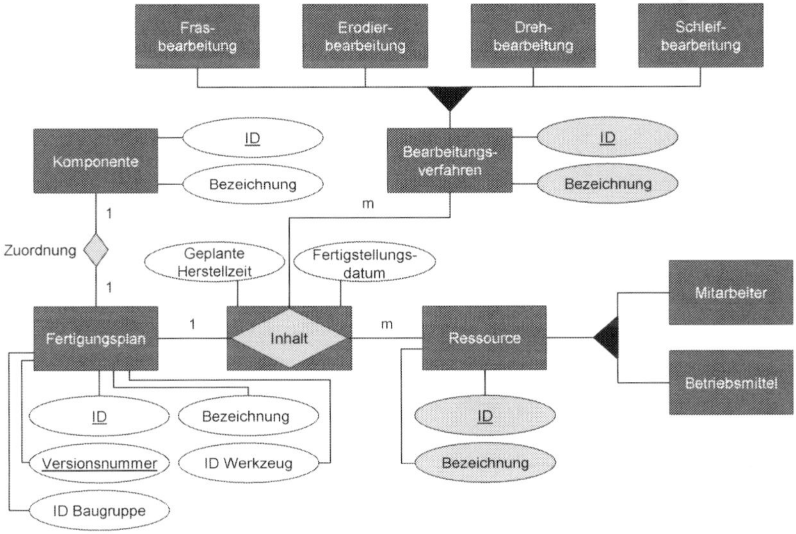

Abbildung 125: Arbeitsvorbereitung – Sub-Datenstruktur Fertigungsplanerstellung

Die Sub-Datenstruktur **Montageplanerstellung** besteht aus den Entitys Baugruppe, Montageplan, Montageschritt, Ressource inkl. Spezialisierungen sowie dem aggregierten Beziehungstyp Inhalt. Sie folgt einer ähnlichen Logik wie die Sub-Datenstruktur Fertigungsplanerstellung. Die Entity *Baugruppe* repräsentiert eine definierte Anzahl an Werkzeugkomponenten, die einen logisch abgeschlossenen Teil eines Werkzeugs bilden und zu einer Einheit (vor)montiert werden können. Sie ist durch einen Identifikator eindeutig sowie durch eine Bezeichnung attribuiert. Die Entity Baugruppe steht in einer Beziehung zur Entity *Montageplan*. Sie ist durch die Schlüsselattribute Montageplanidentifikator und Versionsnummer beschrieben. Weiterhin weist sie die Attribute Montageplanbezeichnung und Werkzeugidentifikator auf. Die Entity *Montageschritt* beschreibt einen Teilprozess zur Montage von Komponenten zu einer Baugruppe. Sie weist einen Identifikator als Schlüsselattribut sowie eine Bezeichnung als Attribut auf. Die Entity *Ressource* sowie ihre Spezialisierungen *Mitarbeiter* und *Betriebsmittel* wurden bereits in der Sub-Datenstruktur Fertigungsplanerstellung erläutert. Gemeinsam mit den Entitys Montageschritt und Montageplan bilden sie den aggregierten Beziehungstyp *Inhalt*. Analog zum Fertigungsplan integriert er die Attribute der genannten Entitys, das Fertigstellungsdatum der Baugruppe, das Fertigstellungsdatum des Werkzeugs und die geplante Montagezeit. Die Erstellung des Montageplans erfolgt für jede Baugruppe bzw. jedes Werkzeug. Die ausschließliche Montage von Baugruppen und Werkzeugen durch Lieferanten findet eher selten als Dienstleistung statt, sondern in der Regel nur in Kombination mit der Fremdvergabe kompletter Baugruppen oder Werkzeuge. Die Sub-Datenstruktur Montageplanerstellung inkl. den Klassen und Teilklassen der Daten sowie den Kardinalitäten ist in Abbildung 126 dargestellt.

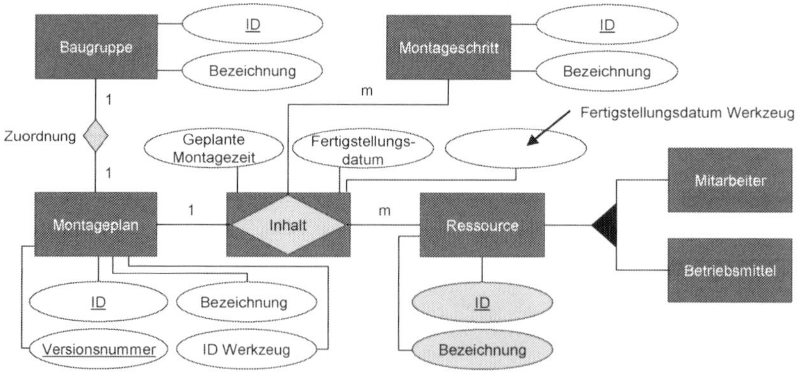

Abbildung 126: Arbeitsvorbereitung – Sub-Datenstruktur Montageplanerstellung

Die Sub-Datenstruktur **Betriebsmittelzuordnung** integriert die Entitys Betriebsmittel inkl. Spezialisierungen, Status inkl. Spezialisierungen und Bearbeitungsverfahren sowie dem aggregierten Beziehungstyp Zuordnung. Die Entity *Betriebsmittel* wurde bereits in den Sub-Datenstrukturen Fertigungsplanerstellung und Montageplanerstellung erläutert und ist analog zu verstehen. Sie stellt eine Generalisierung der Entitys *Werkzeugmaschine*, *Automationszelle*, *Handarbeitsplatz* und *Prüfmittel* dar. In Abhängigkeit der Gegebenheiten in einem Werkzeugbaubetrieb kann die Einteilung der Betriebsmittel individuell erfolgen. Es besteht eine Beziehung zur Entity *Status*, die durch einen Identifikator eindeutig sowie durch eine Bezeichnung attribuiert ist. Sie repräsentiert den Zustand eines Betriebsmittels und kann daher durch die Spezialisierungen *Reparatur*, *Instandhaltung*, *Betrieb* oder *Bereitschaft* abgebildet werden. Die Entity *Bearbeitungsverfahren* weist das Schlüsselattribut Identifikator sowie das Attribut Bezeichnung auf. Gemeinsam mit den Entitys Status und Betriebsmittel entsteht der aggregierte Beziehungstyp *Zuordnung*, der zusätzlich durch einen Komponentenidentifikator attribuiert ist. Abbildung 127 zeigt die Sub-Datenstruktur Betriebsmittelzuordnung inkl. den Klassen und Teilklassen der Daten sowie den Kardinalitäten.

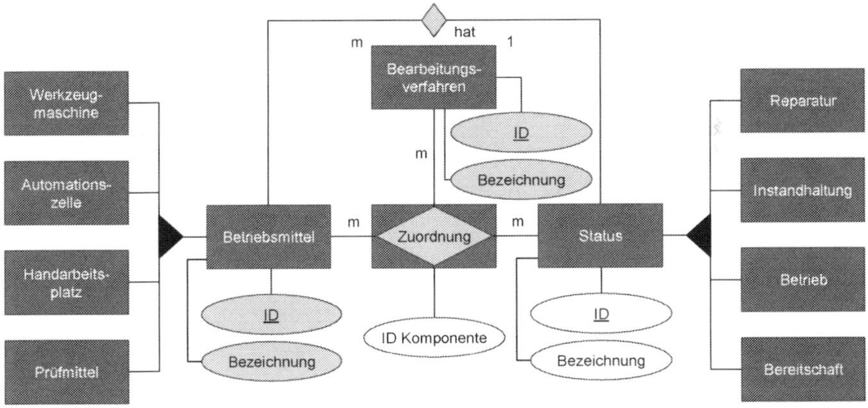

Abbildung 127: Arbeitsvorbereitung – Sub-Datenstruktur Betriebsmittelzuordnung

Die Sub-Datenstruktur **CAM-Programm-Entwicklung** besteht aus den Entitys CAD-Modell, Bearbeitungsverfahren und Betriebsmittel sowie dem aggregierten Beziehungstyp CAM-Programm. Die Entity *CAD-Modell* ist ein Ergebnis der Tätigkeiten, die im Prozessschritt Konstruktion durchgeführt werden. Sie ist eindeutig durch CAD-Modell-Identifikator und Versionsnummer sowie durch Bezeichnung und Werkzeugidentifikator beschrieben. Gemeinsam mit den Entitys *Bearbeitungsverfahren* und *Betriebsmittel*, deren Eigenschaften und Spezialisierungen in den vorherigen Sub-Datenstrukturen erläutert wurden, bilden sie den aggregierten Beziehungstyp *CAM-Programm*. Er ist durch CAM-Programm-Identifikator und Versionsnummer eindeutig sowie zusätzlich durch Komponentenidentifikator und Bezeichnung attribuiert. Das CAM-Programm ist in sich geschlossen und wird nach der Erstellung ausschließlich durch den Fertigungsmitarbeiter benutzt. Eine weitere Detaillierung der zugrunde liegenden Datenstrukturen, bspw. durch Koordinatenwerte der Maschinenachsen, Relativbewegungen oder Geschwindigkeiten, ist daher nicht zielführend. Die Sub-Datenstruktur CAM-Programm-Entwicklung inkl. den Klassen und Teilklassen der Daten sowie den Kardinalitäten ist in Abbildung 128 dargestellt.

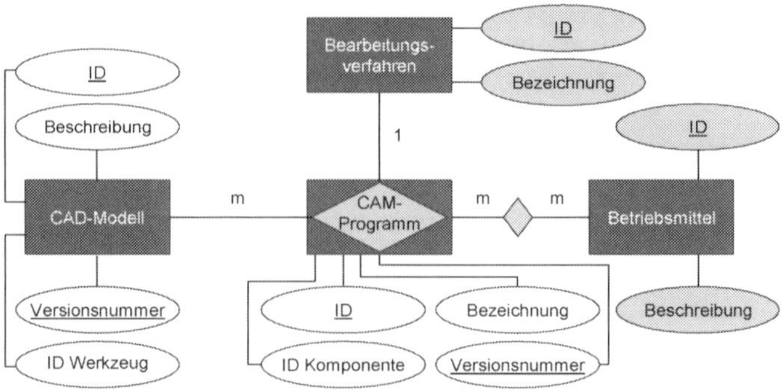

Abbildung 128: Arbeitsvorbereitung – Sub-Datenstruktur CAM-Programm-Entwicklung

Die Sub-Datenstruktur **Organisation** integriert die Entitys Mitarbeiter, Arbeitsvorbereiter und Qualifikation. Die Entity *Mitarbeiter* wird durch einen Identifikator eindeutig attribuiert und ist weiterhin durch Nachname, Vorname, E-Mail-Adresse, Telefonnummer, Position und Arbeitsstunden charakterisiert. Die Entity *Arbeitsvorbereiter* ist eine Spezialisierung der Entity Mitarbeiter und repräsentiert alle Mitarbeiter mit arbeitsvorbereitenden Tätigkeiten. Die Entity Mitarbeiter steht in einer Beziehung zur Entity *Qualifikation*. Sie weist das Schlüsselattribut Identifikator sowie eine Bezeichnung auf. Abbildung 129 zeigt die Sub-Datenstruktur Organisation inkl. den Klassen und Teilklassen der Daten sowie den Kardinalitäten abschließend.

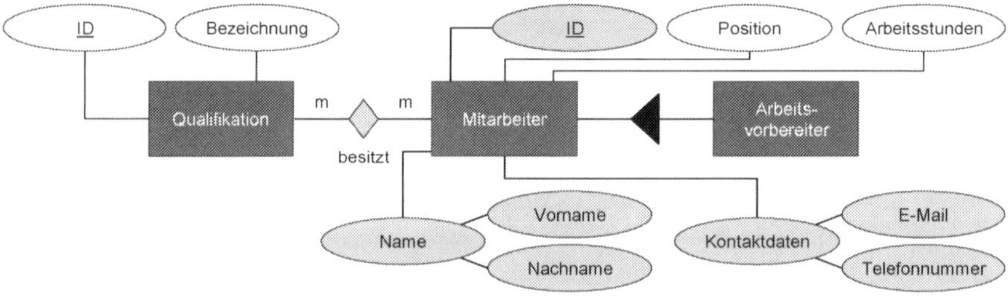

Abbildung 129: Arbeitsvorbereitung – Sub-Datenstruktur Organisation

5.4.2 Modellierung der Datenstruktur der Arbeitsvorbereitung

Die Verknüpfung der vorgestellten Sub-Datenstrukturen führt zum Datenstrukturmodell der Arbeitsvorbereitung. Die Entity Betriebsmittel stellt eine Verbindung zwischen den Sub-Datenstrukturen Fertigungsplanerstellung, Montageplanerstellung, Betriebsmittelzuordnung und CAM-Programm-Entwicklung her. Die Verbindung zwischen den Sub-Datenstrukturen Fertigungsplanerstellung und Montageplanerstellung erfolgt zudem über die Entity Ressource, die eine Generalisierung der Entitys Betriebsmittel und Mitarbeiter darstellt. Weiterhin entsteht eine Verknüpfung über die Entity Komponente. Die Entity Bearbeitungsverfahren verbindet darüber hinaus die Subdatenstrukturen Betriebsmittelzuordnung und CAM-Programm-Erstellung. Durch jeweils eine Beziehung der Entitys Fertigungsplan, Montageplan, Betriebsmittel,

Mitarbeiter und CAM-Programm mit der Entity Arbeitsvorbereiter werden Verbindungen zur Sub-Datenstruktur Organisation hergestellt. Die Beziehung ist jeweils durch Bearbeitungszeit und Datum attribuiert. Das Datenstrukturmodell der Arbeitsvorbereitung in Werkzeugbaubetrieben ist in Abbildung 130 dargestellt. Zur Wahrung der Übersichtlichkeit ist die Entity Bearbeitungsverfahren bei Betriebsmittelzuordnung und CAM-Programm-Entwicklung dargestellt.

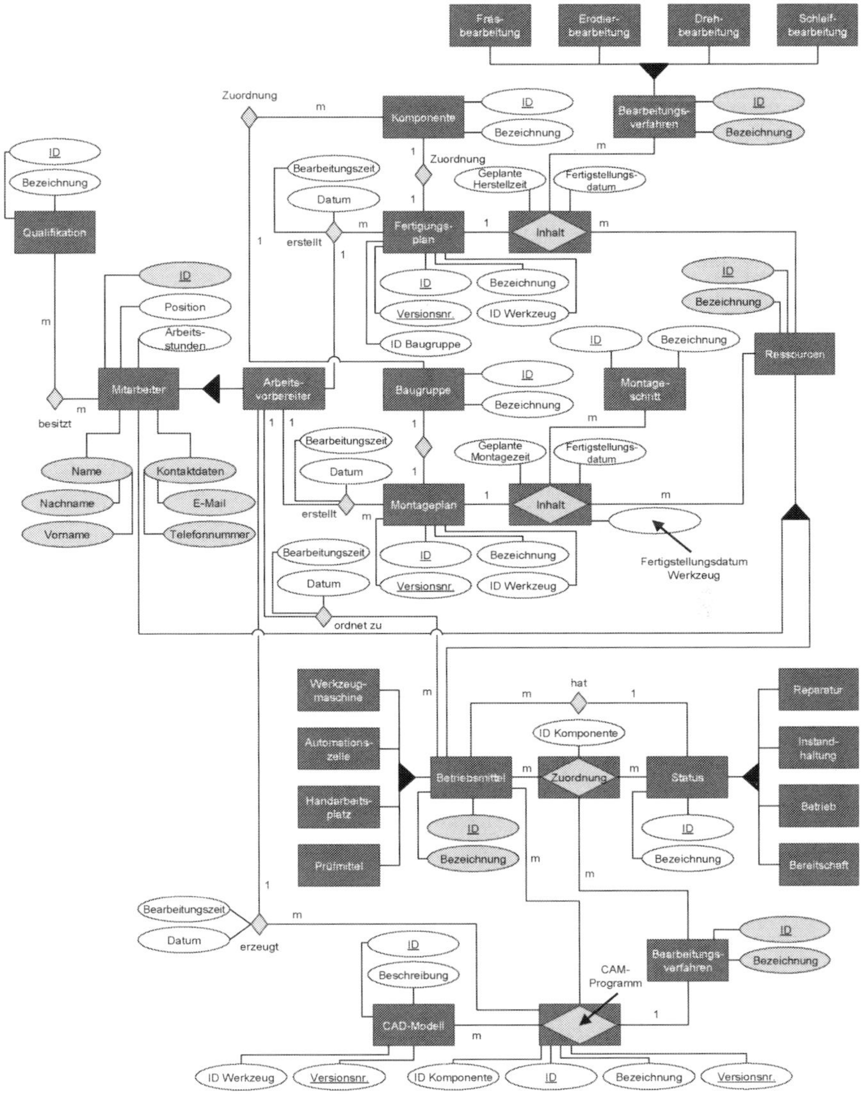

Abbildung 130: Datenstrukturmodell der Arbeitsvorbereitung in Werkzeugbaubetrieben

5.5 Datenstrukturen der Fertigung

Die Sub-Datenstrukturen des Prozesselements Fertigung sind NC-Programm-Erzeugung, Komponentenbearbeitung, Komponentenprüfung und Organisation. Nach Konstruktion der jeweiligen Sub-Datenstrukturen erfolgt die Verknüpfung zum Datenstrukturmodell der Fertigung.

5.5.1 Konstruktion der Sub-Datenstrukturen

Die Sub-Datenstruktur **NC-Programm-Erzeugung** besteht aus der Entity NC-Programm und den aggregierten Beziehungstypen CAM-Programm und Zustandsänderung Programm. Der aggregierte Beziehungstyp *CAM-Programm* ist bereits aus der Datenstruktur des Prozesselements Arbeitsvorbereitung bekannt. Mittels Postprozessor wird das CAM-Programm in ein maschinen- bzw. steuerungsspezifisches NC-Programm gewandelt. Die Entity *NC-Programm* repräsentiert das Ergebnis dieser Umwandlung, die eine Bearbeitung von Komponenten auf NC-gesteuerten Maschinen ermöglicht. Sie ist durch die Schlüsselattribute Identifikator und Versionsnummer eindeutig sowie zusätzlich durch eine Bezeichnung beschrieben. Eventuell notwendige Spezifizierungen und Änderungen am NC-Programm, bspw. bedingt durch Umplanung von Komponenten auf andere Betriebsmittel oder identifizierte Fehler im Programm, bilden den aggregierten Beziehungstyp *Zustandsänderung Programm*. Er ist durch Datum und Abweichung charakterisiert, die durch die Anpassung des NC-Programms entstehen. Das NC-Programm ist, ähnlich wie das in Kapitel 5.4.1 erläuterte CAM-Programm, in sich geschlossen, sodass eine weitere Detaillierung der Datenstruktur nicht zielführend ist. Die Sub-Datenstruktur NC-Programm-Erzeugung inkl. den Klassen und Teilklassen der Daten sowie den Kardinalitäten ist in Abbildung 131 dargestellt.

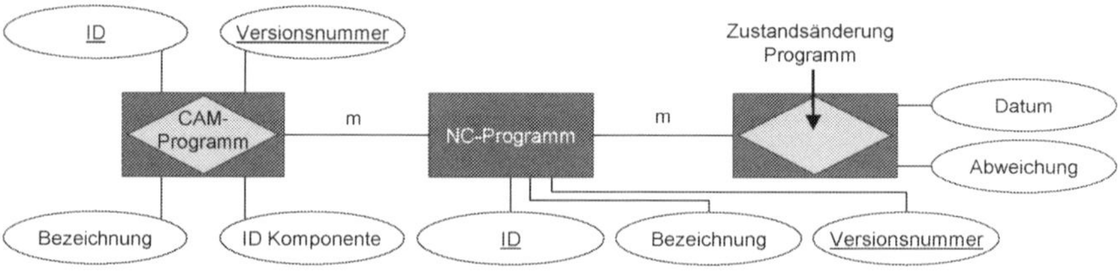

Abbildung 131: Fertigung – Sub-Datenstruktur NC-Programm-Erzeugung

Die Sub-Datenstruktur **Komponentenbearbeitung** integriert die Entitys Komponente, Bearbeitungsverfahren, Fertigungsplan, Betriebsmittel und Zustandsänderung Komponente sowie die aggregierten Beziehungstypen NC-Programm und Bearbeitung. Die Entity *Komponente* wird durch einen Identifikator eindeutig sowie durch eine Bezeichnung beschrieben. Genau wie die Entity *Bearbeitungsfahren*, die analog attribuiert ist und zusätzlich die geplante Herstellzeit integriert, steht sie in einer Beziehung zur Entity *Fertigungsplan*. Fertigungsplanidentifikator und Versionsnummer sind Schlüsselattribute, während Fertigungsplanbezeichnung sowie Baugruppen- und Werkzeugidentifikator weitere Attribute darstellen. Weiterhin relevant ist die Entity *Betriebsmittel*, die durch Identifikator und Bezeichnung charakterisiert ist. Durch die Beziehung zu den Entitys Bearbeitungsverfahren und Betriebsmittel wird aus der Entity NC-Programm der aggregierte Beziehungstyp *NC-Programm*, der analog zur Entity attribuiert ist. Es entsteht der aggregierte Beziehungstyp *Bearbeitung*, der den Herstellungsprozess von Werkzeugkomponenten repräsentiert. Dieser weist die Attribute Arbeitszeit Mitarbeiter und Datum sowie Laufzeit, Rüstzeit und Stillstandszeit des Betriebsmittels auf. Die ausgehende Verbindungslinie führt zur Entity ***Zustandsänderung Komponente***. Ähnlich zur Entity NC-Programm (vgl. Kapitel 5.4.1) ist eine weitere Detaillierung im Kontext Komponentenbearbeitung nicht notwendig, da eine echtzeitnahe Kenntnis von bspw. Oberflächengüte und Maßen der Komponenten nicht erforderlich ist. Abbildung 132 zeigt die Sub-Datenstruktur Komponentenbearbeitung inkl. den Klassen und Teilklassen der Daten sowie den Kardinalitäten.

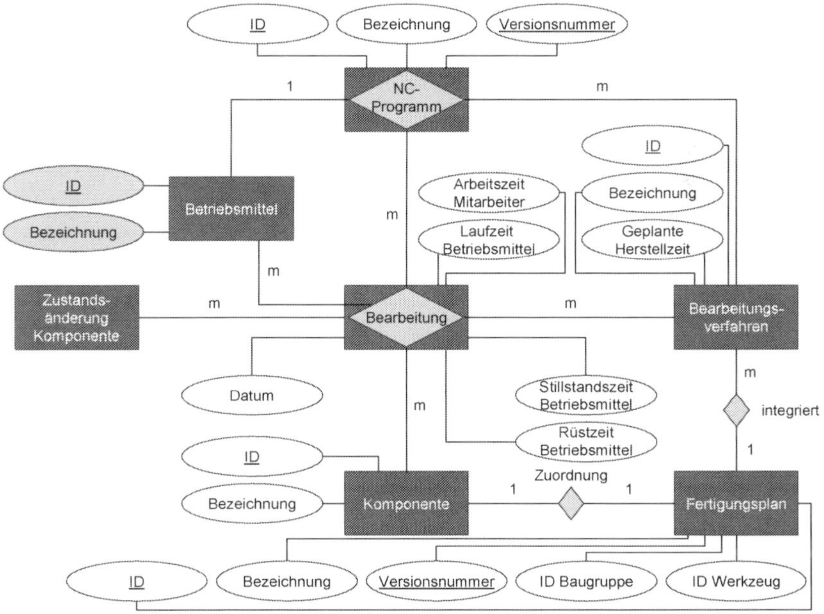

Abbildung 132: Fertigung – Sub-Datenstruktur Komponentenbearbeitung

Die Sub-Datenstruktur **Komponentenprüfung** besteht aus den Entitys Zustandsänderung Komponente, Spezifikation, Fertigungsplan, Prüfmittel, Abweichung sowie dem aggregierten Beziehungstyp Prüfung. Die Entity *Zustandsänderung Komponente* repräsentiert die an Komponenten erbrachten Veränderungen im Rahmen der Bearbeitung und ist aus der Sub-Datenstruktur Komponentenbearbeitung bekannt. Die Entity *Spezifikation*, die zu der bereits erläuterten Entity *Fertigungsplan* in Beziehung steht, enthält Kategorien und Werte, die den angestrebten Zustand der Komponente widerspiegeln. Exemplarisch sind für die Entitys Spezifikation und Zustandsänderung die Attribute Höhe, Länge, Breite, Radien, Güte und Toleranzen, jeweils als Soll- und Ist-Ausprägung, dargestellt.[579] Gemeinsam mit der Entity *Prüfmittel*, die das Schlüsselattribut Identifikator und das Attribut Bezeichnung aufweist, entsteht der aggregierte Beziehungstyp *Prüfung*. Er repräsentiert den Kontrollprozess der Komponente und ist durch Datum und Prüfzeit charakterisiert. Die ausgehende Verbindungslinie stellt eine Verbindung zur Entity *Abweichung* her, die durch die Attribute Komponentenidentifikator und Beschreibung charakterisiert ist. Die Sub-Datenstruktur Komponentenprüfung inkl. den Klassen und Teilklassen der Daten sowie den Kardinalitäten ist in Abbildung 133 dargestellt.

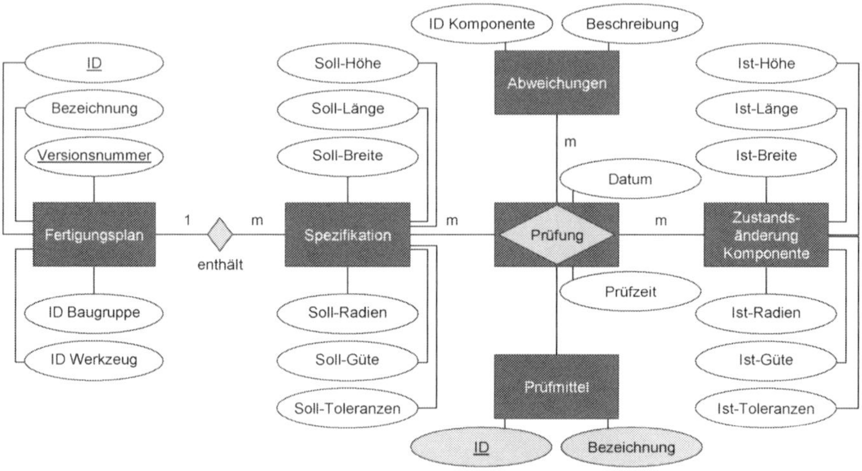

Abbildung 133: Fertigung – Sub-Datenstruktur Komponentenprüfung

Die Sub-Datenstruktur **Organisation** integriert die Entitys Mitarbeiter, Fertigungsmitarbeiter inkl. Spezialisierungen sowie Qualifikation. Analog zu Vertrieb, Engineering, Konstruktion und Arbeitsvorbereitung werden die Entitys *Mitarbeiter* und *Fertigungsmitarbeiter* durch verschiedene Schlüsselattribute und Attribute beschrieben. Die Entity Fertigungsmitarbeiter ist eine Spezialisierung der Entity Mitarbeiter, gleichzeitig aber eine Generalisierung bzgl. der im Werkzeugbau üblichen Fertigungsverfahren. Diese werden durch die Entitys *Mitarbeiter Fräsen, Mitarbeiter Erodieren*, *Mitarbeiter Schleifen* und *Mitarbeiter Drehen* dargestellt.[580] Die Entity Mitarbeiter steht zudem in einer Beziehung zur Entity *Qualifikation*. Charakteristika sind das Schlüsselattribut Identifikator und das Attribut Bezeichnung. Abbildung 134 zeigt die Sub-Datenstruktur Organisation inkl. den Klassen und Teilklassen der Daten sowie den Kardinalitäten.

---

579 Die genannten Attribute sind Beispiele. Die tatsächlich relevanten Attribute sind gemäß den Spezifikationen der Komponenten seitens des Werkzeugbaubetriebs individuell in die Datenstrukturen zu integrieren.

580 Die genannten Spezialisierungen bzw. die dadurch repräsentierten Mitarbeiter charakterisieren einen Großteil der Fertigungsmitarbeiter in Werkzeugbaubetrieben. In Abhängigkeit der intern verfügbaren Fertigungstechnologien sind weitere Spezialisierungen bzw. Entitys individuell zu integrieren.

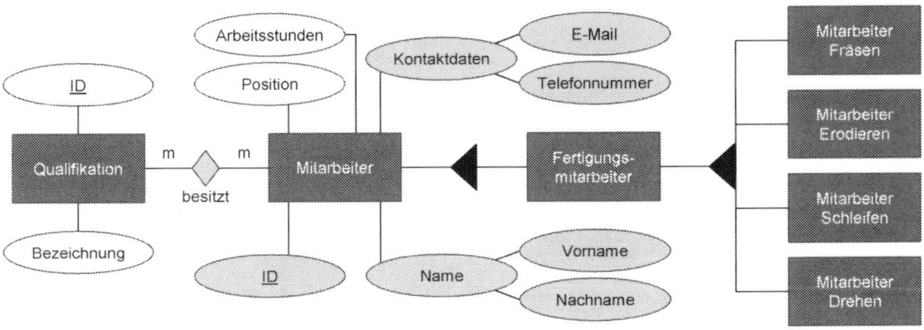

Abbildung 134: Fertigung – Sub-Datenstruktur Organisation

5.5.2 Modellierung der Datenstruktur der Fertigung

Die Verknüpfung der vorgestellten Sub-Datenstrukturen führt zum Datenstrukturmodell der Fertigung. Die Entity NC-Programm stellt eine Verbindung zwischen den Sub-Datenstrukturen NC-Programm-Erzeugung und Komponentenbearbeitung her. Die Verbindung zwischen den Sub-Datenstrukturen Komponentenbearbeitung und Komponentenprüfung erfolgt zudem über die Entitys Zustandsänderung, Fertigungsplan und Komponente sowie über die Entity Prüfmittel als Spezialisierung der Entity Betriebsmittel. Durch jeweils eine Beziehung der aggregierten Beziehungstypen Bearbeitung und Prüfung sowie der Entity Komponente mit der Entity Fertigungsmitarbeiter werden Verbindungen zur Sub-Datenstruktur Organisation hergestellt. Während die Beziehung zu der Entity NC-Programm durch die Erzeugungszeit attribuiert ist, wird die Dauer der Tätigkeiten des Fertigungsmitarbeiters den aggregierten Beziehungstypen Bearbeitung und Prüfung direkt zugeordnet. Dadurch wird ebenfalls deutlich, dass die Entity Fertigungsmitarbeiter wichtiger Bestandteil zur Erzeugung der aggregierten Beziehungstypen ist. Das Datenstrukturmodell der Fertigung in Werkzeugbaubetrieben ist in Abbildung 135 dargestellt.

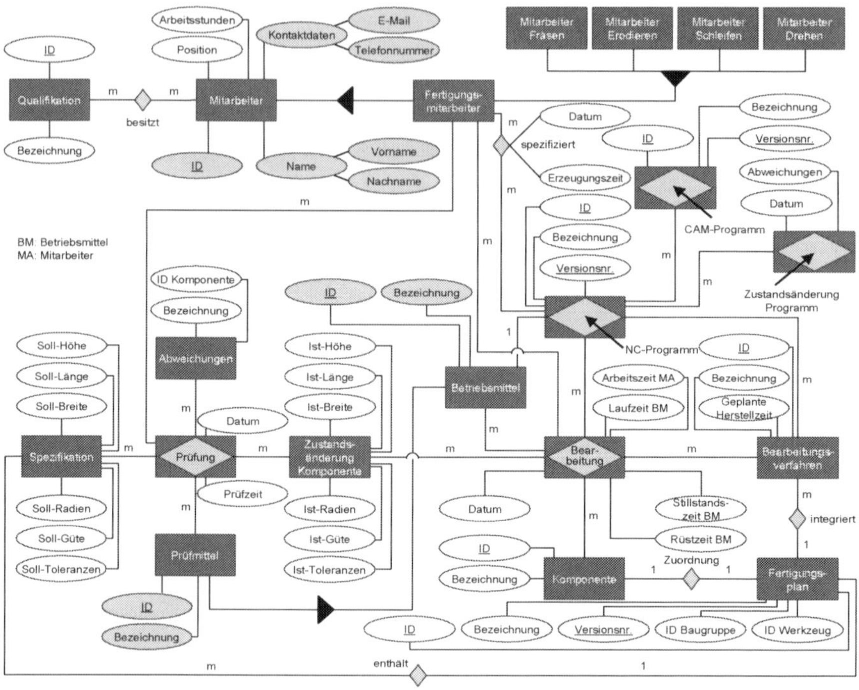

Abbildung 135: Datenstrukturmodell der Fertigung in Werkzeugbaubetrieben

5.6 Datenstrukturen der Montage

Die Sub-Datenstrukturen des Prozesselements Montage sind Baugruppenvormontage, Werkzeugendmontage, Funktionsprüfung, Demontage und Organisation. Zunächst werden die jeweiligen Sub-Datenstrukturen konstruiert, bevor diese zum Datenstrukturmodell der Montage verknüpft werden.

5.6.1 Konstruktion der Sub-Datenstrukturen

Die Sub-Datenstruktur **Baugruppenvormontage** besteht aus den Entitys Montageplan, Montageschritt, Komponente, Arbeitsstation und Baugruppe sowie dem aggregierten Beziehungstyp Vormontage. Die Entitys *Montageplan* und *Montageschritt* wurden bereits in Kapitel 5.4.1 erläutert. Die Entity Montageplan ist durch Identifikator und Versionsnummer eindeutig sowie durch Bezeichnung, Fertigstellungsdatum Werkzeug und Fertigstellungsdatum Baugruppe beschrieben. Identifikator, Bezeichnung und geplante Zeit charakterisieren die Entity Montageschritt. Die Entitys *Komponente* und *Arbeitsstation* sind jeweils durch einen Identifikator eindeutig sowie durch das Attribut Bezeichnung beschrieben. Gemeinsam mit der Entity Montageschritt führen sie zu dem aggregierten Beziehungstyp *Vormontage*. Er ist durch Vormontagezeit und Datum attribuiert und repräsentiert den Arbeitsprozess des Zusammenbaus mehrerer Komponenten zu einer Baugruppe. Die ausgehende Verbindungslinie führt entsprechend zur Entity *Baugruppe*. Sie weist das Schlüsselattribut Identifikator und das Attribut Bezeichnung auf und steht wiederum in einer Beziehung zur Entity Komponente. Die Sub-Datenstruktur Baugruppenvormontage inkl. den Klassen und Teilklassen der Daten sowie den Kardinalitäten ist in Abbildung 136 dargestellt.

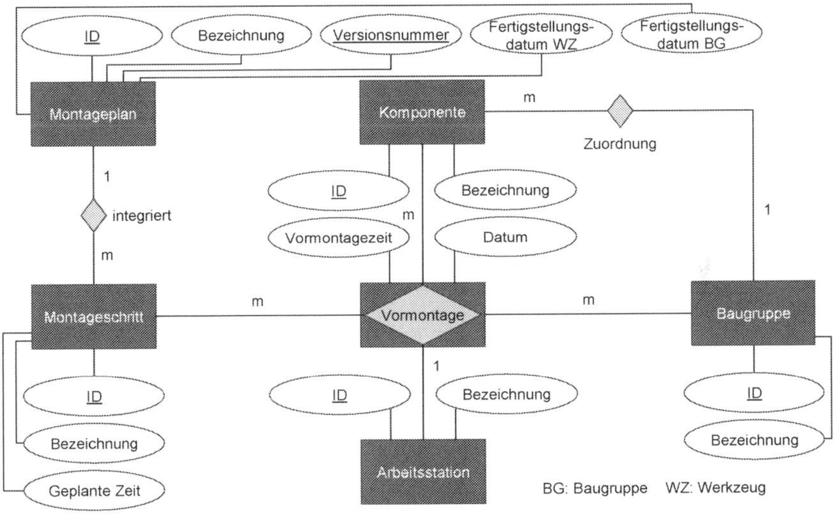

Abbildung 136: Montage – Sub-Datenstruktur Baugruppenvormontage

Die Sub-Datenstruktur **Werkzeugendmontage** integriert die Entitys Montageplan, Montageschritt, Arbeitsstation, Komponente, Baugruppe und Werkzeug sowie den aggregierten Beziehungstyp Endmontage. Die Entitys *Montageplan* und *Montageschritt* sind analog den vorherigen Ausführungen zu verstehen und weisen, mit Ausnahme des Fertigstellungsdatums Baugruppe, identische Schlüsselattribute und Attribute auf. Die Entity *Arbeitsstation* stellt den Verrichtungsort der Endmontagetätigkeiten dar und ist durch einen Identifikator eindeutig sowie durch eine Bezeichnung attribuiert. Analoge Charakteristika weisen die Entitys *Komponente* und *Baugruppe* auf, die zusätzlich zueinander in Verbindung stehen. Gemeinsam mit der Entity Arbeitsstation entsteht der aggregierte Beziehungstyp *Endmontage*, der durch Endmontagezeit und Datum beschrieben wird. Er repräsentiert den Montageprozess von einzelnen Komponenten, die keiner Baugruppe zugehörig sind, und vormontierten Baugruppen zu einem vollständigen Werkzeug. Entsprechend führt die ausgehende Verbindungslinie zur Entity *Werkzeug*. Sie ist eindeutig durch einen Identifikator sowie zusätzlich durch eine Bezeichnung und die geplante Zeit charakterisiert. Abbildung 137 zeigt die Sub-Datenstruktur Werkzeugendmontage inkl. den Klassen und Teilklassen der Daten sowie den Kardinalitäten.

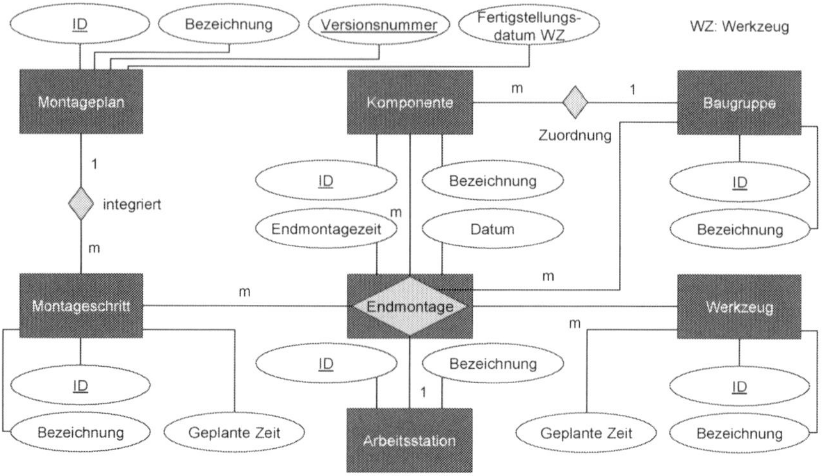

Abbildung 137: Montage – Sub-Datenstruktur Werkzeugendmontage

Die Sub-Datenstruktur **Funktionsprüfung** besteht aus den Entitys Komponente, Baugruppe, Wirkprinzip, Werkzeug und Abweichung sowie dem aggregierten Beziehungstyp Funktionsprüfung. Die Entitys *Komponente* und *Baugruppe* werden jeweils durch einen Identifikator eindeutig sowie durch eine Bezeichnung beschrieben. Beide Entitys stehen in Beziehung zur Entity *Wirkprinzip*, die eine oder mehrere Funktionsweisen repräsentiert. Sie weist das Schlüsselattribut Identifikator sowie die Attribute Bezeichnung und Beschreibung auf. Das Attribut Beschreibung ermöglicht eine ausführliche Erläuterung des jeweiligen Wirkprinzips. Gemeinsam mit der Entity *Werkzeug*, die ebenfalls durch Identifikator und Bezeichnung attribuiert ist, entsteht der aggregierte Beziehungstyp *Funktionsprüfung*. Er ist durch das Schlüsselattribut Identifikator eindeutig charakterisiert und weist weiterhin die Attribute Bezeichnung, Prüfzeit und Datum auf. Die ausgehende Verbindungslinie führt zur Entity *Abweichung*, die das Prüfergebnis repräsentiert und durch eine Beschreibung attribuiert ist. Sie weist zusätzlich die Identifikatoren von Baugruppe und Komponente auf, um eine eindeutige Zuordnung der Abweichungen sicherzustellen. Es sei abschließend hervorgehoben, dass die Funktionsprüfung für die Wirkprinzipien einzelner Komponenten und Baugruppen und nicht für die Wirkprinzipien des Gesamtwerkzeugs erfolgt. Daher wird die Tätigkeit ohne Zuhilfenahme von Produktions- oder produktionsnahen Maschinen am teilweise bzw. vollständig montierten Werkzeug durchgeführt. Die Erprobung des Wirkprinzips des Gesamtwerkzeugs im Hinblick auf den Produktionsprozess erfolgt im Prozessschritt Qualifizierung. Die vorliegende Sub-Datenstruktur integriert weder eine Entity Betriebsmittel noch andere Darstellungselemente, die einen Soll-Ist-Vergleich von numerischen Werten repräsentieren. Die Sub-Datenstruktur Funktionsprüfung inkl. den Klassen und Teilklassen der Daten sowie den Kardinalitäten ist in Abbildung 138 dargestellt.

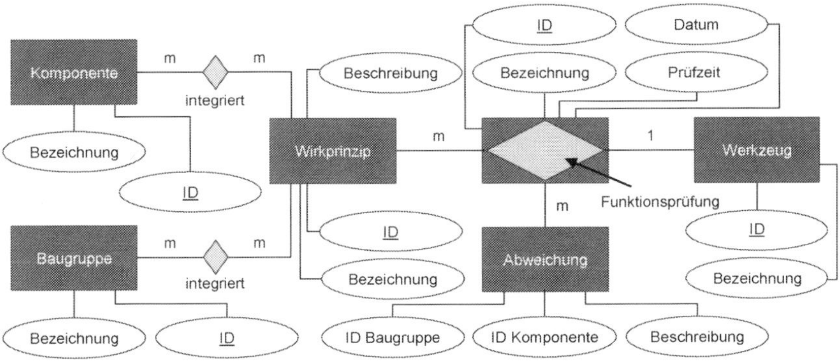

Abbildung 138: Montage – Sub-Datenstruktur Funktionsprüfung

Die Sub-Datenstruktur **Demontage** integriert die Entitys Abweichung und Demontage sowie die aggregierten Beziehungstypen Vormontage, Endmontage und Störung. Die Entity *Abweichung* ist bereits aus der Sub-Datenstruktur Funktionsprüfung bekannt. Die beiden aggregierten Beziehungstypen *Vormontage* und *Endmontage* sowie deren jeweilige Entstehung wurden in den Sub-Datenstrukturen Baugruppenvormontage und Werkzeugendmontage bereits erläutert. Auf eine Darstellung der jeweiligen Attribute wird daher verzichtet. Sofern Vormontage- bzw. Endmontagetätigkeiten nicht gemäß Montageplan ausgeführt werden können, liegt eine Störung vor. Die ausgehenden Verbindungslinien erzeugen in diesem Fall den aggregierten Beziehungstyp *Störung*. Er weist die Attribute Baugruppenidentifikator, Komponentenidentifikator und Beschreibung auf. Gemeinsam mit der Entity Abweichung steht er in einer Beziehung zur Entity *Demontage*. Sie repräsentiert die Zerlegung des Werkzeugs in Baugruppen und Komponenten, um die aufgetretenen Störungen und Abweichungen durch Nacharbeit korrigieren zu können. Die Entity Demontage ist eindeutig durch die Schlüsselattribute Montageplanidentifikator und Versionsnummer charakterisiert. Abbildung 139 zeigt die Sub-Datenstruktur Demontage inkl. den Klassen und Teilklassen der Daten sowie den Kardinalitäten.

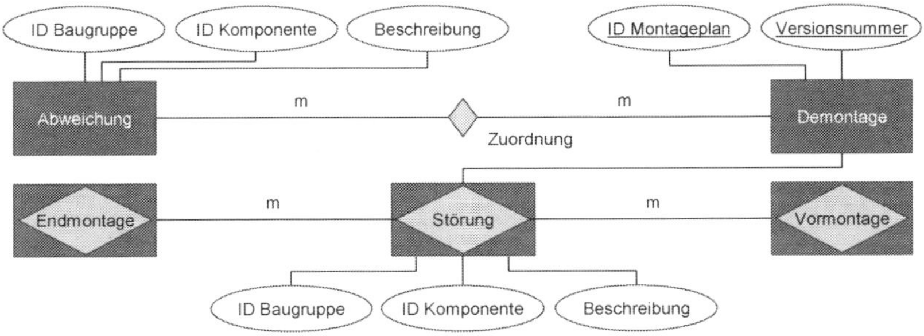

Abbildung 139: Montage – Sub-Datenstruktur Demontage

Die Sub-Datenstruktur **Organisation** besteht aus den Entitys Mitarbeiter, Qualifikation, Monteur und Projektteam. Die Entity *Mitarbeiter* weist das Schlüsselattribut Identifikator sowie die

Attribute Nachname, Vorname, E-Mail-Adresse, Telefonnummer, Position und Arbeitsstunden auf. Sie steht in einer Beziehung zur Entity *Qualifikation*. Sie ist durch einen Identifikator eindeutig sowie durch eine Bezeichnung charakterisiert. Als Generalisierung besteht, ausgehend von der Entity Mitarbeiter, eine Beziehung zur Entity *Monteur*. Diese steht wiederum in Verbindung zur Entity *Projektteam*. Sie repräsentiert eine temporäre, auf die Projektlaufzeit begrenzte Gruppe von Monteuren, die Montagetätigkeiten an einem oder mehreren Werkzeugen gemeinsam verrichten. Schlüsselattribute sind Projektidentifikator und Teamidentifikator, während die Bezeichnung des Teams ein zusätzliches Attribut darstellt. Die Sub-Datenstruktur Organisation inkl. den Klassen und Teilklassen der Daten sowie den Kardinalitäten ist in Abbildung 140 abschließend dargestellt.

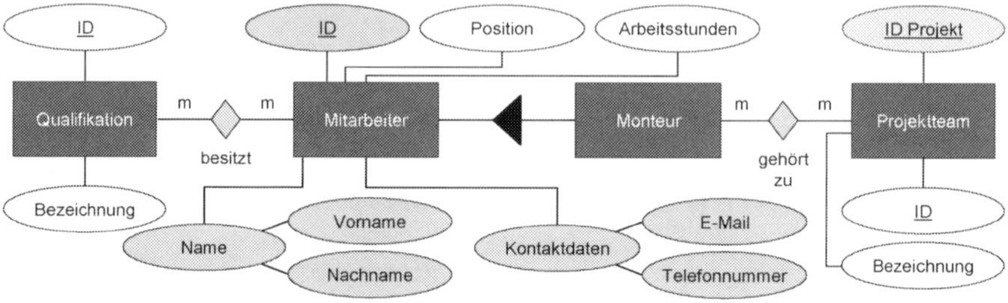

Abbildung 140: Montage – Sub-Datenstruktur Organisation

5.6.2 Modellierung der Datenstruktur der Montage

Die Verknüpfung der vorgestellten Sub-Datenstrukturen führt zum Datenstrukturmodell der Montage. Die Entitys Komponente und Baugruppe verbinden die Sub-Datenstrukturen Baugruppenvormontage, Werkzeugendmontage und Funktionsprüfung aufgrund ihrer wiederholten, notwendigen Existenz in den Sub-Datenstrukturen. Zur Wahrung der Übersichtlichkeit werden diese Entitys jeweils zweifach im Datenstrukturmodell visualisiert, sind inhaltlich jedoch identisch. Eine Verbindung zur Sub-Datenstruktur Demontage entsteht durch den aggregierten Beziehungstyp Störung bzw. die Entity Demontage sowie durch die Entity Abweichung. Die Verbindung zwischen den Sub-Datenstrukturen Werkzeugendmontage und Funktionsprüfung erfolgt zudem über die Entity Werkzeug. Die Entitys Arbeitsstation, Montageplan und Montageschritte finden sich ebenfalls in den Sub-Datenstrukturen Baugruppenvormontage und Werkzeugendmontage wieder. Durch jeweils eine Beziehung zwischen den aggregierten Beziehungstypen Vormontage, Endmontage und Funktionsprüfung sowie der Entity Demontage mit der Entity Monteur werden Verbindungen zur Sub-Datenstruktur Organisation hergestellt. Die Dauer der Tätigkeiten des Monteurs sowie das Datum wird den aggregierten Beziehungstypen Vormontage, Endmontage und Funktionsprüfung direkt zugeordnet. Dadurch wird ebenfalls deutlich, dass die Entity Monteur wichtiger Bestandteil zur Erzeugung der aggregierten Beziehungstypen ist. Die Verbindung zwischen den Entitys Monteur und Demontage wird durch Bearbeitungszeit und Datum attribuiert. Das Datenstrukturmodell der Montage in Werkzeugbaubetrieben ist in Abbildung 141 dargestellt.

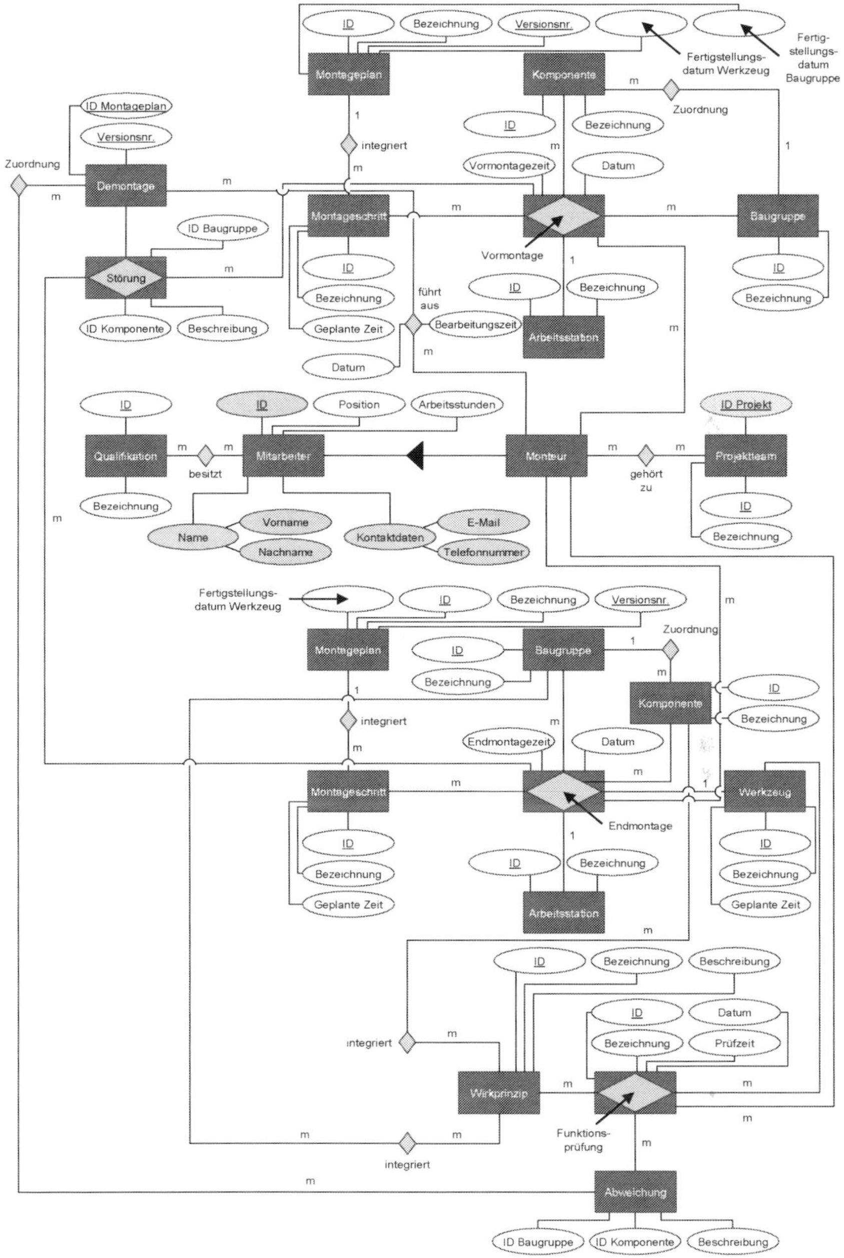

Abbildung 141: Datenstrukturmodell der Montage in Werkzeugbaubetrieben

5.7 Datenstrukturen der Qualifizierung

Die Sub-Datenstrukturen des Prozesselements Qualifizierung sind Zyklusvorbereitung, Werkzeugerprobung, Artikelqualitätsprüfung und Organisation. Nach Konstruktion der jeweiligen Sub-Datenstrukturen erfolgt die Verknüpfung zum Datenstrukturmodell der Qualifizierung.

5.7.1 Konstruktion der Sub-Datenstrukturen

Die Sub-Datenstruktur **Zyklusvorbereitung** integriert die Entitys Produktionsmaschine inkl. Spezialisierungen, Werkzeug, Einstellparameter inkl. Spezialisierungen sowie den aggregierten Beziehungstyp Vorbereitung. Die Entity *Produktionsmaschine* repräsentiert eine Maschine zur Serienproduktion von Artikeln aus künstlichen oder metallischen Werkstoffen. Sie ist durch einen Identifikator eindeutig sowie zusätzlich durch eine Bezeichnung attribuiert. Die Entitys *Erprobungsmaschine* und *Serienmaschine* stellen Spezialisierungen dar.[581] Gemeinsam mit der Entity *Werkzeug*, die durch Identifikator und Bezeichnung beschrieben wird, entsteht der aggregierte Beziehungstyp *Vorbereitung*. Er weist die Attribute Datum, Vorbereitungszeit Mitarbeiter und Belegungszeit Produktionsmaschine auf. Die ausgehende Verbindungslinie führt zur Entity *Einstellparameter*. Sie ist durch das Schlüsselattribut Identifikator sowie durch das Attribut Bezeichnung charakterisiert und stellt eine Generalisierung der Entitys *Maschinenparameter* und *Prozessparameter* dar. In Abhängigkeit des Produktionsverfahrens existieren unterschiedliche Parameter. Abbildung 142 zeigt die Sub-Datenstruktur Zyklusvorbereitung inkl. den Klassen und Teilklassen der Daten sowie den Kardinalitäten.

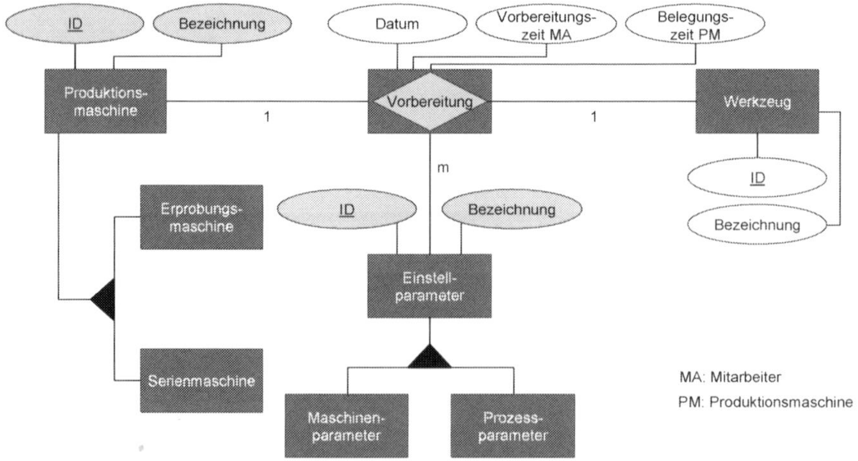

Abbildung 142: Qualifizierung – Sub-Datenstruktur Zyklusvorbereitung

[581] Maßgeblich für die Unterscheidung sind Zweck, Nutzungsintensität und Eigentum. Während einige Werkzeugbaubetriebe die Qualifizierung bei externen Dienstleistern oder beim Kunden durchführen, besitzt eine Vielzahl von Werkzeugbaubetrieben eigene Produktionsmaschinen. Die zugrunde liegenden Datenklassen in der Sub-Datenstruktur sind folglich als interne Stammdaten visualisiert.

Die Sub-Datenstruktur **Werkzeugerprobung** besteht aus den Entitys Einstellparameter, Betriebsmittel inkl. den Spezialisierungen Produktionsmaschine und Material, Werkzeug und Artikel sowie dem aggregierten Beziehungstyp Erprobung. Die Entity *Einstellparameter* ist aus der zuvor erläuterten Sub-Datenstruktur bekannt und stellt eine Eingangsgröße dar. Spezialisierungen der Entity *Betriebsmittel*, die durch Identifikator und Bezeichnung beschrieben ist, sind die Entitys *Produktionsmaschine* und *Material*. Dabei repräsentiert die Entity Material, welche das zusätzliche Attribut Menge aufweist, den Werkstoff zur erstmaligen, versuchsweisen Herstellung des Artikels. Gemeinsam mit der Entity *Werkzeug*, die durch Identifikator und Bezeichnung attribuiert ist, entsteht der aggregierte Beziehungstyp *Erprobung*. Dieser ist durch das Schlüsselattribut Qualifizierungszyklus eindeutig sowie weiterhin durch Datum, Bearbeitungszeit Mitarbeiter und Belegungszeit Produktionsmaschine attribuiert. Die ausgehende Linie stellt eine Verbindung zur Entity *Artikel* dar. Sie ist durch einen Identifikator eindeutig sowie durch eine Bezeichnung attribuiert. Abschließend sei angemerkt, dass der Prozessschritt Werkzeugerprobung aufgrund verschiedenster Produktionsverfahren und Rahmenbedingungen innerhalb der Werkzeugbaubetriebe unterschiedlich durchgeführt wird, um Produkt- und Prozessfähigkeit des Gesamtsystems zu erreichen. Für Blechverarbeitungswerkzeuge ist der Tuschierprozess zu erwähnen, der den Prozessschritt Qualifizierung ohne den Einsatz von Material abbildet, aber nicht zwangsläufig in jedem Werkzeugbaubetrieb durchgeführt wird. Die Sub-Datenstruktur Werkzeugerprobung inkl. den Klassen und Teilklassen der Daten sowie den Kardinalitäten ist in Abbildung 143 dargestellt.

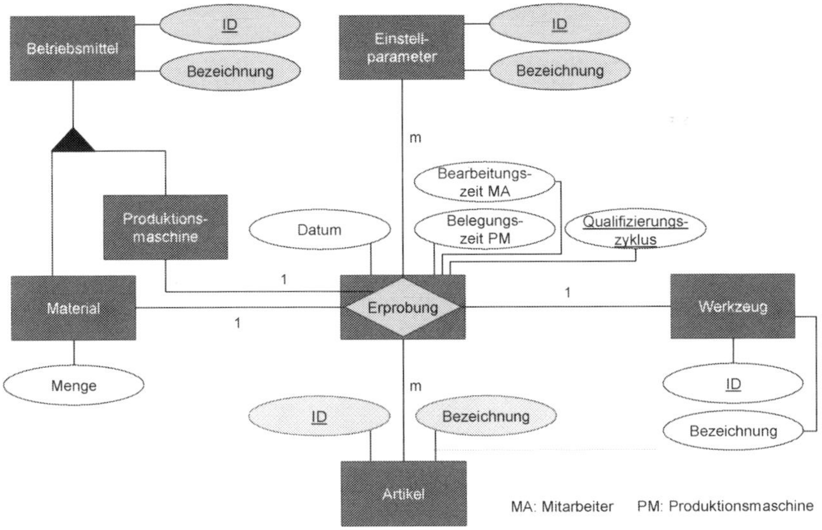

Abbildung 143: Qualifizierung – Sub-Datenstruktur Werkzeugerprobung

Die Sub-Datenstruktur **Artikelqualitätsprüfung** integriert die Entitys Artikel, Merkmal, CAD-Modell Artikel, Spezifikation, Prüfmittel, Abweichung und Bewertung sowie den aggregierten

Beziehungstyp Prüfung. Die Entity *Artikel* ist bereits in der Sub-Datenstruktur Werkzeugerprobung erläutert worden. Sie steht in einer Beziehung zur Entity *Merkmal*, welche die tatsächlichen Eigenschaften und Charakteristika des hergestellten Artikels repräsentiert. Sie weist das Schlüsselattribut Identifikator sowie eine Bezeichnung auf. Typische Beispiele sind Dimensionen wie Länge, Breite und Durchmesser sowie Lochabstand oder physikalische Eigenschaften wie Farbe und Oberflächenglanz. Die Entity *CAD-Modell Artikel* repräsentiert ein Modell des gewünschten Endprodukts; die geforderten Eigenschaften und Charakteristika bildet die Entity *Spezifikation* ab. Beide Entitys sind jeweils durch das Schlüsselattribut Identifikator sowie durch das Attribut Bezeichnung charakterisiert. Die Entity *Prüfmittel* mit Identifikator und Bezeichnung als (Schlüssel)Attribute bildet gemeinsam mit den Entitys Merkmal und Spezifikation den aggregierten Beziehungstyp *Prüfung*. Dieser ist eindeutig durch das Schlüsselattribut Prüfnummer sowie durch Datum, Prüfzeit Mitarbeiter und Belegungszeit Prüfmittel attribuiert. Die ausgehende Verbindungslinie führt zur Entity *Abweichung*, die durch Identifikator und Bezeichnung (eindeutig) attribuiert sind. Sie weist eine Verbindung zur Entity *Bewertung* auf, die durch eine Beschreibung charakterisiert ist. Abbildung 144 zeigt die Sub-Datenstruktur Artikelqualitätsprüfung inkl. den Klassen und Teilklassen der Daten sowie den Kardinalitäten.

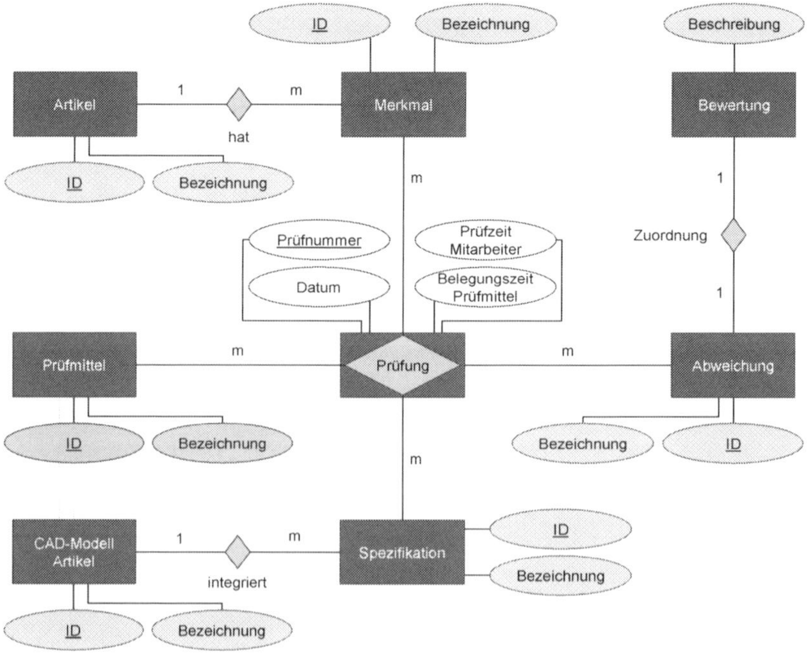

Abbildung 144: Qualifizierung – Sub-Datenstruktur Artikelqualitätsprüfung

Die Sub-Datenstruktur **Organisation** besteht aus den Entitys Mitarbeiter, Qualifizierungsmitarbeiter und Qualifikation. Die Entity *Mitarbeiter* wird durch einen Identifikator eindeutig attribuiert und ist weiterhin durch Nachname, Vorname, E-Mail-Adresse, Telefonnummer, Position und Arbeitsstunden charakterisiert. Die Entity *Qualifizierungsmitarbeiter* ist eine Spezialisierung der Entity Mitarbeiter und repräsentiert alle Mitarbeiter, die Tätigkeiten im Rahmen der Werkzeugqualifizierung durchführen. Die Entity Mitarbeiter steht wiederum in einer Beziehung zur Entity *Qualifikation*, die durch das Schlüsselattribut Identifikator sowie durch eine Bezeichnung attribuiert ist. Die Sub-Datenstruktur Organisation inkl. den Klassen und Teilklassen der Daten sowie den Kardinalitäten ist in Abbildung 145 abschließend dargestellt.

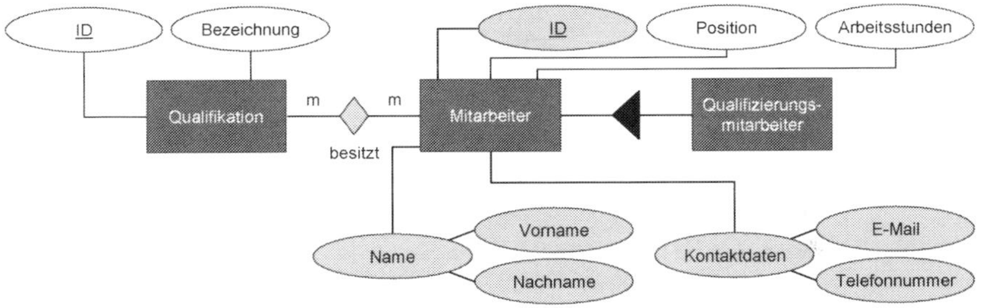

Abbildung 145: Qualifizierung – Sub-Datenstruktur Organisation

5.7.2 Modellierung der Datenstruktur der Qualifizierung

Die Verknüpfung der vorgestellten Sub-Datenstrukturen führt zum Datenstrukturmodell der Qualifizierung[582]. Die Entitys Einstellparameter und Werkzeug stellen Verbindungen zwischen den Sub-Datenstrukturen Zyklusvorbereitung und Werkzeugerprobung her. Die Verbindung zwischen den Sub-Datenstrukturen Werkzeugerprobung und Artikelqualitätsprüfung erfolgt zudem über die Entity Artikel. Eine Verbindung zwischen den drei genannten Sub-Datenstrukturen schafft die Entity Betriebsmittel, die eine Generalisierung der Entitys Produktionsmaschine, Material und Prüfmittel darstellt. Durch jeweils eine Beziehung zwischen den aggregierten Beziehungstypen Vorbereitung, Erprobung und Prüfung und der Entity Qualifizierungsmitarbeiter werden Verbindungen zur Sub-Datenstruktur Organisation hergestellt. Die Dauer der Tätigkeiten des Qualifizierungsmitarbeiters ist den aggregierten Beziehungstypen direkt zugeordnet. Dadurch wird ebenfalls deutlich, dass die Entity Qualifizierungsmitarbeiter wichtiger Bestandteil zur Erzeugung der aggregierten Beziehungstypen ist. Das Datenstrukturmodell der Qualifizierung in Werkzeugbaubetrieben ist in Abbildung 146 dargestellt.

[582] Nach erfolgreicher Qualifizierung bei einem Werkzeugbaubetrieb selber oder bei einem externen Dienstleister sind, in Abhängigkeit des abgeschlossenen Vertrags, in der Praxis zwei Vorgehen üblich: Das Werkzeug, und damit die Verantwortung, wird vollständig an den Kunden übergeben. Dieser qualifiziert die Werkzeuge auf eigenen Produktionsmaschinen und arbeitet Änderungen eigenständig ein. Alternativ verantwortet der Werkzeugbaubetrieb die Werkzeugqualifizierung auf den Produktionsmaschinen des Kunden und muss anschließend Änderungen einarbeiten. Letzteres wird im Datenstrukturmodell durch zusätzliche Qualifikationszyklen berücksichtigt.

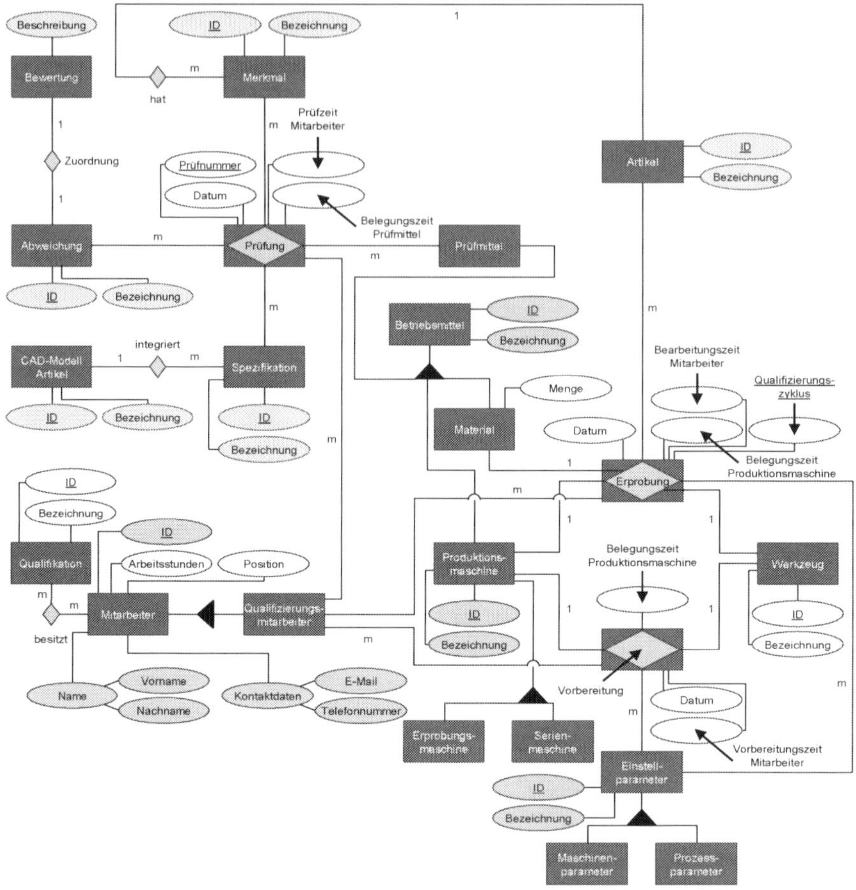

Abbildung 146: Datenstrukturmodell der Qualifizierung in Werkzeugbaubetrieben

5.8 Datenstrukturen des Projektmanagements

Die Sub-Datenstrukturen des Prozesselements Projektmanagement sind Kapazitätsermittlung, Projektplanerstellung, Kundenabstimmung und Organisation. Zunächst werden die jeweiligen Sub-Datenstrukturen konstruiert, bevor diese zum Datenstrukturmodell des Projektmanagements verknüpft werden.

5.8.1 Konstruktion der Sub-Datenstrukturen

Die Sub-Datenstruktur Kapazitätsermittlung integriert die Entitys Kapazitätsangebot, Kapazitätsbelegung und Kalkulation sowie die aggregierten Beziehungstypen Auslastung und Kapazitätsübersicht. Die Entitys *Kapazitätsangebot* und *Kapazitätsbelegung* repräsentieren die grundsätzlich verfügbaren bzw. bereits reservierten Kapazitäten von Ressourcen entlang der

Auftragsabwicklung. Im Werkzeugbau ist es üblich, die Kapazitäten der Prozessschritte Konstruktion, Arbeitsvorbereitung, Fertigung, Montage und Qualifizierung in der Kapazitätsplanung zu berücksichtigen[583], wobei auf eine Spezialisierung in entsprechende Entitys verzichtet wird. Die Entitys Kapazitätsangebot und Kapazitätsbelegung sind jeweils eindeutig durch einen Identifikator sowie durch eine Bezeichnung und einen Wert charakterisiert. Gemeinsam bilden sie den aggregierten Beziehungstyp *Auslastung*, der die Kapazitätssituation des Werkzeugbaubetriebs zu einem bestimmten Datum für eine individuelle Betrachtungsperiode darstellt. Gemeinsam mit der Entity *Kalkulation*, welche die Schlüsselattribute Kalkulationsidentifikator und Versionsnummer aufweist sowie durch einen Angebotsidentifikator attribuiert ist, entsteht der aggregierte Beziehungstyp *Kapazitätsübersicht*. Schlüsselattribute sind Identifikator und Versionsnummer; die Attribute Bezeichnung, Datum und Ermittlungszeit beschreiben die Entity zusätzlich. Analog zum Teilmodell Kalkulationserstellung im Prozesselement Vertrieb ist eine detaillierte Übersicht des kalkulierten Preises durch die Entity Posten, ihre Attribute sowie die Spezialisierungen repräsentiert. Auf eine erneute Darstellung wird an dieser Stelle allerdings verzichtet. Abbildung 147 zeigt die Sub-Datenstruktur Kapazitätsermittlung inkl. den Klassen und Teilklassen der Daten sowie den Kardinalitäten.

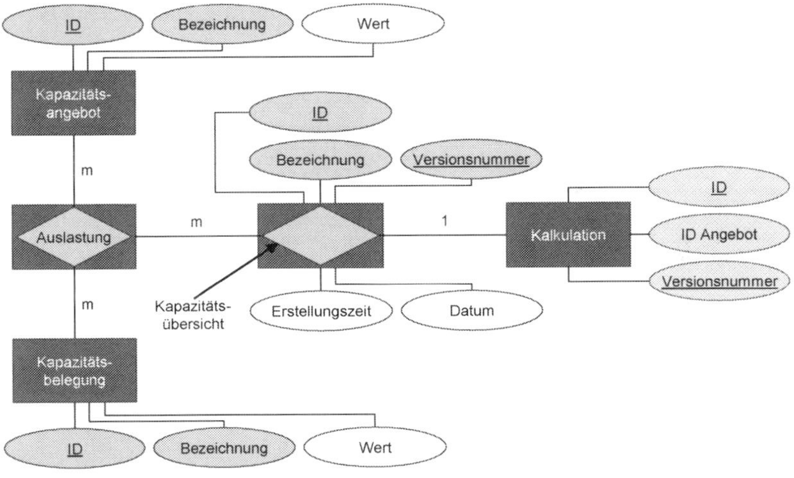

Abbildung 147: Projektmanagement – Sub-Datenstruktur Kapazitätsermittlung

Die Sub-Datenstruktur **Projektplanerstellung** besteht aus der Entity Lieferinformation sowie den aggregierten Beziehungstypen Kapazitätsübersicht und Projektplan. Die Entity *Lieferinformation* ist durch Datum, Adresse und individuelle Bedingungen attribuiert und bereits aus

[583] Die Tätigkeiten der Prozessschritte Projektmanagement, Einkauf und Logistik werden nahezu bei jedem Projekt bzw. Werkzeug im Werkzeugbaubetrieb durchgeführt oder durch einen entsprechenden Mitarbeiter des Werkzeugbaubetriebs verantwortet. Aufkommenden Kapazitätsengpässen wird zumeist durch interne Umplanung der Mitarbeiter vorgebeugt; sie sind daher nur selten Betrachtungsgegenstand einer Machbarkeitsprüfung.

der Sub-Datenstruktur Kundenanfrage (vgl. Kapitel 5.1.1) bekannt. Gemeinsam mit dem aggregierten Beziehungstyp *Kapazitätsübersicht*, der bereits in der Sub-Datenstruktur Kapazitätsermittlung erläutert wurde, entsteht der aggregierte Beziehungstyp *Projektplan*. Er repräsentiert das Resultat der auf übergeordneter Ebene durchgeführten Planungsaktivitäten in Werkzeugbaubetrieben und ist durch die Schlüsselattribute Projektplanidentifikator und Versionsnummer eindeutig charakterisiert. Weiterhin existieren die Attribute Bezeichnung, Projektidentifikator, Datum und Erstellungszeit. Die Sub-Datenstruktur Projektplanerstellung inkl. den Klassen und Teilklassen der Daten sowie den Kardinalitäten ist in Abbildung 148 dargestellt.

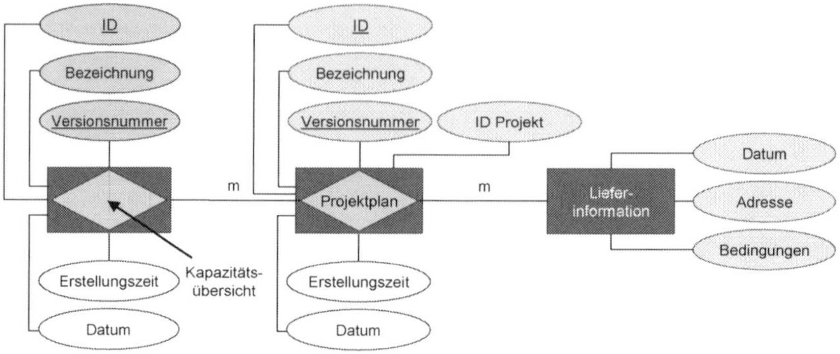

Abbildung 148: Projektmanagement – Sub-Datenstruktur Projektplanerstellung

Die Sub-Datenstruktur **Kundenabstimmung** integriert die Entitys Status und Ansprechpartner sowie die aggregierten Beziehungstypen Projektplan und Kommunikation. Die Entity *Status* repräsentiert den momentanen Bearbeitungszustand des Projekts und ist daher durch eine Bezeichnung attribuiert. Sie steht folglich in einer Beziehung zum aggregierten Beziehungstyp *Projektplan*, der bereits in der Sub-Datenstruktur Projektplanerstellung erläutert wurde. Die Entity *Ansprechpartner* repräsentiert den Kommunikationspartner auf Kundenseite, mit dem der Werkzeugbaubetrieb Austausch pflegt. Er ist durch die Attribute Nachname, Vorname, Position, E-Mail-Adresse und Telefonnummer charakterisiert und bereits aus Kapitel 5.1.1 bekannt. Es entsteht der aggregierte Beziehungstyp *Kommunikation*, der durch ein Datum und eine Beschreibung charakterisiert wird. Die Beschreibung stellt die Niederschrift der Kommunikationsinhalte durch alphanumerische Zeichen dar, die in Kommunikations- bzw. CRM-Systemen oder in E-Mails gespeichert werden. Resultat der Kommunikation zwischen Werkzeugbaubetrieb und Kunde können Anpassungen sein, die in den Projektplan eingearbeitet werden müssen. Abbildung 149 zeigt die Sub-Datenstruktur Kundenabstimmung inkl. den Klassen und Teilklassen der Daten sowie den Kardinalitäten.

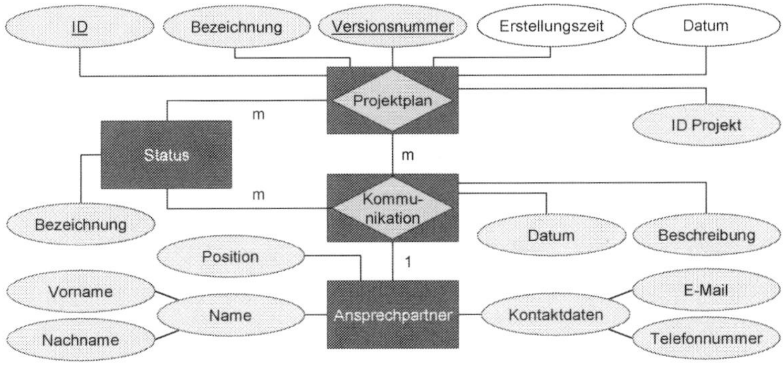

Abbildung 149: Projektmanagement – Sub-Datenstruktur Kundenabstimmung

Die Sub-Datenstruktur **Organisation** besteht aus den Entitys Mitarbeiter, Qualifikation und Projektmanager. Die Entity *Mitarbeiter* weist das Schlüsselattribut Identifikator sowie die zusätzlichen Attribute Nachname, Vorname, E-Mail-Adresse, Telefonnummer, Position und Arbeitsstunden auf. Zur Entity *Qualifikation* besteht eine Beziehung. Eine eindeutige Beschreibung dieser Entity erfolgt über das Schlüsselattribut Identifikator, während sie durch eine Bezeichnung zusätzlich attribuiert ist. Die Entity *Projektmanager* ist eine Spezialisierung der Entity Mitarbeiter. Die Sub-Datenstruktur Organisation inkl. den Klassen und Teilklassen der Daten sowie den Kardinalitäten ist in Abbildung 150 abschließend dargestellt.

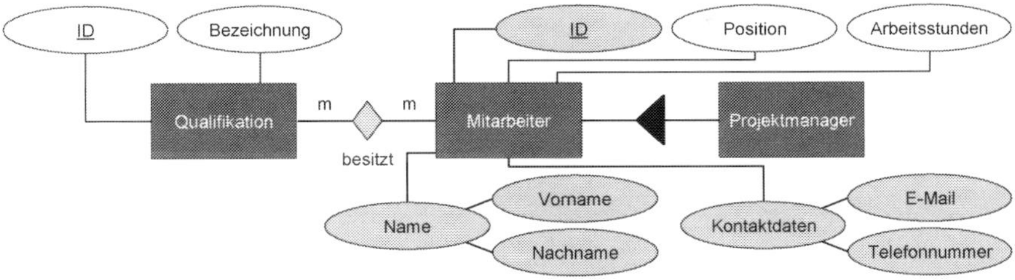

Abbildung 150: Projektmanagement – Sub-Datenstruktur Organisation

5.8.2 Modellierung der Datenstruktur des Projektmanagements

Die Verknüpfung der vorgestellten Sub-Datenstrukturen führt zum Datenstrukturmodell des Projektmanagements. Der aggregierte Beziehungstyp Kapazitätsübersicht stellt eine Verbindung zwischen den Sub-Datenstrukturen Kapazitätsermittlung und Projektplanerstellung her. Die Verbindung zwischen den Sub-Datenstrukturen Projektplanerstellung und Kundenabstimmung erfolgt über den aggregierten Beziehungstyp Projektplan. Durch jeweils eine Beziehung zwischen den aggregierten Beziehungstypen Kapazitätsübersicht, Projektplan und Kommunikation mit der Entity Projektmanager werden Verbindungen zur Sub-Datenstruktur Organisation hergestellt. Die Dauer der Tätigkeiten des Projektmanagers wird, wie bereits in den Sub-Datenstrukturen erläutert, den aggregierten Beziehungstypen direkt zugeordnet, sofern die Zeiträume sinnvoll ermittelt werden können. Dadurch wird ebenfalls deutlich, dass die Entity

Projektmanager wichtiger Bestandteil zur Erzeugung der aggregierten Beziehungstypen ist. Das Datenstrukturmodell des Projektmanagements in Werkzeugbaubetrieben ist in Abbildung 151 dargestellt.

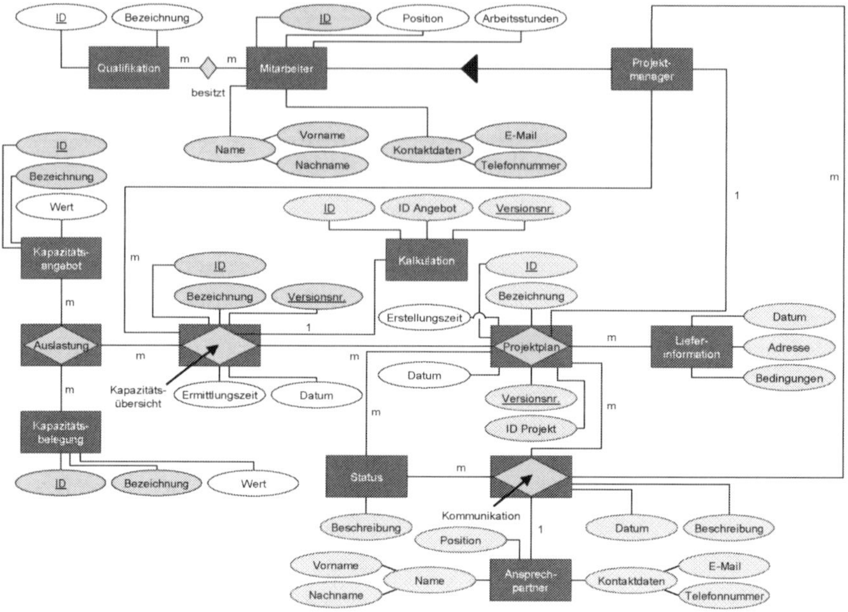

Abbildung 151: Datenstrukturmodell des Projektmanagements in Werkzeugbaubetrieben

5.9 Datenstrukturen des Einkaufs

Die Sub-Datenstrukturen des Prozesselements Einkauf sind Lieferantenanfrage, Bestellauslösung, Leistungsbewertung und Organisation. Nach Konstruktion der jeweiligen Sub-Datenstrukturen erfolgt die Verknüpfung zum Datenstrukturmodell des Einkaufs.

5.9.1 Konstruktion der Sub-Datenstrukturen

Die Sub-Datenstruktur **Lieferantenanfrage** besteht aus den Entitys Fremdware inkl. Spezialisierungen, Projekt, Lieferant, Geschäftspartner, Ansprechpartner, Angebot und Lastenheft sowie dem aggregierten Beziehungstyp Abgleich. Die Entity *Fremdware* repräsentiert jegliche Art von Waren und Leistungen, deren Herstellungs- bzw. Leistungserbringungsprozess nicht im Werkzeugbaubetrieb selbst, sondern bei Lieferanten durchgeführt wird. Sie ist durch das Schlüsselattribut Identifikator eindeutig sowie durch Bezeichnung und Menge beschrieben. Die Entitys *Rohmaterial*, *Werkzeug*, *Baugruppe*, *Komponente*, *Technologie* und *Verbrauchsgut* stellen Spezialisierungen der Entity Fremdware dar. Sie können weitere Attribute, bspw. Dimensionen, Härte und Toleranzen für die Entity Komponente, aufweisen. Die Entity Fremdware kann der Entity *Projekt*, attribuiert durch Identifikator und Bezeichnung, zugeordnet werden.[584] Für einige Spezialisierungen der Entity Fremdware ist sogar eine Zuordnung zu Werkzeug, Baugruppe oder Komponente möglich, auf die verzichtet wird, um die Komplexität der Datenstruktur nicht signifikant zu erhöhen. Die Entity Fremdware steht in einer Beziehung zur Entity *Lieferant*, die wiederum eine Spezialisierung der Entity *Geschäftspartner* ist. Diese ist, genau wie die sich anschließende Entity *Ansprechpartner*, durch bekannte Schlüsselattribute und Attribute (vgl. Kapitel 5.1.1) charakterisiert. Es besteht eine Beziehung zur Entity *Angebot*. Die Entity Angebot selbst weist das Schlüsselattribut Identifikator sowie die Attribute Bezeichnung, Liefertermin, Bedingungen, Plankosten und Datum auf. Die Entity *Lastenheft ist* charakterisiert durch die Schlüsselattribute Lastenheftidentifikation und Versionsnummer sowie durch die Attribute Bezeichnung, Liefertermin, Menge und Lieferadresse. Sie ist der Fremdware zuzuordnen und bildet gemeinsam mit der Entity Angebot den aggregierten Beziehungstyp *Abgleich*. Die Sub-Datenstruktur Lieferantenanfrage inkl. den Klassen und Teilklassen der Daten sowie den Kardinalitäten ist in Abbildung 152 dargestellt.

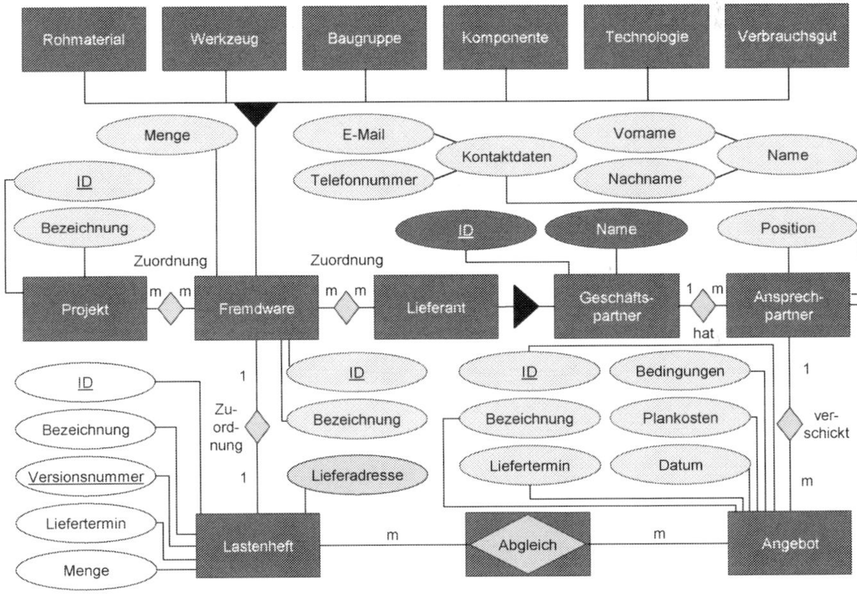

Abbildung 152: Einkauf – Sub-Datenstruktur Lieferantenanfrage

Die Sub-Datenstruktur **Bestellauslösung** integriert die Entitys Lastenheft, Angebot, Abweichung und Bestellung sowie die aggregierten Beziehungstypen Abgleich und Evaluierung. Die Verbindungen zwischen den Entitys *Lastenheft* und *Angebot* sowie dem aggregierten Beziehungstyp *Abgleich* wurden in der Sub-Datenstruktur Lieferantenanfrage erläutert, wobei eine

[584] In Werkzeugbaubetrieben existieren weitere Vermögensgegenstände, die beschafft werden, allerdings selten Projekten zugeordnet werden können. Beispiele sind Werkzeugmaschinen sowie Hallen- und Büroausstattung. Deren Beschaffung ist folglich nicht Teil der Auftragsabwicklung.

Detaillierung des Attributs Lieferadresse ergänzt wurde. Eine erneute Darstellung in der Sub-Datenstruktur Bestellauslösung ist trotzdem sinnvoll, da es maßgeblich zum Verständnis für die Nutzer beiträgt. Die ausgehende Verbindungslinie des aggregierten Beziehungstyps führt zur Entity *Abweichung*, welche die Diskrepanz zwischen Anfrage des Werkzeugbaubetriebs und Angebot des Lieferanten darstellt. Sie ist durch das Schlüsselattribut Identifikator eindeutig sowie durch eine Bezeichnung charakterisiert. Gemeinsam mit der Entity Lastenheft erfolgt eine kritische Bewertung des Sachverhalts. Diese wird durch den aggregierten Beziehungstyp *Evaluierung* dargestellt, der wiederum durch ein Datum attribuiert ist. Nach positiver Bewertung erfolgt die Bestellung beim Lieferanten. Die Entity *Bestellung* weist das Schlüsselattribut Bestellidentifikator sowie die Attribute Bezeichnung, Menge, Fremdwareidentifikator, Lieferantenidentifikator und Datum auf. Abbildung 153 zeigt die Sub-Datenstruktur Bestellauslösung inkl. den Klassen und Teilklassen der Daten sowie den Kardinalitäten.

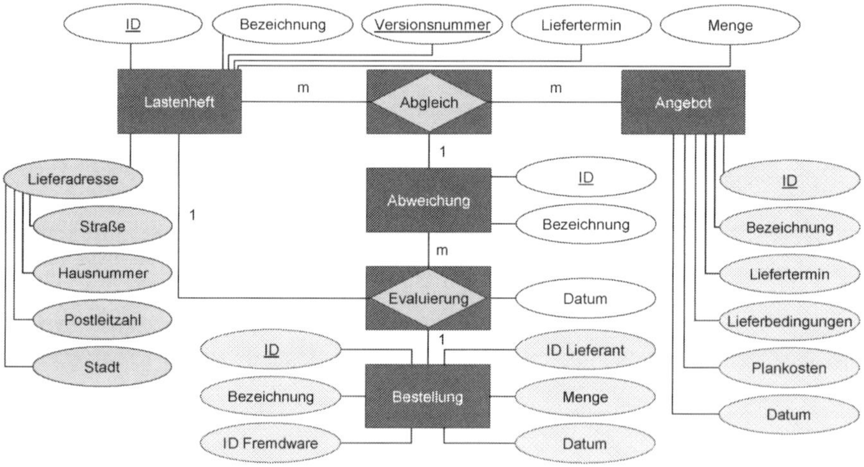

Abbildung 153: Einkauf – Sub-Datenstruktur Bestellauslösung

Die Sub-Datenstruktur **Leistungsbewertung** besteht aus den Entitys Bewertungskriterium inkl. Spezialisierungen und Sub-Spezialisierungen, Leistungsfähigkeit, Bewertungskennzahl, Bestellung, Lieferung, Abweichung, Soll-Zustand, Ist-Zustand und Fortschritt sowie den aggregierten Beziehungstypen Abgleich und Vergleich. Die Entity *Bewertungskriterium* repräsentiert alle relevanten Merkmale zur Beurteilung von Lieferanten und wird durch Identifikator und Bezeichnung charakterisiert. Sie stellt eine Generalisierung der Entitys *Qualitätstreue*, *Termintreue*, *Mengentreue* und *Kosteneinhaltung* dar, die selbst wiederum Spezialisierungen aufweisen. Die Entity Qualitätstreue wird durch die Entitys *Maßhaltigkeit*, *Oberflächengüte* und *Härte* spezialisiert. Die Entity *Leistungsfähigkeit* ist durch das Schlüsselattribut Lieferantenidentifikator und durch den Lieferantennamen charakterisiert; durch die Verknüpfung mit der Entity Bewertungskriterium ergibt sich die Entity *Bewertungskennzahl*. Identifikator und Bezeichnung sind ihre (Schlüssel-)Attribute. Infolge eines Abgleichs der Entitys *Bestellung* und *Lieferung*[585] mit der Entity Bewertungskennzahl wird der aggregierte Beziehungstyp *Abgleich* erzeugt. Die ausgehende Verbindungslinie führt zur Entity *Abweichung*, die durch eine Beschreibung und einen Wert attribuiert ist. Sie ist Eingangsgröße des aggregierten Beziehungstyps *Vergleich*. Weitere Eingangsgrößen sind die Entitys *Soll-Zustand* und *Ist-Zustand*, die den gewünschten bzw. tatsächlichen Wert des Bewertungskriteriums widerspiegeln. Sie sind jeweils durch Identifikator und die Beschreibung des Kriteriums sowie durch den gewünschten bzw. tatsächlichen Wert charakterisiert. Die ausgehende Verbindung des aggregierten Beziehungstyps Vergleich führt zur Entity *Fortschritt*. Die Sub-Datenstruktur Leistungsbewertung inkl. den Klassen und Teilklassen der Daten sowie den Kardinalitäten ist in Abbildung 154 dargestellt.

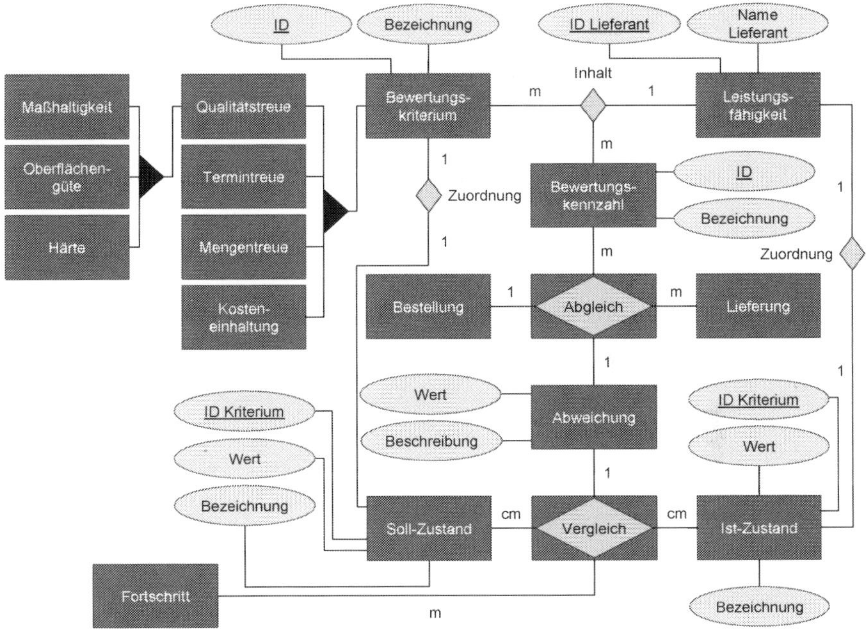

Abbildung 154: Einkauf – Sub-Datenstruktur Leistungsbewertung

Die Sub-Datenstruktur **Organisation** integriert die Entitys Mitarbeiter, Qualifikation, Einkäufer, Lieferant, Adresse, Geschäftspartner und Ansprechpartner. Der grundlegende Aufbau ist äquivalent zur Sub-Datenstruktur Organisation im Prozessschritt Vertrieb. Die Entity *Mitarbeiter* ist durch das Schlüsselattribut Identifikator eindeutig beschrieben und weist die weiteren Attribute Nachname, Vorname, E-Mail-Adresse, Telefonnummer, Position und Arbeitsstunden auf. Es besteht eine Beziehung zur Entity *Qualifikation*, die durch das Schlüsselattribut Identifikator und das Attribut Bezeichnung charakterisiert ist. Die Entity *Einkäufer* ist eine Spezialisierung

[585] Eine detaillierte Erläuterung erfolgt in Kapitel 5.10.1 im Prozessschritt Logistik.

der Entity Mitarbeiter. Durch eine Zuordnung besteht eine Beziehung zur Entity *Lieferant*. Sie steht weiterhin in einer Beziehung zur Entity *Adresse*. Im Vergleich zum Vertrieb bzw. zu Kunden weisen Lieferanten in der Regel nur einen Standort und damit eindeutige Adressdaten auf. Attribute der Entity Adresse sind Straße, Hausnummer, Postleitzahl, Stadt und Land. Die Entity *Geschäftspartner* ist eine Generalisierung der Entity Lieferant und ist durch einen Identifikator eindeutig sowie durch einen Namen attribuiert. Es besteht wiederum eine Beziehung zur Entity *Ansprechpartner*. Letztere weist die Attribute Nachname, Vorname, E-Mail-Adresse, Telefonnummer und Position auf. Abbildung 155 zeigt die Sub-Datenstruktur Organisation inkl. den Klassen und Teilklassen der Daten sowie den Kardinalitäten abschließend.

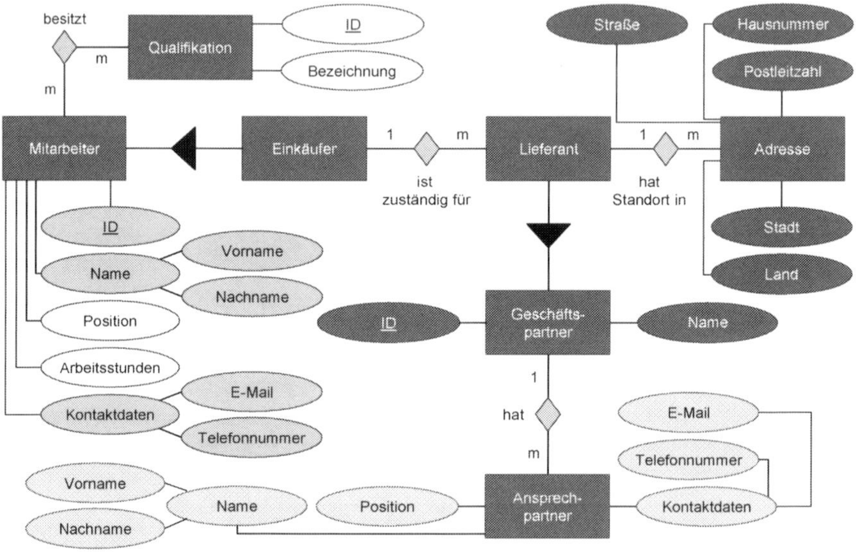

Abbildung 155: Einkauf – Sub-Datenstruktur Organisation

5.9.2 Modellierung der Datenstruktur des Einkaufs

Die Verknüpfung der vorgestellten Sub-Datenstrukturen führt zum Datenstrukturmodell des Einkaufs. Die Verbindung zwischen den Sub-Datenstrukturen Lieferantenanfrage, Bestellauslösung und Leistungsbewertung erfolgt über die Entity Lieferant. Eine weitere Schnittstelle der Sub-Datenstrukturen Lieferantenanfrage und Bestellauslösung stellt der aggregierte Beziehungstyp Abgleich dar. Durch jeweils eine Beziehung der Entitys Einkaufsteil, Bestellung[586] und Leistungsfähigkeit mit der Entity Einkäufer werden Verbindungen zur Sub-Datenstruktur Organisation hergestellt. Die Beziehungen sind, sofern sinnvoll ermittelbar, durch Bearbeitungszeit und Datum attribuiert. Zur Wahrung der Übersichtlichkeit ist die Entity Bestellung zweifach dargestellt, wobei die Attribute nur im Rahmen der Bestellauslösung integriert sind.

[586] Das Datum des Abgleichs von definiertem Lastenheft und Angebot des Lieferanten findet meistens unmittelbar vor der Bestellung statt, sodass dieses nicht zusätzlich aufgeführt wird.

Das Datenstrukturmodell des Einkaufs in Werkzeugbaubetrieben ist in Abbildung 156 dargestellt.

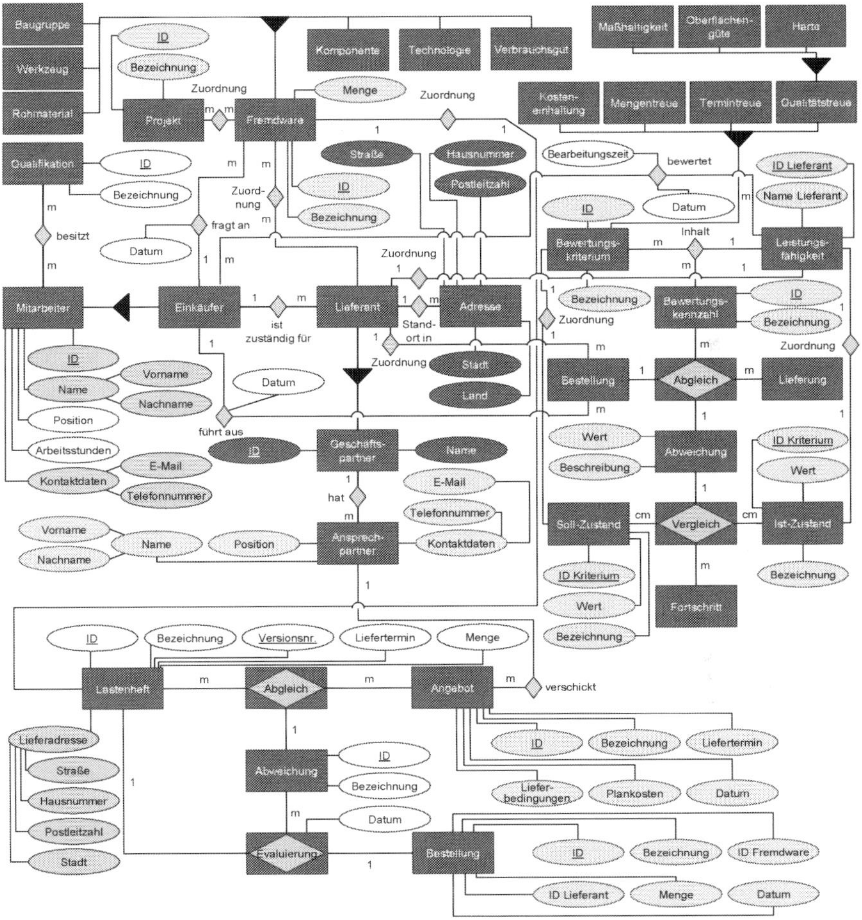

Abbildung 156: Datenstrukturmodell des Einkaufs in Werkzeugbaubetrieben

5.10 Datenstrukturen der Logistik

Die Sub-Datenstrukturen des Prozesselements Logistik sind Warenkommissionierung, Lagerverwaltung, Warentransport und Organisation. Zunächst werden die jeweiligen Sub-Datenstrukturen konstruiert, bevor diese zum Datenstrukturmodell der Logistik verknüpft werden.

5.10.1 Konstruktion der Sub-Datenstrukturen

Die Sub-Datenstruktur **Warenkommissionierung** besteht aus den Entitys Ware inkl. Spezialisierungen, Bestellung, Lieferung sowie dem aggregierten Beziehungstyp Abgleich. Die Entity

Ware repräsentiert jegliche Art von Materialien, die im Rahmen der Logistiktätigkeiten in Werkzeugbaubetrieben Betrachtungsgegenstand sind. Die Entity ist durch einen Identifikator eindeutig sowie durch eine Bezeichnung charakterisiert. Sie ist eine Generalisierung der Entitys *Eigenware* und *Fremdware*, die zusätzlich durch Herstellzeit bzw. Lieferzeit charakterisiert sind. Die Entitys Eigenware und Fremdware selbst sind als Generalisierungen zu verstehen und individuell für den jeweiligen Werkzeugbaubetrieb zu definieren. Sinnvolle Spezialisierungen der Entity Fremdware wurden bereits in Kapitel 5.9.1 erläutert. Da die Entity Fremdware sowie ihre Schlüsselattribute und Attribute bereits im vorherigen Kapitel thematisiert wurden, wird auf eine erneute Ausführung verzichtet. Die Entity Fremdware steht in einer Beziehung zur Entity *Bestellung*, die durch einen Identifikator eindeutig und durch ein Datum attribuiert ist. Diese steht wiederum, genau wie die Entity Ware, in einer Beziehung zur Entity *Lieferung*. Sie weist das Schlüsselattribut Lieferungsidentifikator sowie die Attribute Lieferantenidentifikator, Lieferantenname und Datum auf. Die beiden Entitys Bestellung und Lieferung führen zum aggregierten Beziehungstyp *Abgleich*. Er repräsentiert den Vergleich und die Überprüfung von bestellter und gelieferter Ware und ist durch ein Datum charakterisiert. Die Sub-Datenstruktur Warenkommissionierung inkl. den Klassen und Teilklassen der Daten sowie den Kardinalitäten ist in Abbildung 157 dargestellt.

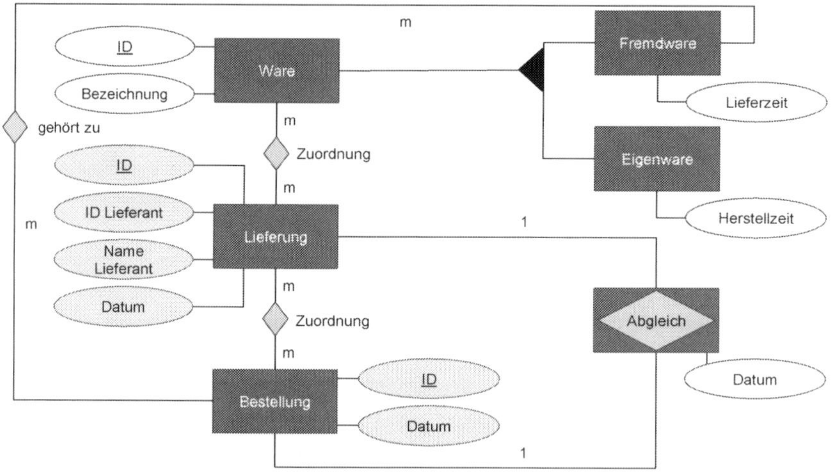

Abbildung 157: Logistik – Sub-Datenstruktur Warenkommissionierung

Die Sub-Datenstruktur **Lagerverwaltung** integriert die Entitys Ware, Lager, Lagerplatz, Werkzeug, Projekt sowie die aggregierten Beziehungstypen Bestand, Bedarf und Deckung. Die Entity *Ware* inkl. ihren Spezialsierungen ist bereits in der Sub-Datenstruktur Warenkommissionierung vorgestellt worden und analog zu verstehen. Die Entity *Lager* repräsentiert die Orte zur Aufbewahrung von Waren und ist durch einen Identifikator eindeutig sowie durch eine Bezeichnung beschrieben. Sie steht in einer Beziehung zur Entity *Lagerplatz*, die ebenfalls durch ein entsprechendes Schlüsselattribut bzw. Attribut charakterisiert ist. Gemeinsam mit der Entity Ware führen die Entitys Lager und Lagerplatz zum aggregierten Beziehungstyp *Bestand*.

Dieser ist durch die Schlüsselattribute Warenidentifikator und Lagerplatzidentifikator eindeutig sowie durch das Attribut Menge beschrieben. Die Entity Ware steht weiterhin in einer Beziehung zur Entity *Werkzeug*, die wiederum eine Beziehung zur Entity *Projekt* aufweist. Beide Entitys sind jeweils durch das Schlüsselattribut Identifikator sowie durch eine Bezeichnung charakterisiert. Die Entitys Ware und Projekt führen ebenfalls zum aggregierten Beziehungstyp *Bedarf*, der den Warenbedarf repräsentiert. Er wird durch einen Projektidentifikator und einen Warenidentifikator eindeutig beschrieben und zusätzlich durch die Menge charakterisiert. Beide beschriebenen aggregierten Beziehungstypen weisen jeweils eine ausgehende Verbindungslinie auf, die zum aggregierten Beziehungstyp *Deckung* führt. Schlüsselattribut ist der Warenidentifikator.[587] Abbildung 158 zeigt die Sub-Datenstruktur Lagerverwaltung inkl. den Klassen und Teilklassen der Daten sowie den Kardinalitäten.

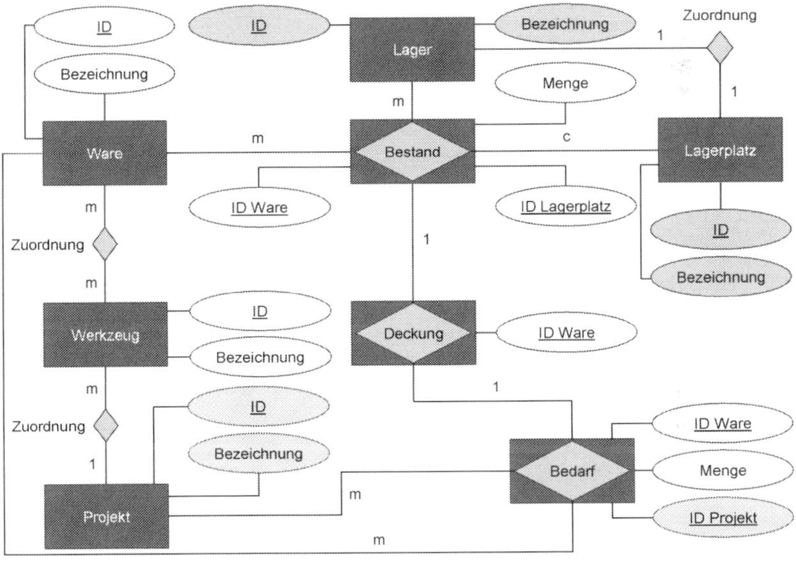

Abbildung 158: Logistik – Sub-Datenstruktur Lagerverwaltung

Die Sub-Datenstruktur **Warentransport** besteht aus den Entitys Ware, Platz inkl. Spezialisierungen und Geschäftspartner inkl. Spezialisierungen sowie dem aggregierten Beziehungstyp Versand. Die Entity *Ware* mit den bekannten (Schlüssel-)Attributen steht in einer Beziehung zur Entity *Platz*, die durch einen Identifikator eindeutig sowie durch eine Bezeichnung attribuiert ist. Die Entity Platz ist eine Generalisierung und weist mit den Entitys *Arbeitsstation, Lagerplatz* und *Versandstation* drei Spezialisierungen auf. Die Entitys Lagerplatz und Versandplatz sind zusätzlich durch das Attribut Nummer beschrieben. Die Entitys Ware und Versand-

[587] Die ausgehende Verbindungslinie verbindet die Prozesselemente Logistik und Einkauf und wird daher in Kapitel 5.11 thematisiert.

station führen gemeinsam zum aggregierten Beziehungstyp *Versand*, der durch einen Warenidentifikator eindeutig sowie durch eine Warenbezeichnung und ein Datum charakterisiert ist. Die ausgehende Verbindungslinie stellt eine Beziehung zur Entity *Geschäftspartner* dar, die durch einen Identifikator eindeutig und durch eine Bezeichnung attribuiert ist. Die Entitys *Dienstleister* und *Kunde* sind Spezialisierungen der Entity Geschäftspartner. Die Sub-Datenstruktur Warentransport inkl. den Klassen und Teilklassen der Daten sowie den Kardinalitäten ist in Abbildung 159 dargestellt.

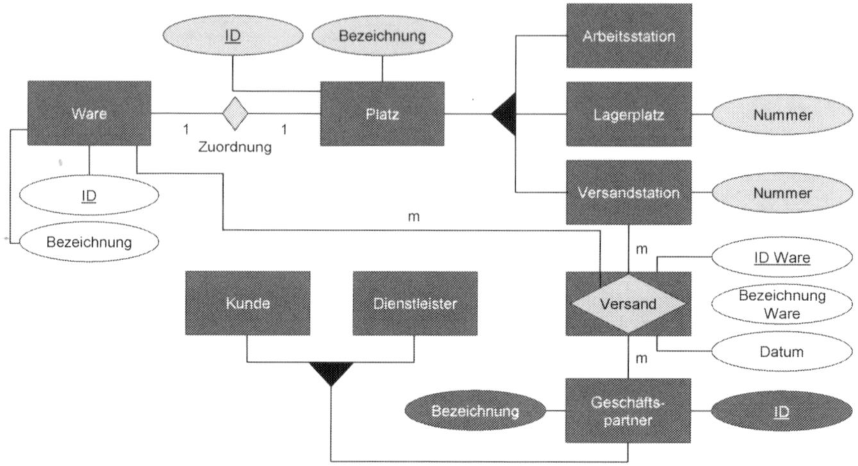

Abbildung 159: Logistik – Sub-Datenstruktur Warentransport

Die Sub-Datenstruktur **Organisation** integriert die Entitys Mitarbeiter, Qualifikation und Logistikmitarbeiter. Die Entity *Mitarbeiter* ist durch das Schlüsselattribut Identifikator eindeutig beschrieben und weist die weiteren Attribute Nachname, Vorname, E-Mail-Adresse, Telefonnummer, Position und Arbeitsstunden auf. Es besteht eine Beziehung zur Entity *Qualifikation*, die durch das Schlüsselattribut Identifikator und das Attribut Bezeichnung charakterisiert ist. Die Entity *Logistikmitarbeiter* ist eine Spezialisierung der Entity Mitarbeiter. Abbildung 160 zeigt die Sub-Datenstruktur Organisation inkl. den Klassen und Teilklassen der Daten sowie den Kardinalitäten abschließend.

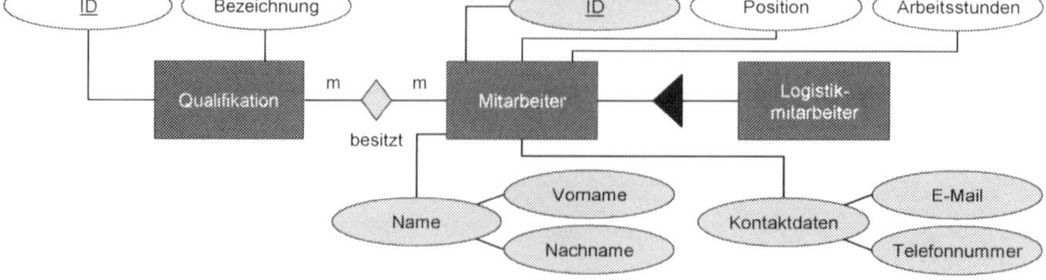

Abbildung 160: Logistik – Sub-Datenstruktur Organisation

5.10.2 Modellierung der Datenstruktur der Logistik

Die Verknüpfung der vorgestellten Sub-Datenstrukturen führt zum Datenstrukturmodell der Logistik. Die Verbindung zwischen den Sub-Datenstrukturen Warenkommissionierung, Lagerverwaltung und Warentransport erfolgt über die Entity Ware. Eine weitere Schnittstelle der Sub-Datenstrukturen Lagerverwaltung und Warentransport stellt die Entity Lagerplatz dar. Zur Wahrung der Übersichtlichkeit wird diese Entity zweifach dargestellt. Durch jeweils eine Beziehung zwischen den Entitys Ware und Lager und der Entity Logistikmitarbeiter werden Verbindungen zur Sub-Datenstruktur Organisation hergestellt. Die Beziehungen sind durch die jeweilige Bearbeitungszeit und das Datum attribuiert. Das Datenstrukturmodell der Logistik in Werkzeugbaubetrieben ist in Abbildung 161 dargestellt.

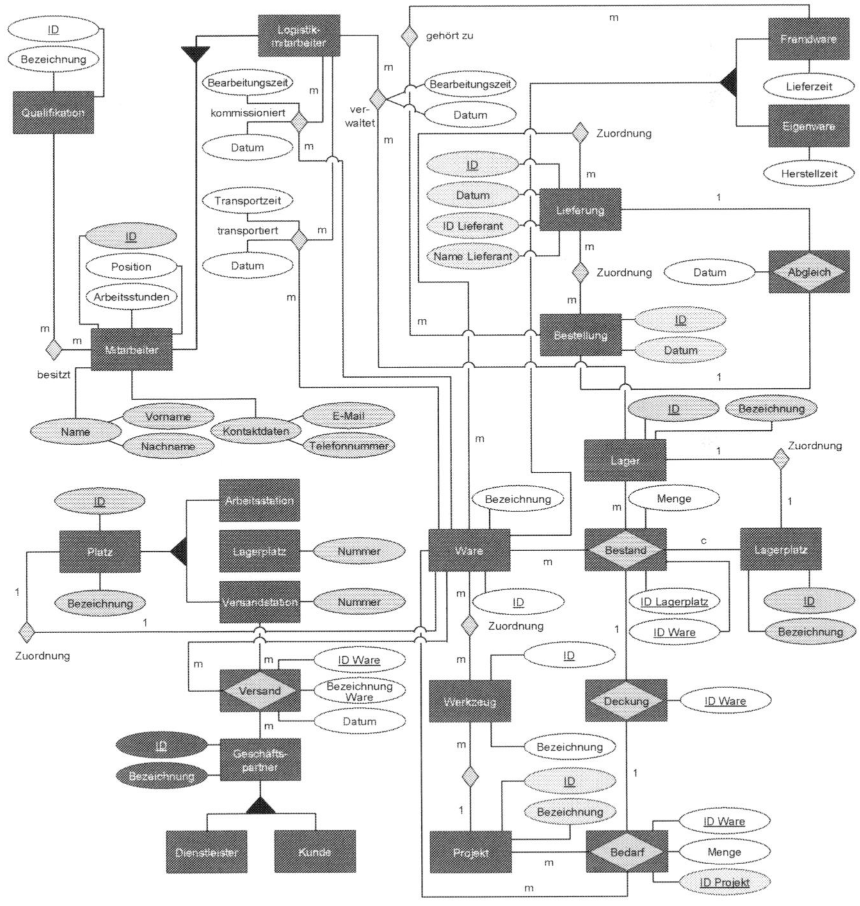

Abbildung 161: Datenstrukturmodell der Logistik in Werkzeugbaubetrieben

5.11 Synthese der Datenstrukturen

Nachdem die Datenstrukturmodelle für jedes Prozesselement der Auftragsabwicklung von Werkzeugbaubetrieben erläutert und dargestellt wurden, erfolgt nun die Synthese zu einem ganzheitlichen Datenstrukturmodell. Zunächst werden, gemäß den Ausführungen in Kapitel 4.4, die spezifischen Verbindungen zwischen den Datenstrukturen der Prozesselemente erläutert. Die jeweils betreffenden Entitys und aggregierten Beziehungstypen, deren Attribute und Entstehungen bereits im jeweiligen Konstruktionsprozess erläutert wurden, werden genannt. Anschließend werden diejenigen Entitys hervorgehoben, die neben der inhaltlichen Notwendigkeit zur besseren Nachvollziehbarkeit sowie zur Wahrung der Übersichtlichkeit in der Darstellung Bestandteil mehrerer Datenstrukturmodelle geblieben sind. Die Entitys und ihre jeweiligen Attribute sind folglich zentrale Elemente des gesamten Datenstrukturmodells, da sie mehrere Datenstrukturen von Prozesselementen miteinander verbinden.

Die Verknüpfung der Datenstrukturen der Prozesselemente Vertrieb, Engineering und Projektmanagement erfolgt über den aggregierten Beziehungstyp Machbarkeitsprüfung, der jeweils durch eine Verbindung zu den aggregierten Beziehungstypen Simulation und Kapazitätsübersicht charakterisiert ist. Dies entspricht einer technischen bzw. organisatorischen Machbarkeitsprüfung. Darüber hinaus verbinden die Entity Kalkulation und die Entity Ansprechpartner, welche den Kundenkontakt während der Auftragsbearbeitung darstellt, die Datenstrukturen der Prozesselemente Vertrieb und Projektmanagement. Über die Entity CAD-Modell Artikel besteht eine Verbindung der Prozesselemente Vertrieb und Qualifizierung. Die Datenstrukturen der Prozesselemente Engineering und Konstruktion werden durch den aggregierten Beziehungstyp Aufbau verbunden. Somit entsteht eine daten- und informationsbezogene Durchgängigkeit zwischen den Vorüberlegungen und Erprobungen in der Angebotsphase und den Konstruktionstätigkeiten nach Auftragsbestätigung. Eine Verbindung der aggregierten Beziehungstypen Simulation und Vorbereitung ist analog zu verstehen und verbindet die Datenstrukturen der Prozesselemente Engineering und Qualifizierung. Die Verknüpfung der Datenstrukturen der Prozesselemente Konstruktion und Arbeitsvorbereitung erfolgt über die Entity CAD-Modell. Sie repräsentiert ein Ergebnis der Konstruktionstätigkeiten und ist gleichzeitig notwendig, um die CAM-Programme im Prozesselement Arbeitsvorbereitung erstellen zu können. Die Entity Stückliste der Datenstruktur des Prozesselements Konstruktion steht zudem jeweils in einer Beziehung zu den Entitys Fertigungsplan und Montageplan. Die Entitys CAM-Programm, NC-Programm und Fertigungsplan bzw. die Entity Montageplan stellen die Verbindungen zwischen der Datenstruktur des Prozesselements Arbeitsvorbereitung und den Datenstrukturen der Prozesselemente Fertigung und Montage dar. Die Datenstrukturen der Prozesselemente Arbeitsvorbereitung und Einkauf werden durch eine Zuordnung des aggregierten Beziehungstyps Fertigungsplan und der Entity Fremdware verbunden. Die Verknüpfung der Datenstrukturen der Prozesselemente Fertigung und Logistik erfolgt über den aggregierten Beziehungstyp Prüfung und die Entity Ware, da nach erfolgreicher Prüfung ein Warentransport durchgeführt werden kann. Eine analoge Beziehung besteht zwischen den Prozesselementen Montage und Logistik in Bezug auf vormontierte Baugruppen bzw. endmontierte Werkzeuge.

Folglich existiert jeweils eine Verbindung zwischen den aggregierten Beziehungstypen Vormontage und Endmontage und der Entity Ware. Die Datenstrukturen der Prozesselemente Montage und Qualifizierung werden über die aggregierten Beziehungstypen Funktionsprüfung und Erprobung verbunden, da ein positives Ergebnis der Funktionsprüfung von Werkzeugkomponenten und Baugruppen der Initiator für die Erprobung ist. Weiterhin besteht eine Verbindung zwischen der Entity Bewertung, verortet in der Datenstruktur des Prozesselements Qualifizierung, und der Entity Demontage, da ein negatives Bewertungsergebnis des Artikels meistens Werkzeugänderungen bedingt. Notwendige Anpassungen müssen im CAD-Modell des Werkzeugs vorgenommen werden, sodass eine Verbindung der Datenstrukturen der Prozesselemente Konstruktion und Montage über die Entity CAD-Modell entsteht. Die Datenstrukturen der Prozesselemente Qualifizierung und Logistik werden über die Entity Material verbunden, die eine Spezialisierung der Entity Fremdware darstellt, welche wiederum vom Logistikmitarbeiter zur Arbeitsstation Produktionsmaschine transportiert wird. Eine weitere Verbindung besteht über den aggregierten Beziehungstyp Erprobung, sofern diese Tätigkeit bei einem Dienstleister durchgeführt wird. Die Verknüpfung der Datenstruktur des Prozesselements Projektmanagement mit den Datenstrukturen der Prozesselemente Konstruktion, Arbeitsvorbereitung, Fertigung, Montage und Qualifizierung erfolgt jeweils über die kapazitätsrelevanten Entitys in den Prozesselementen und dem aggregierten Beziehungstyp Auslastung. Für die Prozesselemente Konstruktion, Arbeitsvorbereitung und Montage existiert jeweils eine Verbindung über die Entitys Konstrukteur, Arbeitsvorbereiter und Monteur. Für die Prozesselemente Fertigung und Qualifizierung wird neben den Entitys Fertigungs- und Qualifizierungsmitarbeiter ebenfalls die Entity Betriebsmittel mit dem aggregierten Beziehungstyp Auslastung verknüpft. Die Verknüpfung von Einkauf und Logistik erfolgt über die Entitys Lieferung und Bestellung sowie über den aggregierten Beziehungstyp Abgleich. Die ermittelten Daten während der Warenkommissionierung sind Eingangsgrößen zur Leistungsbewertung im Prozesselement Einkauf. Weiterhin verknüpfen der aggregierte Beziehungstyp Bedarf, dessen Ergebnis eine Lieferantenanfrage initiiert, sowie die Entity Fremdware die Datenstrukturen der Prozesselemente Einkauf und Logistik.

Die Entitys Projekt und Werkzeug sind Bestandteil der Datenstrukturen der Prozesselemente Vertrieb, Engineering und Logistik und stellen damit zusätzliche Verbindungen dar. Über die Entity Werkzeug in den Datenstrukturen der Prozesselemente Montage und Qualifizierung wird eine weitere Verknüpfung zu den drei zuvor genannten Prozesselementen hergestellt. Ein weiteres zentrales Element stellt die Entity Komponente dar, welche die Datenstrukturen der Prozesselemente Engineering, Konstruktion, Fertigung, Arbeitsvorbereitung, Montage und Einkauf verknüpft. Die Entity Baugruppe stellt zusätzlich eine Verbindung zu den Prozesselementen Arbeitsvorbereitung und Montage her. Als Bestandteil der Datenstrukturen der Prozesselemente Arbeitsvorbereitung, Fertigung und Qualifizierung bildet die Entity Betriebsmittel eine weitere Schnittstelle innerhalb des gesamten Datenstrukturmodells. Schließlich finden sich die Entitys Mitarbeiter und Qualifikation als Bestandteil der Sub-Datenstruktur Organisation in der Datenstruktur jedes Prozesselements wieder. Zur Wahrung der Übersichtlichkeit, aber auch für ein besseres Verständnis, sind weitere Entitys wie bspw. Fertigungsplan, Montageplan oder Fremdware mehrfach im synthetisierten Datenstrukturmodell abgebildet. Zusammenfassend ist festzustellen, dass eine Vielzahl von Entitys, die das Werkzeug bzw. deren einzelne Bestandteile repräsentieren, zentrale Elemente des Datenstrukturmodells sind, auf dessen Basis der digitale Schatten der Auftragsabwicklung von Werkzeugbaubetrieben erzeugt werden kann. Das Datenstrukturmodell für den digitalen Schatten der Auftragsabwicklung von Werkzeugbaubetrieben ist in Abbildung 162, Abbildung 163, Abbildung 164 und Abbildung 165 dargestellt.

Zur Wahrung der Übersichtlichkeit wird die Sub-Datenstruktur Organisation, die Bestandteil aller Prozesselemente ist und meistens sehr ähnliche Inhalte aufweist, jeweils als dunkelgraues Rechteck abgebildet. Dies reduziert maßgeblich die Komplexität für die Nutzer und ist im Hinblick auf die Implementierung sinnvoll. Die Integration einer Sub-Datenstruktur Organisation in jedem Prozesselement ermöglicht zudem die Entwicklung digitaler Schatten für einzelne Prozesselemente durch die Extraktion der relevanten Sub-Datenstrukturen.

Das Datenstrukturmodell zeigt weiterhin jeweils die Anzahl der Attribute je Entity und aggregierter Beziehungstyp, die den in Kapitel 4.3.2 vorgestellten Datenklassen zugeordnet sind. Die Namen der Attribute sind den Datenstrukturen der einzelnen Prozesselemente zu entnehmen. Da die notwendige Integration von Attributen maßgeblich vom Prozesselement abhängt, können sich bei simultaner Betrachtung gleicher Entitys über das gesamte Datenstrukturmodell Unterschiede in der Anzahl der Attribute ergeben. Für die Implementierung in ein Datenbanksystem ist es daher vorab sinnvoll, redundante Attribute zu identifizieren. Weiterhin sei hervorzuheben, dass die Entscheidung zur redundanten Darstellung einzelner Entitys und aggregierter Beziehungstypen bewusst getroffen wurde, um das Verständnis für die Nutzer des Datenstrukturmodells zu erhöhen.

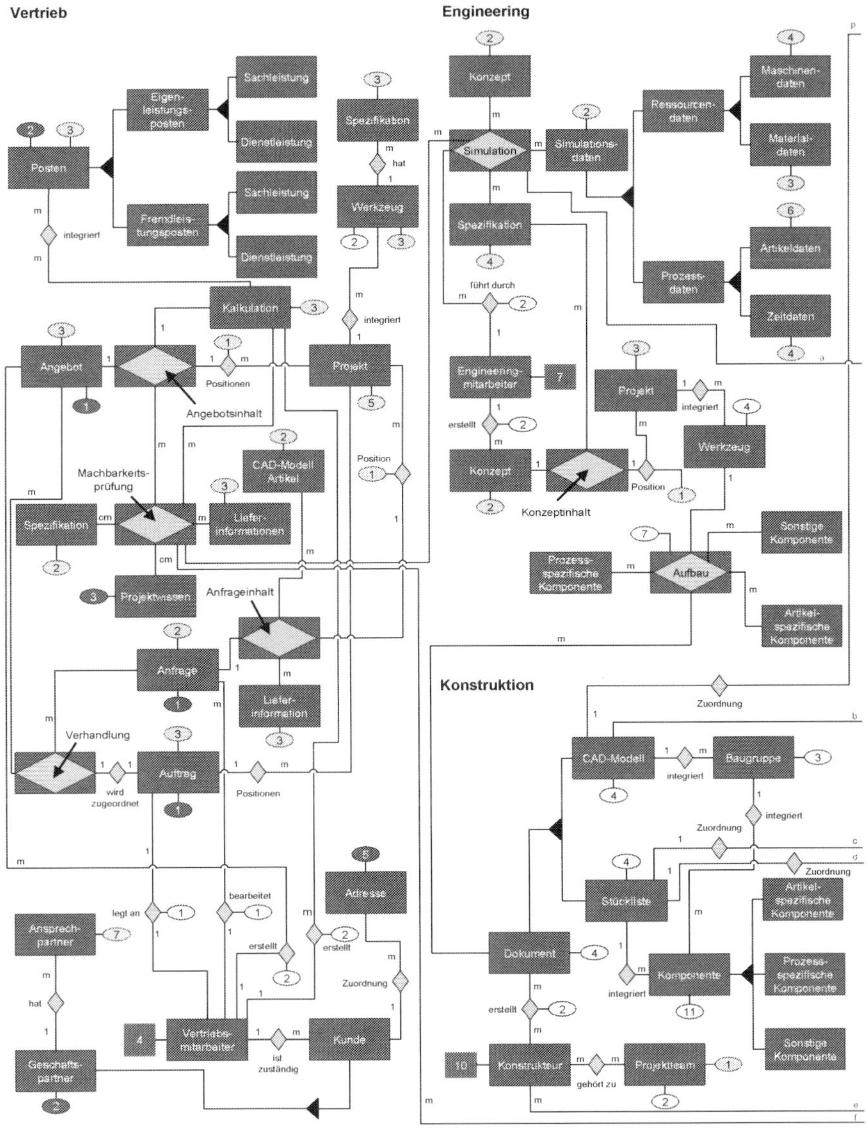

Abbildung 162: Datenstrukturmodell für den digitalen Schatten der Auftragsabwicklung von Werkzeugbaubetrieben (Teil 1)

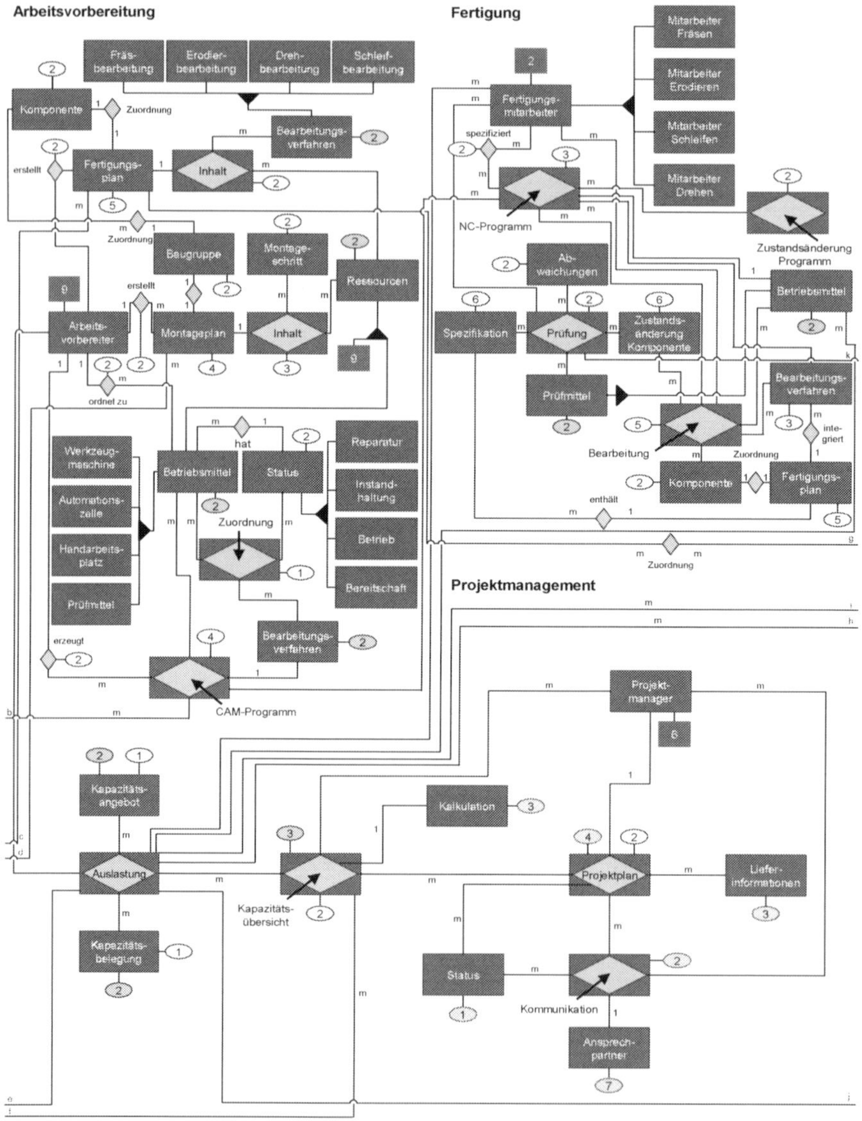

Abbildung 163: Datenstrukturmodell für den digitalen Schatten der Auftragsabwicklung von Werkzeugbaubetrieben (Teil 2)

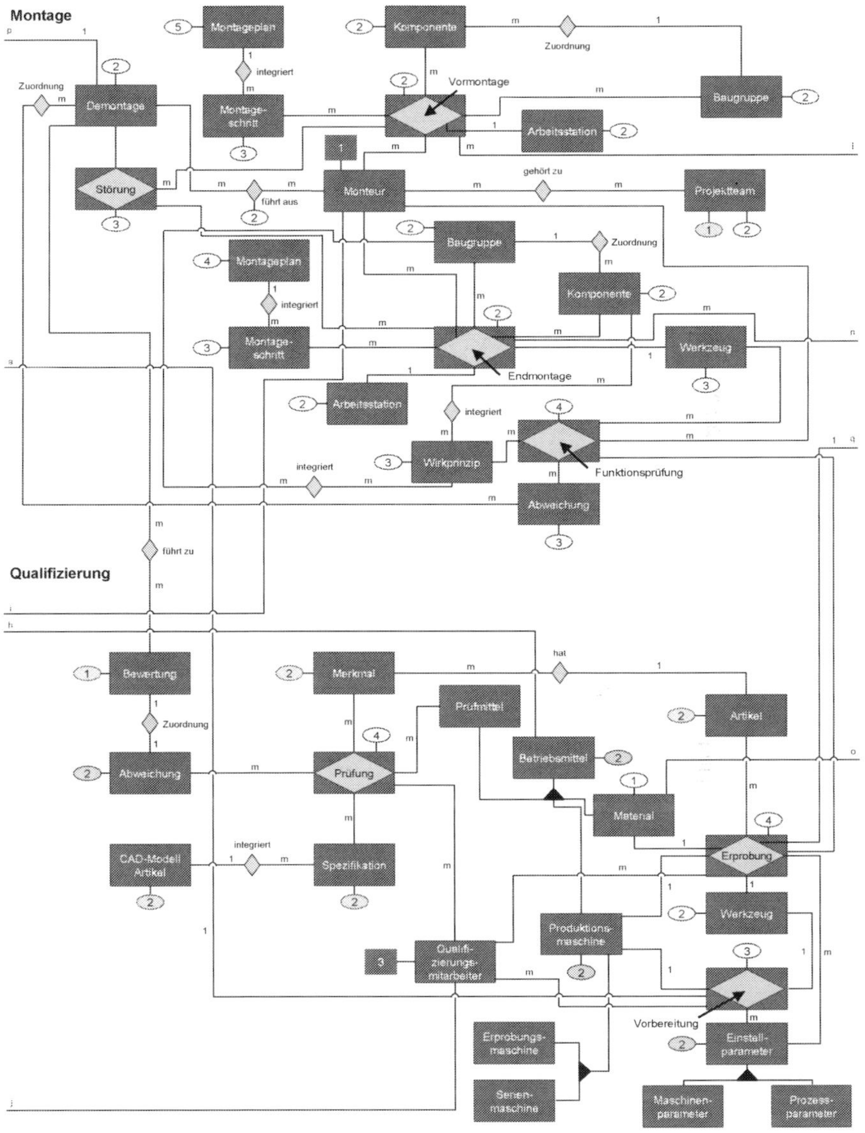

Abbildung 164: Datenstrukturmodell für den digitalen Schatten der Auftragsabwicklung von Werkzeugbaubetrieben (Teil 3)

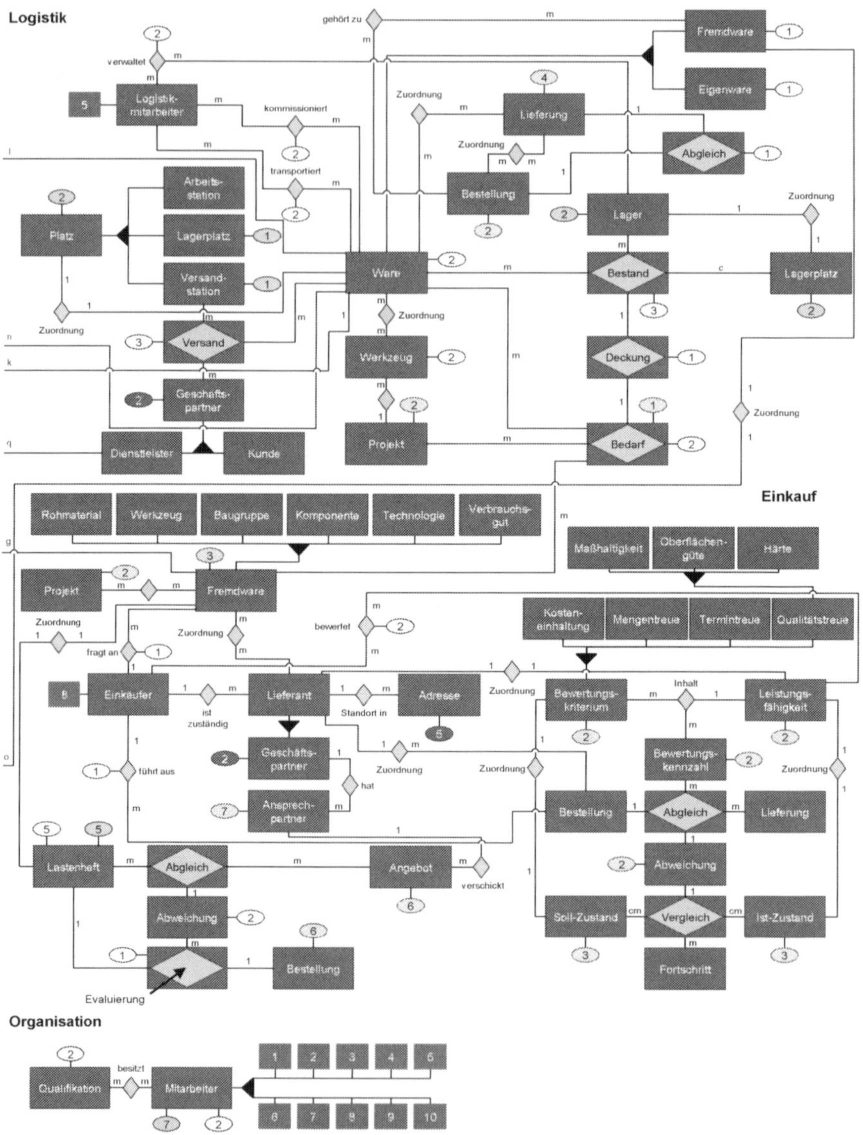

Abbildung 165: Datenstrukturmodell für den digitalen Schatten der Auftragsabwicklung von Werkzeugbaubetrieben (Teil 4)

6 Validierung anhand von Fallbeispielen

Das Datenstrukturmodell für den digitalen Schatten der Auftragsabwicklung von Werkzeugbaubetrieben wurde in Kapitel 4 auf übergeordneter Ebene entwickelt und in Kapitel 5 detailliert. Für alle relevanten Tätigkeiten innerhalb eines jeden Prozesselements wurden die zugehörigen Sub-Datenstrukturen modelliert, bevor diese zu einem Datenstrukturmodell für das betrachtete Prozesselement verknüpft wurden. Schließlich erfolgte eine Synthese der einzelnen Datenstrukturmodelle zu einem ganzheitlichen Datenstrukturmodell der Auftragsabwicklung. Nachfolgend wird das Datenstrukturmodell für den digitalen Schatten der Auftragsabwicklung von Werkzeugbaubetrieben anhand von Fallbeispielen validiert. Die Validierung ist konform mit den letzten beiden Phasen der angewandten Forschung nach ULRICH (vgl. Kapitel 1.4 und 1.5). Der Forschungsprozess ist nach erfolgreicher Validierung abgeschlossen.

Die Anwendung erfolgt anhand von zwei Fallbeispielen. Diese sind mit dem internen Werkzeugbaubetrieb der Phoenix Contact GmbH & Co. KG am Standort Blomberg sowie dem externen Werkzeugbaubetrieb der Braunform GmbH zwei repräsentative Werkzeugbaubetriebe der Branche. Aufgrund der Komplexität der ganzheitlichen Anwendung des Datenstrukturmodells werden unterschiedliche Aspekte des Datenstrukturmodells in den jeweiligen Fallbeispielen adressiert. Im ersten Fallbeispiel bei der Phoenix Contact GmbH & Co. KG wird das Datenstrukturmodell für die Prozesselemente Konstruktion, Arbeitsvorbereitung, Fertigung, Montage und Qualifizierung validiert. Im Rahmen des zweiten Fallbeispiels bei der Braunform GmbH werden die Datenstrukturen der Prozesselemente Vertrieb, Engineering, Projektmanagement, Einkauf und Logistik verifiziert.

6.1 Fallbeispiel 1: Phoenix Contact GmbH & Co. KG

Die Phoenix Contact GmbH & Co. KG (nachfolgend Phoenix Contact) ist ein international agierender Lösungsanbieter für Komponenten und Systeme in den Bereichen Elektrotechnik, Elektronik und Automation. Die Phoenix Contact-Gruppe besteht aus 16 verschiedenen Unternehmen und weist Produktionsstandorte in 13 verschiedenen Ländern auf.[588] Im Jahr 2017 erwirtschaftete die Phoenix Contact-Gruppe einen Umsatz von 2,2 Mrd. Euro mit rund 16.500 Mitarbeitern weltweit.[589] Der Hauptsitz der Gruppe befindet sich in Blomberg, wo sich neben technischer Entwicklung, Vertrieb und Verwaltung der in Bezug auf die Ausbringungsmenge größte Produktionsstandort in Deutschland befindet.

Der Autor hat im Rahmen seiner Tätigkeit als wissenschaftlicher Mitarbeiter ein bilaterales Projekt mit dem internen Werkzeugbaubetrieb von Phoenix Contact am Standort Blomberg durchgeführt. Ziel des Projekts war die Ermittlung der organisatorischen und technologischen Leistungsfähigkeit des Werkzeugbaubetriebs anhand einer daten- und kennzahlenbasierten Analyse. Gleichzeitig erfolgte ein kontinuierlicher Austausch mit mehreren Mitarbeitern von Phoenix Contact durch die regelmäßige Teilnahme am Wettbewerb „Excellence in Production“

[588] Vgl. Phoenix Contact GmbH & Co. KG (Zahlen und Fakten), 2018
[589] Vgl. Phoenix Contact GmbH & Co. KG (Zahlen und Fakten), 2018

zum „Werkzeugbau des Jahres“ sowie im Rahmen von werkzeugbauspezifischen Netzwerkveranstaltungen.

6.1.1 Ausgangssituation

Phoenix Contact verfügt über ein globales Netzwerk an Werkzeugbaustandorten in Blomberg (Deutschland), Nowy Tomyśl (Polen), Nanjing (China) und Neu-Delhi (Indien). Der Leitstandort des „Tool Shop Plastics“ befindet sich am Hauptsitz der Firma in Blomberg. Durch die Herstellung von Spritzgießwerkzeugen sowie die Durchführung von vor- und nachgelagerten Dienstleistungen ist dieser vollständig in die Prozesse der Serienproduktion integriert. Mit ungefähr 170 Mitarbeitern und ca. 10 Auszubildenden werden vornehmlich hochkomplexe Mehrkavitätenwerkzeuge, Rapid Tools, Prototypen und Kleinserien abgewickelt.

Der industrialisierte Werkzeugbaubetrieb in Blomberg weist eine Produktionsfläche von rund 4.500 m² auf und verfügt über zwei Segmente für die Neuwerkzeugherstellung und ein räumlich getrenntes Segment für Reparaturen und Services. Dadurch kann der Zielkonflikt zwischen planbaren Aufträgen mit langen Bearbeitungszeiten und nicht planbaren Aufträgen, die durch kurze Bearbeitungszeiten charakterisiert sind, aufgelöst werden. Die konsequente Segmentierung und Automatisierung der Werkzeugherstellung sowie Datendurchgängigkeit und Industrie 4.0 als zentrale Paradigmen sind die Differenzierungsmerkmale des Werkzeugbaubetriebs. Im Rahmen des Wettbewerbs „Excellence in Production“ wurde der Werkzeugbaubetrieb von Phoenix Contact 2018 bereits zum zweiten Mal als „Werkzeugbau des Jahres“ ausgezeichnet.

Zielsetzung der globalen Werkzeugbaustandorte von Phoenix Contact ist die durchgängige digitale Abbildung des Auftragsabwicklungsprozesses in Form eines digitalen Schattens. Durch die Vernetzung von Prozessen, Ressourcen und Mitarbeitern mithilfe digitaler Systeme sollen bzw. werden bereits Effizienzsteigerung am Leitstandort Blomberg, aber auch im Wertschöpfungsnetzwerk mit den anderen Werkzeugbaustandorten realisiert.[590] Der Werkzeugbaubetrieb von Phoenix Contact am Standort Blomberg ist entlang der gesamten Auftragsabwicklung allerdings durch eine heterogene Systemlandschaft charakterisiert. Während SAP das Leitsystem der gesamten Phoenix Contact-Gruppe darstellt, werden ein globales Informationssystem GTIS und das PLM-System Siemens Teamcenter zusätzlich im Werkzeugbaubetrieb eingesetzt. Die fehlende Durchgängigkeit der Agentensysteme, die sowohl für kleine als auch große Werkzeugbaubetriebe typisch ist, führt dazu, dass per Definition kein einheitliches Datenstrukturmodell existiert. Um den digitalen Schatten der Auftragsabwicklung auf Basis eines Datenstrukturmodells dennoch abbilden zu können, wird entsprechend dem Konzept des Internet of Production (vgl. Kapitel 2.1.5) eine Middleware eingesetzt. Als anwendungsneutrales Programm verknüpft die Middleware die unterschiedlichen Daten und zugrunde liegenden Strukturen der proprietären Systeme und realisiert so den digitalen Schatten der Auftragsabwicklung.

[590] Vgl. Gärtner (Industrie 4.0 als Befähiger), 2016

6.1.2 Validierung des Datenstrukturmodells

Die Beschreibung der Validierung des Datenstrukturmodells erfolgt anhand der Prozesselemente, Datenelemente und Integrationselemente. Zunächst werden die Prozesselemente in der Auftragsabwicklung im Werkzeugbaubetrieb von Phoenix Contact vorgestellt, wobei gezielt auf die Unterschiede zur generischen Auftragsabwicklung eingegangen wird. Anschließend erfolgt eine fokussierte Betrachtung der Datenelemente und der Integrationselemente für die Prozesselemente Konstruktion, Arbeitsvorbereitung, Fertigung, Montage und Qualifizierung. In Zusammenhang mit den Darstellungselementen erfolgt eine kritische Bewertung, ob die zugrunde liegende Datenstruktur zu einem verbesserten Verständnis für Anwender und Verwender im Werkzeugbaubetrieb von Phoenix Contact führt.

6.1.2.1 Validierung der Prozesselemente

Der **Auftragsabwicklungsprozess** im Werkzeugbaubetrieb von Phoenix Contact in Blomberg ist abhängig von der zu erbringenden Leistung. Daher erfolgt eine Differenzierung zwischen Standardwerkzeugen, Spezialwerkzeugen, Dienstleistungen und Schnellläuferwerkzeugen (vgl. Abbildung 166).

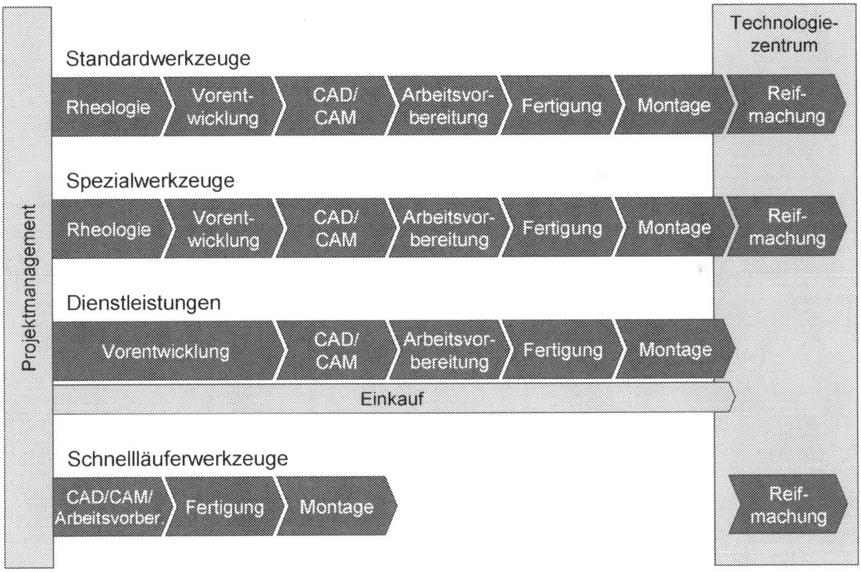

Abbildung 166: Auftragsabwicklung im Werkzeugbaubetrieb von Phoenix Contact

Die Prozessschritte Arbeitsvorbereitung, Fertigung, Montage, Projektmanagement und Einkauf sind namentlich und inhaltlich identisch zu den in Kapitel 4.3.1 vorgestellten Inhalten. Als interner Werkzeugbaubetrieb, der ausschließlich für die Werkzeugversorgung des Mutterunternehmens zuständig ist, existiert kein klassischer Prozessschritt Vertrieb. Vielmehr übernehmen die Projektmanager die Kommunikation und Abstimmung mit den Produktionsbereichen sowie die Kalkulation von Werkzeugen und Dienstleistungen. Das Engineering der Spritzgießwerkzeuge findet in den Prozessschritten Rheologie und Vorentwicklung statt, um die unterschiedlich gearteten Tätigkeiten organisatorisch voneinander zu trennen. Die durchgeführten Tätigkeiten entsprechen jedoch den Darlegungen in Kapitel 4.3.1. Im Bereich CAD/CAM finden sowohl die Konstruktion der Werkzeuge als auch die Erstellung von CAM-Programmen für die mechanische Fertigung statt. Als arbeitsvorbereitende Tätigkeit ist die CAM-Programmerstellung somit organisatorisch dem Prozessschritt Konstruktion zugeordnet. Die Reifmachung der Spritzgießwerkzeuge, die inhaltlich dem Prozessschritt Qualifizierung entspricht, wird im Technologiezentrum durchgeführt. Dabei handelt es sich um ein eigenes Technikum für den Werkzeugbaubetrieb, bestehend aus mehreren Spritzgießmaschinen unterschiedlicher Größen und Schließkräfte. Die Tätigkeiten von Einkauf und Logistik sind nicht durchgängig und explizit als Prozessschritte der Auftragsabwicklung abgebildet, werden jedoch von Mitarbeitern aus dem Zentraleinkauf von Phoenix Contact bzw. Mitarbeitern, deren Haupttätigkeiten den Prozessschritten Arbeitsvorbereitung und Fertigung zugeordnet werden, durchgeführt. Die Prozesselemente des Datenstrukturmodells für den digitalen Schatten finden sich folglich in der Auftragsabwicklung des Werkzeugbaubetriebs von Phoenix Contact wieder. Die nachfolgende Betrachtung von Datenelementen und Integrationselementen fokussiert mit Konstruktion, Arbeitsvorbereitung, Fertigung, Montage und Qualifizierung einen Teilbereich des Auftragsabwicklungsprozesses.[591]

6.1.2.2 Validierung der Datenelemente

Im Prozessschritt **Konstruktion** in der Auftragsabwicklung des Werkzeugbaubetriebs von Phoenix Contact existieren die Datenklassen Projekt, Werkzeug, Baugruppe, Komponente, Mitarbeiter und Tätigkeit. Analog zur allgemeinen Erläuterung kann ein Kundenprojekt im Werkzeugbaubetrieb von Phoenix Contact aus mehreren Werkzeugen bestehen, sodass eine übergeordnete Projektnummer existiert, die eine eindeutige Zuordnung ermöglicht. Diese wird durch eine Beschreibung aus alphanumerischen Zeichen ergänzt. Ein typisches Beispiel ist das anonymisierte Projekt „DEK-MSTB 2,5", dem mehrere Werkzeuge für die Herstellung eines Artikels zugeordnet werden. Die Werkzeuge sind durch einen Identifikator und eine Bezeichnung eindeutig beschrieben und zuordenbar. Im Rahmen der CAD-Modell-Erstellung, die im Werkzeugbaubetrieb von Phoenix Contact mit der Konstruktionssoftware Creo Parametric durchgeführt wird und deren Verwaltung und Speicherung über das PLM-System Siemens Teamcenter erfolgt, erhalten Baugruppen und Komponenten eindeutige Identifikatoren und Beschreibungen. Weitere Attribute sind Menge, Werkstoff, Toleranzen und Dimensionen. In Abhängigkeit der Projektgröße erfolgt die Konstruktion in einem Team, dessen Zuordnung zum Projekt bzw. Werkzeug durch Identifikator und Namen eindeutig ist. Nach Konstruktionsende findet die Ableitung einer Stückliste statt, die alle relevanten Informationen für die weiterführende Nutzung im Prozessschritt Arbeitsvorbereitung enthält. Identifikator und Versionsnummer erlauben eine eindeutige Identifizierung der Stückliste, die durch eine Bezeichnung sowie

[591] Da die Inhalte der betrachteten Prozessschritte im Werkzeugbaubetrieb von Phoenix Contact deckungsgleich mit den generisch beschriebenen Tätigkeiten sind, werden im Rahmen der Validierung der Daten- und Integrationselemente die generischen Namen der Elemente verwendet.

den Werkzeugidentifikator ergänzt wird. Mitarbeiterspezifische Daten in der Konstruktion des Werkzeugbaubetriebs von Phoenix Contact integrieren selten veränderte Stammdaten wie Personalnummer, Vor- und Nachname sowie Kontaktdaten. Neben verfügbaren Arbeitsstunden ist das Qualifikationsprofil des Mitarbeiters relevant, welches durch konkrete Kompetenzen strukturiert und eindeutig dargestellt wird. Sie orientieren sich an der Komplexität des Aufbaus der zu konstruierenden Werkzeuge. Die geleisteten Stunden der Konstrukteure werden in GTIS aufgenommen und dokumentiert. Durch die Verknüpfung zum übergeordneten Projekt bzw. Werkzeug erfolgt eine eindeutige Zuordnung der durchgeführten Tätigkeiten. Die manuell im GTIS zurückgemeldeten und über das SAP-Modul Process Orchestration synchronisierten Konstruktionsstunden werden mit den Plankosten verglichen und im Sinne eines kontinuierlichen Verbesserungsprozesses für zukünftige Projekte bzw. Werkzeuge berücksichtigt. Die Plankosten der Projekte bzw. Werkzeuge werden aktuell im übergeordneten ERP-System SAP gepflegt, sodass ein Datentransfer zwischen SAP, GTIS und PLM-System implementiert ist.

Das Prozesselement **Arbeitsvorbereitung** der Auftragsabwicklung des Werkzeugbaubetriebs von Phoenix Contact integriert die Datenklassen Werkzeug, Baugruppe, Komponente, Betriebsmittel, Mitarbeiter und Tätigkeit. Die Stückliste, die im Prozessschritt Konstruktion erstellt wird, wird in eine sogenannte logistische Stückliste transformiert. Diese Tätigkeit hat keinerlei Auswirkung auf die zugrunde liegende Datenstruktur, ermöglicht jedoch die Erstellung von Fertigungsplänen für die Werkzeugkomponenten. Während die Komponente eindeutig durch die Materialnummer beschrieben ist, ist der Fertigungsplan eindeutig durch eine Fertigungsauftragsnummer und eine GTIS-Nummer charakterisiert. Die Nutzung von zwei Schlüsselattributen als eindeutige Identifikatoren resultiert in der parallelen Nutzung von SAP und GTIS, und damit in der Notwendigkeit, eine eindeutige Datenübertragung zu realisieren. Der Fertigungsplan weist gleichzeitig eine alphanumerische Beschreibung auf. Eine Zuordnung zu Werkzeug und Baugruppe ist ebenfalls gegeben. Die einzelnen Bearbeitungsvorgänge sind durch eine Fertigungsauftragsnummer als Identifikator und eine Beschreibung der Arbeitsstation gekennzeichnet; die relevanten Daten zu Bearbeiter und Ressource sind in der Sub-Datenstruktur von GTIS verknüpft. Analoge Ausführungen gelten für den Fall, dass ein Montageplan erstellt wird. Dessen Detaillierungsgrad hängt maßgeblich von Aufbau und Komplexität des betrachteten Werkzeugs ab. Die arbeitsvorbereitende Tätigkeit Betriebsmittelzuordnung wird operativ durch den Konstrukteur durchgeführt. Im Rahmen dieser Tätigkeit erfolgt eine eindeutige Zuordnung von Fertigungsaufträgen zu Betriebsmitteln, die unterschiedliche Status aufweisen können. Der Status ist ein Stammdatum und durch einen eindeutigen Identifikator (Reparatur, Instandhaltung, Betrieb oder Bereitschaft) sowie durch eine zusätzliche Beschreibung charakterisiert. Zur Überwachung der Abfolge der Fertigungsprozesse erstellt der Arbeitsvorbereiter im Werkzeugbaubetrieb von Phoenix Contact Netzpläne. Die Sub-Datenstruktur CAM-Programm-Entwicklung wird ebenfalls im GTIS abgebildet. Bestandteil der Datenstruktur ist die Fertigungsauftragsnummer, sodass eine Zuordnung zur Werkzeugkomponente und damit zum Werkzeug gegeben ist. Das CAM-Programm selbst ist durch eine sogenannte NcVisu-Nummer eindeutig identifiziert und weist zusätzlich eine Beschreibung auf. Informationen zu Datum und Status geben Aufschluss über die Aktualität des CAM-Programms im

Sinne einer Version. Das proprietäre System zur Ablage von CAM-Programmen ist das Prozessleitsystem CERTA. Daten, die einen Bezug zu den Mitarbeitern der Arbeitsvorbereitung im Werkzeugbaubetrieb von Phoenix Contact aufweisen, sind selten veränderte Stammdaten. Dazu gehören Personalnummer, Vor- und Nachname sowie Kontaktdaten. Gleichzeitig sind die verfügbaren Arbeitsstunden sowie das Qualifikationsprofil des Mitarbeiters Bestandteil dieser Datenklasse. Die geleisteten Stunden der Mitarbeiter der Arbeitsvorbereitung werden manuell im GTIS zurückgemeldet, dokumentiert und synchronisiert. Eine eindeutige Zuordnung zum Projekt bzw. Werkzeug ist möglich, sodass die tatsächlich geleisteten Stunden für eine optimierte Kalkulation zukünftiger Projekte bzw. Werkzeuge genutzt werden.

Im Prozesselement **Fertigung** der Auftragsabwicklung im Werkzeugbaubetrieb von Phoenix Contact existieren die Datenklassen Werkzeug, Baugruppe, Komponente, Betriebsmittel, Mitarbeiter und Tätigkeit. Nach der initialen Fertigstellung der CAM-Programme erfolgt eine Spezifizierung durch die Fertigungsmitarbeiter. Während die Abweichungen im CAM- bzw. NC-Programm selber dokumentiert werden und folglich nicht in der Datenstruktur, können durch Fertigungsmitarbeiter vorgenommene Zustandsänderungen mithilfe eines Datums nachvollzogen werden. Für die Komponentenbearbeitung sind die bereits im Prozessschritt Arbeitsvorbereitung erwähnten Daten zu CAM-Programm, Bearbeitungsverfahren bzw. Fertigungsaufträgen, Fertigungsplan und Komponente von hoher Relevanz. Darüber hinaus sind geplante und tatsächliche Zeitdaten Bestandteil der Datenstruktur und werden im GTIS, über das BDE-Modul des Manufacturing-Execution-Systems MPDV Hydra und über die Maschinensteuerung erfasst. Dazu gehören neben Stillstands-, Rüst- und Bearbeitungszeit der Maschinen die tatsächlich geleistete Arbeitszeit des Fertigungsmitarbeiters. Aufgrund der Unterteilung des Werkzeugbaubetriebs in unterschiedliche Segmente und der notwendigen Zuordnung von Komponenten, Baugruppen und Werkzeugen existiert zusätzlich ein Segmentidentifikator. Eine noch genauere Lokalisierung erlauben die Identifikatoren der Betriebsmittel bzw. Maschinen, bei denen die Abweichung durch Ist-Arbeitsplatz und Soll-Arbeitsplatz charakterisiert ist. Dies wird durch eine Rückmeldung im GTIS-System datenbasiert abgebildet und ist insbesondere für Logistiktätigkeiten relevant. Im Sinne einer Werkerselbstkontrolle erfolgt die Überprüfung von Komponenten anhand unterschiedlicher Merkmale. Neben Datum und Prüfzeit, die im System zurückgemeldet werden, ist eine Zuordnung zu den verwendeten Prüfmitteln möglich. Gleichzeitig erfolgt eine Dokumentation der Abweichungen. Mitarbeiterspezifische Daten in der Fertigung des Werkzeugbaubetriebs von Phoenix Contact integrieren selten veränderte Stammdaten wie Personalnummer, Vor- und Nachname sowie Kontaktdaten. Neben verfügbaren Arbeitsstunden ist das Qualifikationsprofil des Mitarbeiters relevant, welches durch konkrete Kompetenzen strukturiert und eindeutig dargestellt wird. Die geleisteten Stunden der Fertigungsmitarbeiter werden in GTIS aufgenommen und dokumentiert. Durch die Verknüpfung zur Werkzeugkomponente und damit zum Werkzeug erfolgt eine eindeutige Zuordnung der durchgeführten Tätigkeiten. Die im GTIS oder teilweise über MPDV Hydra zurückgemeldeten Mitarbeiterstunden bzw. durch die Maschinensteuerung erfassten Betriebsstunden der Maschine werden mit den Plankosten verglichen und im Sinne eines kontinuierlichen Verbesserungsprozesses für zukünftige Projekte bzw. Werkzeuge berücksichtigt. Die Plankosten der

Werkzeuge werden aktuell im übergeordneten ERP-System SAP gepflegt und sind auf Baugruppen- und Komponentenebene zu detaillieren.

Das Prozesselement **Montage** der Auftragsabwicklung des Werkzeugbaubetriebs von Phoenix Contact integriert die Datenklassen Projekt, Werkzeug, Baugruppe, Komponente, Arbeitsstation, Mitarbeiter und Tätigkeit. In Abhängigkeit des Detaillierungsgrads der Montagetätigkeiten erfolgt eine Vormontage von mehreren Werkzeugkomponenten zu einer Baugruppe. Neben einem Identifikator und einer Versionsnummer des Montageplans sind eine Bezeichnung sowie Fertigstellungstermine von Baugruppe und Werkzeug integriert. Während die zur Vormontage notwendigen Komponenten und der Verrichtungsort im Sinne einer Arbeitsstation eindeutige Charakteristika aufweisen, integrieren die einzelnen Montageschritte Planzeiten. Eine analoge Datenstruktur bildet die Endmontage des Werkzeugs, bei der die vormontierten Baugruppen gemeinsam mit einzelnen Komponenten zu einem Gesamtwerkzeug montiert werden. Das Attribut Endmontagezeit des Werkzeugs ist zusätzlicher Bestandteil der Datenstruktur. Die Funktionsprüfung einzelner Baugruppen und Komponenten hinsichtlich ihres Wirkprinzips ist in einem Prüfplan dokumentiert. Inhalt sind Identifikatoren, Bezeichnungen und Beschreibungen, um mögliche Abweichungen unmittelbar dokumentieren und einzelnen Baugruppen und Komponenten eindeutig zuordnen zu können. Analog zur Vormontage- und Endmontagezeit wird die Prüfzeit im GTIS dokumentiert und mit einem Datum gespeichert. Resultat der Prüfung können Störungen in Form von Abweichungen sein, die ebenfalls in Bezug auf Zeit und Inhalt dokumentiert werden. Sie erfordern eine Demontage des Werkzeugs bzw. einzelner Baugruppen und Komponenten. Daten, die einen Bezug zu den Monteuren im Werkzeugbaubetrieb von Phoenix Contact aufweisen, sind selten veränderte Stammdaten. Dazu gehören Personalnummer, Vor- und Nachname sowie Kontaktdaten. Gleichzeitig sind die verfügbaren Arbeitsstunden sowie das Qualifikationsprofil des Mitarbeiters Bestandteil dieser Datenklasse. Die Qualifikation im Prozessschritt Montage im Werkzeugbaubetrieb von Phoenix Contact richtet sich nach der Komplexität des Werkzeugaufbaus und ist entsprechend strukturiert und eindeutig dargestellt. Analog zur Konstruktion wird die Werkzeugmontage in Abhängigkeit von Komplexität und Umfang durch ein Team, bestehend aus mehreren Monteuren, durchgeführt. Das Team ist durch den Projektidentifikator und eine Bezeichnung charakterisiert. Die geleisteten Stunden der Monteure werden manuell im GTIS zurückgemeldet, dokumentiert und synchronisiert, wobei zwischen Montagezeit, Prüfzeit und Demontagezeit differenziert wird. Eine eindeutige Zuordnung zum Projekt bzw. Werkzeug ist möglich, sodass die tatsächlich geleisteten Stunden für eine optimierte Kalkulation zukünftiger Projekte bzw. Werkzeuge genutzt werden.

Im Prozesselement **Qualifizierung** der Auftragsabwicklung im Werkzeugbaubetrieb von Phoenix Contact existieren die Datenklassen Kunde, Projekt, Werkzeug, Betriebsmittel, Mitarbeiter und Tätigkeit. Im Rahmen der Vorbereitung des Qualifizierungszyklus sind sowohl die Produktionsmaschine selbst, eindeutig durch Identifikator und Bezeichnung charakterisiert, als auch die Einstellparameter von Maschine und Spritzgießprozess relevant. Sie sind Bestandteil der Datenstruktur, werden allerdings in der Maschinensteuerung eingestellt und gespeichert. Die notwendige Vorbereitungszeit der Qualifizierungsmitarbeiter, das Datum der Qualifizierung sowie die Belegungszeit der Produktionsmaschine werden wiederum im GTIS und im

MPDV Hydra dokumentiert. Es besteht eine Zuordnung zum Werkzeug und damit zum übergeordneten Projekt. Für die Werkzeugerprobung werden Bezeichnung, Menge und Eigenschaften des Kunststoffgranulats berücksichtigt und in der Datenstruktur abgebildet. Neben den bereits beschriebenen Einstellparametern sind Identifikator und Bezeichnung des Artikels zu integrieren. Der tatsächlichen Erprobung werden Datum, Belegungszeit der Produktionsmaschine, Bearbeitungszeit des Mitarbeiters sowie die (fortlaufende) Nummer des Qualifizierungszyklus zugeordnet. Für die Qualitätsprüfung der hergestellten Artikel im Rahmen des Qualifizierungsprozesses werden Daten zu Prüfmittel, CAD-Modell des Artikels sowie zum hergestellten Artikel selbst integriert. Alle genannten Elemente sind durch Identifikatoren eindeutig sowie durch eine Bezeichnung beschrieben. Die Prüfung selbst weist die Daten Prüfnummer, Prüfdauer des Mitarbeiters, Belegungszeit des Prüfmittels sowie das Datum auf. Entsprechende Abweichungen werden bewertet und durch alphanumerische Zeichen beschrieben. Die Prüfnummer ist maßgebend und führt zur eindeutigen Zuordnung aller Werte zum durchgeführten Erprobungszyklus. Mitarbeiterspezifische Daten in der Qualifizierung des Werkzeugbaubetriebs von Phoenix Contact integrieren selten veränderte Stammdaten wie Personalnummer, Vor- und Nachname sowie Kontaktdaten. Neben verfügbaren Arbeitsstunden ist das Qualifikationsprofil des Mitarbeiters relevant, welches durch konkrete Kompetenzen strukturiert und eindeutig dargestellt wird. Die geleisteten Stunden der Qualifizierungsmitarbeiter werden in GTIS aufgenommen und dokumentiert. Durch die Verknüpfung zu Werkzeug und Projekt erfolgt eine eindeutige Zuordnung der durchgeführten Tätigkeiten. Die im GTIS zurückgemeldeten Mitarbeiterstunden bzw. die durch MPDV Hydra erfassten Betriebsstunden der Produktionsmaschine werden mit den Plankosten verglichen und im Sinne eines kontinuierlichen Verbesserungsprozesses für zukünftige Projekte bzw. Werkzeuge berücksichtigt. Die Plankosten der Werkzeuge werden aktuell im übergeordneten ERP-System SAP gepflegt und werden auf Werkzeugebene für jeden Qualifizierungszyklus detailliert dargestellt.

6.1.2.3 Validierung der Integrationselemente

Im Werkzeugbaubetrieb von Phoenix Contact erfolgt die systemische Verknüpfung der Datenstrukturen von SAP, GTIS und PLM-System zu einer ganzheitlichen Datenstruktur über sogenannte Web-Services. Als bidirektionale Schnittstelle sind sie hauptsächlich für die Datenübertragung zwischen den proprietären Systemen verantwortlich, die nur auf Basis verknüpfter Datenstrukturen realisiert werden kann. Folglich stellen sie die Integrationselemente dar. Auf übergeordneter Ebene erfolgt die Zusammenführung der Sub-Datenstrukturen in der Auftragsabwicklung im Werkzeugbaubetrieb von Phoenix Contact durch Projekt- und Werkzeugidentifikator. Diese wird durch die GTIS-Nummer sowie eine entsprechende Nomenklatur zur Nummerierung mehrerer Werkzeuge eindeutig beschrieben.

Bei der fokussierten Betrachtung der Prozesselemente **Konstruktion**, **Arbeitsvorbereitung**, **Fertigung**, **Montage** und **Qualifizierung** ergeben sich Verbindungen der Datenstrukturen an unterschiedlichen Stellen. Die Datenstrukturen der Prozesselemente Konstruktion und Arbeitsvorbereitung sind über das CAD-Modell verbunden. Es ist Eingangsgröße für die Ausführung der arbeitsvorbereitenden Tätigkeiten, insbesondere der Erstellung der logistischen Stückliste sowie der Erstellung von Fertigungsplänen. Der erstellte Fertigungsplan, das CAM-

Programm und die Ergebnisse der durchgeführten Betriebsmittelplanung weisen Daten und Informationen auf, die zur Ausführung der Tätigkeiten in der mechanischen Fertigung notwendig sind. Der ebenfalls durch die Arbeitsvorbereitung erstellte Montageplan ist zudem Eingangsgröße für die Monteure. Die zur Vormontage von Baugruppen bzw. zur Endmontage von Werkzeugen notwendigen Komponenten werden in der mechanischen Fertigung hergestellt und überprüft sowie, operativ durchgeführt von Logistikmitarbeitern, in die Montage gebracht. Daten und Informationen zu möglichen Funktionsstörungen von Komponenten und Baugruppen, die im Rahmen der Funktionsprüfung potenziell identifiziert werden, sind wiederum Eingangsgröße für die Fertigungsmitarbeiter. Diese müssen entsprechende Nacharbeiten gemäß den Abweichungen durchführen, was wiederum eine Anpassung des CAD-Modells durch die Konstrukteure sowie eine Anpassung oder Neuerstellung des Fertigungsplans erfordert. Die Monteure im Prozessschritt Montage erhalten Informationen zu einer notwendigen Demontage des Werkzeugs, sofern der hergestellte Artikel im Prozessschritt Qualifizierung nicht den kundenseitigen Anforderungen entspricht. Analog zu aufgetretenen Funktionsstörungen vor der Qualifizierung wird die Rückführung von Daten und Informationen in die Prozessschritte Fertigung, Arbeitsvorbereitung und Konstruktion sichergestellt. Der Projektplan stellt schließlich eine weitere Schnittstelle zwischen den betrachteten Prozesselementen und darüber hinaus zum Projektmanagement dar. Trotz der Nutzung von drei Hauptsystemen realisiert der Werkzeugbaubetrieb von Phoenix Contact eine durchgängige Datenstruktur in den betrachteten Prozesselementen. Ohne diese ist eine aufwandsarme Daten- und Informationsübergabe und damit die Erzeugung eines digitalen Schattens der Auftragsabwicklung nicht realisierbar.

6.1.2.4 Validierung der Darstellungselemente

Im Werkzeugbaubetrieb von Phoenix Contact werden die zugrunde liegenden Datenstrukturen für die betrachteten Prozessschritte leicht verständlich dargestellt. Die Visualisierung der Datenstrukturen erfolgt nicht mit einer der beschriebenen, gängigen Modellierungssprachen (vgl. Kapitel 2.2.4 und 4.3.4), sondern mithilfe der Netzplantechnik. Die Netzplantechnik basiert auf der Graphentheorie, in der die Eigenschaften einer Menge durch Knoten dargestellt werden, die mithilfe von Kanten verbunden werden.[592] Im Hinblick auf die grafische Darstellung liefert sie einen ähnlichen Informationsgrad wie die Modellierungssprache ERM mit Entitys und Attributen. Weiterhin sind die zugrunde liegenden Datenstrukturen der Prozessschritte bereits in den führenden Systemen SAP, GTIS und Teamcenter implementiert, sodass die Visualisierung ausschließlich zum verbesserten Verständnis der Mitarbeiter beitragen soll.

Die durchgängige und strukturierte Übersicht der Auftragsdaten schafft Transparenz über den Gesamtprozess der Werkzeugherstellung im Werkzeugbaubetrieb von Phoenix Contact. Die Anwender und Mitarbeiter werden für die grundlegende Notwendigkeit von Daten sensibilisiert; gleichzeitig erhöht sich das Verständnis für Fehlerfreiheit und Auswirkungen auf den Gesamtprozess. Ein zentraler Erfolgsfaktor im Werkzeugbaubetrieb von Phoenix Contact ist die umfangreiche Durchführung von Mitarbeiterschulungen. Inhalte sind die Erklärungen der Zusammenhänge zwischen den unterschiedlichen Datenklassen sowie die Logik zur Erstellung von

---

[592] I. A. a. Homburg (Entscheidungsunterstützung durch Modelle), 2000, S. 483ff.

Daten, insbesondere vor dem Hintergrund der Nutzung einer Middleware-Lösung zur Erstellung des digitalen Schattens der Auftragsabwicklung.

6.1.3 Fazit

Der interne Werkzeugbaubetrieb der Phoenix Contact GmbH & Co. KG in Blomberg hat als einer von wenigen Werkzeugbaubetrieben weltweit einen digitalen Schatten für einen Großteil des Auftragsabwicklungsprozesses entwickelt. Gemäß dem Vorgehen zur Erzeugung des digitalen Schattens (vgl. Kapitel 2.1.4.2) liegt diesem ein Datenstrukturmodell des Auftragsabwicklungsprozesses zugrunde. Aufgrund der simultanen Nutzung von SAP als Leitsystem der Phoenix Contact-Gruppe, GTIS als globalem Informationssystem aller Werkzeugbaustandorte von Phoenix Contact und Siemens Teamcenter als PLM-System existieren aktuell sogar drei zum Teil redundante Datenstrukturmodelle.

Die ganzheitliche Strukturierung und Visualisierung der Daten in einem Modell hat maßgeblich dazu beigetragen, die bestehenden Datenstrukturmodelle im Werkzeugbaubetrieb von Phoenix Contact kritisch zu überprüfen und zu optimieren. Insbesondere das Verständnis über Zusammenhänge und Abhängigkeiten von Daten, die zur Erzeugung des digitalen Schattens notwendig sind, konnte verbessert werden. Neben der redundanzfreien Verknüpfung der bestehenden Datenstrukturmodelle besteht weiteres Potenzial in der Durchführung von Schulungen für Mitarbeiter entlang der Auftragsabwicklung.

Das Fallbeispiel hat aufgezeigt, dass die zugrunde liegenden Datenstrukturen eines internen Werkzeugbaubetriebs, trotz bestehender Regelungen eines Mutterunternehmens, mithilfe des vorliegenden Modells beschrieben und visualisiert werden können. Somit konnte eine erfolgreiche Validierung des Datenstrukturmodells, welches zur Erzeugung des digitalen Schattens der Auftragsabwicklung von Werkzeugbaubetrieben notwendig ist, in der Praxis durchgeführt werden. Die operative Umsetzung in einem redundanzfreien Datenbanksystem ist jedoch in hohem Maße von den Vorgaben des Mutterunternehmens in Bezug auf Systemeinsatz und Strukturierungslogik abhängig, da zumeist der in Serie hergestellte Artikel maßgebend ist.

6.2 Fallbeispiel 2: Braunform GmbH

Die Braunform GmbH (nachfolgend Braunform) ist ein international agierender Systemlieferant für produzierende Unternehmen und Endkunden in den Bereichen Medizin-, Verpackungs-, Elektro- und Wassertechnik sowie in der Körperpflege-, Verbrauchsgüter- und Automobilindustrie. Als externer Werkzeugbaubetrieb ist die Entwicklung und Fertigung von hochkomplexen Spritzgießwerkzeugen für unterschiedlichste Anwendungen Kerngeschäft am Standort Bahlingen am Kaiserstuhl. Die Unterstützung bei der Entwicklung von Artikeln inkl. Beratung der Designer sowie die Möglichkeit zur Nutzung der eigenen Reinraumproduktionen in Bahlingen am Kaiserstuhl und Endingen ergänzen das Leistungsspektrum. Im Jahr 2018 erwirtschaftete Braunform einen Umsatz von ca. 50 Mio. Euro mit rund 370 Mitarbeitern und 48 Auszubildenden.[593]

[593] Auskunft der Braunform GmbH

Der Autor hat im Rahmen seiner Tätigkeit als wissenschaftlicher Mitarbeiter ein bilaterales Projekt mit dem Werkzeugbaubetrieb von Braunform durchgeführt. Ziel des Projekts war die Ermittlung des Status quo der Industrialisierung im Werkzeugbaubetrieb mithilfe von daten- und kennzahlenbasierten Analysen in den Bereichen Auftragsabwicklungsprozess, Planung und Steuerung sowie Beschaffung. Gleichzeitig erfolgte ein kontinuierlicher Austausch mit mehreren Mitarbeitern von Braunform durch das jährlich ausgerichtete Kolloquium „Werkzeugbau mit Zukunft“ sowie im Rahmen von weiteren werkzeugbauspezifischen Netzwerkveranstaltungen.

6.2.1 Ausgangssituation

Differenzierungsmerkmal von Braunform ist die hohe Kompetenz in der Auslegung, Fertigung und Qualifizierung von hochfachigen und produktionsstabilen Spritzgießwerkzeugen. Der Großteil der Werkzeuge wird zur Produktion von Komponenten für Pharmaprodukte, Rasierer, Zahnbürsten, Parkbremsen, Konnektoren, Antriebe, Sprühköpfe und Kappen sowie Drehteller beim Kunden verwendet. Neben Serienwerkzeugen werden auch Prototypen- und Vorserienwerkzeuge hergestellt. Im externen Werkzeugbaubetrieb von Braunform arbeiten aktuell ca. 200 Mitarbeiter und 45 Auszubildende.

Der Werkzeugbaubetrieb von Braunform weist mehrere zentrale Erfolgsfaktoren auf. Die Bedienung eines vielfältigen Branchen- und Kundenspektrums ermöglicht eine flexible Reaktion auf konjunkturelle Schwankungen und kundenseitige Veränderungen. Die Segmentierung der Werkzeugherstellung in einen Neuwerkzeugbereich und einen Änderungsbereich befähigt den Werkzeugbaubetrieb von Braunform, auf ungeplante Werkzeugkorrekturen flexibel zu reagieren, ohne geplante Aufträge verschieben zu müssen. Unterstützt wird die Auftragsabwicklung durch ein systematisches Lieferantenmanagement. Das umfangreiche Fachwissen der Mitarbeiter ermöglicht eine ganzheitliche Betreuung der Kunden von der Produktentstehung bis zur Serienfertigung.

In den vergangenen Jahren hat sich der Werkzeugbaubetrieb von Braunform die Aufgabe gestellt, alle für die Auftragsabwicklung relevanten Daten zu identifizieren und systemisch zu erfassen. Ziel ist durchgängige Transparenz entlang aller Prozesse der Werkzeugherstellung sowie die Identifizierung von Ineffizienzen und Verbesserungspotenzialen. Dazu wurde mit ProLeiS ein durchgängiges Manufacturing-Execution-System im Jahr 2016 erfolgreich eingeführt und kontinuierlich optimiert. Mit der Verwendung bzw. Anbindung anderer Systeme, bspw. dem PLM-System PRO.FILE und dem BDE-System Interflex, erreicht der Werkzeugbaubetrieb von Braunform eine hohe Strukturierung und Verfügbarkeit der Daten entlang der gesamten Auftragsabwicklung.

6.2.2 Validierung des Datenstrukturmodells

Die Beschreibung der Validierung des Datenstrukturmodells erfolgt anhand der Prozesselemente, Datenelemente und Integrationselemente. Zunächst werden die Prozesselemente in der Auftragsabwicklung im Werkzeugbaubetrieb von Braunform vorgestellt, wobei gezielt auf die Unterschiede zur generischen Auftragsabwicklung eingegangen wird. Anschließend erfolgt eine fokussierte Betrachtung der Datenelemente und Integrationselemente für die Prozesselemente Vertrieb, Engineering, Projektmanagement, Logistik und Einkauf. In Zusammenhang mit den Darstellungselementen erfolgt eine kritische Bewertung, ob die zugrunde liegende Datenstruktur zu einem verbesserten Verständnis für Anwender und Mitarbeiter im Werkzeugbaubetrieb von Braunform führt.

6.2.2.1 Validierung der Prozesselemente

Der Auftragsabwicklungsprozess im Werkzeugbaubetrieb von Braunform integriert die Prozesse Vertrieb, Werkzeug- und Prozessvalidierung, Konstruktion, Arbeitsvorbereitung, Fertigung, Montage, Bemusterung und Qualifizierung sowie Projektmanagement, Einkauf und Logistik (vgl. Abbildung 167).

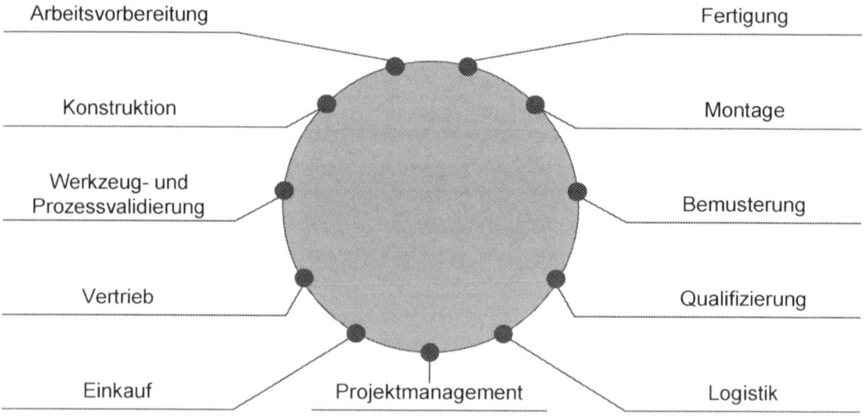

Abbildung 167: Auftragsabwicklung im Werkzeugbaubetrieb von Braunform

Die Prozessschritte Vertrieb, Konstruktion, Arbeitsvorbereitung, Fertigung, Montage, Projektmanagement, Einkauf und Logistik sind namentlich und inhaltlich identisch zu den in Kapitel 4.3.1 vorgestellten Inhalten. Im Rahmen der Werkzeug- und Prozessvalidierung erfolgt die Entwicklung von Werkzeugkonzepten sowie deren anschließende Risikobewertung während des Einsatzes im Serienprozess. In Zusammenarbeit mit Konstruktion und Projektmanagement führt Braunform eine ganzheitliche Machbarkeitsanalyse der Kundenanfrage durch. Generell ist Braunform als beratende Instanz bzgl. Technologien, Werkzeuge, Maschinen und Peripherie beim Kunden präsent. Die Inhalte der Werkzeug- und Prozessvalidierung entsprechen folglich dem Engineering als Teilbereich der Auftragsabwicklung. Im Technologiezentrum von Braunform erfolgen Bemusterung und Qualifizierung der Werkzeuge bis zur Serienreife. Braunform bietet, im Gegensatz zu vielen anderen externen Werkzeugbaubetrieben, die Möglichkeit zur Durchführung eines Vorserienanlaufs auf Produktionsmaschinen des Kunden. Somit kann Braunform die Qualifizierung der vollständigen Kundenanlage, bestehend aus Werkzeug, Spritzgießmaschine und Peripherie, realisieren. Im Kontext des Datenstrukturmodells ist die Qualifizierung auf Kundenanlagen als erneute Iteration im Qualifizierungsprozess zu verstehen. Folglich ist dieser Teilbereich der Auftragsabwicklung im Datenstrukturmodell berücksichtigt, für die Anwendung bei Braunform allerdings in zwei separate Prozesselemente aufgeteilt. Alle anderen Teilbereiche der Auftragsabwicklung im Werkzeugbaubetrieb von Braunform folgen dem Verständnis der allgemeinen Beschreibung. Es ist zu konstatieren, dass die Auftragsabwicklung im Werkzeugbaubetrieb von Braunform alle Prozesselemente des Datenstrukturmodells für den digitalen Schatten integriert. Die nachfolgende Betrachtung von Datenelementen und Integrationselementen fokussiert die Prozesselemente Vertrieb, Werkzeug- und Prozessvalidierung, Projektmanagement, Einkauf und Logistik.

6.2.2.2 Validierung der Datenelemente

Im Prozesselement **Vertrieb** in der Auftragsabwicklung des Werkzeugbaubetriebs von Braunform existieren die Datenklassen Kunde, Projekt, Werkzeug, Mitarbeiter und Prozess. Grundlage der Tätigkeiten ist die Anfrage eines Bestandskunden oder eines potenziell neuen Kunden. Neben Informationen zu Lieferbedingungen und mit dem Werkzeug herzustellende Artikelstückzahl stellt der Kunde CAD-Daten des Artikels bereit. Diese werden in einer internen Projektdatenbank abgelegt, um einen schnellen Zugriff für die nachfolgenden Tätigkeiten in Vertrieb und Engineering sicherzustellen. Für jeden Bestandskunden bzw. potenziell neuen Kunden pflegt der Werkzeugbaubetrieb von Braunform relevante Stamm- und Bewegungsdaten. Neben einer individuellen Kundennummer werden Adressdaten, aber auch Kontaktdaten der jeweiligen Ansprechpartner in einem CRM-System gespeichert. Mithilfe der Kundennummer als eindeutiges Charakteristikum und den entsprechenden Verknüpfungen ist ein schneller Zugriff auf alle kundenbezogenen Daten und Informationen gegeben. Der Werkzeugbaubetrieb von Braunform fertigt ausschließlich Spritzgießwerkzeuge, sodass ein mehrstufiger Produktionsprozess – wie bei Blechumformprozessen – nicht gegeben ist. Dennoch wickelt Braunform gesamte Projekte ab, die mehrere Werkzeuge enthalten können und unter einer alphanumerischen Bezeichnung geführt werden. Ein typisches Beispiel ist das anonymisierte Projekt „Rasierer 24XD“, dem mehrere Werkzeuge für Griff, Scherkopf und Schutzhülle eines Rasierers zugeordnet werden. Sofern der anfragende (potenzielle) Geschäftspartner bereits eine Werkzeugbezeichnung im Sinne eines Identifikators benutzt, wird diese im Rahmen der Kalkulations- und Angebotserstellung verwendet. Andernfalls erhält jedes Werkzeug einen eindeutigen Werkzeugidentifikator, der einer betriebsinternen Nomenklatur folgt und durchgängig verwendet wird. Neben dem Identifikator erhält jedes Werkzeug eine Bezeichnung. Mitarbeiterspezifische Daten im Vertrieb des Werkzeugbaubetriebs von Braunform integrieren selten veränderte Stammdaten wie Personalnummer, Vor- und Nachname sowie Kontaktdaten. Neben verfügbaren Arbeitsstunden ist das Qualifikationsprofil des Mitarbeiters relevant, welches durch konkrete Vertriebskompetenzen strukturiert und eindeutig dargestellt wird. Die geleisteten Stunden der Vertriebsmitarbeiter im Werkzeugbaubetrieb von Braunform werden im BDE-System Interflex zurückgemeldet und dokumentiert. Für die Tätigkeiten Kalkulationserstellung und Angebotserstellung kann sogar eine eindeutige Zuordnung zum angebotenen Projekt bzw. Werkzeug erfolgen. Die zurückgemeldete Arbeitszeit der Mitarbeiter nutzt Braunform bereits zur Erhöhung der Effizienz in der Durchführung der Vertriebstätigkeiten. Als externer Werkzeugbaubetrieb ist insbesondere die Reaktionsschnelligkeit auf Anfragen ein entscheidendes Kriterium zur erfolgreichen Akquisition von Projekten bzw. Werkzeugen.

Das Prozesselement **Werkzeug- und Prozessvalidierung** in der Auftragsabwicklung des Werkzeugbaubetriebs von Braunform integriert die Datenklassen Kunde, Projekt, Werkzeug, Werkstück, Mitarbeiter und Prozess. Während der Erstellung von Werkzeugkonzepten sowie Produkt- und Prozesssimulationen werden unterschiedliche Kunden- und Projektdaten genutzt, um eine durchgängige Datenverknüpfung zu realisieren. Die Daten werden bereits im Prozessschritt Vertrieb verwendet. Zu nennen sind insbesondere die eindeutigen Identifikatoren und Bezeichnungen von Projekt und Werkzeug(en) sowie vom Kunden bereitgestellte Spezifikationen zu Dimensionen, Toleranzen oder Stückzahl des Artikels. Während der Erstellung und Validierung des Werkzeugkonzepts wird der übergeordnete Aufbau der Spritzgießwerkzeuge sowie daran gekoppelte Angusstechnik oder Entformungsvarianten, bspw. mit oder ohne Hinterschneidung, festgelegt. Entsprechende alphanumerische Daten zu Werkzeug und Komponente werden während dieser Tätigkeiten erzeugt. Werkzeugspezifische Daten sind Identifikator, Bezeichnung und Werkzeugart, während die Daten Identifikatoren, Bezeichnungen, Stückzahl und Dimensionen den unterschiedlichen Werkzeugkomponenten zugeordnet sind. Nach Abschluss der Konzeptentwicklung erfolgen Produkt- und Prozesssimulationen, die mit der Simulationssoftware Moldflow Insight durchgeführt werden. Im Rahmen der Simulationsprozesse entsteht eine Vielzahl von Ressourcen- und Prozessdaten, die dem Projekt bzw. dem Werkzeug zugeordnet werden können. Die Simulationsdaten integrieren Kennwerte der Spritzgießmaschine (bspw. Drücke, Kräfte und Temperaturen), des eingesetzten Materials (bspw. Bezeichnung, Viskosität und Kennwerte zum Fließverhalten), des Produktionsprozesses (bspw. Füllzeit, Zykluszeit, Verweilzeit, Kühlzeit und Strömungsgeschwindigkeit der Kunststoffschmelze) und des Artikels (bspw. Gewicht, Dimensionen, Oberflächengüte und Farbe). Daten, die einen Bezug zu den produktiven Mitarbeitern im Werkzeugbaubetrieb von Braunform aufweisen, sind selten veränderte Stammdaten. Dazu gehören Personalnummer sowie Vor- und Nachname. Gleichzeitig sind die verfügbaren Arbeitsstunden sowie das Qualifikationsprofil des Mitarbeiters, welches durch konkrete Engineeringkompetenzen strukturiert und eindeutig dargestellt wird, Bestandteil dieser Datenklasse. Analog zum Vertrieb werden die geleisteten Stunden der Mitarbeiter im BDE-System Interflex aufgenommen und dokumentiert. Eine eindeutige Zuordnung zum Projekt bzw. Werkzeug ist im Rahmen von Konzepterstellung und Simulationsdurchführung möglich.

Im Prozesselement **Projektmanagement** in der Auftragsabwicklung des Werkzeugbaubetriebs von Braunform existieren die Datenklassen Kunde, Projekt, Werkzeug, Unternehmen, Betriebsmittel, Arbeitsstation, Mitarbeiter und Tätigkeit. Während der Angebotsphase ist das Projektmanagement bereits involviert, um die organisatorische Machbarkeit zur Abwicklung des angefragten Projekts bzw. Werkzeugs zu prüfen. Dazu wird eine Übersicht verfügbarer und bereits reservierter Kapazitäten in Konstruktion, Arbeitsvorbereitung, Fertigung, Montage, Bemusterung und Qualifizierung ermittelt. Jedes Prozesselement ist dabei durch einen unternehmensspezifischen Identifikator und eine Bezeichnung eindeutig charakterisiert. Gemeinsam mit den bereits kalkulierten Kapazitäten, die der Datenklasse Projekt zuzuordnen sind und systemisch hinterlegt sind, werden Kapazitätsübersichten für die genannten Bereiche der Auftragsabwicklung erstellt. Die organisatorische Machbarkeit eines Projekts bzw. Werkzeugs ist gegeben, falls die spezifischen Kapazitäten aller Bereiche, unter Berücksichtigung externer Dienstleister, ausreichend groß sind. Gemäß den vom Kunden vorgegebenen Projektmeilensteinen[594] wird ein übergeordneter Projektplan erstellt. Dieser integriert alle betriebsinternen Meilensteine, zu denen die Tätigkeiten in den Bereichen Konstruktion, Fertigung, Montage, Bemusterung und Qualifizierung abgeschlossen sein sollen. Der Projektplan ist durch einen eindeutigen Identifikator, eine Versionsnummer sowie eine zusätzliche Bezeichnung des Projekts gekennzeichnet. Während der Projektbearbeitung ist der Projektmanager zentrale Schnittstelle zum Kunden. Für die notwendigen Daten des Ansprechpartners, d. h. Namen und Kontaktdaten, erfolgt der Zugriff auf das interne CRM-System. Entscheidungen, die im Rahmen von regelmäßigen Abstimmungsterminen getroffen werden, werden ebenfalls im CRM-System dokumentiert. Terminverschiebungen führen zu Anpassungen im übergeordneten Projektplan und haben weiterhin Einfluss auf die Kapazitäten in den unterschiedlichen Bereichen. Mitarbeiterspezifische Daten im Projektmanagement des Werkzeugbaubetriebs von Braunform integrieren selten veränderte Stammdaten wie Personalnummer, Vor- und Nachname sowie Kontaktdaten. Neben verfügbaren Arbeitsstunden ist das Qualifikationsprofil des Mitarbeiters relevant, welches durch konkrete Projektmanagementkompetenzen strukturiert und eindeutig dargestellt wird. Diese orientieren sich an Projektvolumen und -komplexität. Die geleisteten Stunden der Projektmanager im Werkzeugbaubetrieb von Braunform werden im BDE-System Interflex zurückgemeldet und dokumentiert. Aufgrund der parallelen Betreuung mehrerer Projekte unterschiedlicher Volumina und Komplexität ist eine direkte Zuordnung der Arbeitszeit zu Projekten bzw. Werkzeugen nicht möglich.

Das Prozesselement **Einkauf** der Auftragsabwicklung des Werkzeugbaubetriebs von Braunform integriert die Datenklassen Projekt, Werkzeug, Komponenten, Lieferant, Unternehmen, Mitarbeiter und Tätigkeit. Im Werkzeugbaubetrieb von Braunform werden neben Verbrauchsgütern und Normalien hauptsächlich einzelne Werkzeugkomponenten oder Leistungen für Fertigungstechnologien beschafft. Auf Basis definierter Fremdvergabeumfänge werden geeignete Lieferanten identifiziert. Häufig erfolgt dabei ein Zugriff auf die interne Lieferantendatenbank, in der lieferanten- und projektspezifische Daten vergangener Aufträge gespeichert sind. Für jede fremdvergebene Ware erstellt der Werkzeugbaubetrieb von Braunform ein Lastenheft, in welchem neben den geometrischen Eigenschaften auch Vorgaben zu Menge, Liefertermin und Lieferadresse von Braunform integriert sind. Der intern genutzte Identifikator sowie die Bezeichnung sind zwingend vom Lieferanten einzuhalten und ebenfalls Bestandteil des Lastenhefts. Dadurch wird die Zuordnung zum Projekt bzw. Werkzeug sichergestellt. Die Daten des vom (potenziellen) Lieferanten erhaltenen Angebots werden in der internen Datenbank gespeichert und mit den Vorgaben aus dem Lastenheft abgeglichen. Nach Evaluierung und Dokumentation möglicher Abweichungen erhält der Lieferant die offizielle Beauftragung. Dabei enthält die Bestellung einen eindeutigen Identifikator sowie eine Bezeichnung. Neben Menge

[594] Typische Meilensteine, die vom Kunden vorgegeben werden, beziehen sich auf erste produzierte Artikel zur Begutachtung oder den Start der Serienproduktion beim Kunden.

und Lieferbedingungen erfolgt eine Zuordnung zur beschafften Ware durch den entsprechenden Identifikator der Fremdware. Der Werkzeugbaubetrieb von Braunform dokumentiert die Leistungsfähigkeit seiner Lieferanten und ist bestrebt, diese kontinuierlich zu erhöhen. Es existieren definierte Kriterien, die die Einhaltung von Qualität, Liefertermin und Menge bewerten. Des Weiteren erfolgt eine Bewertung der Kosten im Gesamtkontext. Individuell festgelegte Zielwerte sowie ein Vergleich mit dem aktuellen Wert ermöglichen eine zielgerichtete Weiterentwicklung des Lieferanten. Diese lieferantenspezifischen Daten werden ebenfalls in der Datenbank gespeichert. Die verfügbaren Arbeitsstunden sowie das Qualifikationsprofil des Mitarbeiters, welches durch konkrete Einkaufskompetenzen strukturiert und eindeutig dargestellt wird, ist Bestandteil der Datenklasse Mitarbeiter. Die Kompetenzen im Einkauf sind nach monetärem Volumen und Komplexität der zu beschaffenden Waren strukturiert, sodass sich Kompetenz und Verantwortungsgrad proportional verhalten. Analog zu den vorherigen Prozesselementen werden die geleisteten Stunden des Einkäufers im BDE-System Interflex aufgenommen und dokumentiert. Eine eindeutige Zuordnung der Arbeitszeit zu Projekten, Werkzeugen oder Komponenten findet aufgrund des hohen administrativen Aufwands nicht statt.

Im Prozesselement **Logistik** der Auftragsabwicklung des Werkzeugbaubetriebs von Braunform existieren die Datenklassen Kunde, Projekt, Werkzeug, Baugruppe, Komponente, Betriebsmittel, Lieferant, Mitarbeiter und Tätigkeit. Der Werkzeugbaubetrieb von Braunform beschäftigt aktuell zwei Mitarbeiter, deren Hauptaufgabe es ist, die intralogistischen Warenflüsse sowie die Warenflüsse zu Lieferanten und Kunden effizient abzuwickeln. Im Werkzeugbaubetrieb von Braunform werden Werkzeugkomponenten, Baugruppen, Gesamtwerkzeuge sowie Bearbeitungswerkzeuge, Verbrauchsteile und Rohmaterial kommissioniert. Dabei werden die relevanten Daten der eingehenden Lieferungen, d. h. Liefernummer, Lieferantennummer, Lieferdatum und Lieferzustand, dokumentiert. Es folgt ein ganzheitlicher Abgleich mit den in der Bestellung definierten Rahmenbedingungen zu Lieferdatum und Warenzustand. Aufgrund der Zusammenarbeit mit lokalen Lieferanten für einzelne Fertigungstechnologien können Werkzeugkomponenten ebenfalls als Fremdware klassifiziert und Bestellungen zugeordnet werden. Weiterhin existieren im Werkzeugbaubetrieb von Braunform mehrere Lager zur Aufbewahrung von Waren. Neben dem Lager für Rohmaterial, welches in der Materialvorbereitung lokalisiert ist, sowie mehreren Lagern für Normalien und Verbrauchsgüter weist jeder Arbeitsbereich in Fertigung und Montage dedizierte Wareneingänge und -ausgänge auf. Insbesondere Werkzeugkomponenten und Baugruppen stellen den Warenfluss zwischen den genannten Eingängen und Ausgängen dar. Alle Lager und Lagerplätze sind durch Identifikatoren und Beschreibungen eindeutig identifizierbar und systemisch erfasst. Während der Versandabwicklung von Werkzeugen, ggf. in Kombination mit Spritzgießmaschine und Peripherie (vgl. Kapitel 6.2.2.1), werden kunden- und projektspezifische Daten berücksichtigt. Es handelt sich dabei hauptsächlich um Daten zur Auslieferung der Waren, die sich bspw. in Lieferort, Lieferdatum, Lieferadresse und sonstige Bedingungen konkretisieren lassen. Mitarbeiterspezifische Daten in der Logistik des Werkzeugbaubetriebs von Braunform integrieren selten veränderte Stammdaten wie Personalnummer, Vor- und Nachname sowie Kontaktdaten. Neben verfügbaren Arbeitsstunden ist das Qualifikationsprofil des Mitarbeiters relevant, welches durch konkrete Logistikkompetenzen strukturiert und eindeutig dargestellt wird. Die geleisteten Stunden der Logistikmitarbeiter im Werkzeugbaubetrieb von Braunform werden im BDE-System Interflex aufgenommen und dokumentiert. Eine eindeutige Zuordnung von gewissen Tätigkeiten zu Projekten bzw. Werkzeugen ist möglich, jedoch mit einem sehr hohen administrativen Aufwand für die Logistikmitarbeiter verbunden. Im Werkzeugbaubetrieb von Braunform findet daher keine unmittelbare Zuordnung statt. Die zurückgemeldete Arbeitszeit der Mitarbeiter nutzt Braunform dennoch zur Erhöhung der Effizienz in der Durchführung der Logistiktätigkeiten.

6.2.2.3 Validierung der Integrationselemente

Die Zusammenführung der Datenstrukturen der Prozesselemente **Vertrieb, Engineering und Projektmanagement** im Werkzeugbaubetrieb von Braunform erfolgt im Rahmen einer ganzheitlichen Machbarkeitsprüfung. Die Machbarkeitsprüfung erfolgt in enger Zusammenarbeit der entsprechenden Vertriebsmitarbeiter, Engineeringmitarbeiter und Projektmanager bei Braunform. Der Vertriebsmitarbeiter integriert alle relevanten Daten zu kundenseitig geforderten Artikelspezifikationen und Lieferbedingungen sowie abgeschlossenen Werkzeugprojekten. Die datenbezogenen Ergebnisse der Simulationsprozesse sind Eingangsgröße seitens des Engineeringmitarbeiters. Gemeinsam mit der vom Projektmanager erstellten Kapazitätsübersicht in den relevanten Bereichen der Auftragsabwicklung wird eine Entscheidung getroffen, ob ein Angebot erstellt oder eine Absage an den Kunden erteilt wird. Aufgrund der hohen Verfügbarkeit der Daten, basierend auf einer Datenstrukturierung in den Prozesselementen, profitiert der Werkzeugbaubetrieb von Braunform von dem Zusammenspiel aus technischer und organisatorischer Machbarkeitsprüfung. Die datenspezifische Verknüpfung zwischen den Prozesselementen Vertrieb und Projektmanagement wird weiterhin durch die erstellte Kalkulation sichergestellt. Diese nutzt der Projektmanager von Braunform, um die Kosteneinhaltung entlang des Werkzeugerstellungsprozesses nachverfolgen zu können. Nach Angebotsannahme erfolgt darüber hinaus eine Übergabe der Kommunikation von Vertriebsmitarbeiter zum Projektmanager, bei der der kundenseitige Ansprechpartner meist identisch ist.

Die Datenstrukturen der Prozesselemente **Einkauf und Logistik** werden im Werkzeugbaubetrieb von Braunform an mehreren Stellen verknüpft. Die Identifizierung und Evaluierung passender Lieferanten für Werkzeugkomponenten und Fertigungstechnologien erfolgt auf Basis des entsprechenden Lastenhefts der zu beschaffenden Ware. Die Erfüllung des Lastenhefts ist essenzieller Bestandteil der Bestellung. Die integrierten Daten liegen den Logistikmitarbeitern des Werkzeugbaubetriebs von Braunform vor, um die Daten im Lastenheft mit den Daten der tatsächlich gelieferten Ware im Rahmen der Warenkommissionierung abzugleichen. Die ermittelten Daten dienen den Einkaufsmitarbeitern von Braunform wiederum als Eingangsgröße, um eine ganzheitliche Lieferantenbewertung, insbesondere hinsichtlich Warenqualität und Liefertermintreue, durchführen zu können. Im Kontext der Lagerverwaltung für Normteile und Verbrauchsmaterialien sind die beiden Datenstrukturen im Werkzeugbaubetrieb von Braunform ebenfalls verknüpft. Der Deckungsgrad des Warenbestands in den einzelnen Lagern ist Eingangsgröße für die Einkaufsmitarbeiter, um Lieferanten zu identifizieren bzw. Bestellungen auszuführen. Die datenspezifische Verbindung zwischen den Prozesselementen Einkauf und Logistik ist Grundlage für Effizienzsteigerungen in der Auftragsabwicklung im

Werkzeugbaubetrieb von Braunform, um Latenzzeiten, hervorgerufen durch die Nichtverfügbarkeit von Waren, auf ein Minimum zu reduzieren.

6.2.2.4 Validierung der Darstellungselemente

Zur Erreichung einer durchgängigen Transparenz entlang der Auftragsabwicklung hat der Werkzeugbaubetrieb von Braunform zunächst die relevanten Daten definiert. Die Identifikation fand in einer Vielzahl von Workshops gemeinsam mit Führungskräften statt, deren Mitarbeiter Tätigkeiten in den entsprechenden Prozessschritten durchführen. Die gemeinschaftliche Erarbeitung der Datenstrukturen sowie die anschließende Visualisierung waren zentrale Erfolgsfaktoren und haben maßgeblich zum allgemeinen Verständnis beigetragen. Die grafische Darstellung der Datenstrukturen im Rahmen der Workshops entspricht einer vereinfachen Notation der Modellierungssprache ERM, da Teilbereiche und Bestandteile der Auftragsabwicklung (entspricht Entitys) ermittelt wurden und ihnen Daten (entspricht Attribute) zugeordnet wurden.

Die erarbeiteten Datenstrukturen waren Eingangsgrößen für die Abbildung in Datenbanksystemen unterschiedlicher Softwaresysteme (vgl. Kapitel 6.2.1). Eingebettet in die jeweilige Anwenderschnittstelle und damit für jeden Mitarbeiter einsehbar tragen sie nun maßgeblich zum Verständnis im Werkzeugbaubetrieb von Braunform bei. Durch den täglichen Umgang mit den jeweiligen Systemen und den integrierten Datenstrukturen erfolgt eine kontinuierliche Sensibilisierung für die Aufnahme von Daten; gleichzeitig erhöht sich das Verständnis für Fehlerfreiheit und Auswirkungen auf den Gesamtprozess. Die kontinuierliche Durchführung von Workshops und innerbetrieblichen Schulungen ist ein zentraler Erfolgsfaktor, um einen fehlerfreien digitalen Schatten der Auftragsabwicklung im Werkzeugbaubetrieb von Braunform auf Basis des Datenstrukturmodells zu erzeugen.

6.2.3 Fazit

Der externe Werkzeugbaubetrieb der Braunform GmbH in Bahlingen am Kaiserstuhl strukturiert die relevanten Daten der Auftragsabwicklung bereits auf hohem Niveau. Neben einem hohen Prozessverständnis ist vor allem die strategische Entscheidung zur Digitalisierung der Auftragsabwicklung entscheidend für den aktuellen Zustand. Maßgebend sind dabei das 2016 eingeführte Manufacturing-Execution-System ProLeiS sowie weitere, dezentral eingesetzte Systeme (bspw. PRO.FILE und Interflex) in anderen Teilbereichen der Auftragsabwicklung.

Durch die Strukturierung und Visualisierung der Daten ist der Grundstein gelegt, um zahlreiche Potenziale zur Effizienzsteigerung entlang der gesamten Auftragsabwicklung erzielen zu können. Gleichzeitig konnte das Verständnis und die Notwendigkeit zur systematischen Datenaufnahme durch die anwendergerechte Darstellung der Zusammenhänge und Abhängigkeiten von Daten erhöht werden. Weitere Potenziale für Braunform bestehen in der weiteren Zusammenführung der Datenstrukturen über alle Systemgrenzen hinweg, ggf. verbunden mit dem Aufbau weiterer Mitarbeiterkapazitäten im Bereich IT und Datenmanagement. Des Weiteren sollten weiterhin Mitarbeiterschulungen in allen Bereichen der Auftragsabwicklung durchgeführt werden.

Das Fallbeispiel hat aufgezeigt, dass die zugrunde liegenden Datenstrukturen eines externen Werkzeugbaubetriebs mithilfe des vorliegenden Modells beschrieben und visualisiert werden können. Die Modellierung von Datenstrukturen, die zur Erzeugung des digitalen Schattens der Auftragsabwicklung von Werkzeugbaubetrieben notwendig sind, konnte folglich in der Praxis validiert werden.

6.3 Kritische Reflexion

Die Fallbeispiele im internen Werkzeugbaubetrieb von Phoenix Contact sowie im externen Werkzeugbaubetrieb von Braunform zeigen, dass das entwickelte Datenstrukturmodell für den digitalen Schatten der Auftragsabwicklung von Werkzeugbaubetrieben Datenstrukturen inhaltlich und grafisch beschreibt und in der operativen Praxis genutzt werden kann. Während der Validierung im Werkzeugbaubetrieb von Phoenix Contact am Standort Blomberg konnte insbesondere das Verständnis der Mitarbeiter für die Zusammenhänge von Daten entlang der Auftragsabwicklung erhöht werden. Im Werkzeugbaubetrieb von Braunform verhalf das Datenstrukturmodell zur Identifikation weiterer relevanter Daten entlang der Auftragsabwicklung, die zur Erzeugung eines digitalen Schattens notwendig sind. Die Anwendung des Datenstrukturmodells für den digitalen Schatten der Auftragsabwicklung von Werkzeugbaubetrieben in der Praxis zeigt insgesamt die Erfüllung von allgemeinen, branchenspezifischen, datenspezifischen und modellierungsspezifischen Anforderungen.

Die allgemeinen Anforderungen sind Praktikabilität und konkrete Vorgehensweise. In beiden Fallbeispielen konnte die Praktikabilität des Ansatzes belegt werden, da die Voraussetzungen und Rahmenbedingungen in beiden Werkzeugbaubetrieben ohne Einschränkungen berücksichtigt und die individuellen Beschreibungselemente des jeweiligen Datenstrukturmodells erläutert werden konnten. Die Konkretheit des Ansatzes konnte ebenfalls in beiden Fallbeispielen bewiesen werden. Aufgrund der systematischen und nachvollziehbaren Struktur und Beschreibung der Inhalte wurde der Status quo in den beiden Unternehmen schnell erfasst. Weiterhin konnten die notwendigen Informationen zur Beschreibung der jeweiligen Prozess-, Daten- und Integrationselemente des Datenstrukturmodells mit geringem Aufwand ermittelt werden. Die **allgemeinen Anforderungen** wurden somit ganzheitlich erfüllt.

Die branchenspezifischen Anforderungen sind die Eignung für die Einzel- und Kleinserienfertigung und die Beachtung unternehmerischer Randbedingungen. In beiden Fallbeispielen konnte der Bezug zum individuellen Auftragsabwicklungsprozess berücksichtigt werden und deren jeweilige Besonderheiten während des Validierungsprozesses integriert werden. Trotz der Gemeinsamkeit von mehr als 150 Mitarbeitern konnte die Heterogenität von Unternehmen der Einzel- und Kleinserienfertigung, u. a. in Bezug auf Leistungsspektrum, Marktzugang und Organisationsstruktur, dargestellt werden. Während der Werkzeugbaubetrieb von Phoenix Contact hauptsächlich Mehrkavitätenwerkzeuge und Rapid Tools für Elektrik- und Elektronikanwendungen herstellt, bietet Braunform Spritzgießwerkzeuge in verschiedenen Geschäftsfeldern für unterschiedliche Industrien an. Die Beachtung unternehmerischer Randbedingungen und die Anpassung auf die Charakteristika des internen Werkzeugbaubetriebs von Phoenix Contact sowie des externen Werkzeugbaubetriebs von Braunform konnte realisiert werden. Somit wurden die **branchenspezifischen Anforderungen** ebenfalls ganzheitlich erfüllt.

Die datenspezifischen Anforderungen sind hinreichend genaue Granularität, Klassifizierung sowie die Beschreibung von Abhängigkeiten und Beziehungen. In beiden Fallbeispielen konnten entlang der Auftragsabwicklung alle notwendigen Daten und deren Detaillierungsgrad beschrieben und logisch eingeteilt werden. Aufgrund der Nutzung einer Middleware-Lösung bei Phoenix Contact bzw. von einem führenden proprietären System bei Braunform erfolgte zwangsläufig eine Betrachtung unterschiedlicher Datenquellen und -formate. Abhängigkeiten und Beziehungen von Daten existieren in beiden Werkzeugbaubetrieben. Gleiches gilt für schnittstellenübergreifende Zusammenhänge zwischen Sub-Datenstrukturen innerhalb eines Prozesselements sowie zwischen Datenstrukturen mehrerer Prozesselemente. Die **datenspezifischen Anforderungen** wurden dementsprechend ganzheitlich erfüllt.

Die modellierungsspezifischen Anforderungen sind Prozessorientierung, Modifizierbarkeit und anwendergerechte Darstellung. Maßgebend für die Erfüllung der Anforderung Prozessorientierung ist die zugrunde liegende Modellierungssprache, deren Eignung im generischen Datenstrukturmodell bereits überprüft und bestätigt wurde. Dies betrifft insbesondere die Orientierung am Auftragsabwicklungsprozess. Die Integration relevanter Daten externer Entitäten wurde durch die Ausführungen innerhalb der Prozesselemente Vertrieb, Einkauf und Logistik am Fallbeispiel von Braunform bewiesen. Durch die Beschreibung der individuellen Datenelemente von Phoenix Contact und Braunform für jeweils fünf Prozesselemente konnte die Modifizierbarkeit zusätzlich bestätigt werden. Der persönliche Austausch mit Mitarbeitern von Phoenix Contact und Braunform während der Entwicklung von Datenstrukturen der Prozesselemente bzw. des gesamten Datenstrukturmodells bekräftigte insbesondere einfache Handhabung und Benutzerfreundlichkeit. Demnach wurden die **modellierungsspezifischen Anforderungen** ganzheitlich erfüllt.

Die Fallbeispiele verdeutlichen, dass das entwickelte Datenstrukturmodell für den digitalen Schatten der Auftragsabwicklung von Werkzeugbaubetrieben erfolgreich in der Praxis angewendet werden kann. Die Heterogenität der beiden Beispielunternehmen hinsichtlich Leistungsspektrum, Marktzugang und Organisationsstruktur weist die Anwendung des Datenstrukturmodells auf unterschiedliche Werkzeugbaubetriebe der Branche Werkzeugbau nach. Weiterhin kann der Gültigkeitsbereich des Datenstrukturmodells auf andere Branchen übertragen werden. Das Datenstrukturmodell für den digitalen Schatten der Auftragsabwicklung von Werkzeugbaubetrieben wurde somit als ganzheitlicher Lösungsansatz verifiziert. Die übergeordnete Zielsetzung dieser Arbeit ist somit erreicht.

7 Zusammenfassung und Ausblick

Gemäß der angewandten Forschung nach ULRICH wurde das Datenstrukturmodell erfolgreich anhand von zwei Fallbeispielen in Kapitel 6 validiert. Die vorliegende Arbeit wird nachfolgend zusammengefasst. Abschließend erfolgt ein kurzer Ausblick in die zukünftig notwendigen Tätigkeiten in Forschung und Industrie.

7.1 Zusammenfassung

Die deutsche Branche Werkzeugbau stellt das Bindeglied zwischen Produktentwicklung und Serienfertigung dar. Sie ist zentraler Befähiger und Optimierer der produzierenden Industrie und damit entscheidender Faktor für eine leistungsstarke deutsche Wirtschaft. Gleichzeitig sind deutsche Werkzeugbaubetriebe mit fortschreitenden Trends in der produzierenden Industrie konfrontiert. Die zunehmende Produktderivatisierung führt zu einem steigenden Werkzeugbedarf, wobei die steigende Derivatanzahl in einer geringeren Losgröße pro Derivat resultiert. In der Folge sinkt das verfügbare Budget je Werkzeug, sodass Werkzeugbaubetriebe gezwungen sind, Werkzeuge zu günstigeren Preisen anzubieten. Durch die Globalisierung steht der deutsche Werkzeugbau zudem im internationalen Wettbewerb. Ausländische Werkzeugbaubetriebe steigern kontinuierlich ihre organisatorische und technologische Leistungsfähigkeit, die eine Differenzierung erschwert. Die digitale Vernetzung hält zunehmend Einzug in die Geschäftstätigkeiten der produzierenden Industrie und erfordert, insbesondere aufgrund der horizontalen Vernetzung, eine Partizipation von Werkzeugbaubetrieben. Die drei zentralen Trends führen zu steigendem Kostendruck und höherer Komplexität in der Auftragsabwicklung. Zur Wahrung der weltweiten Wettbewerbsfähigkeit ist die deutsche Branche Werkzeugbau gefordert, einen schwer imitierbaren Mehrwert durch kundenindividuelle Lösungen anzubieten und diese durch veränderte und operativ exzellente Abläufe in der eigenen Auftragsabwicklung zu realisieren.

Weitreichende Veränderungen in Abläufen und Tätigkeiten in der industriellen Produktion, aus denen eine signifikante Steigerung der Produktivität resultiert, werden als industrielle Revolutionen bezeichnet. Nach Mechanisierung, Standardisierung sowie Digitalisierung und Automatisierung findet aktuell die vierte industrielle Revolution statt, die als Industrie 4.0 bezeichnet wird. Durch die ganzheitliche digitale Vernetzung von Maschinen, Ressourcen, Mitarbeitern und Prozessen sollen sowohl das Leistungsangebot als auch der Auftragsabwicklungsprozess optimiert werden. Aktuell fehlt produzierenden Unternehmen allgemein, vor allem aber Werkzeugbaubetrieben, ein hinreichend genaues Abbild aller Prozesse der Auftragsabwicklung. Dieser sogenannte digitale Schatten stellt eine Übersicht und Auswertungsbasis aller relevanten Daten dar, um darauf aufbauend Produktivitätspotenziale erschließen zu können. Der Grund für das Fehlen des digitalen Schattens in Werkzeugbaubetrieben ist ein nicht existentes Datenstrukturmodell. Die Entwicklung eines Datenstrukturmodells für den digitalen Schatten der Auftragsabwicklung von Werkzeugbaubetrieben stellt eine zentrale Notwendigkeit dar, um den digitalen Schatten erzeugen und damit die Produktivitätspotenziale von Industrie 4.0 operativ nutzen zu können. Das Datenstrukturmodell stellt somit einen wichtigen Schritt dar, um durch exzellente Abläufe in der Auftragsabwicklung die Wettbewerbsfähigkeit deutscher Werkzeugbaubetriebe langfristig zu wahren.

Derzeit existiert kein Datenstrukturmodell für den digitalen Schatten der Auftragsabwicklung, welches die Anforderungen von Werkzeugbaubetrieben ganzheitlich erfüllt. Bestehende Ansätze und Arbeiten integrieren die Charakteristika der Einzel- und Kleinserienfertigung sowie unternehmensspezifische Randbedingungen in nicht ausreichendem Maße. Datengranularität und -strukturierung sind ebenfalls nicht vollständig gegeben. Schließlich fehlt es den betrachteten Ansätzen an der Orientierung am Auftragsabwicklungsprozess sowie an einer anwendergerechten Darstellung der Inhalte. Mit der Entwicklung eines Datenstrukturmodells für den digitalen Schatten der Auftragsabwicklung von Werkzeugbaubetrieben wurde folglich die Zielsetzung der vorliegenden Dissertation festgelegt und in Form einer handlungsleitenden Forschungsfrage formuliert.

Die Entwicklung des Datenstrukturmodells für den digitalen Schatten der Auftragsabwicklung von Werkzeugbaubetrieben wurde gemäß den Phasen der angewandten Forschung nach ULRICH durchgeführt (vgl. Kapitel 1.4). Das Datenstrukturmodell beschreibt die Datenstrukturen eines Werkzeugbaubetriebs, die zur Entwicklung eines digitalen Schattens der Auftragsabwicklung zugrunde liegen müssen. Gleichzeitig werden die Zusammenhänge und Abhängigkeiten von Daten in Form von mehreren Sub-Datenstrukturen je Prozessschritt visualisiert. Diese werden für jeden Prozessschritt zu einem Datenstrukturmodell verbunden, bevor sie zu einem ganzheitlichen Datenstrukturmodell synthetisiert werden. Das Datenstrukturmodell besteht aus Prozesselementen, Datenelementen, Integrationselementen und Darstellungselementen.

Prozesselemente repräsentieren den Auftragsabwicklungsprozess von Werkzeugbaubetrieben und geben dem Datenstrukturmodell eine äußere Ordnung. Sie tragen maßgeblich zu Übersichtlichkeit und Verständnis für die Nutzer bei. In der frühen Phase der Auftragsabwicklung sind **Vertrieb** und **Engineering** zentrale Prozesselemente. Nach Auftragsbestätigung durch den Kunden erfolgt die digitale und physische Herstellung des Werkzeugs, die durch die Prozesselemente **Konstruktion**, **Arbeitsvorbereitung**, **Fertigung**, **Montage** und **Qualifizierung** abgebildet wird. Weitere, die Werkzeugherstellung unterstützende Prozesse sind **Projektmanagement**, **Einkauf** und **Logistik**. Schnittstellen zu externen Entitäten wie Kunden und Lieferanten sind in den Prozesselementen berücksichtigt.

Datenelemente spiegeln den Informationsgehalt wider, der jedem Prozesselement zugrunde liegt. Sie sind somit der zentrale Inhalt des Datenstrukturmodells. Abhängig von der Beständigkeit wird zwischen Stammdaten und Bewegungsdaten differenziert. **Externe Stammdaten** repräsentieren für einen längeren Zeitraum nicht veränderbare Daten zu Kunden und Lieferanten, während **interne Stammdaten** nicht veränderbare Personen-, Betriebsmittel- und Unternehmensdaten darstellen. Analog zu Stammdaten werden Bewegungsdaten ebenfalls differenziert. Alle veränderbaren Daten zu Kunden, Projekten und Lieferanten sind den **Auftragsdaten** zuzuordnen. Hingegen stellen **Betriebsdaten** veränderbare Daten zu Werkzeugen, Baugruppen, Komponenten, Arbeitsstationen, Betriebsmitteln, Personen und Tätigkeiten dar.

Integrationselemente beschreiben die Beziehungen von Datenelementen zwischen unterschiedlichen Prozesselementen. Es handelt sich um **datenspezifische Schnittstellen**, die eine oder mehrere Verbindungen zwischen zwei oder mehreren Prozesselementen herstellen.

Darstellungselemente sind definierte Zeichen und Regeln zur Darstellung von Prozess-, Daten- und Integrationselementen und damit des gesamten Datenstrukturmodells. Sie folgen der Syntax der Modellierungssprache ERM mit den zentralen Elementen **Entity**, **Beziehung**, **Kardinalität** und **Attribut** und integrieren verschiedene **Konstruktionsoperatoren**. Zur Erhöhung des Verständnisses wurde an geeigneten Stellen eine vereinfachte Darstellung des Sachverhalts genutzt. Diese hat allerdings keinerlei Auswirkung auf Aussagekraft oder inhaltliche Güte.

Das entwickelte Datenstrukturmodell für den digitalen Schatten der Auftragsabwicklung von Werkzeugbaubetrieben wurde anhand von zwei Fallbeispielen validiert. Die Validierung erfolgte im internen Werkzeugbaubetrieb der Phoenix Contact GmbH & Co. KG in Blomberg sowie im externen Werkzeugbaubetrieb der Braunform GmbH in Bahlingen am Kaiserstuhl. Es konnte gezeigt werden, dass das Datenstrukturmodell neben den allgemeinen Anforderungen alle branchenspezifischen, datenspezifischen und modellierungsspezifischen Anforderungen in hohem bis sehr hohem Maße erfüllt. Anhand der ausgewählten Fallbeispiele wurde zudem deutlich, dass das Datenstrukturmodell Werkzeugbaubetriebe in mehrerlei Hinsicht bei der operativen Implementierung von Industrie 4.0 unterstützt. Werkzeugbaubetriebe, die noch keinen digitalen Schatten entlang der Auftragsabwicklung implementiert haben, erhalten durch die ganzheitliche Beschreibung und Modellierung der Datenstrukturen eine Zielvorgabe, an denen die nachfolgenden Tätigkeiten ausgerichtet werden können. Werkzeugbaubetriebe mit einem bereits vorhandenen digitalen Schatten können ihre zugrunde liegenden Datenstrukturen mit dem entwickelten Datenstrukturmodell vergleichen und ggf. erweitern oder anpassen, um die Leistungsfähigkeit ihrer Prozesse weiter zu steigern. Unabhängig vom Industrie 4.0-Reifegrad des Werkzeugbaubetriebs verstärkt das Datenstrukturmodell das Verständnis für Zusammenhänge und Abhängigkeiten von Daten entlang der Auftragsabwicklung sowie deren grundsätzliche Relevanz zur Zukunftssicherung der Geschäftstätigkeiten.

7.2 Ausblick

Der wissenschaftliche Beitrag dieser Arbeit besteht in der inhaltlichen und grafischen Beschreibung von Datenstrukturen entlang der Auftragsabwicklung von Werkzeugbaubetrieben. Gemäß dem Vorgehen zur Entwicklung von Datenmodellen (vgl. Kapitel 2.2.3) sowie der Entwicklung eines digitalen Schattens der Auftragsabwicklung in produzierenden Unternehmen (vgl. Kapitel 2.1.4) stellt das Datenstrukturmodell den ersten Schritt dar. Weitergehende wissenschaftliche Untersuchungen sollten daher darauf aufbauende Lösungsansätze zur Entwicklung von logischen und physischen Datenmodellen sowie zur Datenaufnahme, Datenfusion sowie Konsistenz- und Plausibilitätsprüfung entwickeln. Dabei ist stets eine Anwendbarkeit auf unterschiedliche Unternehmen der Branche Werkzeugbau, jedoch ebenfalls eine Übertragbarkeit auf andere Unternehmen und Branchen der Einzel- und Kleinserienfertigung, sicherzustellen.

Der digitale Schatten der Auftragsabwicklung ist die elementare Voraussetzung, um Produktivitätspotenziale von Industrie 4.0 in produzierenden Unternehmen realisieren zu können. Werkzeugbaubetriebe bzw. Unternehmen der Einzel- und Kleinserienfertigung sollten daher zunächst das generische Datenstrukturmodell in Anbetracht der vorliegenden Unternehmenscharakteristika anpassen, beschreiben und modellieren. Insbesondere die grafische Modellierung trägt maßgeblich zum Verständnis der Anwender und Verwender bei. Aufgrund von heterogener Systemlandschaft und unterschiedlichen Datenformaten in Werkzeugbaubetrieben ist ein klassisches Datenbanksystem (vgl. Kapitel 2.2.1.3) zur Entwicklung eines digitalen Schattens der Auftragsabwicklung nicht empfehlenswert. Als Ziel sollte die Entwicklung und Umsetzung eines Data Lake[595] forciert werden. Die Konsolidierung oder Vereinheitlichung bestehender Systeme und Formate ist für Werkzeugbaubetriebe weder finanziell[596] noch technisch zu realisieren. Vielmehr ist eine langfristige Kooperation mit externen Unternehmen, u. a. in den Bereichen Sensorik, Steuerungstechnik und IT-Dienstleistung, anzustreben, um die unterschiedlichen Daten aus den proprietären Systemen aufnehmen und speichern zu können. Auf dieser Basis können nachfolgend Data Analytics-Methoden zur Datenauswertung angewendet werden.

Abschließend sind Datenschutz und Datensicherheit sowie Mitarbeiterintegration zu erwähnen. Werkzeugbaubetriebe müssen, vor allem ihren Kunden und ihren Mitarbeitern gegenüber, sensibel mit der Speicherung und Nutzung unterschiedlicher Daten umgehen. Weiterhin sind Sicherheits- und Datenschutzkonzepte auszuarbeiten und mit entsprechenden Zugriffsrechten zu versehen. Neben den Nutzern sind alle Mitarbeiter eines Werkzeugbaubetriebs hinsichtlich Relevanz und Tragweite, aber auch in Bezug auf Gefahren und Umgang mit Daten, zu schulen.

---

[595] Ein Data Lake (dt. „Datensee") ist ein Speicher, in dem eine sehr große Menge an strukturierten und unstrukturierten (Roh-)Daten aus unterschiedlichen Quellen aufbewahrt werden kann.

[596] Werkzeugbaubetriebe in Deutschland weisen im Durchschnitt eine Umsatzrendite von wenigen Prozent auf; vgl. Gemeinsame Datenbank des Werkzeugmaschinenlabors WZL der RWTH Aachen und des Fraunhofer-Instituts für Produktionstechnologie IPT, ausgewertete Datensätze der Jahre 2013-2017, Stand Oktober 2018

8 Literaturverzeichnis

acatech Deutsche Akademie der Technikwissenschaften (Industrie 4.0):

Umsetzungsempfehlung für das Zukunftsprojekt Industrie 4.0. Abschlussbericht des Arbeitskreises Industrie 4.0. Berlin: Büro der Forschungsunion/Geschäftsstelle der Plattform Industrie 4.0, 2013.

Albert, H. (Marktsoziologie und Entscheidungslogik):

Marktsoziologie und Entscheidungslogik. Tübingen: Mohr Siebeck, 1998.

Allen, R. (Industrial Revolution):

The British Industrial Revolution in Global Perspective. 2. Aufl. Cambridge: Cambridge University Press, 2009.

Altmüller, S.; Bergs, T.; Börsch, W.; Jelich, C.; Klocke, F.; Kriegl, B.; Murtezaoglu, Y.; Siebenwurst, C.; Witty, M. (Beherrschung adaptiver Prozessketten):

Beherrschung adaptiver Prozessketten. In: Brecher, C.; Klocke, F.; Schmitt, R.; Schuh, G. (Hrsg.): Wettbewerbsfaktor Produktionstechnik. Aachen: Shaker, 2011, S. 405-422.

Bandte, H. (Komplexität in Organisationen):

Komplexität in Organisationen – Organisationstheoretische Betrachtungen und agentenbasierte Simulation. Wiesbaden: Deutscher Universitätsverlag, 2007.

Bauernhansl, T.; Krüger, J.; Reinhart, G.; Schuh, G. (Standpunkt Industrie 4.0):

WGP-Standpunkt Industrie 4.0. Darmstadt: Wissenschaftliche Gesellschaft für Produktionstechnik WGP e.V. im Eigenverlag, 2016.

Bauernhansl, T. (Vierte Industrielle Revolution):

Die Vierte Industrielle Revolution – Der Weg in ein wertschaffendes Produktionsparadigma. In: Vogel-Heuser, B.; Bauernhansl, T.; ten Hompel, M. (Hrsg.): Handbuch Industrie 4.0 Bd. 4 – Allgemeine Grundlagen. 2. Aufl. Berlin: Springer Vieweg, 2017.

Becker, J.; Neumann, S.; Hansmann, H. (Architekturmodell für die industrielle Auftragsabwicklung):

Workflow-integrierte Produktionsplanung und -steuerung – Ein Architekturmodell für die Koordination von Prozessen der industriellen Auftragsabwicklung. In: Becker, J.; Grob, H. L.; Klein, S.; Kuchen, H.; Müller-Funk, U.; Vossen, G. (Hrsg.): Arbeitsberichte des Instituts für Wirtschaftsinformatik, Arbeitsbericht Nr. 85. Münster: Institut für Wirtschaftsinformatik, 2002.

Becker, J.; Schütte, R. (Handelsinformationssysteme):

Handelsinformationssysteme – Domänenorientierte Einführung in die Wirtschaftsinformatik. 2. Aufl. Frankfurt am Main: Redline Wirtschaft, 2004.

Behme, W.; Ohlendorf, T. (Datenbanksysteme, -modelle und Entwurfsmethoden):
Datenbanksysteme, -modelle und Entwurfsmethoden als Grundlage von Controlling-Informationssystemen. In: Biethahn, J.; Huch, B. (Hrsg.): Informationssysteme für das Controlling. Berlin: Springer, 1994, S. 117-174.

Bensberg, F. (Web Log Mining):
Web Log Mining als Instrument der Marketingforschung – Ein systemgestaltender Ansatz für internetbasierte Märkte. Wiesbaden: Deutscher Universitätsverlag, 2001.

Bergelt, R.; Vodel, M.; Hardt, W. (Generische Datenerfassung und Aufbereitung):
Generische Datenerfassung und Aufbereitung im Kontext verteilter, heterogener Sensor-Aktor-Systeme. Chemnitzer Informatik-Berichte. Chemnitz: Fakultät für Informatik der Technischen Universität Chemnitz im Eigenverlag, 2012.

Bernhard, J.; Jodin, D.; Hömberg, K.; Kuhnt, S.; Schürmann, C.; Wenzel, S. (Informationsgewinnung):
Vorgehensmodell zur Informationsgewinnung – Prozessschritte und Methodennutzung. Technical Report 06008 des Sonderforschungsbereichs 559 „Modellierung großer Netze in der Logistik". Dortmund: Technische Universität Dortmund im Eigenverlag, 2007.

Bilsing, A. (Technologische Leistungsfähigkeit):
Kennzahlengestützte Bewertung der technologischen Leistungsfähigkeit der Fertigung im Werkzeug- und Formenbau. Dissertation der RWTH Aachen. Aachen: Shaker, 2007.

Binder, V.; Kantowsky, J. (Technologiepotentiale):
Technologiepotentiale – Neuausrichtung der Gestaltungsfelder des Strategischen Technologiemanagements. Wiesbaden: Deutscher Universitätsverlag, 1996.

Boos, W. (Modulare Werkzeuge):
Methodik zur Gestaltung und Bewertung von modularen Werkzeugen. Dissertation der RWTH Aachen. Aachen: Apprimus, 2008.

Boos, W.; Arntz, K.; Johannsen, L.; Prümmer, M.; Wollbrink, M.; Wilms, M.; Horstkotte, R.; (Automatisieren im Werkzeugbau):
Erfolgreich Automatisieren im Werkzeugbau. Aachen: WBA Aachener Werkzeugbau Akademie GmbH im Eigenverlag, 2017.

Boos, W.; Kelzenberg, C.; Wiese, J.; Stracke, F.; Ebbecke, C.; Graberg, T.; Jakubowski, S.; Lapper, S. (Datenbasierte Geschäftsmodelle):
Intelligente Werkzeuge und datenbasierte Geschäftsmodelle. Aachen: WBA Aachener Werkzeugbau Akademie GmbH im Eigenverlag, 2018.

Boos, W.; Salmen, M.; Begovic, A.; Kelzenberg, C.; Stracke, F. (Smart Tooling):
Smart Tooling. Aachen: WBA Aachener Werkzeugbau Akademie GmbH im Eigenverlag, 2016.

Boos, W.; Salmen, M.; Hensen, T.; Wiese, J.; de Lange, J.; Goertz, D. (Digital Vernetzen im Werkzeugbau):

Erfolgreich Digital Vernetzen im Werkzeugbau. Aachen: WBA Aachener Werkzeugbau Akademie GmbH im Eigenverlag, 2016.

Boos, W.; Salmen, M.; Kelzenberg, C.; de Lange, J.; Stracke, F. (Agile Tool Development):

Corporate Tooling – Agile Tool Development. Aachen: WBA Aachener Werkzeugbau Akademie GmbH im Eigenverlag, 2017.

Boos, W.; Salmen, M.; Kelzenberg, C.; Goertz, D.; Helbig, J. (Intelligent Tool Manufacturing):

Corporate Tooling – Intelligent Tool Manufacturing. Aachen: WBA Aachener Werkzeugbau Akademie GmbH im Eigenverlag, 2017.

Boos, W.; Salmen, M.; Kelzenberg, C.; Johannsen, L.; Helbig, J.; Ebbecke, C. (Tooling in Germany):

Tooling in Germany. Aachen: Werkzeugmaschinenlabor WZL der RWTH Aachen im Eigenverlag, 2018.

Boos, W.; Salmen, M.; Kelzenberg, C.; Stark, M.; Schultes, T.; Graberg, T. (World of Tooling):

World of Tooling. Aachen: WBA Aachener Werkzeugbau Akademie GmbH im Eigenverlag, 2018.

Boos, W.; Salmen, M.; Kuhlmann, T.; Schippers, M. (Tooling 4.0):

Tooling 4.0. In: European Tool and Mould Making, Jg. 19, Nr. 1, 2017, S. 16-18.

Boos, W.; Salmen, M.; Kuhlmann, T.; Schippers, M.; Stark, M. (Japan & South Korea):

World of Tooling – Spotlight Japan and South Korea. In: European Tool and Mould Making, Jg. 18, Nr. 11, 2016, S. 14-16.

Boos, W.; Salmen, M.; Kuhlmann, T.; Schippers, M.; Stark, M. (Key role China):

China to play a key role in the future world of tooling. In: European Tool and Mould Making, Jg. 18, Nr. 1/2, 2016, S. 16-18.

Boos, W.; Salmen, M.; Stark, M.; Wiese, J.; Rittstieg, F.; Schultes, T.; Busch, M. (Flexible Tooling Organization):

Corporate Tooling – Flexible Tooling Organization. Aachen: WBA Aachener Werkzeugbau Akademie GmbH im Eigenverlag, 2018.

Boos, W.; Salmen, M.; Stark, M.; Kelzenberg, C. (Intelligente Werkzeuge):

Intelligente Werkzeuge. In: Digital Engineering Magazin, Jg. 20, Nr. 3, 2017, S. 18-19.

Boos, W.; Salmen, M.; Stark, M.; Kelzenberg, C. (Upgrade 4.0):

Upgrade 4.0. In: European Tool and Mould Making, Jg. 19. Nr. 4, 2017, S. 20-22.

Boos, W.; Salmen, M.; Stark, M.; Rittstieg, F. (Wissen):
Wissen greifbar machen. In Form+Werkzeug, Jg. 26, Nr. 3, 2017, S. 200-201.

Bracht, U.; Geckler, D.; Wenzel, S. (Digitale Fabrik):
Digitale Fabrik – Methoden und Praxisbeispiele. 2. Aufl. Berlin: Springer, 2018.

Brankamp, K. (Werkzeug- und Betriebsmittelbau):
Wettbewerbsfaktor Werkzeug- und Betriebsmittelbau. Zürich: Industrielle Organisation/ TÜV Rheinland, 1991.

Braun, C. (Modellierung der Unternehmensarchitektur):
Modellierung der Unternehmensarchitektur. Dissertation der Universität St. Gallen. Berlin: Logos, 2007.

Brodie, M. (Database Abstraction):
A Database Abstraction for Semantic Modelling. In: Proceedings of the 2nd International Entity-Relationship Conference. Washington D.C.: North-Holland, 1981, S. 577-602.

Bronstein, D. J. (Review Signs, Languages and Behavior):
Review Signs, Languages, and Behavior. In: Philosophy and Phenomenological Research, Jg. 7, Nr. 4, 1947, S. 643-649.

Broy, M. (Cyber-Physical Systems):
Cyber-Physical Systems – Innovation durch softwareintensive eingebettete Systeme. Berlin: Springer, 2010.

Brunhuber, E. (Druckgußfertigung):
Praxis der Druckgußfertigung. 4. Aufl. Berlin: Schiele & Schön, 1991.

Bruns, M. (Systemtechnik):
Systemtechnik – Ingenieurwissenschaftliche Methodik zur interdisziplinären Systementwicklung. Berlin: Springer 1991.

Bundesministerium für Wirtschaft und Energie (Moderne Industriepolitik):
Moderne Industriepolitik. Online verfügbar unter https://www.bmwi.de/Redaktion/DE/Dossier/moderne-industriepolitik.html, 2018.

Bundesministerium für Wirtschaft und Energie (Wirtschaftsbranchen):
Wirtschaftsbranchen. Online verfügbar unter https://www.bmwi.de/Navigation/DE/Themen/themen.html?cl2Categories_LeadKeyword=wirtschaftsbranchen, 2018.

Chen, P. (The Entity-relationship Model):
The Entity-relationship Model – Toward a Unified View of Data. In: ACM Transactions on Database Systems. Jg. 1, Nr. 1, 1967, S. 9-36.

Codd, E. F. (A Relational Model of Data):

A Relational Model of Data for Large Shared Data Banks. In: Communications of the ACM, Jg. 13, Nr. 6, 1970, S. 377-387.

Coronel, C.; Morris, S. (Database Systems):

Database Systems. Design, Implementation and Management. 12. Aufl. Boston: Cengage Learning, 2017.

Corsten, H. (Produktionswirtschaft):

Produktionswirtschaft: Einführung in das industrielle Produktionsmanagement. 11. Aufl. München: Oldenbourg, 2007.

Dawes, J. (Point Scales):

Do data characteristics change according to the number of scale points used? An experiment using 5-point, 7-point and 10-point scales. In: International Journal of Market Research, Jg. 50, Nr. 1, 2008, S. 61-77.

DeMarco, T. (Structured Analysis and System Specification):

Structured Analysis and System Specification. New York: Yourdon, 1978.

Deuse, J.; Erohin, O.; Lieber, D. (Wissensentdeckung in Datenbeständen):

Wissensentdeckung in vernetzten, industriellen Datenbeständen. In: Koller, H.; Kersten, W.; Lödding, H. (Hrsg.): Industrie 4.0 – Wie intelligente Vernetzung und kognitive Systeme unsere Arbeit verändern. Berlin: GITO, 2014, S. 373-397.

Deutsche Wirtschaftsnachrichten (Investition in Forschung und Entwicklung):

China weitet Ausgaben für Forschung und Entwicklung deutlich aus. Online verfügbar unter https://deutsche-wirtschafts-nachrichten.de/2018/03/04/china-weitet-ausgaben-fuer-forschung-und-entwicklung-deutlich-aus/, 2018.

Düsing, R. (Knowledge Discovery):

Knowledge Discovery in Databases. Diskussionsbeiträge des Fachbereichs Wirtschaftswissenschaft der Gerhard-Mercator-Universität Duisburg. Duisburg: Fachbereich Wirtschaftswissenschaft der Gerhard-Mercator-Universität Duisburg im Eigenverlag, 2000.

Dutz, K.; Schmitter, P. (Geschichte der Semiotik):

Geschichte und Geschichtsschreibung der Semiotik – Fallstudien. Akten der 8. Arbeitstagung des Münsteraner Arbeitskreises für Semiotik. Münster: 02.-03.10.1985.

Ebner, V. S. (Entwurf von Unternehmensdatenarchitekturen):

Entwicklung einer Methode zum Entwurf einer Unternehmensdatenarchitektur. Dissertation der Universität St. Gallen. Bamberg: Difo-Druck, 2014.

Engel, M.; Buerkner, S.; Günther, U. (Referenzmodell der digitalen Planung):
Referenzmodell zur durchgängigen digitalen Planung komplexer Produktionssysteme. Ein Drei Säulen-Konzept: Modell – Methode – System. In: ZWF, Jg. 105, Nr. 3, 2010, S. 173-177.

Engesser, H.; Claus, V.; Schwill, A. (Duden Informatik):
Duden Informatik – Ein Sachlexikon für Studium und Praxis. 2. Aufl. Mannheim: Dudenverlag, 1993.

Europäische Investitionsbank (Positiver Investitionsausblick):
Positiver Investitionsausblick und guter Kapitalzugang für Unternehmen. Umfrage der EIB-Gruppe in der Tschechien Republik. Online verfügbar unter http://www.eib.org/de/infocentre/press/releases/all/2017/2017-141-eib-group-survey-in-the-czech-republic-positive-investment-outlook-good-access-to-capital-for-companies-lack-of-skilled-staff-and-political-and-regulatory-climate-are-main-barriers-to-investment.htm, 2017.

Europäische Kommission (KMU):
Amtsblatt der Europäischen Union L 124/36. Empfehlung der Kommission vom 06. Mai 2003 betreffend die Definition der Kleinstunternehmen sowie der kleinen und mittleren Unternehmen, 20.05.2003.

Eversheim, W.; Klocke, F. (Werkzeugbau mit Zukunft):
Werkzeugbau mit Zukunft – Strategie und Technologie. Berlin: Springer, 1998.

Eversheim, W.; Klocke, F.; Schuh, G. (Benchmarking):
Orientierung für den Werkzeug- und Formenbau – Mit Benchmarking von den Besten lernen. Aachen: WZL Aachen GmbH im Eigenverlag, 2002.

Fayyad, U. M. (Data Mining and Knowledge Discovery):
Data Mining and Knowledge Discovery: Making Sense Out of Data. In: IEEE Expert, Jg. 11, Nr. 5, 1996, S. 20-25.

Fayyad, U. M.; Stolorz, P. (Data Mining and KDD):
Data Mining and KDD: Promise and Challenges. In: Future Generation Computer Systems, Jg. 13, Nr. 2-3, 1997, S. 99-115.

Fischer, J. (Datenbanken und betriebliche Datenmodellierung):
Datenmanagement – Datenbanken und betriebliche Datenmodellierung. München: Oldenbourg, 1992.

Frick, L. (Geschäftsmodelle im Werkzeugbau):
Erfolgreiche Geschäftsmodelle im Werkzeugbau. Dissertation der RWTH Aachen. Aachen: Shaker, 2006.

Gabriel, R.; Röhrs, H.-P. (Datenbanksysteme):
Datenbanksysteme – Konzeptionelle Datenmodellierung und Datenbankarchitekturen. 2. Aufl. Berlin: Springer, 1995.

Gadatsch, A. (Geschäftsprozess-Management):
Grundkurs Geschäftsprozess-Management. Analyse, Modellierung, Optimierung und Controlling von Prozessen. Methoden und Werkzeuge für die IT-Praxis. 8. Aufl. Wiesbaden: Springer Vieweg, 2017.

Gartner Inc. (Big Data Challenge):
Gartner Special Report. Online verfügbar unter https://www.gartner.com/newsroom/id/1731916, 2011.

Gärtner, R. (Industrie 4.0 als Befähiger):
Industrie 4.0 als Befähiger zum Aufbau von internationalen digitalen Wertschöpfungsnetzwerken. Vortrag im Rahmen des 16. Internationalen Kolloquiums „Werkzeugbau mit Zukunft“. Aachen: 27.10.2016.

Gaus, F. (Geschäftsmodelle im Werkzeugbau):
Methodik zur Überprüfung der Logik eines Geschäftsmodells im Werkzeugbau. Dissertation der RWTH Aachen. Aachen: Apprimus, 2010.

Gausemeier, J.; Klocke, F. (Internationaler Benchmark):
Industrie 4.0 – Internationaler Benchmark, Zukunftsoptionen und Handlungsempfehlungen für die Produktionsforschung. Paderborn, Aachen: Heinz Nixdorf Institut der Universität Paderborn und WZL der RWTH Aachen im Eigenverlag, 2016.

Gebhardt, A. (Generative Fertigungsverfahren):
Additive Fertigungsverfahren – Additive Manufacturing und 3D-Drucken für Prototyping, Tooling, Produktion. 5. Aufl. München: Hanser, 2016.

Geisler, F. (Datenbanken):
Datenbanken – Grundlagen und Design. 5. Aufl. München: mtip, 2014.

Gesellschaft für Informatik (Digitaler Zwilling):
Digitaler Zwilling. Online verfügbar unter https://gi.de/informatiklexikon/digitaler-zwilling/, 2018.

Glasmacher, L.; Schug, P.; Mallok, M. (Durchgängige CAx-Prozessketten):
Durchgängige CAx-Prozessketten. In: Schuh, G.; Boos, W. (Hrsg.): Forschungsbericht 2011/2012 der WBA Aachener Werkzeugbau Akademie GmbH. Aachen: Apprimus, 2012, S. 125-132.

Greiss, R. (Strategisches Anforderungsprofil):
Strategisches Anforderungsprofil an Werkzeugbaubetriebe Europas – Herausforderungen im Western und Potenzial im Osten. Vortrag im Rahmen des 4. Internationalen Kolloquiums „Werkzeugbau mit Zukunft". Aachen: 29.09.2004.

Guba, E. G.; Lincoln, Y. S. (Qualitative Research):
Competing Paradigms in Qualitative Research. In: Denzin, N. K.; Lincoln, Y. S. (Hrsg.): Handbook of Qualitative Research. Thousand Oaks: Sage Publications, 1994, S. 105-117.

Haasler, B. (Facharbeit im Werkzeugbau):
Hochtechnologie und Handarbeit – Eine Studie zur Facharbeit im Werkzeugbau der Automobilindustrie. Dissertation der Universität Bremen. Bielefeld: Bertelsmann, 2004.

Haberfellner, R.; de Weck, O.; Fricke, E.; Vössner, S. (Systems Engineering):
Systems Engineering. 13. Aufl. Zürich: Orell Füssli, 2015.

Hahn, H. (Industrielle Revolution):
Die industrielle Revolution in Deutschland. 3. Aufl. München: Oldenbourg, 2011.

Hahne, M. (Logische Modellierung):
Logische Modellierung mehrdimensionaler Datenbanksysteme. Dissertation der Universität Bochum. Wiesbaden: Deutscher Universitätsverlag, 2002

Handelsblatt (Arbeitsplätze sichern):
Wie Chinesen Arbeitsplätze in Deutschland sichern. Online verfügbar unter https://www.handelsblatt.com/unternehmen/mittelstand/mittelstand-wie-chinesen-arbeits-plaetze-in-deutschland-sichern/8166132-all.html, 2013.

Hesse, W.; Mayr, H. (Modellierung in der Softwaretechnik):
Modellierung in der Softwaretechnik: Eine Bestandsaufnahme. In: Informatik-Spektrum, Jg. 31, Nr. 5, 2008, S. 377-393.

Holmes, J.; Rutherford, T.; Fitzgibbon, S. (Innovation in Tool and Die Industry):
Innovation in the Automotive Tool, Die and Mould Industry. A Case Study of the Windsor-Essex Region. In: Wolfe, D. A.; Lucas, M. (Hrsg.): Global Networks and Local Linkages – The Paradox of Cluster Development in an Open Economy. Montreal: McGill-Queen's University Press, 2005, S. 119-153.

Homburg, C. (Entscheidungsunterstützung durch Modelle):
Quantitative Betriebswirtschaftslehre – Entscheidungsunterstützung durch Modelle. 3. Aufl. Wiesbaden: Gabler, 2000.

Holtbrügge, D. (Personalmanagement):
Personalmanagement. 3. Aufl. Berlin: Springer, 2007.

Horn, S.; Weigert, G.; Werner, S. (Data Coupling Strategies):
Data Coupling Strategies in Production Environments. In: 28th International Spring Seminar on Electronics Technology: Meeting the Challenges of Electronics Technology Progress. Piscataway, NJ: IEEE, 2005, S. 264-268.

Hotz, I. (Simulationsbasierte Frühwarnsysteme):
Simulationsbasierte Frühwarnsysteme zur Unterstützung der operativen Produktions-steuerung und -planung in der Automobilindustrie. Dissertation der Universität Magdeburg. Magdeburg, 2007.

International Organization for Standardization (ISO/IEC 19501):
International Organization for Standardization. ISO/IEC 19501: Unified Modeling Language Specification, 2005.

International Organization for Standardization (ISO/IEC 19505-2):
International Organization for Standardization. ISO/IEC 19505-2: Information Technology – Object Management Group Unified Modeling Language, Superstructure, 2012.

Johannaber, F.; Michaeli, W. (Spritzgießen):
Handbuch Spritzgießen. 2. Aufl. München: Hanser, 2004.

Jung, R. (Datenintegrierende Architektur):
Gestaltung einer datenintegrierenden Architektur für dispositive und operative Zwecke. In: HMD, Jg. 38, Nr. 222, 2001, S. 29-37.

Kagermann, H.; Lukas, W.-D.; Wahlster, W. (Internet der Dinge):
Industrie 4.0: Mit dem Internet der Dinge auf dem Weg zur 4. Industriellen Revolution. In: VDI Nachrichten, Jg. 91, Nr. 13, 2011, S. 2.

Kagermann, H.; Wahlster, W.; Helbig, J. (Industrie 4.0):
Im Fokus: Das Zukunftsprojekt Industrie 4.0 – Handlungsempfehlungen zur Umsetzung. Bericht der Promotorengruppe Kommunikation der Forschungsunion Wirtschaft – Wissen-schaft. Berlin: Büro der Forschungsunion, 2012.

Kampker, A. (Kompetenzbasierte Geschäftsausweitung):
Methode zur kompetenzbasierten Geschäftsausweitung bei produzierenden Unternehmen. Dissertation der RWTH Aachen. Aachen: Shaker, 2004.

Kazakos, W.; Schmidt, A.; Tomczyk, P. (Datenbanken und XML):
Datenbanken und XML – Konzepte, Anwendungen, System. Berlin: Springer, 2002.

Keller, G.; Nüttgens, M.; Scheer, A.-W. (Ereignisgesteuerte Prozesskette):
Semantische Prozessmodellierung auf der Grundlage Ereignisgesteuerter Prozessketten (EPK). Heft 89. Saarbrücken: Institut für Wirtschaftsinformatik der Universität des Saarlandes im Eigenverlag, 1992.

Kett, I.; Schewe, G. (Management Skills):

Management Skills. Wiesbaden: Gabler, 2010.

Kion Group AG (Partnerschaft Weichai Power):

Weichai Power und Kion Group schließen Transaktion zur Gründung langfristiger Partnerschaft. Pressemitteilung vom 27.12.2012, Wiesbaden/Weifang (VR).

Klocke, F.; Bergs, T.; Bobek, T.; Huwer, T.; Liu, G.; Pothe, M.; Staasmeyer, J.-H.; Winands, K. (Vernetzte adaptive Produktion):

Vernetzte adaptive Produktion. In: Brecher, C.; Klocke, F.; Schmitt, R.; Schuh, G. (Hrsg.): AWK Aachener Werkzeugmaschinen-Kolloquium – Internet of Production für agile Unternehmen. Aachen: Apprimus, 2017, S. 263-285.

Komorek, N. (Kollaborative Wertschöpfung):

Gestaltungsmodell für kollaborative Wertschöpfung im industriellen Werkzeugbau. Dissertation der RWTH Aachen. Aachen: Apprimus, 2014.

Kozielski, S. (Kennzahlensystem für den Werkzeugbau):

Integratives Kennzahlensystem für den Werkzeugbau. Dissertation der RWTH Aachen. Aachen: Apprimus, 2010.

Klein, D.; Tran-Gia, P.; Hartmann, M. (Big Data):

Big Data. In: Informatik-Spektrum, Jg. 36, Nr. 3, 2013, S. 319-323.

Klocke, F. (Generative Fertigungsverfahren):

Generative Fertigungsverfahren – Möglichkeiten und Grenzen. Vortrag im Rahmen des 13. Internationalen Kolloquiums „Werkzeugbau mit Zukunft". Aachen: 17.10.2013.

Klocke, F.; Arntz, K. (Technologien für den Werkzeug- und Formenbau):

Technologien für den Werkzeug- und Formenbau von morgen. Vortrag im Rahmen des 4. Internationalen Kolloquiums „Werkzeugbau mit Zukunft". Aachen: 29.09.2004.

Klotzbach, C. (Industrieller Werkzeugbau):

Gestaltungsmodell für den industriellen Werkzeugbau. Dissertation der RWTH Aachen. Aachen: Shaker, 2007.

KraussMaffei Group (Übernahme ChemChina):

ChemChina übernimmt KraussMaffei Gruppe für 925 Mio. €. Pressemitteilung vom 11.01.2016, München.

Krcmar, H. (Einführung Informationsmanagement):

Einführung in das Informationsmanagement. 2. Aufl. Berlin: Springer, 2014.

Krcmar, H. (Informationsmanagement):

Informationsmanagement. 6. Aufl. Berlin: Springer, 2015.

Kreimeier, D.; Müller, E.; Morlock, F.; Jentsch, D.; Unger, H.; Börner, F.; Block, C. (Teilautonome Produktionsplanung):

Die synchrone Produktion – Ansatz mit teilautonomer Produktionsplanung/-steuerung und humanzentrierter Entscheidungsunterstützung, In: wt Werkstatttechnik online, Jg. 105, Nr. 4, 2015, S. 204-208.

Kretschmer, A. (Automatisierung der Fertigung):

Automatisierung der Fertigung/Prozessintegration. In: Schuh, G.; Boos, W. (Hrsg.): Forschungsbericht 2011/2012 der WBA Aachener Werkzeugbau Akademie GmbH. Aachen: Apprimus, 2012, S. 100-109.

Kubicek, H. (Heuristische Bezugsrahmen):

Heuristische Bezugsrahmen und heuristisch angelegte Forschungsdesigns als Elemente einer Konstruktionsstrategie empirischer Forschung. In: Köhler, R. (Hrsg.): Empirische und handlungstheoretische Forschungskonzeptionen in der Betriebswirtschaftslehre. Stuttgart: Poeschel, 1977, S. 3-36.

Kuhlmann, K. (Geschäftsprozesse im Werkzeugbau):

Methodik zur Gestaltung von Geschäftsprozessen im industriellen Werkzeugbau. Dissertation der RWTH Aachen. Aachen: Apprimus, 2011.

Kuhlmann, T. (Corporate Tooling):

Corporate Tooling – Modularer Werkzeugbau als Befähiger internationaler Produktionsnetzwerke. Dissertation der RWTH Aachen. Aachen: Apprimus, 2017.

Kuhlmann, T.; Kelzenberg, C. (Best-of-Benchmark Einkauf):

Best-of-Benchmarking Einkauf. In: Schuh, G.; Boos, W. (Hrsg.): Forschungsbericht 2014/2015 der WBA Aachener Werkzeugbau Akademie GmbH. Aachen: Apprimus, 2015, S. 38-45.

Kuhn, T. S. (Wissenschaftliche Revolutionen):

Die Struktur wissenschaftlicher Revolutionen. 9. Aufl. Frankfurt am Main: Suhrkamp, 1988.

Kühn, T. (Leistungssysteme im Werkzeugbau):

Lebenszyklusorientierte Leistungssysteme im Werkzeugbau. Dissertation der RWTH Aachen. Aachen: Apprimus, 2016.

Kuka AG (Übernahme Midea):

US-Behörden geben Übernahme von Kuka durch Midea frei. Pressemitteilung vom 30.12.2016, Augsburg.

Lakatos, I. (Wissenschaftliche Forschungsprogramme):

Falsifikation und die Methodologie wissenschaftlicher Forschungsprogramme. In: Lakatos, I.; Feyerabend, P. K. (Hrsg.): Kritik und Erkenntnisfortschritt. Braunschweig: Vieweg, 1974, S. 89-189.

Laney, D. (3D Data Management):

3D Data Management: Controlling Data Volume, Velocity, and Variety. Application Delivery Strategies of META Group. Stamford: META Group im Eigenverlag, 2001.

Lanier, J. (Digitales Zeitalter):

Wenn Träume erwachsen werden – Ein Blick auf das digitale Zeitalter. Hamburg: Hoffmann und Campe, 2015.

Lehmann, P. (Meta-Datenmanagement):

Meta-Datenmanagement in Data-Warehouse-Systemen – Rekonstruierte Fachbegriffe als Grundlage einer konstruktiven, konzeptionellen Modellierung. Dissertation der Otto-von-Guericke-Universität Magdeburg. Aachen: Shaker, 2001.

Lehner, F.; Scholz, M.; Wildner, S. (Wirtschaftsinformatik):

Wirtschaftsinformatik. 2. Aufl. München: Hanser, 2008.

Lerch, C.; Jäger, A.; Maloca, S. (Modernisierung der Produktion)

Wie digital ist Deutschlands Industrie wirklich? Arbeit und Produktivität in der digitalen Produktion. Mitteilungen aus der ISI-Erhebung „Modernisierung der Produktion", Ausga-be 71. Karlsruhe: Fraunhofer-Institut für System- und Innovationsforschung im Eigenverlag, 2017.

Likert, R. (Measurement of Attitudes):

A Technique for the Measurement of Attitudes. In: Archives of Psychology, Jg. 22, Nr. 140, 1932, S. 5-55.

Linacre, J. M. (Optimizing Rating Scale):

Optimizing Rating Scale Category Effectiveness. In: Journal of Applied Measurement, Jg. 3, Nr. 1, 2002, S. 85-106.

Lindner, E. (Spritzgießwerkzeuge):

Spritzgießwerkzeuge. In: Mennig G. (Hrsg.): Werkzeuge für die Kunststoffverarbeitung – Bauarten, Herstellung, Betrieb. 4. Aufl. München: Hanser, 1995, S. 6-43.

Lockemann, P. C.; Radermacher, K. (Datenmodellierung):

Konzepte, Methoden und Modelle zur Datenmodellierung. In: HMD – Theorie und Praxis der Wirtschaftsinformatik, Jg. 27, Nr. 152, 1990, S. 3-16.

Loos, P. (Datenstrukturierung in der Fertigung):

Datenstrukturierung in der Fertigung. München: Oldenbourg, 1992.

Lucke, D. (Informationsbeschaffung in variantenreicher Serienfertigung):

Ad hoc Informationsbeschaffung unter Einsatz kontextbezogener Systeme in der variantenreichen Serienfertigung. Dissertation der Universität Stuttgart. Stuttgart: Fraunhofer, 2014

Ludewig, J. (Modelle im Software Engineering):

Modelle im Software Engineering – Eine Einführung und Kritik. In: Glinz, M.; Müller-Luschnat, G. (Hrsg.): Modellierung. Bonn: Gesellschaft für Informatik, 2002, S. 7-22.

Luczak, H. (Arbeitswissenschaft):

Arbeitswissenschaft. 2. Aufl. Berlin: Springer, 1998.

Meier-Oeser, S. (Spur des Zeichens):

Die Spur des Zeichens – Das Zeichen und seine Funktion in der Philosophie des Mittelalters und der frühen Neuzeit. In: Mittelstraß, J.; Patzig, G.; Wieland, W. (Hrsg.): Quellen und Studien zur Philosophie. Band 44. Berlin: de Gruyter, 1997.

Mell, P.; Grance, T. (Definition of Cloud Computing):

The NIST Definition of Cloud Computing. NIST Special Publication 800-145, Gaithers-burg: National Institute of Standard and Technology im Eigenverlag, 2011.

Menges, G.; Michaeli, W.; Mohren, P. (Spritzgießwerkzeuge):

Spritzgießwerkzeuge – Auslegung, Bau, Anwendung. 6. Aufl. München: Hanser, 2007.

Mertens, P. (Integrierte Informationsverarbeitung):

Integrierte Informationsverarbeitung 1 – Operative Systeme in der Industrie. 18. Aufl. Wiesbaden: Springer Gabler, 2013.

Naumann, J.-P. (Industriestandorte in Deutschland):

Industriestandorte in Deutschland – Eine Bestandsaufnahme. Hannover: Dr. Jörg-Peter Naumann Gesellschaft für Unternehmensberatung mbH im Eigenverlag, 2014.

Neemann, C. (Schutz gegen Produktimitationen):

Methodik zum Schutz gegen Produktimitationen. Dissertation der RWTH Aachen. Aachen: Shaker, 2007.

Neugebauer, R.; Langer, T.; Wenzel, K. (Flexible Datenerfassung & -verwaltung, Teil 1):

Konzepte zur flexiblen Datenerfassung und -verwaltung bei Maschinen und Anlagen – Teil 1: Entwicklung eines qualifizierten Anlagenmodells. In: ZWF, Jg. 103, Nr. 1-2, 2008, S. 41-47.

Neugebauer, R.; Langer, T.; Wenzel, K. (Flexible Datenerfassung & -verwaltung, Teil 2):

Konzepte zur flexiblen Datenerfassung und -verwaltung bei Maschinen und Anlagen – Teil 2: Flexible Erfassung und Speicherung von Prozessdaten. In: ZWF, Jg. 103, Nr. 3, 2008, S. 151-160.

Neugebauer, R.; Langer, T.; Wenzel, K. (Flexible Datenerfassung & -verwaltung, Teil 3):

Konzepte zur flexiblen Datenerfassung und -verwaltung bei Maschinen und Anlagen – Teil 3: Komponentenbasierter Ansatz und Wirtschaftlichkeitsbetrachtungen. In: ZWF, Jg. 103, Nr. 4, 2008, S. 229-235.

Nonnenmacher, M. G. (Informationsmodellierung):

Informationsmodellierung unter Nutzung von Referenzmodellen – Die Nutzung von Referenzmodellen zur Implementierung industriebetrieblicher Informationssysteme. Frankfurt am Main: Peter Lang, 1994.

North, K.; Reinhardt, K. (Kompetenzmanagement):

Kompetenzmanagement in der Praxis – Mitarbeiterkompetenzen systematisch identifizieren, nutzen und entwickeln. Wiesbaden: Gabler, 2005.

Ortner, E. (Semantische Modellierung):

Semantische Modellierung – Datenbank auf der Ebene der Benutzer. In: Informatik-Spektrum, Jg. 8, Nr. 1, 1985, S. 20-28.

o. V. Gabler Wirtschaftslexikon (Daten):

Gabler Wirtschaftslexikon. Online verfügbar unter http://wirtschaftslexikon.gabler.de/definition/daten.html, 2018.

o. V. Gabler Wirtschaftslexikon (Datenbank):

Gabler Wirtschaftslexikon. Online verfügbar unter http://wirtschaftslexikon.gabler.de/definition/datenbank.html, 2018.

o. V. Gabler Wirtschaftslexikon (Digitalisierung):

Gabler Wirtschaftslexikon. Online verfügbar unter http://wirtschaftslexikon.gabler.de/definition/digitalisierung.html, 2018.

o. V. Gabler Wirtschaftslexikon (Handlungsfunktionen):

Gabler Wirtschaftslexikon. Online verfügbar unter http://wirtschaftslexikon.gabler.de/definition/handelsfunktionen-32550, 2018.

o. V. Gabler Wirtschaftslexikon (Serienproduktion):

Gabler Wirtschaftslexikon. Online verfügbar unter http://wirtschaftslexikon.gabler.de/definition/serienproduktion-43172, 2018.

Patzak, G. (Systemtechnik):

Systemtechnik – Planung komplexer innovativer Systeme. Berlin: Springer, 1982.

Paul, H. (Industrie 4.0):

Industrie freut sich auf Kräftemessen mit China. Online verfügbar unter http://www.faz.net/aktuell/wirtschaft/hannover-messe-industrie-freut-sich-auf-kraeftemessen-mit-china-11726901.html, 2012.

Paulukuhn, L. (Typologisierung im Maschinenbau):

Typologisierung von Entwicklungsprojekten im Maschinenbau. Dissertation der RWTH Aachen. Aachen: Shaker, 2005.

Petri, C. A. (Kommunikation mit Automaten):
Kommunikation mit Automaten. Dissertation der Technischen Universität Darmstadt. Bonn: Rheinisch-Westfälisches Institut für Instrumentelle Mathematik der Universität Bonn im Eigenverlag, 1962.

Pichler, J. H.; Pleitner, H. J.; Schmidt, K.-H. (Management in KMU):
Management in KMU – Die Führung von Klein- und Mittelunternehmen. 3. Aufl. Bern: Haupt, 2000.

Piro, A.; Gebauer, M. (Datenarten):
Definition von Datenarten zur konsistenten Kommunikation im Unternehmen. In: Hildebrand, K.; Gebauer, M.; Hinrichs, H.; Mielke, M. (Hrsg.): Daten- und Informationsqualität – Auf dem Weg zur Information Excellence. 3. Aufl. Wiesbaden: Springer, 2015, S. 141-154.

Pitsch, M. (Vernetzung von Werkzeugbaustandorten):
Kompetenzfeldbasierte Vernetzung von Werkzeugbaustandorten. Dissertation der RWTH Aachen. Aachen: Apprimus, 2014.

Phoenix Contact GmbH & Co. KG (Zahlen und Fakten):
Zahlen & Fakten der Phoenix Contact-Gruppe. Online verfügbar unter https://www.phoenixcontact.com/online/portal/pc, 2018.

Popper, K. R. (Logik der Sozialwissenschaften):
Die Logik der Sozialwissenschaften. In: Adorno, T. W.; Dahrendorf, R.; Pilot, H.; Albert, H.; Habermas, J.; Popper, K. R. (Hrsg.): Der Positivismusstreit in der deutschen Soziologie. 4. Aufl. Neuwied: Luchterhand, 1975, S. 103-124.

Porac, J.; Thomas, H. (Taxonomic Mental Models):
Taxonomic Mental Models in Competitor Definition. Faculty Working Paper Nr. 89-1607. Urbana-Campaign: University of Illinois, 1989.

Porter, M. (Competitive Advantage):
Wettbewerbsvorteile (Competitive Advantage) – Spitzenleistungen erreichen und behaupten. 4. Aufl. Frankfurt am Main: Campus, 1996.

Rauh, O.; Stickel, E. (Konzeptuelle Datenmodellierung):
Konzeptuelle Datenmodellierung. Stuttgart: Teubner, 1997.

Redlich, T.; Wulfsberg, J. (Wertschöpfung):
Wertschöpfung in der Bottom-up-Ökonomie. Berlin: Springer, 2011.

Riehm, R.; Vogler, P. (Middleware):
Middleware – Infrastruktur für die Integration. In: Österle, H.; Riehm, R.; Vogler, P. (Hrsg.): Middleware – Grundlagen, Produkte und Anwendungsbeispiele für die Integration heterogener Welten. Braunschweig/Wiesbaden: Vieweg, 1996, S. 25-135.

Rohweder, D. (Informationstechnologie und Auftragsabwicklung):
Informationstechnologie und Auftragsabwicklung – Potenziale zur Gestaltung und flexiblen kundenorientierten Steuerung des Auftragsflusses in und zwischen Unternehmen. Dissertation der Technischen Universität Darmstadt. Berlin: Schmidt, 1996.

Rose, P. M. (Dynamische Kernkompetenzen):
Analyse ausgewählter Methoden zur Identifikation dynamischer Kernkompetenzen. München/Mering: Hampp, 2000.

Rosemann, M.; Schwegmann, A.; Delfmann, P. (Prozessmodellierung):
Vorbereitung der Prozessmodellierung. In: Becker, J.; Kugeler, M.; Rosemann, M. (Hrsg.): Prozessmanagement – Ein Leitfaden zur prozessorientierten Organisationsgestaltung. 7. Aufl. Berlin: Springer Gabler, 2012, S. 45-103.

Ruge, J. (Handbuch der Schweißtechnik):
Handbuch der Schweißtechnik – Band IV: Berechnung der Verbindungen. Berlin: Springer, 1988.

Rüegg-Stürm, J. (St. Galler Management-Modell):
Das neue St. Galler Management-Modell – Grundkategorien einer integrierten Managementlehre. 2. Aufl. Bern: Haupt, 2003.

Salmen, M. (Digital vernetzter Shopfloor):
Gestaltungsmodell für den digital vernetzten Shopfloor im Werkzeugbau. Dissertation der RWTH Aachen. Aachen: Apprimus, 2016.

Schanz, G. (Führungsforschung):
Wissenstheoretische Grundfragen der Führungsforschung. In: Kieser, A.; Reber, G.; Wunderer, R. (Hrsg.): Handwörterbuch der Führung. Stuttgart: Poeschel, 1987, S. 2039-2058.

Scheer, A.-W. (Gestaltung von Datenbanken):
Datenmodelle – Wichtigster Baustein für die Gestaltung von Datenbanken, Anwendungssoftware und Integrationskonzepten. In: Scheer, A.-W. (Hrsg.): Datenbanken 1990 – Praxis Relationaler Datenbanken. Saarbrücken: Institut für Wirtschaftsinformatik der Universität des Saarlandes im Eigenverlag, 1990, S. 137-154.

Scheer, A.-W. (Informationssysteme im Industriebetrieb):
Wirtschaftsinformatik – Informationssysteme im Industriebetrieb. Berlin: Springer, 1988.

Scheer, A.-W. (Referenzmodelle):
Wirtschaftsinformatik – Referenzmodelle für industrielle Geschäftsprozesse. 7. Aufl. Berlin: Springer, 1997.

Scheer, A.-W. (Unternehmensdatenmodell):
Unternehmensdatenmodell. In: Information Management, Jg. 5, Nr. 1, 1990, S. 92-94.

Schlageter, G.; Stucky, W. (Datenbanksysteme):

Datenbanksysteme: Konzepte und Modelle. 2. Aufl. Wiesbaden: Teubner, 1983.

Schleyer, C. (Kooperationsmanagement im Werkzeugbau):

Erfolgreiches Kooperationsmanagement im Werkzeugbau. Dissertation der RWTH Aachen. Aachen: Shaker, 2006.

Schmidt, A. (Methode zur Stammdatenintegration):

Entwicklung einer Methode zur Stammdatenintegration. Dissertation der Universität St. Gallen. Berlin: Logos, 2010.

Schmidt, G. (Informationsmanagement):

Informationsmanagement – Modelle, Methoden, Techniken. Berlin: Springer, 1996.

Scholz, W. (Datenbankgestützte Planung):

Modell zur datenbankgestützten Planung automatisierter Montageanlagen. München: Hanser, 1989.

Schuh, G.; Anderl, R.; Gausemeier, J.; ten Hompel, M.; Wahlster, W. (Maturity Index):

Industrie 4.0 Maturity Index – Die digitale Transformation von Unternehmen gestalten. acatech Studie. München: Utz, 2017.

Schuh, G.; Blum, M.; Reschke, J.; Birkmeier, M. (Auftragsabwicklung):

Der Digitale Schatten in der Auftragsabwicklung. In: ZWF, Jg. 111, Nr. 1-2, 2016, S. 48-51.

Schuh, G.; Boos, W.; Breme, M.; Hinsel, C.; Johann, H.; Schoof, U.; Stoffel, K.; Kuhlmann, K.; Rittstieg, M. (Synchronisierung im Werkzeugbau):

Synchronisierung im industriellen Werkzeugbau. In: Brecher, C.; Klocke, F.; Schmitt, R.; Schuh, G. (Hrsg.): Wettbewerbsfaktor Produktionstechnik. Aachen: Shaker, 2011, S. 373-403.

Schuh, G.; Boos, W.; Kuhlmann, K.; Rittstieg, M. (Operative Exzellenz):

Operative Exzellenz im Werkzeug- und Formenbau. Aachen: Apprimus, 2010.

Schuh, G.; Jordan, F.; Maasem, C.; Zeller, V. (Produzierende Unternehmen):

Industrie 4.0: Implikationen für produzierende Unternehmen. In: Gassmann, O.; Sutter, P. (Hrsg.): Digitale Transformation im Unternehmen gestalten. München: Hanser, 2016, S. 39-58.

Schuh, G.; Boos, W.; Kelzenberg, C.; de Lange, J.; Stracke, F.; Helbig, J.; Ebbecke, C. (Industrie 4.0):

Industrie 4.0: Implement it! Ein Leitfaden zur erfolgreichen Implementierung von Industrie 4.0-Lösungen. Aachen: Werkzeugmaschinenlabor WZL der RWTH Aachen im Eigenverlag, 2018.

Schuh, G.; Klotzbach, C.; Gaus, F. (Service Provision):

Service Provision as a Sub-model of Modern Business Models. In: Wissenschaftliche Gesellschaft für Produktionstechnik (Hrsg.): Production Engineering Research and Development. Heidelberg: Springer, Jg. 2, Nr. 1, 2008, S. 79-84.

Schuh, G.; Kuhlmann K.; Pitsch M.; Schippers M. (Der ideale Werkzeugbau):

Der ideale Werkzeugbau – Vernetzung statt statischer Positionierung. In: Form+Werkzeug, Jg. 21, Nr. 1, 2013, S. 14-15.

Schuh, G.; Pitsch, M.; Kuhlmann, T.; Schippers M.; Johannsen, L. (Tool and Die Standardization):

Tool and Die Standardization – Development and Updating of Standards. In: Proceedings of ISERD International Conference. Kyoto: World Research Library, 2015, S. 86-92.

Schuh, G.; Potente, T.; Thomas, C.; Hauptvogel, A. (Production Management):

High Resolution Production Management. In: wt Werkstatttechnik online, Jg. 103, Nr. 2, 2013, S. 96-99.

Schuh, G.; Stich, V.; Basse, F.; Franzkoch, B.; Harzenetter, F.; Luckert, M.; Prote, J.; Reschke, J.; Schmitz, S.; Tücks, G.; Weißkopf, J. (Change Requests):

Change Requests im Produktionsbetrieb. In: Brecher, C.; Klocke, F.; Schmitt, R.; Schuh, G. (Hrsg.): AWK Aachener Werkzeugmaschinen-Kolloquium – Internet of Production für agile Unternehmen. Aachen: Apprimus, 2017, S. 109-131.

Schuler GmbH (Handbuch der Umformtechnik):

Handbuch der Umformtechnik. Berlin: Springer, 1996.

Shina, S. G. (Concurrent Engineering and Design):

Concurrent Engineering and Design for Manufacture of Electronics Products. New York: Van Nostrand Reinhold, 1991.

Siemens AG (Digitalisierung im Maschinenbau):

Der digitale Zwilling – Digitalisierung sorgt für mehr Qualität und Effizienz im Maschinenbau. In: Advance, Jg. 2, Nr. 2, 2015, S. 4-7.

Sittauer, H. L. (James Watt):

James Watt – Biographien hervorragender Naturwissenschaftler, Techniker und Mediziner. Band 53. 3. Aufl. Leipzig: Teubner, 1989.

Smith, J.; Smith, D. (Aggregation):

Databases Abstractions: Aggregation. In: Communication of the ACM, Jg. 20, Nr. 6, 1977, S. 405-413.

Smith, J.; Smith, D. (Aggregation and Generalization):

Databases Abstractions: Aggregation and Generalization. In: ACM Transaction on Database Systems, Jg. 2, Nr. 2, 1977, S. 105-133.

Spennemann, F. (Organisationsstrukturen im Werkzeugbau):

Gestaltung von Organisationsstrukturen im Werkzeugbau. Dissertation der RWTH Aachen. Aachen: Shaker, 2001.

Spur, G.; Neugebauer, R.; Hoffmann, H. (Handbuch Umformen):

Handbuch Umformen. 2. Aufl. München: Hanser, 2012.

Spur, G. (Industrielle Produktion):

Evolutionen der industriellen Produktion. In Spur, G. (Hrsg.): Optionen zukünftiger industrieller Produktionssysteme. Forschungsberichte der interdisziplinären Arbeitsgruppen. Berlin: Akademie, 1997, S. 15-50.

Spur, G. (Produktion):

Produktion. In: Grote, K.-H.; Engelmann, F.; Beitz, W.; Syrbe, M.; Beyerer, J.; Spur, G. (Hrsg.): Das Ingenieurwissen: Entwicklung, Konstruktion und Produktion. Berlin: Springer Vieweg, S. 101-157, 2014.

Stachowiak, H. (Modelltheorie):

Allgemeine Modelltheorie. Wien: Springer, 1973.

Statistisches Bundesamt (Industriesektor in Deutschland):

Industriesektor in Deutschland weiterhin stärker als in vielen anderen EU-Staaten. Online verfügbar unter https://www.destatis.de/Europa/DE/Thema/UnternehmenProduktion/Industrie.html, 2018.

Taylor, F. W. (Scientific Management):

The Principles of Scientific Management. New York: Harper & Brothers, 1911.

Tomczak, T. (Forschungsmethoden):

Forschungsmethoden in der Marketingwissenschaft. In: Marketing – Zeitschrift für Forschung und Praxis, Jg. 14, Nr. 2, 1992, S. 77-87.

Totok, A. (Modellierung von Systemen):

Modellierung von OLAP- und Data-Warehouse-Systemen. Dissertation der Technischen Universität Braunschweig. Wiesbaden: Deutscher Universitätsverlag, 2000.

Ulrich, H. (Management):

Management. Bern: Haupt, 1984.

Ulrich, P.; Hill, W. (Wissenschaftstheoretische Grundlagen):

Wissenschaftstheoretische Grundlagen der Betriebswirtschaftslehre. In: Wirtschaftswissenschaftliches Studium, Jg. 5, Nr. 8, 1976, S. 304-350.

VDI (VDI-Richtlinie 2815):

VDI-Richtlinie 2815: Begriffe für die Produktionsplanung und -steuerung. Ausgemusterte und nicht ersetzte Richtlinie, dennoch weiterhin benutzt und anerkannt. Düsseldorf: VDI, 1978.

VDI (VDI-Richtlinie 5600):

VDI-Richtlinie 5600 Blatt 1 – Fertigungsmanagementsysteme, Manufacturing Execution Systems (MES). Düsseldorf: VDI, 2015.

VDMA (Präzisionswerkzeuge 2013):

Präzisionswerkzeuge: Stabile Geschäftslage nach Rekordjahr 2012 erwartet. Statement zur Jahrespressekonferenz des Fachverbandes Präzisionswerkzeuge des VDMA. Frankfurt am Main: 15.01.2013.

VDMA (Präzisionswerkzeuge 2019):

Präzisionswerkzeuge. Statement zur Jahrespressekonferenz des Fachverbandes Präzisionswerkzeuge des VDMA. Frankfurt am Main: 16.01.2019.

von Gehlen, D. (Meta):

Meta! Das Ende des Durchschnitts. Berlin: Matthes & Seitz, 2017.

Vossen, G. (Datenmodelle):

Datenmodelle, Datenbanksprachen und Datenbankmanagementsysteme. 5. Aufl. München: Oldenbourg, 2008.

Warnecke, H.-J. (Fraktale Fabrik):

Die Fraktale Fabrik – Revolution der Unternehmenskultur. 2. Aufl. Reinbek: Rowohlt, 1996.

Wedekind, H. (Datenbanksysteme):

Datenbanksysteme I – Eine konstruktive Einführung in die Datenverarbeitung in Wirtschaft und Verwaltung. 3. Aufl. Mannheim: Bibliographisches Institut, 1981.

Wessling, E. (Individuum und Information):

Individuum und Information – Die Erfassung von Information und Wissen in ökonomischen Handlungstheorien. Tübingen: Mohr Siebeck, 1991.

Westekemper, M. (Angebotspreisbildung im Werkzeugbau):

Methodik zur Angebotspreisbildung am Beispiel des Werkzeug- und Formenbaus. Dissertation der RWTH Aachen. Aachen: Shaker, 2002.

Westkämper, E. (Organisation der Produktion):

Einführung in die Organisation der Produktion. Berlin: Springer, 2006.

White, S. A. (Business Process Modeling Notation):

Business Process Modeling Notation (BPMN). Veröffentlichte Ergebnisse der BPMI Notation Working Group. Armonk: 03.05.2004.

Wiegand, M.; Stolpe, M.; Deuse, J.; Morik, K. (Prozessüberwachung):

Prädiktive Prozessüberwachung auf Basis verteilt erfasster Sensordaten. In: at Automatisierungstechnik, Jg. 64, Nr. 7, 2016, S. 521-533.

Wiendahl, H.-P. (Betriebsorganisation):

Betriebsorganisation für Ingenieure. 7. Aufl. München: Hanser, 2010.

Zangemeister (Nutzwertanalyse in der Systemtechnik):

Nutzwertanalyse in der Systemtechnik – Eine Methodik zur multidimensionalen Bewertung und Auswahl von Projektalternativen. 4. Aufl. München: Wittemann, 1976.

Lebenslauf

Persönliche Daten

Name, Vorname:	Kelzenberg, Christoph Maximilian Bernd
Geburtsdatum:	19. Februar 1989
Geburtsort:	Aachen
Nationalität:	Deutsch

Schulausbildung

1996 – 1999	Grundschule GGS Jülich-West, Koslar
1999 – 2008	Gymnasium Zitadelle Jülich, Jülich Abschluss: Abitur

Studium

2012 – 2014	Studium der Produktionstechnik (Fachrichtung Unternehmensorganisation) an der RWTH Aachen Abschluss: Master of Science (M. Sc.)
2008 – 2012	Studium des Maschinenbaus (Fachrichtung Produktionstechnik) an der RWTH Aachen Abschluss: Bachelor of Science (B. Sc.)

Beruflicher Werdegang

Seit 2018	Oberingenieur, Abteilung Unternehmensentwicklung, Werkzeugmaschinenlabor WZL der RWTH Aachen
Seit 2018	Prokurist und Geschäftsfeldleiter Industrieberatung, WBA Aachener Werkzeugbau Akademie GmbH
2017 – 2018	Gruppenleiter, Gruppe Kompetenzmanagement, Werkzeugmaschinenlabor WZL der RWTH Aachen
2016 – 2018	Projektleiter in Beratungsprojekten im Werkzeugbau und in der Automatisierungstechnik, WBA Aachener Werkzeugbau Akademie GmbH
2014 – 2017	Wissenschaftlicher Mitarbeiter, Abteilung Unternehmensentwicklung, Werkzeugmaschinenlabor WZL der RWTH Aachen
2012 – 2013	Praktika im In- und Ausland (Daimler AG und P3 North America Inc.)
2011 – 2014	Studentischer Mitarbeiter, Abteilung Business Engineering, Werkzeugmaschinenlabor WZL der RWTH Aachen

In der Reihe **Ergebnisse aus der Produktionstechnik** zuletzt erschienen:

Janssen, Henning:
Additive Prozesskette zur Herstellung von thermoplastischen Faserverbund-Hybridbauteilen
ISBN: 978-3-86359-870-9
Erscheinungsdatum: 23.07.2020

Brill, Nicolai-André:
Optische Kohärenztomographie für die Quantifizierung funktioneller und morphologischer Eigenschaften von humanem Knorpelgewebe
ISBN: 978-3-86359-868-6
Erscheinungsdatum: 16.07.2020

Ackermann, Philippe:
Optische Kohärenztomographie für Laserdurchstrahlschweißprozesse bei Kunststoffen
ISBN: 978-3-86359-872-3
Erscheinungsdatum: 13.07.2020

Wetterney, Tim:
Disruptionsorientierter Spezifikationsprozess technischer Systeme
ISBN: 978-3-86359-875-4
Erscheinungsdatum: 09.07.2020

Kelzenberg, Christoph:
Datenstrukturmodell für den digitalen Schatten der Auftragsabwicklung von Werkzeugbaubetrieben
ISBN: 978-3-86359-861-7
Erscheinungsdatum: 01.07.2020

Schares, Richard:
Laserstrahl-Fügevorbehandlung von CFK-Bauteilen in Formwerkzeugen von Spritzgießanlagen
ISBN: 978-3-86359-852-5
Erscheinungsdatum: 18.05.2020

Rittstieg, Felix:
Ambidextre Organisationsarchitekturen im industriellen Werkzeugbau
ISBN: 978-3-86359-855-6
Erscheinungsdatum: 18.05.2020

Teli, Mahesh Pradip:
Development of Wire- and Powder-based Laser Metal Deposition Process for Locally Modified Mechanical Properties of X37CrMoV5-1 Tool Steel
ISBN: 978-3-86359-848-8
Erscheinungsdatum: 04.05.2020

Vollmer, Thomas:
Transparency-Driven Vertical Data Connection of Production Systems for Resources Monitoring in Manufacturing
ISBN: 978-3-86359-851-8
Erscheinungsdatum: 27.04.2020

Vits, Frederik:
Tribologie beim Schleifen von polykristallinem Diamant
ISBN: 978-3-86359-838-9
Erscheinungsdatum: 14.04.2020

Schröder, Stephan:
Integration von Lieferanten in agile Entwicklungsprozesse technischer Systeme
ISBN: 978-3-86359-845-7
Erscheinungsdatum: 31.03.2020

Schultes, Thilo Konrad:
Gestaltungsmodell zur digitalen Vernetzung von Werkzeugbaubetrieben mit Lieferanten
ISBN: 978-3-86359-835-8
Erscheinungsdatum: 19.03.2020

Edition Wissenschaft
Apprimus

Dannapfel, Matthias:
Ein systemisches Management-Modell für die Fabrikplanung
ISBN: 978-3-86359-770-2
Erscheinungsdatum: 13.03.2020

Hildebrand, Maria:
Übertragungsverhalten von Planetenrollengewindetrieben unterschiedlicher Gewindegangzahl der Spindel und der Mutter
ISBN: 978-3-86359-822-8
Erscheinungsdatum: 02.03.2020

Behnen, Daniel:
Planungsbasierte Generierung von Abläufen für Maschinensteuerungen
ISBN: 978-3-86359-825-9
Erscheinungsdatum: 02.03.2020

Dukwen, Julia:
Verschleiß der Umformwerkzeuge beim Präzisionsblankpressen von Quarzglas
ISBN: 978-3-86359-812-9
Erscheinungsdatum: 21.02.2020

Pothen, Mario:
Modellbasierte, adaptive Prozessregelung für das Laserstrahlstrukturieren
ISBN: 978-3-86359-808-2
Erscheinungsdatum: 27.01.2020

Pötters, Patrick:
Bewertung von Prozess-optimierungsmethoden auf dem Shopfloor einer Serienmontage
ISBN: 978-3-86359-807-5
Erscheinungsdatum: 27.01.2020

Falker, Jens:
Analyse des Betriebsverhaltens von Hochgeschwindigkeits-Wälzlagern unter radialen Lasten
ISBN: 978-3-86359-799-3
Erscheinungsdatum: 17.01.2020

Scheffler, Florian:
Zerspankräfte beim kontinuierlichen Wälzschleifen von Stirnradverzahnungen
ISBN: 978-3-86359-788-7
Erscheinungsdatum: 17.01.2020

Meiers, Bernd:
Piezobasierte Werkzeugtechnologie zur replikativen Herstellung abbildender Mikrooptiken aus Kunststoff
ISBN: 978-3-86359-803-7
Erscheinungsdatum: 14.01.2020

Groggert, Sebastian:
Steigerung der Prozessqualität des kundenindividuellen Auftrags-abwicklungsprozesses durch Data Analytics
ISBN: 978-3-86359-789-4
Erscheinungsdatum: 20.12.2019

Lau, Felix:
Modell zur typenbasierten Gestaltung von firmeninternen Inkubatoren
ISBN: 978-3-86359-794-8
Erscheinungsdatum: 11.12.2019

Krömer, Markus:
Entstehung von Spanaufschweißungen beim Trockenwälzfräsen
ISBN: 978-3-86359-787-0
Erscheinungsdatum: 03.12.2019

Edition Wissenschaft
Apprimus